普通高等教育 **软件工程** "十三五"规划教材

13th Five-Year Plan Textbooks
of Software Engineering

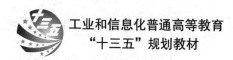

工业和信息化普通高等教育
"十三五"规划教材

HTML5+CSS3+JavaScript+jQuery

程序设计基础教程

（第 2 版）

闫俊伢 耿强 ◎ 主编

熊芳芳 侯勇 戴歆 黄雪琴 ◎ 副主编

人 民 邮 电 出 版 社

北 京

图书在版编目（CIP）数据

HTML5+CSS3+JavaScript+jQuery程序设计基础教程 / 闫俊伢，耿强主编. — 2版. -- 北京：人民邮电出版社，2018.8

普通高等教育软件工程"十三五"规划教材

ISBN 978-7-115-48466-6

Ⅰ. ①H… Ⅱ. ①闫… ②耿… Ⅲ. ①超文本标记语言－程序设计－高等学校－教材②网页制作工具－高等学校－教材③JAVA语言－程序设计－高等学校－教材 Ⅳ. ①TP312②TP393.092

中国版本图书馆CIP数据核字(2018)第101073号

内 容 提 要

本书全面介绍了HTML5的程序设计方法，涵盖了HTML5的各种新特性，主要内容包括HTML5概述、JavaScript编程、HTML5表单及文件处理、CSS3、拖放、使用Canvas API画图、绘制可伸缩矢量图形、播放多媒体、Web通信、本地存储、开发支持离线的Web应用程序、获取浏览器的地理位置信息、支持多线程编程的Web Workers、jQuery程序设计、移动Web开发等。读者在阅读本书时可以充分了解和体验HTML5的强大功能。

本书既可以作为大学本科"Web应用程序设计"课程的教材，也可作为高职高专院校相关专业的教材，还可以作为Web应用程序开发人员的参考用书。

◆ 主　编　闫俊伢　耿　强

副主编　熊芳芳　侯　勇　戴　歆　黄雪琴

责任编辑　邹文波

责任印制　沈　蓉　彭志环

◆ 人民邮电出版社出版发行　北京市丰台区成寿寺路11号

邮编　100164　电子邮件　315@ptpress.com.cn

网址　http://www.ptpress.com.cn

北京天宇星印刷厂印刷

◆ 开本：787×1092　1/16

印张：28.5　　　　　　　2018年8月第2版

字数：769千字　　　　　2024年8月北京第6次印刷

定价：69.80元

读者服务热线：(010)81055256　印装质量热线：(010)81055316

反盗版热线：(010)81055315

互联网技术的不断发展和普及已经改变了人们的工作和生活习惯，电子商务已经成为许多企事业单位的业务发展方向。因此，如何开发 Web 应用程序，设计精美、独特的网页已经成为当前的热门技术之一。目前，许多高校的相关专业都开设了相关的课程。

HTML5 是最新的 HTML 标准，之前的版本 HTML4.01 是于 1999 年发布的。当前，互联网已经发生了翻天覆地的变化，原有的标准已经不能满足各种 Web 应用程序的需求。因此，编者在多年开发 Web 应用程序和研究相关课程教学的基础上编写了本书。

全书内容分为 5 个部分。第 1 部分介绍基础知识，由第 1 章、第 2 章组成，讲解了 HTML5 基础知识和 JavaScript 编程基础；第 2 部分介绍 HTML5 设计网页界面的相关技术，由第 3 章、第 4 章和第 5 章组成，比较详尽地讲解了 HTML5 表单及文件处理、最新版本的层叠样式表 CSS 3 和 HTML5 拖放技术；第 3 部分介绍 HTML5 画图和多媒体的相关技术，由第 6 章、第 7 章和第 8 章组成，包括使用 Canvas API 画图、绘制可伸缩矢量图形 SVG 和播放多媒体技术；第 4 部分介绍构建桌面式 Web 应用的相关技术，由第 9 章、第 10 章和第 11 章组成，包括 Web 通信、本地存储和开发支持离线的 Web 应用程序技术；第 5 部分为高级应用，由第 12 章、第 13 章、第 14 章和第 15 章组成，包括获取浏览器的地理位置信息、支持多线程的 Web Workers、jQuery 程序设计和 HTML5 移动 Web 开发。另外，本书每章都配有相应的习题，帮助读者理解所学习的内容，加深印象，学以致用。

本书提供教学 PPT 课件和源程序文件等，需要者可以登录人邮教育社区（http://www.ryjiaoyu.com）免费下载。

本书在内容的选择和深度的把握上充分考虑了初学者的特点。为了方便初学者阅读和学习，本书在关注 HTML5 最新技术的同时，介绍了 HTML4 和 JavaScript 基础。因为 HTML5 兼容 HTML4，所以了解 HTML4 基础对学习 HTML5 有很大的帮助，要比直接学习 HTML5 更易于理解和接受。而 HTML5 提供的 API 则需要在 JavaScript 程序中调用，因此具备必要的 JavaScript 知识也是阅读本书的前提。本书在内容安排上力求做到循序渐进，不仅适合教学，也适合开发 Web 应用程序的各类人员自学使用。

为了提高读者的实战能力，本书还介绍了与 HTML5 相关的热点技术，如 CSS3 和 jQuery。HTML5、CSS3、jQuery 被称为未来 Web 应用的三驾马车，是设计网页特效的最新技术，也是读者最感兴趣的技术组合。

本书由山西大学商务学院闫俊伢、海口经济学院耿强担任主编，海口经济学院黄雪琴、蚌埠学院侯勇、武汉商学院戴歆、南通理工学院熊芳芳担任副主编。其中，闫俊伢编写了第 1 章～第 2 章，耿强编写了第 3 章～第 5 章，黄雪琴编写了第 6 章～第 8 章，侯勇编写了第 9 章～第 11 章，戴歆编写了第 12 章、第 13 章，熊芳芳编写了第 14 章、第 15 章和附录。

　　由于编者水平有限，书中难免存在不足之处，敬请广大读者批评指正。

编　者

2018 年 5 月

目 录 CONTENTS

第1章　HTML5 概述··············1

1.1　HTML 基础·············2
　1.1.1　什么是 HTML·······2
　1.1.2　HTML 的历史·······2
1.2　HTML4 基础···········3
　1.2.1　设置网页背景和颜色·····3
　1.2.2　设置字体属性········4
　1.2.3　超级链接·········4
　1.2.4　图像和动画········6
　1.2.5　表格···········6
　1.2.6　使用框架·········8
　1.2.7　其他常用标签·······9
1.3　HTML5 的新特性········12
　1.3.1　简化的文档类型和字符集···12
　1.3.2　HTML5 的新结构······13
　1.3.3　HTML5 的新增内联元素··16
　1.3.4　支持动态页面·······18
　1.3.5　全新的表单设计······21
　1.3.6　强大的绘图和多媒体功能··21
　1.3.7　打造桌面应用的一系列新功能··22
　1.3.8　获取地理位置信息·····22
　1.3.9　支持多线程········23
　1.3.10　small 元素·······23
　1.3.11　contenteditable 属性···23
　1.3.12　placeholder 属性····23
　1.3.13　废弃的标签·······24
1.4　支持 HTML5 的浏览器·····25
练习题················26

第2章　JavaScript 编程······28

2.1　在 HTML 中使用 JavaScript
　　语言···············29

2.1.1　在 HTML 中插入 JavaScript
　　　代码···············29
2.1.2　使用 js 文件········29
2.2　基本语法············30
　2.2.1　数据类型·········30
　2.2.2　变量···········30
　2.2.3　注释···········31
　2.2.4　运算符·········31
2.3　常用语句············34
　2.3.1　条件分支语句·······34
　2.3.2　循环语句·········38
2.4　函数···············41
　2.4.1　创建自定义函数······42
　2.4.2　调用函数·········42
　2.4.3　变量的作用域·······43
　2.4.4　函数的返回值·······44
2.5　面向对象程序设计········44
　2.5.1　面向对象程序设计思想简介··44
　2.5.2　JavaScript 内置类·····45
　2.5.3　HTML DOM········53
　2.5.4　Window 对象·······54
　2.5.5　Navigator 对象······58
　2.5.6　document 对象······60
2.6　JavaScript 事件处理······61
　2.6.1　常用的 HTML 事件·····61
　2.6.2　Window 对象的事件处理··63
　2.6.3　Event 对象········63
2.7　渐进式前端框架 Vue.js·····64
　2.7.1　下载和安装 Vue.js·····64
　2.7.2　MVVM 开发模式······65
　2.7.3　Vue.js 的开发流程·····66
　2.7.4　Vue.js 的常用指令·····67

2.8 使用 webpack+Vue 构建模块化
　　项目 ·······················72
　　2.8.1　webpack ··················72
　　2.8.2　Babel ····················76
　练习题 ·························81

第3章　HTML5 表单及文件
　　　　处理 ·················83

3.1　HTML4 表单 ···············84
　　3.1.1　定义表单 ················84
　　3.1.2　文本框 ··················84
　　3.1.3　文本区域 ················85
　　3.1.4　单选按钮 ················86
　　3.1.5　复选框 ··················86
　　3.1.6　组合框 ··················87
　　3.1.7　按钮 ····················87
3.2　HTML5 表单的新特性 ·······89
　　3.2.1　新的<input>标签类型 ·····89
　　3.2.2　新的表单元素 ············92
　　3.2.3　新的表单属性 ············94
　　3.2.4　表单验证 ················95
3.3　在 Vue.js 表单控件上实现双向数据
　　绑定 ·······················97
　　3.3.1　在 input 和 textarea 元素上实现
　　　　　双向数据绑定 ············97
　　3.3.2　在复选框上实现双向数据绑定 ···99
　　3.3.3　在 select 列表上实现双向数据
　　　　　绑定 ·················100
　　3.3.4　在单选按钮上实现双向数据
　　　　　绑定 ·················101
　　3.3.5　修饰符 ················102
3.4　文件处理 ···············102
　　3.4.1　选择文件的表单控件 ·····102
　　3.4.2　检测浏览器是否支持 HTML5
　　　　　File API ···············103
　　3.4.3　FileList 接口 ···········103
　　3.4.4　FileReader 接口 ········105

　练习题 ·························107

第4章　最新版本的层叠样式表
　　　　——CSS3 ············109

4.1　CSS 基础 ···············110
　　4.1.1　什么是 CSS ·············110
　　4.1.2　在 HTML 文档中应用 CSS ···111
　　4.1.3　颜色与背景 ·············113
　　4.1.4　设置字体 ···············114
　　4.1.5　设置文本属性 ···········115
　　4.1.6　超链接 ················120
　　4.1.7　列表 ··················122
　　4.1.8　表格 ··················124
　　4.1.9　CSS 轮廓 ··············127
　　4.1.10　浮动元素 ··············129
4.2　CSS3 的新技术 ············130
　　4.2.1　实现圆角效果 ···········130
　　4.2.2　多彩的边框颜色 ·········134
　　4.2.3　阴影 ··················135
　　4.2.4　背景图片 ···············136
　　4.2.5　多列 ··················138
　　4.2.6　嵌入字体 ···············142
　　4.2.7　透明度 ················143
　　4.2.8　HSL 和 HSLA 颜色表现方法 ···145
4.3　CSS3 应用实例 ············146
　　4.3.1　HTML5+CSS3 设计页面布局 ···147
　　4.3.2　设计漂亮的导航菜单 ·····151
　　4.3.3　设计登录页面 ···········153
4.4　前端 CSS 框架 Bootstrap ········156
　　4.4.1　下载和使用 Bootstrap ·····156
　　4.4.2　布局容器 ···············159
　　4.4.3　栅格系统 ···············159
　　4.4.4　Bootstrap 布局组件 ······160
　练习题 ·························163

第5章　HTML5 拖放 ·········165

5.1　概述 ·····················166

5.1.1 什么是拖放 ·············· 166
5.1.2 设置元素为可拖放 ······ 166
5.1.3 拖放事件 ·················· 166
5.2 传递拖曳数据 ·············· 167
5.2.1 dataTransfer 对象的属性 167
5.2.2 dataTransfer 对象的方法 168
5.3 HTML5 拖放的实例 ·········· 169
5.3.1 拖放 HTML 元素 ········· 169
5.3.2 拖放文件 ·················· 170
5.4 在 Vue.js 中实现拖曳功能 ··· 171
5.4.1 require.js ················· 171
5.4.2 注册 vuedraggable.js 组件 ··· 172
5.4.3 在 HTML 中使用 vuedraggable.js
组件 ························· 172
5.4.4 应用实例 ·················· 174
练习题 ····························· 176

第6章 使用 Canvas API
画图 ················· 177

6.1 Canvas 元素 ················· 178
6.1.1 Canvas 元素的定义语法 ··· 178
6.1.2 使用 JavaScript 获取网页中的
Canvas 对象 ·············· 178
6.2 坐标与颜色 ·················· 179
6.2.1 坐标系统 ·················· 179
6.2.2 颜色的表示方法 ·········· 179
6.3 绘制图形 ···················· 180
6.3.1 绘制直线 ·················· 180
6.3.2 绘制贝塞尔曲线 ·········· 182
6.3.3 绘制矩形 ·················· 185
6.3.4 绘制圆弧 ·················· 187
6.4 描边和填充 ·················· 188
6.4.1 描边 ······················· 189
6.4.2 填充图形内部 ············· 192
6.4.3 渐变颜色 ·················· 193
6.4.4 透明颜色 ·················· 197
6.5 绘制图像与文字 ············· 198

6.5.1 绘制图像 ·················· 198
6.5.2 输出文字 ·················· 200
6.6 图形的操作 ·················· 203
6.6.1 保存和恢复绘图状态 ····· 204
6.6.2 移动 ······················· 205
6.6.3 缩放 ······················· 206
6.6.4 旋转 ······················· 206
6.6.5 变形 ······················· 207
6.7 组合和阴影 ·················· 209
6.7.1 组合图形 ·················· 209
6.7.2 绘制阴影 ·················· 212
6.8 HTML5 Canvas 应用实例 ···· 213
6.8.1 绘制漂亮的警告牌 ········ 213
6.8.2 动画实例：小型太阳系模型 215
练习题 ····························· 218

第7章 绘制可伸缩矢量图形
（SVG）·········· 220

7.1 SVG 概述 ···················· 221
7.1.1 SVG 的特性 ··············· 221
7.1.2 XML 基础 ················· 221
7.1.3 SVG 实例 ·················· 222
7.1.4 SVG 坐标系统 ············· 223
7.1.5 在 HTML5 中使用 SVG ··· 223
7.2 SVG 形状 ···················· 224
7.2.1 绘制直线 ·················· 224
7.2.2 绘制折线 ·················· 225
7.2.3 绘制矩形 ·················· 226
7.2.4 绘制圆形 ·················· 226
7.2.5 绘制椭圆 ·················· 227
7.2.6 绘制多边形 ··············· 227
7.2.7 路径 ······················· 228
7.3 线条和填充 ·················· 230
7.3.1 设置线条的属性 ·········· 230
7.3.2 填充 ······················· 233
7.4 SVG 文本与图片 ············· 234
7.4.1 输出文本 ·················· 234

7.4.2　SVG 图片 ······················ 237

7.5　SVG 滤镜 ··························· 237

7.5.1　定义滤镜 ······················ 237

7.5.2　应用滤镜 ······················ 238

7.6　渐变颜色 ··························· 239

7.6.1　线性渐变 ······················ 239

7.6.2　放射性渐变 ··················· 240

7.7　变换坐标系 ······················ 241

7.7.1　视窗变换——viewBox 属性 ····· 241

7.7.2　用户坐标系的变换——transform
属性 ······················ 242

练习题 ································· 244

第 8 章　播放多媒体 ············ 245

8.1　HTML5 音频 ····················· 246

8.1.1　audio 标签 ··················· 246

8.1.2　播放背景音乐 ··············· 247

8.1.3　设置替换音频源 ············· 247

8.1.4　使用 JavaScript 语言访问 audio
对象 ······················ 248

8.2　HTML5 视频 ····················· 252

8.2.1　video 标签 ··················· 252

8.2.2　使用 JavaScript 语言访问 video
对象 ······················ 253

8.3　视频播放插件 video.js ········· 259

练习题 ································· 260

第 9 章　Web 通信 ············ 261

9.1　跨文档消息机制 ················ 262

9.1.1　检测浏览器对跨文档消息机制的
支持情况 ··················· 262

9.1.2　使用 postMessage API 发送
消息 ······················ 262

9.1.3　监听和处理消息事件 ········· 264

9.2　XMLHttpRequest Level 2 ······· 265

9.2.1　创建 XMLHttpRequest 对象 ··· 265

9.2.2　发送 HTTP 请求 ············· 266

9.2.3　从服务器接收数据 ··········· 266

9.2.4　进行 HTTP 头（HEAD）
请求 ······················ 269

9.2.5　超时控制 ······················ 272

9.2.6　使用 FormData 对象向服务器
发送数据 ··················· 272

9.2.7　使用 FormData 对象上传文件 ··· 274

9.3　WebSocket ························· 279

9.3.1　什么是 Socket ··············· 279

9.3.2　WebSocket API 概述 ········· 281

9.3.3　WebSocket API 编程 ········· 282

9.3.4　WebSocket 服务器 ··········· 284

练习题 ································· 286

第 10 章　本地存储 ············ 287

10.1　概述 ······························· 288

10.1.1　HTML4 的本地数据存储
方式 ······················ 288

10.1.2　HTML5 本地存储技术概述 ···· 289

10.2　localstorage ······················ 290

10.2.1　浏览器对 localstorage 的支持
情况 ······················ 290

10.2.2　使用 localstorage 保存数据 ··· 290

10.2.3　获取 localstorage 中的数据 ··· 291

10.2.4　删除 localstorage 中的数据 ··· 292

10.2.5　storage 事件 ················· 292

10.3　sessionstorage ··················· 294

10.3.1　判断浏览器是否支持
sessionstorage ············· 294

10.3.2　使用 sessionstorage 保存
数据 ······················ 295

10.3.3　获取 sessionstorage 中的
数据 ······················ 295

10.3.4　删除 sessionstorage 中的
数据 ······················ 296

10.4　Web SQL Database API ········· 296

10.4.1　判断浏览器是否支持 Web SQL
Database API ·············· 296

10.4.2　新建数据库 ················· 297

10.4.3 执行 SQL 语句 ·············297

10.5 IndexedDB ·····················**300**

10.5.1 数据库的相关概念 ········ 300

10.5.2 判断浏览器是否支持
IndexedDB ·····················302

10.5.3 创建和打开数据库 ·········302

10.5.4 创建对象存储空间
ObjectStore ···················303

10.5.5 创建索引 ·······················305

10.5.6 事务 ·······························306

10.5.7 游标 ·······························309

练习题 ···313

**第 11 章 开发支持离线的 Web
应用程序** ············· **315**

**11.1 HTML5 离线 Web 应用程序
概述** ·····························**316**

11.1.1 什么是离线 Web 应用程序 ···316

11.1.2 开发离线 Web 应用程序需要完成
的工作 ···························317

**11.2 开发 HTML5 离线 Web 应用
程序** ·····························**317**

11.2.1 Application Cache API ·········318

11.2.2 Cache Manifest 文件 ·········318

11.2.3 更新缓存 ·······················320

11.2.4 检测在线状态 ··············323

练习题 ···324

**第 12 章 获取浏览器的地理位置
信息** ···················**325**

12.1 概述 ·····························**326**

12.1.1 什么是浏览器的地理位置 ···326

12.1.2 浏览器对获取地理位置信息的支持
情况 ·······························326

12.2 获取地理位置信息 ···············**327**

12.2.1 getCurrentPosition()方法 ·······327

12.2.2 watchPosition()方法 ·········329

12.2.3 clearWatch()方法 ·············330

12.3 数据保护 ·····················**330**

12.3.1 在 Internet Explorer 9 中配置共享
地理位置 ·······················330

12.3.2 在 Chrome 中配置共享地理
位置 ·······························332

12.3.3 在 Firefox 中配置共享地理
位置 ·······························334

练习题 ···335

**第 13 章 支持多线程编程的
Web Workers** ····**336**

13.1 概述 ·····························**337**

13.1.1 什么是线程 ··················337

13.1.2 什么是 HTML5 Web
Workers ·························338

13.1.3 浏览器对 Web Workers 的支持
情况 ·······························338

13.2 Web Workers 编程 ·············**339**

13.2.1 创建 Web Workers 对象 ·······339

13.2.2 终止 Web Workers 对象 ······341

13.2.3 共享线程 ·······················341

练习题 ···343

第 14 章 jQuery 程序设计 ···**344**

14.1 jQuery 基础 ·····················**345**

14.1.1 下载 jQuery ··················345

14.1.2 初识 jQuery ··················345

14.2 jQuery 选择器 ·················**347**

14.2.1 基础选择器 ··················347

14.2.2 层次选择器 ··················350

14.2.3 基本过滤器 ··················354

14.2.4 内容过滤器 ··················355

14.2.5 可见性过滤器 ··············357

14.2.6 属性过滤器 ··················357

14.2.7 子元素过滤器 ··············359

14.3 设置 HTML 元素的属性与 CSS
样式 ·········· 360
14.3.1 设置 HTML 元素的属性 ····· 360
14.3.2 设置 CSS 样式 ············ 363
14.4 表单编程 ················ 367
14.4.1 表单选择器 ··············· 367
14.4.2 表单过滤器 ··············· 369
14.4.3 表单 API ················· 371
14.5 事件和 Event 对象 ········· 375
14.5.1 事件处理函数 ············· 375
14.5.2 Event 对象 ··············· 375
14.5.3 绑定到事件处理函数 ······· 377
14.5.4 键盘事件 ················· 378
14.5.5 鼠标事件 ················· 379
14.5.6 文档加载事件 ············· 380
14.5.7 浏览器事件 ··············· 380
14.6 jQuery 动画 ·············· 382
14.6.1 执行自定义的动画 ········· 382
14.6.2 显示和隐藏 HTML 元素 ····· 383
14.6.3 淡入淡出效果 ············· 384
14.6.4 滑动效果 ················· 388
14.6.5 动画队列 ················· 391

14.7 jQuery Mobile ············ 394
练习题 ······················ 400

第 15 章 HTML5 移动 Web
开发 ············· 401

15.1 移动 Web 开发的原则 ······· 402
15.1.1 响应式网页与自适应网页 ···· 402
15.1.2 设计原则 ················· 403
15.1.3 使用响应式图像 ··········· 405
15.1.4 使用谷歌浏览器 Chrome 测试响应
式网页 ·················· 405
15.1.5 通过 JavaScript 判断移动设备的
屏幕尺寸 ················· 409
15.1.6 响应式导航插件 Mmenu ···· 410
15.2 HTML5 前端框架 ·········· 413
15.2.1 跨平台的移动 App 开发框架
PhoneGap ··············· 413
15.2.2 使用 Framework7 开发混合移动
应用 ···················· 417
练习题 ······················ 444

01 第1章　HTML5概述

　　互联网上的应用程序被称为 Web 应用程序，Web 应用程序使用 Web 文档（网页）来表现用户界面，而 Web 文档都遵循标准 HTML 格式。HTML5 是最新的 HTML 标准。之前的版本 HTML4.01 于 1999 年发布，但是，在过去的这些年里，互联网已经发生了翻天覆地的变化，原有的标准已经不能满足各种 Web 应用程序的需求。本章主要介绍最新的 HTML5 标准的概貌。

1.1 HTML 基础

对初学者而言，在学习 HTML5 之前应该先了解 HTML 的基础知识。

1.1.1 什么是 HTML

超文本标记语言（Hyper Text Markup Language，HTML）是通过嵌入代码或标记来表明文本格式的国际标准。用它编写的文件扩展名是 .html 或 .htm，这种网页文件的内容通常是静态的。

HTML 中包含很多 HTML 标记，它们可以被 Web 浏览器解释，从而决定网页的结构和显示的内容。这些标记通常成对出现，例如，<HTML>和</HTML>就是常用的标记对，其语法格式如下。

<标记名> 数据 </标记名>

本小节将介绍基本的结构标记。HTML 文档可以分为文件头与文件体两部分。文件头提供了文档标题，并建立 HTML 文档与文件目录间的关系；文件体部分是 Web 页的实质内容，它是 HTML 文档最主要的部分，其中定义了 Web 页的显示内容和效果。

基本的 HTML 结构标记如表 1-1 所示。

表 1-1　基本的 HTML 结构标记

结构标记	具体描述
<HTML>...</HTML>	标记 HTML 文档的开始和结束
<HEAD>...</HEAD>	标记文件头的开始和结束。HTML 文档的头部可以包含脚本、CSS 样式表和网页标题等信息。这里的脚本通常是指 JavaScript 脚本，具体内容将在第 2 章介绍；关于 CSS 样式表的具体内容将在第 4 章介绍
<TITLE>...</TITLE>	标记文件头中的文档标题
<BODY>...</BODY>	标记文件体部分的开始和结束
<!--...-->	标记文档中的注释部分

【例 1-1】　使用基本结构标记文档的 HTML 文档。

```
<HTML>
  <HEAD>
    <TITLE> HTML 文件标题</TITLE>
  </HEAD>
  <BODY>
   <!--  HTML 文件内容  -->
  </BODY>
</HTML>
```

这些标记只用于定义网页的基本结构，并没有定义网页要显示的内容。因此，在浏览器中查看此网页时，除了网页的标题外，其他部分与空白网页没有什么区别。

　　　"<!--"和"-->"是 HTML 文档中的注释符，它们之间的代码不会被解析。

1.1.2 HTML 的历史

1990 年，欧洲原子物理研究所的英国科学家 Tim Berners-Lee 发明了 WWW（World Wide Web）。

通过 Web，用户可以在网页中比较直观地表示出互联网上的资源。因此，Tim Berners-Lee 被称为互联网之父。

最早关于 HTML 的公开描述是出自 Tim Berners-Lee 于 1991 年发表的文章《HTML 标签》，其中描述了 18 个元素，这就是关于 HTML 最简单的设计。其中的 11 个元素还保留在 HTML4 中。

1993 年，Internet 工程任务组（Internet Engineering Task Force，IETF）发布了第 1 部 HTML 规范建议。1994 年，IETF 成立了 HTML 工作组，该工作组于 1995 年完成了 HTML2.0 设计，并于同年发布了 HTML3.0，对 HTML2.0 进行了扩展。

HTML4.01 发布于 1999 年，直到现在仍然有大量的网页是基于 HTML4.01 的，它的应用周期超过 10 年，因此是到目前为止，影响最广泛的 HTML 版本。

2004 年，超文本应用技术工作组（Web Hypertext Application Technology Working Group，WHATWG）开始研发 HTML5。2007 年，万维网联盟（World Wide Web Consortium，W3C）接受了 HTML5 草案，并成立了专门的工作团队，于 2008 年 1 月发布了第 1 个 HTML5 的正式草案。

尽管 HTML5 到目前为止还只是草案，离真正的规范还有相当长的一段路要走，但 HTML5 还是引起了业内的广泛兴趣，Google Chrome、Firefox、Opera、Safari 和 Internet Explorer 9 等主流浏览器都已经支持 HTML5 技术。

2010 年，时任苹果公司 CEO 的乔布斯发表了一篇名为《对 flash 的思考》的文章，指出随着 HTML5 的完善和推广，以后在观看视频等多媒体时就不再依靠 flash 插件了。这引起了主流媒体对 HTML5 的兴趣。

目前，HTML5 的标准草案已进入了 W3C 制定标准五大程序的第 1 步，预期要到 2022 年才会成为 W3C 推荐标准，HTML5 无疑会成为未来 10 年最热门的互联网技术。

1.2　HTML4 基础

HTML5 是在 HTML4.01 的基础上进行的升级和扩充，它保留了大多数 HTML4 的标签和功能。为了便于读者全面了解 HTML5，本节介绍 HTML4 的基础知识，这些内容也是进行 HTML 编程和阅读本书的基础。

1.2.1　设置网页背景和颜色

在设计网页时，首先需要设置网页的属性。常见的网页属性就是网页的颜色和背景图片。

可以在<BODY>标签中通过 background 属性设置网页的背景图片。例如：

```
<BODY background="Greenstone.bmp">
```

可以在<BODY>标签中通过 bgcolor 属性设置网页的背景颜色。例如：

```
<BODY bgcolor="#00FFFF">
```

<BODY>标签的常用属性如表 1-2 所示。

表 1–2　<BODY>的常用属性

属性	说明
background	文档的背景图像
bgcolor	文档的背景颜色

续表

属性	说明
text	文档中文本的颜色
link	文档中链接的颜色
vlink	文档中已被访问过的链接的颜色
alink	文档中正被选中的链接的颜色

1.2.2　设置字体属性

可以使用<font>...</font>标签对网页中的文字设置字体属性，包括选择字体和设置字体大小等。例如：

```
<font face="黑体" size="4">设置字体.</font>
```

face 属性用于设置字体类型，size 属性用于设置字体大小。也可以使用 color 属性设置字体的颜色。

还可以设置文本的样式，包括加粗、倾斜和下划线等。使用...定义加粗字体，使用<i>...</i>定义倾斜字体，使用<u>...</u>定义下划线字体。这些标签可以混合使用，定义同时具有多种属性的字体。

【例 1-2】　定义加粗、倾斜和下划线字体，代码如下。

```
<p><b>加粗</b> <i>倾斜</i> <u>下划线</u></p>
```

上面代码定义的网页如图 1-1 所示。

在【例 1-2】的代码中，可以看到一对<p>...</p>标签，它们用于定义字体的分段。可以单独定义<p>和</p>之间元素的属性。比较常用的属性是 align=#，#可以是 left、center 或 right。left 表示文字居左，center 表示文字居中，right 表示文字居右。

图 1-1　浏览【例 1-2】的结果

【例 1-3】　将【例 1-2】定义的文字居中显示，代码如下。

```
<p align="center"><b>加粗</b> <i>倾斜</i> <u>下划线</u></p>
```

也可以选择样式来设置字体。HTML 中有一些默认样式，标题是常用的样式之一。标题元素有 6 种，分别为 H1、H2…H6，用于表示文章中的各种题目。标题号越小，字体越大。

【例 1-4】　下面的代码可以定义 H1、H2…H6 标题的文字。

```
<h1>这是标题 1</h1>
<h2>这是标题 2</h2>
<h3>这是标题 3</h3>
<h4>这是标题 4</h4>
<h5>这是标题 5</h5>
<h6>这是标题 6</h6>
```

浏览【例 1-4】的结果如图 1-2 所示。

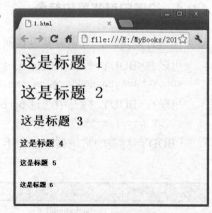

1.2.3　超级链接

超级链接是网页中一种特殊的文本，也称为超链接，单击

图 1-2　浏览【例 1-4】的结果

超级链接可以方便地转向本地或远程的其他文档。超级链接可分为两种，即本地链接和远程链接。本地链接用于连接本地计算机的文档，远程链接用于连接远程计算机的文档。

在超级链接中必须明确指定转向文档的位置和文件名。可以使用统一资源定位器（Uniform Resource Locator，URL）指定文档的具体位置，它的构成如下。

```
protocol:// machine.name[:port] / directory / filename
```

其中 protocol 是访问该资源采用的协议，即访问该资源的方法，主要的协议如下。

- HTTP：超文本传输协议，该资源是 HTML 文件。
- File：用于访问本地计算机上的文件资源。
- FTP：文件传输协议。
- News：表明该资源是网络新闻。

machine.name 是存放该资源主机的 IP 地址或域名，如 www.microsoft.com。port 是端口号，是服务器在该主机使用的端口号。一般情况下端口号不需要指定，默认为 80。只有当服务器使用的端口号不是默认的端口号时，才指定。

directory 和 filename 是该资源的路径和文件名。

下面是一个典型的 URL。

```
http://www.php.net/download.php
```

因为网站通常都会指定默认的文档，所以直接输入 http://www.php.net 就可以访问到 PHP 网站的首页文档。

下面是一个定义超级链接的例子。

```
<a href="http://www.php.net">PHP 网站</a>
```

在<a>和</a>标签之间定义超级链接的显示文本，href 属性定义要转向的网址或文档。

在超级链接的定义代码中，除了指定转向文档外，还可以使用 target 属性来设置单击超级链接时打开网页的目标框架。可以选择_blank（新建窗口）、_parent（父框架）、_self（相同框架）和_top（整页）等目标框架。比较常用的目标框架为_blank（新建窗口）。

【例 1-5】　定义一个新的超级链接，显示文本为"在新窗口中打开 PHP 网站"，代码如下。

```
<a target="_blank" href="http://www.php.net">在新窗口中打开 PHP 网站</a>
```

如果没有使用 target 属性，单击超级链接后将在原来的浏览器窗口打开新的 HTML 文档。

在 HTML 中，定义电子邮件超级链接的代码如下。

```
<a href="mailto:johney2008@sina.com">我的邮箱</a>
```

超级链接还可以定义在本网页内跳转，从而实现类似目录的功能。比较常见的应用包括在网页底部定义一个超级链接，用于返回网页顶端。首先需要在跳转到的位置定义一个标识（锚），在 DreamWeaver 中，这种定义位置的标识被称为命名锚记（在 FrontPage 中被称为书签）。

例如，可以在网页的顶部定义锚 top，代码如下。

```
<a name="top" id="top"></a>
```

在<a>标记中增加了一个 name 属性，表示这是一个名为 top 的锚。

创建锚是为了在 HTML 文档中创建一些链接，通过这些链接可以方便地转向同一文档中有锚的地方，代码如下。

```
<a href="url#name">转到锚 name</a>
```

如果 href 属性的值是指定一个锚，则必须在锚名前面加一个"#"符号。例如，在网页的尾部添加如下代码。

```
<a href="#top">返回顶部</a>
```

单击"返回顶部"超级链接将跳转到网页顶部（因为已经在网页的顶部定义了锚 top）。

1.2.4 图像和动画

在 HTML 中使用<img>标签来处理图像。例如：

```
<img src="pic.gif">
```

src 属性用于指定图像文件的文件名，包括文件所在的路径。这个路径既可以是相对路径，也可以是绝对路径。除此之外，<img>标记还有如下属性。

- alt：当鼠标光标移动到图像上时显示的文本。
- align：图像的对齐方式，包括 top（顶端对齐）、bottom（底部对齐）、middle（居中对齐）、left（左侧对齐）和 right（右侧对齐）。
- border：图像的边框宽度。
- width：图像的宽度。
- height：图像的高度。
- hspace：定义图像左侧和右侧的空白。
- vspace：定义图像顶部和底部的空白。

还可以使用<img>标记来处理动画。例如，在网页中插入一个多媒体文件 clock.avi，代码如下。

```
<img border="0" dynsrc="clock.avi" start="fileopen" width="321" height="321">
```

dynsrc 属性用于指定动画文件的文件名，包括文件所在的路径。start 属性用于指定动画开始播放的时间，fileopen 表示网页打开时即播放动画。

1.2.5 表格

在 HTML 中，表格由<table>…</table>标签对定义，表格内容由<tr>…</tr>和<td>…</td>标签对定义。<tr>…</tr>定义表格中的一行，<td>…</td>通常出现在<tr>…</tr>之间，用于定义一个单元格。

【例 1-6】 定义一个 3 行 3 列的表格，代码如下。

```
<table width="200" border="1">
  <tr>
    <td> </td>
    <td> </td>
    <td> </td>
  </tr>
  <tr>
    <td> </td>
    <td> </td>
    <td> </td>
  </tr>
  <tr>
    <td> </td>
    <td> </td>
    <td> </td>
  </tr>
```

```
</table>
```

" "是 HTML 中的空格。border 属性用于定义表格边框的宽度。浏览【例 1-6】的结果如图 1-3 所示。

下面介绍表格的常用属性。

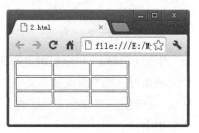

图 1-3 浏览【例 1-6】的结果

1. 通栏

被合并的单元格会跨越多个单元格，这种合并的单元格称为通栏。通栏可以分为横向通栏和纵向通栏两种，<td colspan=#>用于定义横向通栏，<tr rowspan=#>用于定义纵向通栏。#表示通栏占据的单元格数量。

2. 表格大小和边框宽度

在<table>标记中，表格的大小用 width=#和 height=#属性说明。前者为表宽，后者为表高，#是以像素为单位的整数，也可以是百分比。在【例 1-6】中，可以看到 width 属性的使用。

边框宽度由 border=#属性定义，#为宽度值，单位是像素。例如，下面的 HTML 代码定义了一个边框宽度为 4 的表格。

```
<table border="4" width="100%" id="table1">
……
</table>
```

3. 背景颜色

在 HTML 中，可以使用 bgcolor 属性设置单元格的背景颜色，格式为 bgcolor=#。#是十六进制的 6 位数，格式为 rrggbb，分别表示红、绿、蓝三色的分量，或者是 16 种已定义好的颜色名称。

【例 1-7】 下面的 HTML 代码定义表格的背景颜色为 c0c0c0（灰色）。

```
<table border="1" width="100%" id="table1">
    <tr>
        <td colspan="2" bgcolor="#C0C0C0">
        <p align="center">表格</td>
    </tr>
    <tr>
        <td bgcolor="#C0C0C0">
        <p align="center">域名</td>
        <td bgcolor="#C0C0C0">
        <p align="center">说明</td>
    </tr>
    ……
    </table>
```

浏览【例 1-7】的结果如图 1-4 所示。

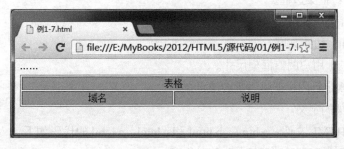

图 1-4 浏览【例 1-7】的结果

7

1.2.6　使用框架

框架（Frame）可以将浏览器的窗口分成多个区域，每个区域可以单独显示一个 HTML 文件，各个区域也可以相关联地显示某一个内容。例如，可以将索引放在一个区域，文件内容显示在另一个区域。框架通常的使用方法是在一个框架中放置可供选择的链接目录，而将 HTML 文件显示在另一个框架中。

定义框架的基本代码如下。

```
<html>
<head>
<title>...</title>
</head>
<noframes>...</noframes>
<frameset>
<frame src="url">
<frame src="url">
<frame src="url">
……
</frameset>
</html>
```

1.　<noframes>标签

noframes 元素中包含框架不能显示时的替换内容。

2.　<frameset>标签

frameset 元素是一个框架容器，它将窗口分成长方形的子区域，即框架。在一个框架设置文档中，<frameset>取代了<body>位置，紧接<head>之后。

<frameset>的基本属性包括 rows 和 cols，它们定义了框架设置元素中的每个框架的尺寸大小。rows 值从上到下给出了每行的高；cols 值从左到右给出了每列的宽。

框架是可以嵌套的，也就是说，在<frameset>中还可以包含一个或多个<frameset>标签。

3.　<frame>标签

<frameset>标签包含多个<frame>标签。每个<frame>元素定义一个子窗口。<frame>标签的属性说明如下。

- name：框架名称。
- src：框架内容 URL。
- longdesc：框架的长篇描述。
- frameborder：框架边框。
- marginwidth：边距宽度。
- marginheight：边距高度。
- noresize：禁止用户调整框架尺寸。
- scrolling：规定行内框架是否需要滚动条。

【例 1-8】　框架的定义。

首先创建 3 个 HTML 文件：a.html、b.html 和 c.html。a.html 的代码如下。

```
<a href="b.html" target="main">b.html</a>
 <br>
```

```
<a href="c.html" target="main">c.html</a>
```

单击超链接，将在 main 框架中打开对应的网页。b.html 的代码如下。

```
<h1> b.html</h1>
```

c.html 的代码如下：

```
<h1> c.html</h1>
```

定义框架的网页代码如下。

```
<html>
<head>
<meta HTTP-EQUIV="Content-Type" CONTENT="text/html; charset=gb2312">
<title>定义框架的例子</title>
</head>
<frameset framespacing="1" border="1" bordercolor= #333399  frameborder="yes">
    <frameset cols="150,*">
        <frame name="left" target="main" src="a.html" scrolling="auto" frameborder=1>
        <frame name="main" src="b.html" scrolling="auto" noresize frameborder=1>
    </frameset>
    <noframes>
    <body>
    <p>此网页使用了框架，但您的浏览器不支持框架。</p>
    </body>
    </noframes>
</frameset>
</html>
```

框架集（frameset）中定义了两个框架（frame），左侧框架中显示 a.html，宽度为 150。右侧框架名为 main，初始时显示 b.html。定义框架的网页如图 1-5 所示。单击 c.html 超链接显示的网页界面如图 1-6 所示。

图 1-5　浏览【例 1-8】的结果

图 1-6　单击 c.html 超链接的网页界面

1.2.7　其他常用标签

本小节介绍 HTML 中其他常用的标签。

1．<div>标签

<div>标签可以定义文档中的分区或节（Division/Section），可以把文档分割为独立的、不同的部分。在 HTML4 中，<div>标签对设计网页布局很重要。

【例 1-9】　使用<div> 标签定义 3 个分区，背景色分别为红、绿、蓝，代码如下。

```html
<div style="background-color:#FF0000">
  <h3>标题 1</h3>
  <p>正文 1</p>
</div>
<div style="background-color:#00FF00">
  <h3>标题 2</h3>
  <p>正文 2</p>
</div>
<div style="background-color:#0000FF">
  <h3>标题 3</h3>
  <p>正文 3</p>
</div>
```

style 属性用于指定 div 元素的 CSS 样式，background-color 用于定义元素的背景颜色。关于 CSS 样式将在第 4 章介绍，关于 HTML 颜色的定义方法将在 6.2.2 小节介绍。

浏览【例 1-9】的结果如图 1-7 所示，可以很直观地看到<div>标签定义的分区的范围。

图 1-7   浏览【例 1-9】的结果

2.　
标签

标签是 HTML 中的换行符。在 XHTML 中，把结束标签放在开始标签中，即
。

【例 1-10】
标签的使用。

第一段
第二段
第三段

浏览【例 1-10】的结果如图 1-8 所示。

3.　<pre>标签

<pre>标签用于定义预格式化的文本。 其中的文本会以等宽字体显示，并保留空格和换行符。<pre>标签通常用来显示源代码。

图 1-8   浏览【例 1-10】的结果

【例 1-11】   使用<pre>标签显示【例 1-9】中的代码。

```
<pre>
&lt;html&gt;
&lt;body&gt;

 &lt;div style="background-color:#FF0000"&gt;
  &lt;h3&gt;标题 1&lt;/h3&gt;
  &lt;p&gt;正文 1&lt;/p&gt;
 &lt;/div&gt;
```

```
&lt;div style="background-color:#00FF00"&gt;
  &lt;h3&gt;标题 2&lt;/h3&gt;
  &lt;p&gt;正文 2&lt;/p&gt;
&lt;/div&gt;
&lt;div style="background-color:#0000FF"&gt;
  &lt;h3&gt;标题 3&lt;/h3&gt;
  &lt;p&gt;正文 3&lt;/p&gt;

&lt;/body&gt;
&lt;/html&gt;
</pre>
```

在 <pre>…</pre> 中，使用 "<" 代表 "<"，使用 ">" 代表 ">"。浏览【例 1-11】的结果如图 1-9 所示。

图 1-9　浏览【例 1-11】的结果

4. <li>标签

<li>标签用于定义列表项目，可以用在有序列表（<ol>）和无序列表（<ul>）中。

【例 1-12】　演示<li>标签的使用方法。

```
<ol>
  <li>北京</li>
  <li>上海</li>
  <li>天津</li>
</ol>

<ul>
  <li>北京</li>
  <li>上海</li>
  <li>天津</li>
</ul>
```

浏览【例 1-12】的结果如图 1-10 所示。

5. <span>

<span>标签可以用来组合文档中的行内元素。它可以在行内定义

图 1-10　浏览【例 1-12】的结果

一个区域，也就是一行内可以被<span>划分成好几个区域，从而实现某种特定效果。

<span>本身没有任何属性，如果不对 span 应用样式，那么 span 元素中的文本与其他文本不会有任何视觉上的差异。因此，这里不介绍<span >标签的使用实例，在本书后面的很多例子中会使用到<span >标签。

1.3 HTML5 的新特性

HTML5 在语法上与 HTML4 是兼容的，同时增加了很多新特性，使运用 HTML5 设计网页更加方便、简单，使用 HTML5 设计的网页也会更美观、新颖、有个性。

1.3.1 简化的文档类型和字符集

<!DOCTYPE> 声明位于 HTML 文档中最前面的位置，它位于<html>标签之前。该标签告知浏览器文档使用的 HTML 或 XHTML 规范。

在 HTML4 中，<!DOCTYPE>标签可以声明 3 种 DTD 类型，分别表示严格版本（Strict）、过渡版本（Transitional）和基于框架（Frameset）的 HTML 文档。

DTD（Document Type Definition）是一套关于标记符的语法规则。它是 XML 1.0 版规格的一部分，是 XML 文件的验证机制，属于 XML 文件组成的一部分。DTD 是一种保证 XML 文档格式正确的有效方法，可通过比较 XML 文档和 DTD 文件来查看文档是否符合规范、元素和标签的使用是否正确。

【例 1-13】   <!DOCTYPE>标签的使用。
```
<!DOCTYPE html
PUBLIC "-//W3C//DTD XHTML 1.0 Strict//EN"
"http://www.w3.org/TR/xhtml1/DTD/xhtml1-strict.dtd">
```
在上面的声明中，声明了文档的根元素是 html，它在公共标识符被定义为"-//W3C//DTD XHTML 1.0 Strict//EN"的 DTD 中定义。浏览器将明白如何寻找匹配此公共标识符的 DTD。如果找不到，浏览器将使用公共标识符后面的 URL 作为寻找 DTD 的位置。

1. HTML4 严格版本（Strict）DTD

如果需要干净的标记，避免表现层混乱，可以使用此类型，它通常与层叠样式表（CSS）配合使用。【例 1-13】中定义的<!DOCTYPE>标签就是严格版本的 DTD。

2. HTML4 过渡版本（Transitional）DTD

过渡版本 DTD 可以包含 W3C 期望移入样式表的呈现属性和元素。如果用户使用了不支持层叠样式表（CSS）的浏览器，HTML 文档就不得不使用 XHTML 的呈现特性了，此时请使用过渡版本 DTD。定义过渡版本 DTD 的代码如下。
```
<!DOCTYPE html
PUBLIC "-//W3C//DTD XHTML 1.0 Transitional//EN"
"http://www.w3.org/TR/xhtml1/DTD/xhtml1-transitional.dtd">
```
3. HTML4 基于框架（Frameset）DTD

如果希望在网页中使用框架，请使用基于框架 DTD。定义基于框架 DTD 的代码如下。

```
<!DOCTYPE html
PUBLIC "-//W3C//DTD XHTML 1.0 Frameset//EN"
"http://www.w3.org/TR/xhtml1/DTD/xhtml1-frameset.dtd">
```

4. HTML5 的<!DOCTYPE>标签

对于初学者而言，前面的内容也许有些复杂，不好理解。不过，好在 HTML5 对<!DOCTYPE>标签进行了简化，只支持 HTML 一种文档类型。定义代码如下。

```
<!DOCTYPE HTML>
```

之所以这么简单，是因为 HTML5 不再是 SGML（Standard Generalized Markup Language，标准通用标记语言，是一种定义电子文档结构和描述其内容的国际标准语言，是所有电子文档标记语言的起源）的一部分，而是独立的标记语言。这样设计 HTML 文档时就不需要考虑文档类型了。

5. HTML5 的字符集

要正确显示 HTML 页面，浏览器就必须知道使用何种字符集。HTML4 的字符集包括 ASCII、ISO-8859-1、Unicode 等很多类型。

HTML5 的字符集也得到了简化，只需要使用 UTF-8 即可，使用一个 meta 标记就可以指定 HTML5 的字符集，代码如下。

```
<meta charset="UTF-8">
```

1.3.2　HTML5 的新结构

HTML5 的设计者们认为网页应该像 XML 文档和图书一样有结构。通常，网页中有导航、网页主体内容、工具栏、页眉和页脚等结构。HTML5 中增加了一些标签以实现这些网页结构，这些新标签及其定义的网页布局如图 1-11 所示。

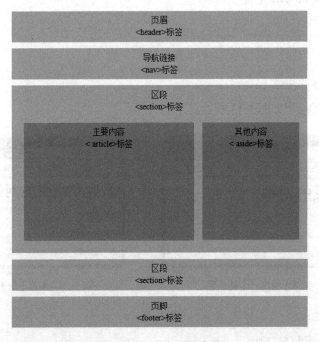

图 1-11　HTML5 网页布局

下面介绍这些标签的具体用法。

1. <section>标签

<section>标签用于定义文档中的区段，如章节、页眉、页脚或文档中的其他部分。

【例1-14】 <section>标签的使用。

```
<section>
  <h1> HTML5</h1>
  <p> HTML5 是最新的 HTML 标准...</p>
</section>
```

2. <header>标签

<header>标签用于定义文档的页眉（介绍信息）。

【例1-15】 <header>标签的使用。

```
<header>
  <h1>欢迎光临我的网站</h1>
  <p>我是启明星</p>
</header>

<p>网页的其他部分...</p>
```

浏览【例1-15】的结果如图1-12所示。

3. <footer>标签

<footer>标签用于定义区段（Section）或文档的页脚。通常，该元素包含作者的姓名、文档的创作日期或者联系方式等信息。

【例1-16】 <footer>标签的使用。

```
<header>
  <h1>欢迎光临我的网站</h1>
  <p>我是启明星</p>
</header>

<p>网页的其他部分...</p>
<footer>本文档创建于 2012-10-07</footer>
```

浏览【例1-16】的结果如图1-13所示。

图1-12　浏览【例1-15】的结果

图1-13　浏览【例1-16】的结果

4. <nav>标签

<nav>标签用于定义导航链接。

【例1-17】 <nav>标签的使用。

```
<header>
```

```
　<h1>欢迎光临我的网站</h1>
　<p>我是启明星</p>
</header>
<nav>
<a href="index.asp">首页</a>
<a href="intro.asp">简介</a>
<a href="contact.asp">联系方式</a>
</nav>
<p>网页的其他部分...</p>
<footer>本文档创建于 2012-10-07</footer>
```

浏览【例 1-17】的结果如图 1-14 所示。

5.　\<article\>标签

\<article\>标签用于定义文章或网页中的主要内容。

【例 1-18】　　\<article\>标签的使用。

```
<article>
```
微软在发布 Windows Phone 8 时曾表示，移动版 IE10 在 HTML5 上比起 IE9 将会有长足的进步，看来他们并没有吹嘘。根据外站 WPCentral 近日对各大浏览器进行的跑分测试，我们可以看到，IE10 的成绩是 IE9 的两倍有余。...
```
</article>
```

图 1-14　浏览【例 1-17】的结果

6.　\<aside\>标签

\<aside\>标签用于定义主要内容之外的其他内容。

【例 1-19】　　\<aside\>标签的使用。

```
<p>微软在发布 Windows Phone 8 时曾表示，移动版 IE10 在 HTML5 上比起 IE9 将会有长足的进步，看来他们并没有吹嘘。根据外站 WPCentral 近日对各大浏览器进行的跑分测试，我们可以看到，IE10 的成绩是 IE9 的两倍有余。</p>
<aside>
<h4>HTML5</h4>
```
HTML5 是最新的 HTML 标准。目前 HTML5 的标准草案已进入了 W3C 制定标准 5 大程序的第 1 步。预期要到 2022 年才会成为 W3C 推荐标准。HTML5 无疑会成为未来 10 年最热门的互联网技术。
```
</aside>
```

浏览【例 1-19】的结果如图 1-15 所示。

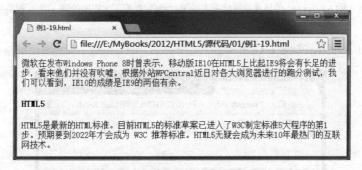

图 1-15　浏览【例 1-19】的结果

7.　\<figure\>标签

\<figure\>标签用于定义独立的流内容，如图像、图表、照片、代码等。

15

【例 1-20】 <figure>标签的使用。

```
<figure>
  <p>睡莲</p>
  <img src="Water lilies.jpg" width="350" height="234"/>
</figure>
```

浏览【例 1-20】的结果如图 1-16 所示。

图 1-16　浏览【例 1-20】的结果

 　本小节介绍 HTML5 新标签的主要目的是规范 HTML 文档的结构，增强 HTML 文档的可读性，对其内容的显示效果的影响很小。

1.3.3　HTML5 的新增内联元素

HTML5 新增了几个内联元素（Inline Element），内联元素一般都是基于语义级的基本元素。内联元素只能容纳文本或者其他内联元素。

1. <mark>标签

<mark>标签用于定义带有记号的文本。

【例 1-21】 <mark>标签的使用。

<p>目前<mark>HTML5</mark>的标准草案已进入了 W3C 制定标准五大程序的第 1 步。预期要到 2022 年才会成为 W3C 推荐标准。</p>

浏览【例 1-21】的结果如图 1-17 所示。

图 1-17　浏览【例 1-21】的结果

2. <time>标签

<time>标签用于定义公历的时间（24 小时制）或日期、时间和时区。<time>标签的属性如下。

- datetime：用于指定日期/时间。如果不指定此属性，则由元素的内容给定日期/时间。其语法格式如下。

```
<time datetime="YYYY-MM-DDThh:mm:ssTZD">
```

YYYY 指定年（如 2012），MM 指定月（如 01），DD 指定天（如 08），T 是日期和时间的分隔符（如果指定时间的话），hh 指定时，mm 指定分，ss 指定秒，TZD 是时区标识符（Z 表示祖鲁，也称为格林威治时间）。

- pubdate：用于指定<time>元素中的日期/时间，是文档（或最近的前辈 <article> 元素）的发布日期。其语法格式如下。

```
<time pubdate="pubdate">
```

【例 1-22】 <time>标签的使用。

```
<p>2013年春节是<time>2013-02-10</time></p>
<p>2013年 <time datetime="2013-02-10">春节</time></p>
<p><time pubdate="pubdate"></time></p>
```

 在笔者编写此书时，几乎所有的主流浏览器都不支持<time>标签。

3. <meter>标签

<meter>标签用于定义度量衡，仅用于已知最大和最小值的度量。浏览器会使用图形方式表现<meter>标签。<meter>标签的属性说明如下。

- high：定义度量的值位于哪个点，被界定为高的值。
- low：定义度量的值位于哪个点，被界定为低的值。
- max：定义最大值。默认值是 1。
- min：定义最小值。默认值是 0。
- optimum：定义什么样的度量值是最佳的值。如果该值高于 high 属性的值，则意味着值越高越好。如果该值低于 low 属性的值，则意味着值越低越好。
- value：定义度量的值。

【例 1-23】 <meter>标签的使用。

```
<meter min="0" max="20" value="5"></meter>
<meter value="0.1"></meter>
<meter value="0.3" optimum="1" high="0.9" low="0.1" max="1" min="0"></meter>
<span>30%</span>
<meter min="0" max="100" value="80"></meter>
<meter min="0" max="100" value="100"></meter>
```

浏览【例 1-23】的结果如图 1-18 所示。

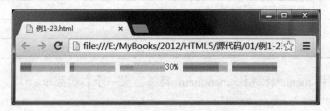

图 1-18 浏览【例 1-23】的结果

4. <progress>标签

<progress>标签用于定义一个进度条。它的属性说明如下。

- max：定义完成的值。
- value：定义进度条的当前值，如果不指定 value 值，则显示一个动态的进度条。

【例 1-24】 <progress>标签的使用。

下载进度：

```
<progress value="85" max="100"></progress>
<span id="objprogress">85%</span>
<br>
处理中，请稍候：
<progress></progress>
```

浏览【例 1-24】的结果如图 1-19 所示。

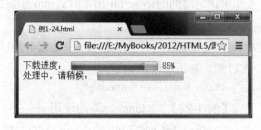

图 1-19 浏览【例 1-24】的结果

1.3.4 支持动态页面

HTML 提供了很多新特性，可以使创建动态 HTML 页面更方便。

1. 菜单

在 HTML5 中，可以使用<menu>标签定义菜单，多用于组织表单中的控件列表。

<menu>标签的常用属性如表 1-3 所示。

表 1-3 <menu>标签的常用属性

属性	说明
autosubmit	如果为 true，那么当表单控件改变时会自动提交
label	规定菜单的可见标签
type	定义显示哪种类型的菜单。可选值为 context、toolbar 和 list，默认值是 list

【例 1-25】 使用< menu >标签定义一个选择列表。

```
<menu>
<li><input type="checkbox" />ASP</li>
<li><input type="checkbox" />PHP</li>
<li><input type="checkbox" />JSP</li>
</menu>
```

浏览【例 1-25】的结果如图 1-20 所示。

可以使用<menuitem>标签定义菜单项，<menuitem> 标签的常用属性如表 1-4 所示。

图 1-20 浏览【例 1-25】的结果

表 1-4 <menuitem>标签的常用属性

属性	说明
label	规定菜单的可见标签
icon	菜单项前面显示的图标
onclick	指定单击此菜单项时执行的 JavaScript 代码

【例 1-26】 使用<menu>标签和<menuitem>标签定义一个右键菜单。

```
<menu type="context" id="mymenu">
  <menuitem label="刷新" onclick="window.location.reload();" icon="refresh.ico">
</menuitem>
```

```
<menu label="演示子菜单...">
  <menuitem label="子菜单1" onclick="alert('子菜单1');"></menuitem>
  <menuitem label="子菜单2" onclick="alert('子菜单2');"></menuitem>
</menu>
</menu>
```

上面的代码定义了"刷新"和"演示子菜单..."两个菜单项。"演示子菜单..."下面还包含两个菜单项:"子菜单1"和"子菜单2"。【例1-26】的显示结果将在后面结合【例1-27】进行介绍。

2. 右键菜单

HTML5 支持在网页中创建和使用自定义的右键菜单。在网页元素中可以使用 contextmenu 属性指定此元素使用的右键菜单。

【例1-27】 定义一个图片,右击图片可以弹出【例1-26】定义的右键菜单 mymenu。图片的定义代码如下。

```
<img src="Water lilies.jpg" draggable="true" contextmenu="mymenu"/>
```

右击该图片,将弹出如图1-21所示的右键菜单。

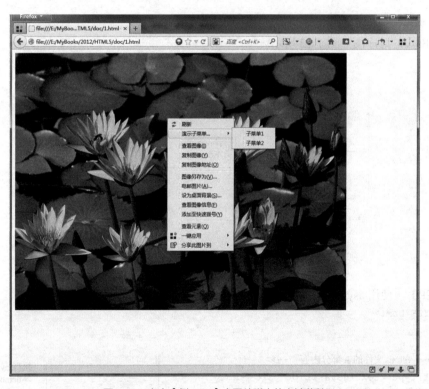

图1-21 右击【例1-27】中图片弹出的右键菜单

可以看到,右键菜单中除了浏览器默认提供的菜单项外,还包括【例1-26】中定义的菜单项。选择"刷新"菜单项,将执行 window.location.reload()方法,刷新网页;选择"子菜单1"或"子菜单2",将执行 alert()方法,弹出相应的消息框。

在笔者编写此书时,主流浏览器中只有 Firefox 支持右键菜单。Internet Explorer 9.0 和 Chrome 22.0 尚未支持右键菜单。图1-21 就是使用 Firefox 16.0.1 浏览的结果。

3. 在<script>标签中使用 async 属性

async 属性是 HTML5 的新属性。在<script>标签中使用 async 属性可以设定异步执行指定的脚本，也就是在加载网页的同时执行指定的脚本。如果不指定 async 属性，则需要等到加载完前面的网页内容，才能开始执行脚本，执行完脚本才能加载后面的网页内容。

 async 属性仅适用于外部脚本（即使用 src 属性指定 js 文件时）。

【例 1-28】 传统的执行 JavaScript 脚本的例子。

```
<!DOCTYPE html>
<html>
<body>
    <!-- HTML 文件的 A 部分内容  -->
<script type="text/javascript" src="demo.js"></script>
    <!-- HTML 文件的 B 部分内容  -->
</body>
</html>
```

加载此网页的时序图如图 1-22 所示。

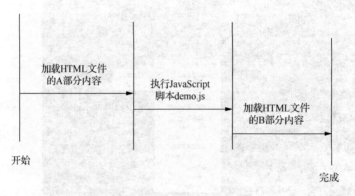

图 1-22 【例 1-28】的时序图

【例 1-29】 使用 async 属性异步执行 JavaScript 脚本的例子。

```
<!DOCTYPE html>
<html>
 <body>
    <!-- HTML 文件的 A 部分内容  -->
<script type="text/javascript" src="demo_
async.js" async="async"></script>
    <!-- HTML 文件的 B 部分内容  -->
</body>
</html>
```

加载此网页的时序图如图 1-23 所示。

可以看到，异步执行可以与加载 HTML 内容同时进行，因此效率更高。特别是当 JavaScript 脚本较复杂、执行时间较长时，建议使用 async 属性。

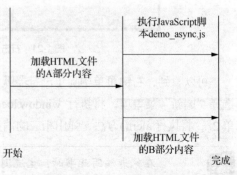

图 1-23 【例 1-29】的时序图

4．<details>标签

<details>标签用于描述文档或文档某个部分的细节。

【例1-30】　使用<details>标签描述文档细节。

```
<!DOCTYPE HTML>
<html>
<body>

<details>
<summary>数据库文档说明.</summary>
<p>本文档用于描述数据库结构.由开发部数据库小组维护。最后修改于2012-10-15</p>
</details>

</body>
</html>
```

浏览【例1-30】的结果如图1-24所示。单击▶图标，可以看到<details>标签定义的描述文档，如图1-25所示。

图1-24　浏览【例1-30】的结果

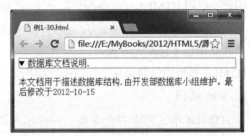

图1-25　查看<details>标签定义的描述文档

<summary>标签用于定义details元素的标题。

1.3.5　全新的表单设计

HTML5支持HTML4中定义的所有标准输入控件，而且新增了输入控件，从而使HTML5实现了全新的表单设计。关于HTML5表单设计的具体情况将在第3章中介绍。

1.3.6　强大的绘图和多媒体功能

HTML4几乎没有绘图的功能，通常只能显示已有的图片，而HTML5集成了强大的绘图功能。在HTML5中可以通过下面的方法绘图。

- 使用Canvas API动态地绘制各种效果精美的图形。
- 绘制可伸缩矢量图形（SVG）。

借助HTML5的绘图功能，既可以美化网页界面，也可以实现专业人士的绘图需求。本书将在第6章介绍使用Canvas API画图的方法，并在第7章介绍绘制可伸缩矢量图形（SVG）的方法。

HTML4在播放音频和视频时都需要借助flash等第三方插件。而HTML5新增了audio和video元素，可以不依赖任何插件而播放音频和视频，以后用户就不需要安装和升级flash插件了，这当然更方便了。本书将在第 8 章介绍播放音频和视频的方法。

1.3.7 打造桌面应用的一系列新功能

在传统的 Web 应用程序中，数据存储和数据处理都由服务器端脚本（如 ASP、ASP.NET 和 PHP 等）完成，客户端的 HTML 只负责显示数据，几乎没有处理能力。传统 Web 应用程序的工作原理如图 1-26 所示。

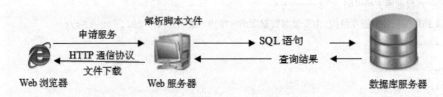

图 1-26　传统 Web 应用程序的工作原理

因此，使用 HTML4 打造桌面应用是不可能的，而 HTML5 新增了一系列数据存储和数据处理功能，大大增强了客户端的处理能力，足以颠覆传统 Web 应用程序的设计和工作模式，甚至使用 HTML5 打造桌面应用也不再是天方夜谭。

HTML5 新增的与数据存储和数据处理相关的功能如下。

1. Web 通信

在 HTML4 中，出于安全考虑，一般不允许一个浏览器的不同框架、不同标签页、不同窗口之间的应用程序互相通信，以防止恶意攻击。要实现跨域通信只能将 Web 服务器作为中介。但在桌面应用中，经常需要进行跨域通信。HTML5 提供了跨域通信的消息机制，具体内容将在第 9 章介绍。

2. 本地存储

HTML4 的存储能力很弱，只能使用 Cookie 存储很少量的数据，如用户名和密码。HTML5 扩充了文件存储的能力，可以存储多达 5MB 的数据，而且支持 WebSQL 和 IndexedDB 等轻量级数据库，大大增强了数据存储和数据检索能力。具体内容将在第 10 章介绍。

3. 离线应用

传统 Web 应用程序对 Web 服务器的依赖程度非常高，离开 Web 服务器几乎什么都做不了。而使用 HTML5 可以开发支持离线的 Web 应用程序，在连接不上 Web 服务器时，可以切换到离线模式；等到可以连接 Web 服务器时，再进行数据同步，把离线模式下完成的工作提交到 Web 服务器。具体内容将在第 11 章介绍。

1.3.8 获取地理位置信息

越来越多的 Web 应用需要获取地理位置信息，例如在显示地图时标注自己的当前位置。在 HTML4 中，获取用户的地理位置信息需要借助第三方地址数据库或专业的开发包（如 Google Gears API）。HTML5 新增了 Geolocation API 规范，可以通过浏览器获取用户的地理位置，这无疑给有相关需求的用户提供了很大的方便。具体内容将在第 12 章介绍。

1.3.9　支持多线程

提到多线程，大多数人都会想到 Visual C++、Visual C#和 Java 等高级语言。由于传统的 Web 应用程序都是单线程的，完成一件事后才能做其他事情，因此效率不高。HTML5 新增了 Web Workers 对象，使用 Web Workers 对象可以在后台运行 JavaScript 程序，也就是支持多线程，从而提高了加载网页的效率。具体内容将在第 13 章介绍。

1.3.10　small 元素

small 标签可以用小型文本显示旁注。

【例 1-31】　small 标签的使用。

```
<!DOCTYPE HTML>
<html>
<body>
<p> www.xxxxx.com - 知名社交网站.</p>
<p><small> Copyright 2017-2050.</small></p>
</body>
</html>
```

浏览【例 1-31】的结果如图 1-27 所示。

图 1-27　浏览【例 1-31】的结果

1.3.11　contenteditable 属性

contenteditable 属性可以指定元素是否可以编辑。

【例 1-32】　contenteditable 属性的使用。

```
<!DOCTYPE HTML>
<html>
<body>
<p contenteditable="true"> Hello World</p></body>
</html>
```

浏览该网页，可以看到 Hello World 是可以编辑的。

1.3.12　placeholder 属性

placeholder 属性用于指定 input 元素的提示信息。例如：

```
<form action="validate.aspx" method="post">
  <input type="text" name="userName" placeholder="用户名" /> <br/>
<input type="text" name="pwd" placeholder="密码" />
  <input type="submit" />
```

浏览包含上面 HTML 代码的网页，效果如图 1-28 所示。

1.3.13 废弃的标签

HTML5 也废弃了 HTML4 中的一些标签，在设计网页时应注意不要再使用这些废弃的标签。

HTML5 中废弃的标签主要分为以下 4 类。

图 1-28　placeholder 属性的效果

1. 表现性元素标签

HTML5 中废弃的表现性元素标签如表 1-5 所示。

表 1–5　HTML5 中废弃的表现性元素标签

废弃的标签	说明
basefont	定义文档中所有文本的默认颜色、大小和字体
big	制作更大的文本
center	对其包围的文本和内容进行水平居中处理
font	规定文本的字体、大小和颜色
s	定义加删除线的文本
strike	定义加删除线的文本
tt	定义打字机文本
u	定义下划线文本

2. 框架类元素标签

HTML5 不支持框架，废弃的框架类元素标签如表 1-6 所示。

表 1–6　HTML5 中废弃的框架类元素标签

废弃的标签	说明
frame	定义框架集中的子窗口（框架）
frameset	定义框架集，用于组织多个窗口（框架）
noframes	向浏览器显示无法处理框架的提示文本

3. 属性类标签

HTML5 中废弃的属性类标签如表 1-7 所示。

表 1–7　HTML5 中废弃的属性类标签

废弃的标签	说明
align	对齐属性。它的值可以是 left、center、right
body 标签上的 link、vlink、alink、text 属性	定义链接和文本的颜色
body 标签上的 bgcolor 属性	定义文档的背景色
body 标签上的 height 和 width 属性	定义文档的高度和宽度
iframe 元素上的 scrolling 属性	设置或获取框架是否可被滚动
valign	定义垂直对齐方式
hspace 和 vspace	设置元素周围的空间
table 标签上的 cellpadding、cellspacing 和 border 属性	定义表格单元之间的空间和边框
header 标签上的 profile 属性	指定符合数据的轮廓描述的位置
链接标签 a 上的 target 属性	指定在何处打开目标 URL
img 和 iframe 元素的 longdesc 属性	指定长的描述内容

4. 其他类元素标签

HTML5 中废弃的其他类元素标签如表 1-8 所示。

表 1–8　HTML5 中废弃的其他类元素标签

废弃的标签	说明
acronym	定义首字母缩略词，可以使用 abbr 取代 acronym
applet	定义嵌入的 applet，可以使用 object 取代 applet
dir	定义目录列表，可以使用 ul 取代 dir

1.4　支持 HTML5 的浏览器

尽管 HTML5 还只是草案，但它已经引起了业内的广泛重视，对 HTML5 的支持程度已经是衡量浏览器的重要指标。

目前绝大多数主流浏览器都支持 HTML5，只是支持的程度不同。访问下面的网址就可以测试当前浏览器对 HTML5 的支持程度。例如，使用 Chrome 59.0 进行测试的得分为 518（满分为 555），如图 1-29 所示。

```
http://html5test.com/
```

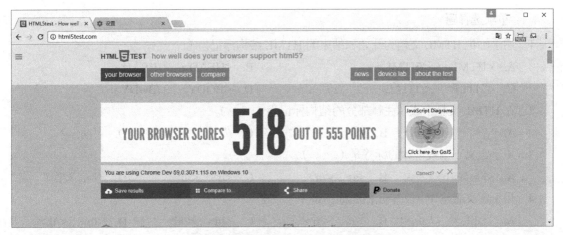

图 1-29　使用 Chrome 59.0 进行测试的得分

笔者使用目前国外厂商的主流浏览器进行测试的结果，如表 1-9 所示。

表 1–9　国外厂商的主流浏览器对 HTML5 支持程度的测试结果

浏览器	版本	得分
Chrome	59.0.3071.115	518
Opera Next	24.0.1558.51	431
Firefox	54.0.1	474
Internet Explorer	11.0	287
苹果浏览器 Safari for Windows	5.1.7（1754.57.2）	168

可以看到，目前对 HTML5 支持最好的国外厂商的主流浏览器是 Google 的 Chrome，支持最差的

是 Safari for Windows 5.1.7，而且得分相差还很多。

本书后面的实例大多使用 Chrome 浏览器来进行测试和展示演示效果。

笔者也对目前国内厂商的主流浏览器进行了测试，结果如表 1-10 所示。

表 1-10 国内厂商的主流浏览器对 HTML5 支持程度的测试结果

浏览器	版本	得分
360 极速浏览器	9.0.1.126（测试时显示为 Chrome 55）	507
QQ 浏览器	9.6.2	499
搜狗高速浏览器	7.0.6.24466	485
猎豹浏览器	6.0.114.14559	489
360 安全浏览器	8.1.1.158（测试时显示为 Chrome 45）	479
傲游浏览器	4.9.3.1000	447
百度浏览器	8.4.5.000.4828（测试时显示为 Chrome 47）	486

相信所有的主流浏览器厂商都会越来越重视 HTML5，这个测试结果也是动态变化的。读者在阅读本书时也可以亲自测试。

练习题

一、单项选择题

1. 用于标记 HTML 文档的开始和结束的 HTML 结构标记为（　　　）。

    A. \<HTML\>…\</HTML\>   B. \<HEAD\>…\</HEAD\>

    C. \<TITLE\>…\</TITLE\>   D. \<BODY\>…\</BODY\>

2. 在 HTML 文档中表示注释部分的结构标记为（　　　）。

    A. '   B. #   C. //   D. \<!--…--\>

3. 用于定义下划线字体的标签是（　　　）。

    A. \<b\>…\</b\>   B. \<a\>…\</a\>   C. \<u\>…\</u\>   D. \<i\>…\</i\>

4. 用于定义表格中一个单元格的标签是（　　　）。

    A. \<table\>…\</table\>   B. \<tr\>…\</tr\>   C. \<td\>…\</td\>   D. \<th\>…\</th\>

5. （　　　）属性用于指定 input 元素的提示信息。

    A. placeholder   B. small   C. contenteditable   D. strike

二、填空题

1. HTML 是＿＿＿＿＿＿＿＿＿（即超文本标记语言）的缩写，它是通过嵌入代码或标记来表明文本格式的国际标准。

2. HTML 中使用＿＿＿＿＿＿＿标签来处理图像。

3. HTML5 对\<!DOCTYPE\>标签进行了简化，只支持＿＿＿＿＿＿＿一种文档类型。

4. HTML5 的字符集也得到了简化，只需要使用＿＿＿＿＿＿＿即可，使用一个 meta 标记就可以指定 HTML5 的字符集。

5. 在 HTML5 中，可以使用＿＿＿＿＿＿＿标签定义菜单，多用于组织表单中的控件列表。

6. 在网页元素中可以使用＿＿＿＿＿＿＿属性指定此元素使用的右键菜单。

7.　在<script>标签中使用＿＿＿＿＿＿属性可以指定异步执行指定的脚本，也就是在加载网页的同时执行指定的脚本。

8.　＿＿＿＿＿＿标签用于描述文档或文档某个部分的细节。

9.　HTML5 新增了＿＿＿＿＿＿＿规范，可以通过浏览器获取用户的地理位置。

10.　HTML5 新增了＿＿＿＿＿＿＿对象，使用它可以在后台运行 JavaScript 程序，也就是支持多线程，从而提高加载网页的效率。

三、简答题

1.　HTML5 的设计者们认为网页应该像 XML 文档和图书一样有结构。通常，网页中有导航、网页主体内容、工具栏、页眉和页脚等结构。试列举 HTML5 新增的实现这些网页结构的标记。

2.　内联元素一般都是基于语义级的基本元素。内联元素只能容纳文本或者其他内联元素，试列举 HTML5 新增的内联元素。

3.　试列举 HTML5 中的绘图方法。

4.　试列举 HTML5 新增的与数据存储和数据处理相关的功能。

四、练习题

1.　参照 1.4 节测试目前国外厂商的主流浏览器对 HTML5 的支持情况，并填写表 1-11，还可以测试你喜欢的其他国外厂商浏览器。

表 1–11　国外厂商的主流浏览器对 HTML5 支持程度的测试结果

浏览器	版本	得分
Chrome		
Opera Next		
Firefox		
苹果浏览器　Safari for Windows		
Internet Explorer		

2.　参照 1.4 节测试目前国内厂商的主流浏览器对 HTML5 的支持情况，并填写表 1-12，还可以测试你喜欢的其他国内厂商浏览器。

表 1–12　国内厂商的主流浏览器对 HTML5 支持程度的测试结果

浏览器	版本	得分
360 极速浏览器		
QQ 浏览器		
搜狗高速浏览器		
猎豹浏览器		
360 安全浏览器		
傲游浏览器		
百度浏览器		

02 第2章 JavaScript编程

JavaScript 简称 js，是一种可以嵌入 HTML 页面中的脚本语言，HTML5 提供的很多 API 都可以在 JavaScript 程序中调用，因此学习 JavaScript 编程是阅读本书后继内容的基础。

2.1　在 HTML 中使用 JavaScript 语言

JavaScript 是一种基于对象和事件驱动的脚本语言，具有较好的安全性能。它可以把 Java 语言的优势应用到网页程序设计当中。使用 JavaScript 可以在一个 Web 页面中链接多个对象，与 Web 客户端交互作用，从而开发客户端的应用程序等。

2.1.1　在 HTML 中插入 JavaScript 代码

在 HTML 文件中使用 JavaScript 脚本时，JavaScript 代码需要出现在<Script Language ="JavaScript">和</Script>之间。

【例 2-1】　在 HTML 文件中使用 JavaScript 脚本的简单实例。

```
<HTML>
<HEAD><TITLE>简单的 JavaScript 代码</TITLE></HEAD>
<BODY>
<Script Language ="JavaScript">
 // 下面是 JavaScript 代码
  document.write("这是一个简单的 JavaScript 程序!");
  document.close();
</Script>
</BODY>
</HTML>
```

运行结果如图 2-1 所示。

document 是 JavaScript 的文档对象，document.write()用于在文档中输出字符串，document.close()用于关闭输出操作。

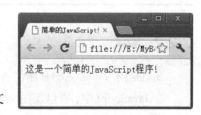

图 2-1　简单的 JavaScript 脚本

在 JavaScript 中，使用//作为注释符。浏览器在解释程序时，将不考虑一行程序中//后面的代码。

2.1.2　使用 js 文件

另外一种插入 JavaScript 程序的方法是把 JavaScript 代码写到一个 js 文件当中，然后在 HTML 文件中引用该 js 文件，方法如下：

```
<script src=".js 文件"></script>
```

【例 2-2】　使用引用 js 文件的方法实现【例 2-1】的功能。创建 output.js，内容如下。

```
document.write("这是一个简单的 JavaScript 程序!");
document.close();
```

HTML 文件的代码如下。

```
<HTML>
<HEAD><TITLE>简单的 JavaScript 代码</TITLE></HEAD>
<BODY>
<Script src="output.js"></Script>
</BODY>
</HTML>
```

2.2 基本语法

本节介绍 JavaScript 基本语法，包括数据类型、值、变量、注释和运算符等，了解这些基本语法是使用 JavaScript 编程的基础。

2.2.1 数据类型

数据类型在数据结构中的定义是一个值的集合以及定义在这个值集上的一组操作。使用数据类型可以指定变量的存储方式和操作方法。

JavaScript 包含 5 种原始数据类型，如表 2-1 所示。

表 2–1　JavaScript 的原始数据类型

类型	具体描述
Undefined	当声明的变量未初始化时，该变量的默认值是 undefined
Null	空值，如果引用一个没有定义的变量，则返回空值
Boolean	布尔类型，包含 true 和 false
String	字符串类型，是由单引号或双引号括起来的字符
Number	数值类型，可以是 32 位、64 位整数和浮点数

2.2.2 变量

变量是内存中命名的存储位置，可以在程序中设置和修改变量的值。

在 JavaScript 中，可以使用 var 关键字声明变量，声明变量时不要求指明变量的数据类型。例如：

```
var x;
```

也可以在定义变量时为其赋值，例如：

```
var x = 1;
```

或者不定义变量，而使用变量来确定其类型。例如：

```
x = 1;
str = "This is a string";
exist = false;
```

JavaScript 变量名需要遵守两条简单的规则。

* 第一个字符必须是字母、下划线（_）或美元符号（$）。
* 其他字符可以是下划线、美元符号或任何字母或数字字符。

可以使用 typeof 运算符返回变量的类型，语法如下。

```
typeof 变量名
```

【例 2-3】　演示使用 typeof 运算符返回变量类型的方法，代码如下。

```
var temp;
document.write(typeof temp); //输出 undefined
temp = "test string";
document.write(typeof temp); //输出 String
temp = 100;
document.write(typeof temp); //输出 Number
```

2.2.3　注释

注释是程序代码中不执行的文本字符串，用于说明代码行或代码段，或者暂时禁用某些代码行。使用注释说明代码，可以使程序代码更易于理解和维护。注释通常用于说明代码的功能，描述复杂计算或解释编程方法，记录程序名称、作者姓名、主要代码更改的日期等。

向代码中添加注释时，需要用一定的字符标识。JavaScript 支持两种类型的注释字符。

1.　//

"//" 是单行注释符，这种注释符可与要执行的代码处在同一行，也可另起一行。从 "//" 开始到行尾均表示注释。对于多行注释，必须在每个注释行的开始使用//。【例 2-3】中已经演示了 "//" 注释符的使用方法。

2.　/* ... */

"/* ... */" 是多行注释符，...表示注释的内容。多行注释符可与要执行的代码处在同一行，也可另起一行，甚至用在可执行代码内。对于多行注释，必须使用开始注释符（/*）开始注释，使用结束注释符（*/）结束注释。注释行上不应出现其他注释字符。

【例 2-4】　使用/* ... */给【例 2-3】添加注释。

```
/* 一个简单的 JavaScript 程序，演示使用 typeof 运算符返回变量类型的方法
    作者：启明星
    日期：2012-11-25
*/
var temp;
document.write(typeof temp); /* 输出 undefined */
temp = "test string";
document.write(typeof temp); /* 输出 String */
temp = 100;
document.write(typeof temp); /* 输出 Number */
```

2.2.4　运算符

运算符可以指定变量和值的运算操作，是构成表达式的重要元素。JavaScript 支持一元运算符、算术运算符、位运算符、关系运算符、条件运算符、赋值运算符、逗号运算符等基本运算符。本节分别对这些运算符的使用情况进行简单介绍。

1.　一元运算符

一元运算符是最简单的运算符，它只有一个参数。JavaScript 的一元运算符如表 2-2 所示。

表 2-2　JavaScript 的一元运算符

一元运算符	具体描述
delete	删除对以前定义的对象属性或方法的引用。例如： `var o = new Object;`　　　　// 创建 Object 对象 `delete o;`　　　　// 删除对象
void	出现在任何类型的操作数之前，作用是舍弃运算数的值，返回 undefined 作为表达式的值。 `var x=1,y=2;` `document.write(void(x+y));`　　//输出"undefined"

一元运算符	具体描述

++	增量运算符。了解 C 语言或 Java 的读者应该认识此运算符。它与 C 语言或 Java 中的意义相同，可以出现在操作数的前面（此时叫作前增量运算符），也可以出现在操作数的后面（此时叫作后增量运算符）。++运算符对操作数加 1，如果是前增量运算符，则返回加 1 后的结果；如果是后增量运算符，则返回操作数的原值，再对操作数执行加 1 操作。例如：
	
	`var iNum = 10;`
	`document.write(iNum++);`　　　　`//输出 10`
	`document.write(++iNum);`　　　　`//输出 12`

--	减量运算符。它与增量运算符的意义相反，可以出现在操作数的前面（此时叫作前减量运算符），也可以出现在操作数的后面（此时叫作后减量运算符）。一运算符对操作数减 1，如果是前减量运算符，则返回减 1 后的结果；如果是后减量运算符，则返回操作数的原值，再对操作数执行减 1 操作。例如：
	
	`var iNum = 10;`
	`document.write(iNum--);`　　　　`//输出 10`
	`document.write(--iNum);`　　　　`//输出 8`

+	一元加法运算符，可以理解为正号。它把字符串转换成数字。例如：
	`var sNum = "100";`
	`document.write(typeof sNum);`　　`//输出 string`
	`var iNum = +sNum;`
	`document.write(typeof iNum);`　　`//输出 number`

-	一元减法运算符，可以理解为负号。它把字符串转换成数字，同时对该值取负。例如：
	`var sNum = "100";`
	`document.write(typeof sNum);`　　`//输出 string`
	`var iNum = -sNum;`
	`document.write(iNum);`　　　　　`//输出 -100`
	`document.write(typeof iNum);`　　`//输出 number`

2. 算术运算符

算术运算符可以实现数学运算，包括加（+）、减（-）、乘（*）、除（/）和求余（%）等。具体使用方法如下。

```
var a,b,c;
a = b + c;
a = b - c;
a = b * c;
a = b / c;
a = b % c;
```

3. 赋值运算符

赋值运算符是等号（=），它的作用是将运算符右侧的常量或变量的值赋给运算符左侧的变量。上面已经给出了赋值运算符的使用方法。主要的算术运算符以及其他几个运算符都可以与"="组合成复合赋值运算符，如表 2-3 所示。

表 2-3　复合赋值运算符

复合赋值运算符	具体描述

*=	乘法/赋值，例如：
	`var iNum = 10;`
	`iNum *= 2;`
	`document.write(iNum);`　　　　`//输出 20`

复合赋值运算符	具体描述

/=	除法/赋值，例如：
	　　var iNum = 10;
	　　iNum /= 2;
	　　document.write(iNum);　　　//输出 5

%=	取模/赋值，例如：
	　　var iNum = 10;
	　　iNum %= 7;
	　　document.write(iNum);　　　//输出 3

+=	加法/赋值，例如：
	　　var iNum = 10;
	　　iNum += 2;
	　　document.write(iNum);　　　//输出 12

-=	减法/赋值，例如：
	　　var iNum = 10;
	　　iNum -= 2;
	　　document.write(iNum);　　　//输出 8

<<=	左移/赋值，关于位运算符将在稍后介绍
>>=	有符号右移/赋值
>>>=	无符号右移/赋值

4. 关系运算符

关系运算符是对两个变量或数值进行比较，再返回一个布尔值。JavaScript 的关系运算符如表 2-4 所示。

表 2–4　JavaScript 的关系运算符

关系运算符	具体描述
==	等于运算符（两个=）。例如，a==b，如果 a 等于 b，则返回 True；否则返回 False

===	恒等运算符（3 个=）。例如，a===b，如果 a 的值等于 b，而且它们的数据类型也相同，则返回 True；否则返回 False。例如：
	　　var a=8;
	　　var b="8";
	
	　　a==b; //true
	　　a===b; //false

!=	不等运算符。例如，a!=b，如果 a 不等于 b，则返回 True；否则返回 False
!==	不恒等，左右两边必须完全不相等（值、类型都不相等）才为 true
<	小于运算符
>	大于运算符
<=	小于等于运算符
>=	大于等于运算符

5. 位运算符

位运算符允许对整型数中指定的位进行置位。如果左右参数都是字符串，则位运算符将操作这个字符串中的字符。JavaScript 的位运算符如表 2-5 所示。

表 2–5　JavaScript 的位运算符

位运算符	具体描述
~	按位非运算
&	按位与运算
|	按位或运算
^	按位异或运算
<<	位左移运算
>>	有符号位右移运算
>>>	无符号位右移运算

6. 逻辑运算符

JavaScript 支持的逻辑运算符如表 2-6 所示。

表 2–6　JavaScript 的逻辑运算符

逻辑运算符	具体描述
&&	逻辑与运算符。例如，a && b，当 a 和 b 都为 True 时等于 True；否则等于 False
||	逻辑或运算符。例如，a || b，当 a 和 b 至少有一个为 True 时等于 True；否则等于 False
!	逻辑非运算符。例如，!a，当 a 等于 True 时，表达式等于 False；否则等于 True

7. 条件运算符

JavaScript 条件运算符的语法如下。

```
variable = boolean_expression ? true_value : false_value;
```

表达式将根据 boolean_expression 的计算结果为变量 variable 赋值。如果 Boolean_expression 为 true，则把 true_value 赋给变量；否则把 false_value 赋给变量。例如，下面的代码将 iNum1 和 iNum2 中的大者赋值给变量 iMax。

```
var iMax = (iNum1 > iNum2) ? iNum1 : iNum2;
```

8. 逗号运算符

使用逗号运算符可以在一条语句中执行多个运算。例如：

```
var iNum1 = 1, iNum = 2, iNum3 = 3;
```

2.3　常用语句

本节将介绍 JavaScript 语言的常用语句，包括分支语句和循环语句等。使用这些语句就可以编写简单的 JavaScript 程序了。

2.3.1　条件分支语句

条件分支语句是指当指定表达式取不同的值时，程序运行的流程也发生相应的分支变化。JavaScript 提供的条件分支语句包括 if 语句和 switch 语句。

1. if 语句

if 语句是最常用的条件分支语句，其基本语法结构如下。

```
if(条件表达式)
```

语句块

只有当"条件表达式"等于 True 时，才执行"语句块"。if 语句的流程图如图 2-2 所示。

【例 2-5】 if 语句的使用。

```
if(a > 10)
    document.write("变量 a 大于 10");
```

如果语句块中包含多条语句，可以使用{}将语句块包含起来。例如：

```
if(a > 10) {
    document.write("变量 a 大于 10");
    a = 10;
}
```

if 语句可以嵌套使用。也就是说，在<语句块>中还可以使用 if 语句。

【例 2-6】 嵌套 if 语句的使用。

```
if(a > 10) {
    document.write("变量 a 大于 10");
    if(a > 100)
    document.write("变量 a 大于 100");
}
```

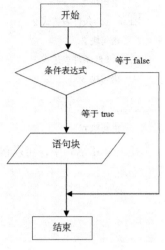

图 2-2 if 语句的流程图

 在使用 if 语句时，语句块的代码应该比上面的 if 语句缩进 2 个（或 4 个）空格，从而使程序的结构更加清晰。

2. else 语句

可以将 else 语句与 if 语句结合使用，指定不满足条件时执行的语句。其基本语法结构如下。

```
if(条件表达式)
    语句块 1
else
    语句块 2
```

当条件表达式等于 True 时，执行语句块 1，否则执行语句块 2。if...else...语句的流程图如图 2-3 所示。

【例 2-7】 if...else...语句的使用。

```
if(a > 10)
    document.write("变量 a 大于 10");
else
    document.write("变量 a 小于或等于 10");
```

3. else if 语句

else if 语句是 else 语句和 if 语句的组合，当不满足 if 语句中指定的条件时，可以再使用 else if 语句指定另外一个条件，其基本语法结构如下。

```
if 条件表达式 1
```

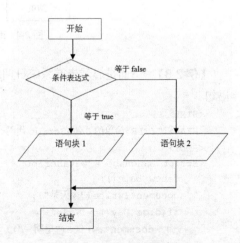

图 2-3 if...else...语句的流程图

```
    语句块 1
Else if 条件表达式 2
    语句块 2
Else if 条件表达式 3
    语句块 3
……
else
    语句块 n
```

在一个 if 语句中，可以包含多个 else if 语句。if…else if…else…语句的流程图如图 2-4 所示。

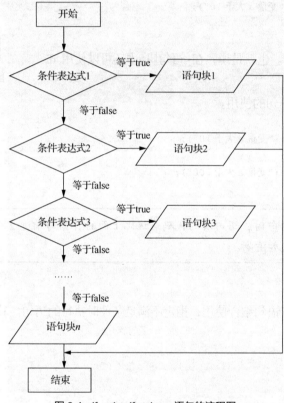

图 2-4　if…else if…else…语句的流程图

【例 2-8】　下面是显示当前系统日期的 JavaScript 代码，其中使用到了 if 语句、else if 语句和 else 语句。

```html
<HTML>
<HEAD><TITLE>简单的 JavaScript 代码</TITLE></HEAD>
<BODY>
<Script Language ="JavaScript">
    d=new Date();
    document.write("今天是");
    if(d.getDay()==1) {
        document.write("星期一");
    }
    else if(d.getDay()==2) {
        document.write("星期二");
```

```
    }
    else if(d.getDay()==3) {
        document.write("星期三");
    }
    else if(d.getDay()==4) {
        document.write("星期四");
    }
    else if(d.getDay()==5) {
        document.write("星期五");
    }
    else if(d.getDay()==6) {
        document.write("星期六");
    }
    else {
        document.write("星期日");
    }
</Script>
</BODY>
</HTML>
```

Date 对象用于处理日期和时间，getDay()是 Date 对象的方法，它返回表示星期的某一天的数字。

4. switch 语句

很多时候需要根据表达式的不同取值对程序进行不同的处理，此时可以使用 switch 语句，其语法结构如下。

```
switch(表达式) {
    case 值1:
        语句块 1
        break;
    case 值2:
        语句块 2
        break;
    ......
    case 值n:
        语句块 n
        break;
    default:
        语句块 n+1
}
```

case 子句可以多次重复使用，当表达式等于值 1 时，执行语句块 1；当表达式等于值 2 时，执行语句块 2；以此类推。如果以上条件都不满足，则执行 default 子句中指定的<语句块 n+1>。每个 case 子句的最后都包含一个 break 语句，执行此语句会退出 switch 语句，不再执行后面的语句。switch 语句的流程图如图 2-5 所示。

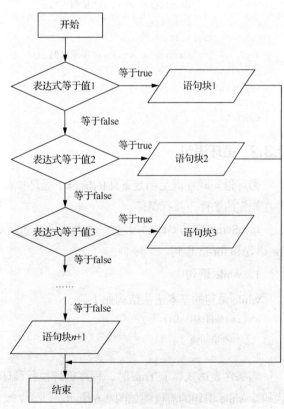

图 2-5　switch 语句的流程图

【例 2-9】 将【例 2-8】的程序使用 switch 语句来实现，代码如下。

```
<HTML>
<HEAD><TITLE>【例 2-9】</TITLE></HEAD>
<BODY>
<Script Language ="JavaScript">
    d=new Date();
    document.write("今天是");
        switch(d.getDay()) {
        case 1:
            document.write("星期一");
            break;
        case 2:
            document.write("星期二");
            break;
        case 3:
            document.write("星期三");
            break;
        case 4:
            document.write("星期四");
            break;
        case 5:
            document.write("星期五");
            break;
        case 6:
            document.write("星期六");
            break;
        default:
            document.write("星期日");
    }
</Script>
</BODY>
</HTML>
```

2.3.2　循环语句

循环语句即在满足指定条件的情况下循环执行一段代码，并在指定的条件下执行循环。

JavaScript 中的循环语句包括 while 语句、do…while 语句、for 语句和 for-in 语句。

1. while 语句

while 语句的基本语法结构如下。

```
while(条件表达式) {
    循环语句体
}
```

当条件表达式等于 True 时，程序循环执行循环语句体中的代码。while 语句的流程图如图 2-6 所示。

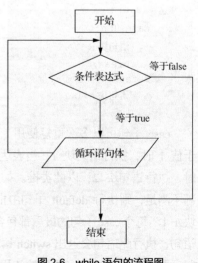

图 2-6　while 语句的流程图

在通常情况下，循环语句体中会用代码来改变条件表达式的值，从而使其等于 False 而结束循环语句。如果退出循环的条件一直无法满足，则会产生死循环。这是程序员不希望看到的。

【例 2-10】 while 语句的使用。

```
<HTML>
<HEAD>
<TITLE>【例 2-10】</TITLE>
</HEAD>
<BODY>
<Script Language ="JavaScript">
    var i = 1;
    var sum = 0;
    while(i<11) {
            sum = sum + i;
            i++;
    }
    document.write(sum);

</Script>
</BODY>
</HTML>
```

程序使用 while 循环计算从 1 累加到 10 的结果。每次执行循环体时，变量 i 会增加 1，当变量 i 等于 11 时，退出循环。运行结果为 55。

2. do…while 语句

do…while 语句和 while 语句很相似，它们的主要区别在于，while 语句在执行循环体之前检查表达式的值，而 do…while 语句是在执行循环体之后检查表达式的值。while 语句的流程图如图 2-7 所示。

do…while 语句的基本语法结构如下。

```
do  {
    循环语句体
} while(条件表达式);
```

【例 2-11】 do…while 语句的使用。

```
<HTML>
<HEAD>
<TITLE>【例 2-11】</TITLE>
</HEAD>
<BODY>
<Script Language ="JavaScript">
    var i = 1;
    var sum = 0;
    do{
            sum = sum + i;
            i++;
    }while(i<11);
    document.write(sum);
</Script>
</BODY>
</HTML>
```

程序使用 do…while 语句循环计算从 1 累加到 10 的结果。每次执行循环体时，变量 i 会增加 1，当变量 i 等于 11 时，退出循环。运行结果为 55。

3. for 语句

JavaScript 中的 for 语句与 C++中的 for 语句相似，其基本语法结构如下。

```
for(表达式1; 表达式2; 表达式3) {
    循环体
}
```

程序在开始循环时计算表达式 1 的值，通常对循环计数器变量进行初始化设置；每次循环开始之前，计算表达式 2 的值，如果为 True，则继续执行循环，否则退出循环；每次循环结束之后，对表达式 3 进行求值，通常改变循环计数器变量的值，使表达式 2 在某次循环结束后等于 False，从而退出循环。while 语句的流程图如图 2-8 所示。

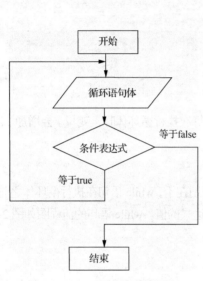

图 2-7　do...while 语句的流程图

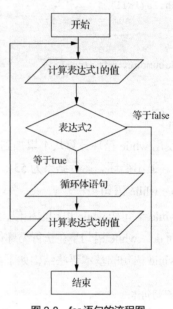

图 2-8　for 语句的流程图

【例 2-12】　　for 语句的使用。

```
<HTML>
<HEAD><TITLE>【例2-12】</TITLE></HEAD>
<BODY>
<Script Language ="JavaScript">
    var sum = 0;
    for(var i=1; i<11; i++) {
        sum = sum + i;
    }
    document.write(sum);
</Script>
</BODY>
</HTML>
```

程序使用 for 语句循环计算从 1 累加到 10 的结果。循环计数器 i 的初始值被设置为 1，每次循环变量 i 的值增加 1；当 i<11 时执行循环体。运行结果为 55。

使用 foreach 语句可以遍历数组中的元素，本书将在第 4 章介绍它的使用方法。

4. continue 语句

在循环体中使用 continue 语句可以跳过本次循环后面的代码，重新开始下一次循环。

【例 2-13】 如果只计算 1～100 之间的偶数之和，可以使用下面的代码。

```
<HTML>
<HEAD>
<TITLE>【例 2-13】</TITLE>
</HEAD>
<BODY>
<Script Language ="JavaScript">
    var i = 1;
    var sum = 0;
    while(i<101) {
        if(i % 2 == 1)      {
            i++;
            continue;
        }
        sum = sum + i;
        i++;
    }
    document.write(sum);
</Script>
</BODY>
</HTML>
```

如果 i％2 等于 1，则表示变量 i 是奇数。此时，只对 i 加 1，然后执行 continue 语句开始下一次循环，并不将其累加到变量 sum 中。

5. break 语句

在循环体中使用 break 语句可以跳出循环体。

【例 2-14】 将【例 2-10】修改为使用 break 语句跳出循环体。

```
<HTML>
<HEAD><TITLE>【例 2-14】</TITLE></HEAD>
<BODY>
<Script Language ="JavaScript">
    var i = 1;
    var sum = 0;
    while(true) {
            if(i>=11)
                break;
            sum = sum + i;
            i++;
    }
    document.write(sum);
</Script>
</BODY>
</HTML>
```

2.4 函数

函数（function）由若干条语句组成，用于实现特定的功能。函数包含函数名、若干参数和返回值。一旦定义了函数，就可以在程序中需要实现该功能的位置调用该函数，给程序员共享代码带来了很大方便。JavaScript 除了提供丰富的系统函数外，还允许用户创建和使用自定义函数。由于篇幅所限，本书不具体介绍 JavaScript 的系统函数，在后面使用到某个系统函数时会介绍其功能和用法。

2.4.1 创建自定义函数

可以使用 function 关键字来创建自定义函数，其基本语法结构如下。

```
function 函数名 (参数列表)
{
    函数体
}
```

参数列表可以为空，即没有参数；也可以包含多个参数，参数之间使用逗号（,）分隔。函数体可以是一条语句，也可以由一组语句组成。

【例 2-15】 创建一个非常简单的函数 PrintWelcome，它的功能是打印字符串"欢迎使用 JavaScript"，代码如下。

```
function PrintWelcome()
{
    document.write("欢迎使用 JavaScript");
}
```

调用此函数，将在网页中显示"欢迎使用 JavaScript"字符串。PrintWelcome()函数没有参数列表，也就是说，每次调用 PrintWelcome()函数的结果都是一样的。

可以通过参数通知自定义函数将要打印的字符串，从而由调用者决定函数工作的情况。

【例 2-16】 创建函数 PrintString()，通过参数决定要打印的内容。

```
function PrintString(str)
{
    document.write (str);
}
```

变量 str 是函数的参数。在函数体中，参数可以像其他变量一样使用。

可以在函数中定义多个参数，参数之间使用逗号分隔。

【例 2-17】 定义一个函数 sum()，用于计算并打印两个参数之和。函数 sum()包含两个参数：num1 和 num2，代码如下。

```
function sum(num1, num2)
{
    document.write (num1 + num2);
}
```

2.4.2 调用函数

可以直接使用函数名来调用函数，无论是系统函数还是自定义函数，调用函数的方法都是一样的。

【例 2-18】 调用 PrintWelcome()函数，显示"欢迎使用 JavaScript"字符串，代码如下。

```
<HTML>
<HEAD><TITLE>【例 2-18】</TITLE></HEAD>
<BODY>
<Script Language ="JavaScript">
    function PrintWelcome()
    {
```

```
            document.write("欢迎使用 JavaScript");
        }
        PrintWelcome();
</Script>
</BODY>
</HTML>
```

如果函数存在参数，则在调用函数时，也需要使用参数。

【例 2-19】　调用 PrintString()函数，打开用户指定的字符串，代码如下。

```
<HTML>
<HEAD><TITLE>【例 2-19】</TITLE></HEAD>
<BODY>
<Script Language ="JavaScript">
    function PrintString(str)
    {
        document.write (str);
    }
    PrintString("传递参数");
</Script>
</BODY>
</HTML>
```

如果函数中定义了多个参数，则在调用函数时也需要使用多个参数，参数之间使用逗号分隔。

【例 2-20】　调用 sum()函数，计算并打印 1 和 2 之和，代码如下。

```
<HTML>
<HEAD><TITLE>【例 2-20】</TITLE></HEAD>
<BODY>
<Script Language ="JavaScript">
    function sum(num1, num2)
    {
        document.write (num1 + num2);
    }
    sum(1, 2);
</Script>
</BODY>
</HTML>
```

2.4.3　变量的作用域

在函数中也可以定义变量，在函数中定义的变量被称为局部变量。局部变量只在定义它的函数内部有效，在函数体之外，即使使用同名的变量，也会被看作是另一个变量。相应地，在函数体之外定义的变量是全局变量。全局变量在定义后的代码中都有效，包括它后面定义的函数体内。如果局部变量和全局变量同名，则在定义局部变量的函数中，只有局部变量是有效的。

【例 2-21】　局部变量和全局变量作用域的例子。

```
<HTML>
<HEAD><TITLE>【例 2-14】</TITLE></HEAD>
<BODY>
<Script Language ="JavaScript">
    var a = 100;                // 全局变量
    function setNumber() {
        var a = 10;             // 局部变量
```

```
        document.write(a);          // 打印局部变量 a
    }
    setNumber();
    document.write("<BR>");
    document.write(a);              // 打印全局变量 a
</Script>
</BODY>
</HTML>
```

在函数 setNumber()外部定义的变量 a 是全局变量，它在整个程序中都有效。在 setNumber()函数中也定义了一个变量 a，它只在函数体内部有效。因此在 setNumber()函数中修改变量 a 的值，只是修改了局部变量的值，并不影响全局变量 a 的内容。运行结果如下。

```
10
100
```

2.4.4　函数的返回值

可以为函数指定一个返回值，返回值可以是任何数据类型，使用 return 语句可以返回函数值并退出函数，语法如下。

```
function 函数名() {
    return 返回值;
}
```

【例 2-22】　对【例 2-20】中的 sum()函数进行改造，通过函数的返回值返回累加结果，代码如下。

```
<HTML>
<HEAD><TITLE>【例 2-22】</TITLE></HEAD>
<BODY>
<Script Language ="JavaScript">
    function sum(num1, num2)
    {
        return num1 + num2;
    }
    document.write(sum(1, 2));
</Script>
</BODY>
</HTML>
```

2.5　面向对象程序设计

面向对象编程是 JavaScript 采用的基本编程思想，它可以将属性和代码集成在一起，定义为类，从而使程序设计更加简单、规范、有条理。本节将介绍如何在 JavaScript 中使用类和对象。

2.5.1　面向对象程序设计思想简介

在传统的程序设计中，通常使用数据类型对变量进行分类。不同数据类型的变量拥有不同的属性，例如，整型变量用于保存整数，字符串变量用于保存字符串。数据类型实现了对变量的简单分类，但并不能完整地描述事务。

在日常生活中，要描述一个事务，既要说明它的属性，也要说明它能进行的操作。例如，如果将车看作一个事务，它的属性包含车型、品牌、变速箱、车身长度、车身宽度、颜色等，它能完成的动作包括启动、加速、转弯、刹车等。将车的属性和能够完成的动作结合在一起，就可以完整地描述车的所有特征了，如图 2-9 所示。

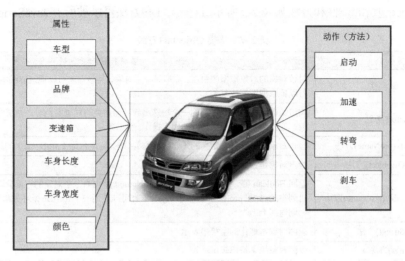

图 2-9　车的属性和方法

面向对象的程序设计思想正是基于这种设计理念，将事务的属性和方法都包含在类中，而对象则是类的一个实例。如果将车定义为类的话，那么某个具体的车就是一个对象。不同的对象拥有不同的属性值。

JavaScript 全面支持面向对象程序设计思想，从而使应用程序的结构更加清晰。

2.5.2　JavaScript 内置类

JavaScript 采用面向对象设计的基本编程思想，并提供了一系列的内置类（也称为内置对象）。了解这些内置类的使用方法是使用 JavaScript 进行编程的基础和前提。

JavaScript 的内置类框架如图 2-10 所示。

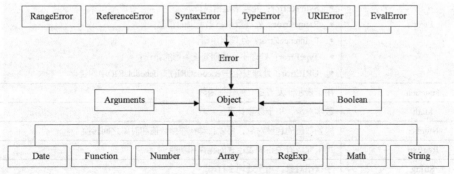

图 2-10　JavaScript 的内置类框架

1. 基类 Object

从图 2-10 中可以看到，所有 JavaScript 内置类都从基类 Object 派生（继承）。

45

继承是面向对象程序设计思想的重要机制。类可以继承其他类的内容，包括成员变量和成员函数。而从同一个类中继承得到的子类也具有多态性，即相同的函数名在不同子类中有不同的实现。就如同子女会从父母那里继承到人类共有的特性，而子女也具有自己的特性。

基类 Object 包含的属性和方法如表 2-7 所示，这些属性和方法可以被所有 JavaScript 内置类继承。

表 2–7　基类 Object 的方法

属性和方法	具体描述
Prototype 属性	对该对象的对象原型的引用。原型是一个对象，其他对象可以通过它继承属性。也就是说，可以把原型理解成父类
constructor()方法	构造函数。构造函数是类的一个特殊函数。创建类的对象实例时，系统会自动调用构造函数，通过构造函数对类进行初始化操作
hasOwnProperty(proName)方法	检查对象是否有局部定义的（非继承的）、具有特定名称（proName）的属性
IsPrototypeOf(object)方法	检查对象是否是指定对象的原型
propertyIsEnumerable(proName)方法	返回 Boolean 值，指出指定的属性（proName）是否为一个对象的一部分以及该属性是否是可列举的。如果 proName 存在于 object 中且可以使用一个 for…in 循环穷举出来，则返回 true；否则返回 false
toLocaleString()方法	返回对象本地化的字符串表示
toString()方法	返回对象的字符串表示
valueOf()	返回对象的原始值（如果存在）

2. 内置类的基本功能

JavaScript 内置类的基本功能如表 2-8 所示。

表 2–8　JavaScript 内置类的基本功能

内置类	基本功能
Arguments	用于存储传递给函数的参数
Array	用于定义数组对象
Boolean	布尔值的包装对象，用于将非布尔型的值转换成一个布尔值（True 或 False）
Date	用于定义日期对象
Error	错误对象，用于错误处理。它还派生出下面几个处理错误的子类。 • EvalError：处理发生在 eval()中的错误； • SyntaxError：处理语法错误； • RangeError：处理数值超出范围的错误； • ReferenceError：处理引用错误； • TypeError：处理不是预期变量类型的错误； • URIError：处理发生在 encodeURI()或 decodeURI()中的错误
Function	用于表示开发者定义的任何函数
Math	数学对象，用于数学计算
Number	原始数值的包装对象，可以自动在原始数值和对象之间转换
RegExp	用于完成有关正则表达式的操作和功能
String	字符串对象，用于处理字符串

由于篇幅所限，这里不具体介绍所有的 JavaScript 内置类。稍后将介绍 Array、Date、Math 和 String 等常用内置类的使用方法。

3. Array 对象

可以使用 Array 对象创建数组。数组（Array）是内存中一段连续的存储空间，用于保存一组相同数据类型的数据。数组具有如下特性。

- 和变量一样，每个数组都有一个唯一标识它的名称。
- 同一数组的数组元素应具有相同的数据类型。
- 每个数组元素都有索引和值（Value）两个属性，索引是从 0 开始的整数，用于定义和标识数组中数组元素值的位置；值当然就是数组元素对应的值。

图 2-11 所示为一维数组的示意图。灰色方块中是数组元素的索引，白色方块中是数组元素的值。数组 arr 中共有 7 个元素，它们的索引分别是 0、1、2、3、4、5、6。

图 2-11　一维数组的示意图

创建数组对象的方法如下。

`var 数组对象名 = new Array(数组大小)`

new 关键字用于创建对象，可以使用它为所有 JavaScript 类创建对象。

例如，创建包含 7 个元素的数组对象 arr 的语句如下。

`var arr = new Array(7);`

可以通过索引访问数组元素，方法如下。

`数组对象名[索引]`

例如，可以使用 arr[0]获取或设置数组对象 arr 的第 1 个数组元素的值。

数组元素的索引是从 0 开始的整数，arr[0]表示数组对象 arr 的第 1 个数组元素，arr[1] 表示数组对象 arr 的第 2 个数组元素，以此类推。

Array 对象只有一个属性 length，用来返回数组的长度。

【例 2-23】　定义和使用一维数组的例子。

```
<HTML>
<HEAD><TITLE>【例2-23】</TITLE></HEAD>
<BODY>
<Script Language ="JavaScript">
    var arr = new Array(3);
    //为数组元素赋值
    arr[0] = "CPU";
    arr[1] = "内存";
    arr[2] = "硬盘";
    //打印数组元素的值
```

```
    for (var i=0;i<arr.length;i++){
        document.write(arr[i]);
        document.write("<BR>");
    }
</Script>
</BODY>
</HTML>
```

JavaScript 支持动态数组，也就是说，在创建数组对象时可以不指定数组大小。在程序运行时由赋值语句动态决定数组大小。例如，在【例 2-23】中，使用下面的语句创建数组对象 arr 的效果是一样的。

```
var arr = new Array();
```

Array 对象的方法如表 2-9 所示。

表 2-9　Array 对象的方法

方法	具体描述
Join	将数组中的所有元素连接成字符串，元素间使用逗号或其他分隔符连接
Reverse	返回数组的倒序
Sort	返回按字母顺序排列的数组

【例 2-24】　使用 Array 对象方法的示例程序。

```
<HTML>
<HEAD><TITLE>演示使用 Array 对象的方法</TITLE></HEAD>
<BODY>
<Script Language ="JavaScript">
  var MyArr;
  var MyStr;

  MyArr = new Array(3);
  MyArr[0] = "123";
  MyArr[1] = "789";
  MyArr[2] = "456";
  //计算数组长度
  document.write("数组 MyArr 的长度为: " + MyArr.length);
  document.write("<BR>");
  //连接数组
  MyStr = MyArr.join("-");
  document.write("将数组 MyArr 连接成字符串 MyStr, MyStr 的值为: " + MyStr);
  document.write("<BR>");
  //倒序
  MyArr.reverse();
  MyStr = MyArr.join("-");
  document.write ("将数组 MyArr 倒序后, 各元素值依次为: " + MyStr);
  document.write("<BR>");
  //排序
  MyArr.sort();
  MyStr = MyArr.join("-");
  document.write ("将数组 MyArr 排序后, 各元素值依次为: " + MyStr);
</Script>
</BODY>
</HTML>
```

浏览【例 2-24】的结果如图 2-12 所示。

图 2-12　浏览【例 2-24】的结果

4. Date 对象

可以使用下面几种方法创建 Date 对象。

```
MyDate = new Date;                  // 创建日期为当前系统时间的 Date 对象
MyDate = new Date("2012-11-20")     // 创建日期为 2012-11-20 的 Date 对象
MyDate = new Date(2012, 11 ,20)     // 参数分别指定 Date 对象的年、月、日
```

Date 对象的常用方法如表 2-10 所示。

表 2-10　Date 对象的常用方法

方法	具体描述
getDate	返回 Date 对象中用本地时间表示的一个月中的日期值
getDay	返回 Date 对象中用本地时间表示的一周中的星期值。0 表示星期天，1 表示星期一，2 表示星期二，3 表示星期三，4 表示星期四，5 表示星期五，6 表示星期六
getFullYear	返回 Date 对象中用本地时间表示的年份值
getHour	返回 Date 对象中用本地时间表示的小时值
getMilliseconds	返回 Date 对象中用本地时间表示的毫秒值
getMinutes	返回 Date 对象中用本地时间表示的分钟值
getMonth	返回 Date 对象中用本地时间表示的月份值（0~11，0 表示 1 月，1 表示 2 月，以此类推）
getSeconds	返回 Date 对象中用本地时间表示的秒钟值
getTime	返回 Date 对象中用本地时间表示的时间值
getYear	返回 Date 对象中的年份值，不同浏览器对此方法的实现不同，建议使用 getFullYear
setDate	设置 Date 对象中用本地时间表示的数字日期
setFullYear	设置 Date 对象中用本地时间表示的年份值
setHour	设置 Date 对象中用本地时间表示的小时值
setMilliseconds	设置 Date 对象中用本地时间表示的毫秒值
setMinutes	设置 Date 对象中用本地时间表示的分钟值
setMonth	设置 Date 对象中用本地时间表示的月份值
setSeconds	设置 Date 对象中用本地时间表示的秒钟值
setTime	设置 Date 对象中用本地时间表示的时间值
setYear	设置 Date 对象中的年份值
toString	返回对象的字符串表示
valueOf	返回指定对象的原始值

【例 2-25】　Date 对象的示例程序。

```
<%@ LANGUAGE = JavaScript%>
<HTML>
<HEAD><TITLE>演示使用 Array 对象</TITLE></HEAD>
```

```
<BODY>
<Script Language ="JavaScript">
  var arrWeekDay = new Array("星期日", "星期一", "星期二", "星期三", "星期四",
                    "星期五", "星期六", "星期日");

  var today;
  today = new Date();
  document.write ("现在是: " + today.getFullYear() + "年" + (today.getMonth()+1) + "月" +
today.getDate() + "日 "+ arrWeekDay [today.getDay()]);
</Script>
</BODY>
</HTML>
```

这段程序的功能是读取当前日期，然后将其拆分显示。浏览结果如图 2-13 所示。

图 2-13　【例 2-25】的浏览结果

5. Math 对象

可以使用 Math 对象处理一些常用的数学运算。Math 对象的常用方法如表 2-11 所示。

表 2–11　Math 对象的常用方法

方法	具体描述
abs	返回数值的绝对值
acos	返回数值的反余弦值
asin	返回数值的反正弦值
atan	返回数值的反正切值
atan2	返回由 X 轴到（y，x）点的角度（以弧度为单位）
ceil	返回大于等于其数字参数的最小整数
cos	返回数值的余弦值
exp	返回 e（自然对数的底）的幂
floor	返回小于等于其数字参数的最大整数
log	返回数字的自然对数
max	返回给出的两个数值表达式中的较大者
min	返回给出的两个数值表达式中的较小者
pow	返回表达式的指定次幂
random	返回 0～1 的伪随机数
round	返回与给出的数值表达式最接近的整数
sin	返回数字的正弦值
sqrt	返回数字的平方根
tan	返回数字的正切值

提示

Math 对象不能使用 new 关键字创建，使用时直接使用 Math.方法名()的格式调用方法。

【例 2-26】 使用 Math 对象的示例程序。

```
<HTML>
<HEAD><TITLE>演示使用Math对象</TITLE></HEAD>
<BODY>
<Script Language ="JavaScript">
  document.write ("Math.abs(-1)= " + Math.abs(-1)+"<BR>");
  document.write ("Math.ceil(0.60)= " +Math.ceil(0.60)+"<BR>");
  document.write ("Math.floor(0.60)= " +Math.floor(0.60)+"<BR>");
  document.write ("Math.max(5,7)= " +Math.max(5,7)+"<BR>");
  document.write ("Math.min(5,7)= " +Math.min(5,7)+"<BR>");
  document.write ("Math.random()= " +Math.random()+"<BR>");
  document.write ("Math.round(0.60)= " +Math.round(0.60)+"<BR>");
  document.write ("Math.sqrt(4)= " +Math.sqrt(4)+"<BR>");
</Script>
</BODY>
</HTML>
```

浏览结果如图 2-14 所示。

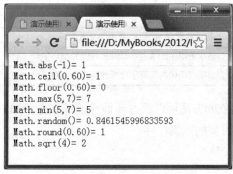

图 2-14 【例 2-26】的浏览结果

6. String 对象

String 对象只有一个属性 length，返回字符串的长度。String 对象的常用方法如表 2-12 所示。

表 2-12 String 对象的常用方法

方法	具体描述

anchor	在对象中的指定文本两端放置一个有 NAME 属性的 HTML 锚点。下面示例说明了 anchor 方法是如何实现这个要求的。
	`var MyStr = "This is an anchor" ;`
	`MyStr = MyStr.anchor("Anchor1");`
	执行完最后一条语句后 MyStr 的值为：
	`<A NAME="Anchor1">This is an anchor</A>`

big	把 HTML 的<BIG>标记放置在 String 对象中的文本两端
blink	把 HTML 的<BLINK>标记放置在 String 对象中的文本两端
bold	把 HTML 的<B>标记放置在 String 对象中的文本两端
charAt	返回指定索引位置处的字符
charDodeAt	返回指定字符的 Unicode 编码

续表

方法	具体描述
concat	返回一个 String 对象，该对象包含了两个提供的字符串的连接
fixed	把 HTML 的<TT>标记放置在 String 对象中的文本两端
fontcolor	把带有 COLOR 属性的一个 HTML 的<FONT>标记放置在 String 对象中的文本两端
fontsize	把一个带有 SIZE 属性的 HTML 的<FONT>标记放置在 String 对象中的文本的两端
fromCharCode	从一些 Unicode 字符值中返回一个字符串
indexOf	返回 String 对象内第一次出现子字符串的字符位置
italics	把 HTML 的<I>标记放置在 String 对象中的文本两端
lastIndexOf	返回 String 对象中子字符串最后出现的位置
link	把一个有 HREF 属性的 HTML 锚点放置在 String 对象中的文本两端
match	使用正则表达式对象查找字符串，并将结果作为数组返回
replace	返回根据正则表达式进行文字替换后的字符串的复制
search	返回与正则表达式查找内容匹配的第一个子字符串的位置
slice	返回字符串的片段
small	将 HTML 的<SMALL>标记添加到 String 对象中的文本两端
split	将一个字符串分割为子字符串，然后将结果作为字符串数组返回
strike	将 HTML 的<STRIKE>标记放置到 String 对象中的文本两端
substr	返回一个从指定位置开始的指定长度的子字符串
substring	返回位于 String 对象中指定位置的子字符串
sup	将 HTML 的<SUP>标记放置到 String 对象中的文本两端
toLowerCase	返回一个字符串，该字符串中的所有字母都被转换为小写字母
toUpperCase	返回一个字符串，该字符串中的所有字母都被转化为大写字母

可以看到，使用 String 对象的方法可以很方便地在字符串上添加 HTML 标记。

【例 2-27】 使用 String 对象的示例程序。

```
<%@ LANGUAGE = JavaScript%>
<HTML>
<HEAD><TITLE>演示使用 String 对象</TITLE></HEAD>
<BODY>
<Script Language ="JavaScript">
  var MyStr;
  MyStr = new String("这是一个测试字符串");
  document.write(MyStr+"<br>");
  //显示大号字体
  document.write(MyStr.big()+"<br>");
  //加粗字体
  document.write(MyStr.bold()+"<br>");
  //设置字体大小
  document.write(MyStr.fontsize(2)+"<br>");
  //设置字体颜色
  document.write(MyStr.fontcolor("green")+"<br>");
</Script>
</BODY>
</HTML>
```

浏览结果如图 2-15 所示。

图 2-15 【例 2-27】的浏览结果

2.5.3　HTML DOM

文档对象模型（Document Object Model，DOM），是 W3C 组织推荐的处理可扩展标志语言的标志编程接口。它是一种与平台和语言无关的应用程序接口（API）。

HTML DOM 定义了访问和操作 HTML 文档的标准方法。它把 HTML 文档表现为带有元素、属性和文本的树结构（节点树），如图 2-16 所示。

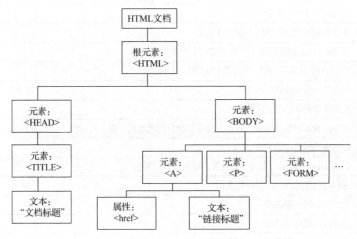

图 2-16　使用 HTML DOM 表现的 HTML 文档

可以看到，在 HTML DOM 中，HTML 文档由元素组成，HTML 元素是分层次的，每个元素又可以包含属性和文本。

本书后面很多内容都是基于 HTML DOM 编程的，使用 JavaScript 对 HTML DOM 对象进行操作。在 HTML DOM 类结构的顶层是浏览器对象，它的结构如图 2-17 所示。

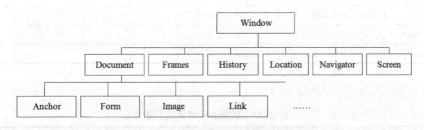

图 2-17　HTML DOM 浏览器对象的结构

可以使用浏览器对象操纵浏览器窗口，HTML DOM 浏览器对象的具体功能如表 2-13 所示。

表 2-13　HTML DOM 浏览器对象的具体功能

对象	具体描述
Window	Window 对象是 HTML DOM 浏览器对象结构的最顶层对象，它表示浏览器窗口
Document	用于管理 HTML 文档，可以用来访问页面中的所有元素
Frames	表示浏览器窗口中的框架窗口。Frames 是一个集合，例如，Frames[0]表示窗口中的第 1 个框架
History	表示浏览器窗口的浏览历史，就是用户访问过的站点的列表
Location	表示在浏览器窗口的地址栏中输入的 URL
Navigator	包含客户端浏览器的信息
Screen	包含客户端显示屏的信息

由于篇幅所限，本书只介绍 Window、Navigator 和 Document 等常用浏览器对象的使用方法。

2.5.4　Window 对象

Window 对象表示浏览器中一个打开的窗口。Window 对象的属性如表 2-14 所示。

表 2–14　Window 对象的属性

属性	具体描述
closed	返回窗口是否已被关闭
defaultStatus	设置或返回窗口状态栏中的默认文本
document	对 Document 对象的引用，表示窗口中的文档
history	对 History 对象的引用。表示窗口的浏览历史记录
innerheight	返回窗口的文档显示区的高度
innerwidth	返回窗口的文档显示区的宽度
location	对 Location 对象的引用。表示在浏览器窗口的地址栏中输入的 URL
name	设置或返回窗口的名称
Navigator	对 Navigator 对象的引用。表示客户端浏览器的信息
opener	返回对创建此窗口的窗口的引用
outerheight	返回窗口的外部高度
outerwidth	返回窗口的外部宽度
pageXOffset	设置或返回当前页面相对于窗口显示区左上角的 X 位置
pageYOffset	设置或返回当前页面相对于窗口显示区左上角的 Y 位置
parent	返回父窗口
Screen	对 Screen 对象的只读引用，表示客户端显示屏的信息
self	返回对当前窗口的引用
status	设置窗口状态栏的文本
top	返回最顶层的先辈窗口
window	等价于 self 属性，它包含了对窗口自身的引用
screenLeft/screenX	只读整数。声明窗口的左上角在屏幕上的 x 坐标
screenTop/screenY	只读整数。声明窗口的左上角在屏幕上的 y 坐标

Window 对象的方法如表 2-15 所示。

表 2–15　Window 对象的方法

方法	具体描述
alert()	弹出一个警告对话框
blur()	把键盘焦点从顶层窗口移开
clearInterval()	取消由 setInterval()方法设置的 timeout
clearTimeout()	取消由 setTimeout()方法设置的 timeout
close()	关闭浏览器窗口
confirm()	显示一个请求确认对话框，包含一个"确定"按钮和一个"取消"按钮。在程序中，可以根据用户的选择决定执行的操作
createPopup()	创建一个 pop-up 窗口
focus()	把键盘焦点给予一个窗口
moveBy()	相对窗口的当前坐标把它移动指定的像素

续表

方法	具体描述
moveTo()	把窗口的左上角移动到指定的坐标
open()	打开一个新的浏览器窗口或查找一个已命名的窗口
print()	打印当前窗口的内容
prompt()	显示可提示用户输入的对话框
resizeBy()	按照指定的像素调整窗口的大小
resizeTo()	把窗口的大小调整到指定的宽度和高度
scrollBy()	按照指定的像素值来滚动内容
scrollTo()	把内容滚动到指定的坐标
setInterval()	按照指定的周期（以毫秒计）来调用函数或计算表达式
setTimeout()	在指定的毫秒数后调用函数或计算表达式

【例 2-28】　使用 alert 方法弹出一个警告对话框。

```
<HTML>
<HEAD><TITLE>演示使用 Window.alert() 的使用</TITLE></HEAD>
<BODY>
<Script LANGUAGE = JavaScript>
  function Clickme() {
  alert("你好");
  }
</Script>
<p><a href=# onclick="Clickme()">点击试一下</a></p>
</BODY>
</HTML>
```

这段程序定义了一个 JavaScript 函数 Clickme()，功能是调用 alert() 方法弹出一个警告对话框显示 "你好"。在网页的 HTML 代码中使用 "<a href=# onclick ="Clickme()">点击试一下</a>" 的方法调用 Clickme() 函数。

浏览【例 2-28】的结果如图 2-18 所示。

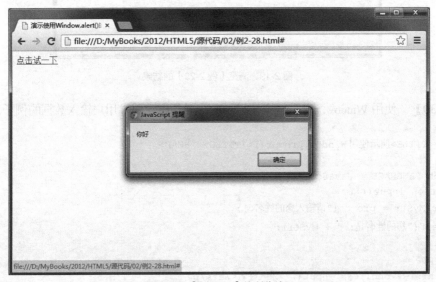

图 2-18　【例 2-28】的浏览结果

因为是在当前窗口弹出对话框，所以 Window.alert()可以简写为 alert()，功能相同。

【例 2-29】 使用 Window.confirm()方法显示一个请求确认对话框。

```
<HTML>
<HEAD><TITLE>演示使用 Window.confirm()的使用</TITLE></HEAD>
<BODY>
<Script LANGUAGE = JavaScript>
  function Checkme() {
    if (confirm("是否确定删除数据?") == true)
      alert("成功删除数据");
    else
      alert("没有删除数据");
  }
</Script>
<p><a href=# onclick="Checkme()">删除数据</a></p>
</BODY>
</HTML>
```

confirm()方法返回 true，表示用户单击了"确定"按钮；否则表示用户单击了"取消"按钮。
浏览【例 2-29】的结果如图 2-19 所示。

图 2-19　浏览【例 2-29】的结果

【例 2-30】 使用 Window. prompt()方法显示一个对话框，要求用户输入数据的例子。

```
<HTML>
<HEAD><TITLE>演示使用 Window.prompt()</TITLE></HEAD>
<BODY>
<Script LANGUAGE = JavaScript>
  function Input() {
    var MyStr = prompt("请输入您的姓名");
    alert("您的姓名是: " + MyStr);
  }
</Script>
<p><a href=# onclick="Input()">录入姓名</a></p>
</BODY>
```

```
</HTML>
```

prompt()方法的返回值是用户输入的数据。浏览【例 2-30】的结果如图 2-20 所示。

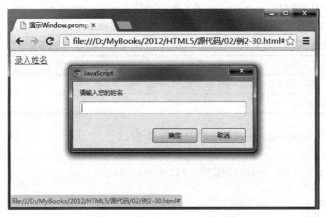

图 2-20   浏览【例 2-30】的结果

下面详细介绍 Windows.setTimeout()方法的使用。Windows. setTimeout()方法的语法如下。

```
Windows.setTimeout(code,millisec)
```

参数 code 表示要调用的函数后要执行的 JavaScript 代码串，参数 millisec 表示在执行代码前需等待的毫秒数。

【例 2-31】   Window.setTimeout ()方法的使用。

```
<HTML>
<HEAD><TITLE>演示 Window.setTimeout()的使用</TITLE></HEAD>
<BODY>
<Script LANGUAGE = JavaScript>
 function closewindow() {
    document.write("2 秒钟后将关闭窗口");
    setTimeout("window.close()",2000);
}
</Script>
<input type="button" onclick="closewindow()" value="关闭" />
</BODY>
</HTML>
```

网页中定义了一个按钮，单击此按钮，2s 后会关闭窗口。

下面详细介绍 Window.open()方法的用法。Window.open()方法的功能是打开一个新窗口，可以设置窗口中显示的网页内容、标题及窗口的属性等，语法如下。

```
Window.open(url, 窗口名, 属性列表)
```

属性列表的内容如表 2-16 所示。

表 2-16   Window.open()方法的属性列表

属性	具体描述
height	窗口高度
width	窗口宽度
top	窗口距屏幕上方的像素值
left	窗口距屏幕左侧的像素值
toolbar	是否显示工具栏，toolbar = yes 表示显示工具栏，toolbar = no 表示不显示

续表

属性	具体描述
menubar	是否显示菜单栏，menubar = yes 表示显示菜单栏，menubar = no 表示不显示
scrollbars	是否显示滚动条，scrollbars = yes 表示显示滚动条，scrollbars = no 表示不显示
resizable	是否允许改变窗口大小，resizable = yes 表示允许，resizable = no 表示不允许
location	是否显示地址栏，location = yes 表示允许，location = no 表示不允许
status	是否显示状态栏，status = yes 表示允许，status = no 表示不允许
directories	导航条是否可见

【例 2-32】 使用 Window.open()方法打开一个新窗口。

```
<HTML>
<HEAD><TITLE>演示 Window.open()的使用</TITLE></HEAD>
<BODY>
<Script LANGUAGE = JavaScript>
  function newwin(url, wname) {
      var oth="toolbar=no,location=no,(directories)=no,status=no,menubar=no,
scrollbars=yes,resizable=yes,left=200,top=200";
      oth = oth+",width=400,height=300";
      var newwin = window.open(url,wname,oth);
      newwin.focus();
  }
</Script>
<a href=# onclick="newwin('http://www.ptpress.com.cn', '邮电出版社')">邮电出版社</a>
</BODY>
</HTML>
```

程序中定义了一个函数 newwin()，这是比较有用的自定义函数，可以实现弹出窗口的功能。参数 url 指定要在新窗口中打开网页的地址，参数 wname 指定新窗口的名称，后面的属性列表可以根据需要设置。可以使用这种方法弹出广告窗口。

在浏览器中浏览此页面，会看到一个"人民邮电出版社"超链接，单击此链接，会弹出一个新窗口，打开人民邮电出版社的官网，如图 2-21 所示。

图 2-21 【例 2-32】的运行结果

2.5.5 Navigator 对象

Navigator 对象包含浏览器的信息。Navigator 对象的属性如表 2-17 所示。

表 2–17　Navigator 对象的属性

属性	具体描述
appCodeName	返回浏览器的代码名
appMinorVersion	返回浏览器的次级版本
appName	返回浏览器的名称
appVersion	返回浏览器的平台和版本信息
browserLanguage	返回当前浏览器的语言
cookieEnabled	返回指明浏览器中是否启用 cookie 的布尔值
cpuClass	返回浏览器系统的 CPU 等级
onLine	返回指明系统是否处于脱机模式的布尔值
platform	返回运行浏览器的操作系统平台
systemLanguage	返回操作系统使用的默认语言
userAgent	返回由客户机发送服务器的 user-agent 头部的值
userLanguage	返回用户设置的操作系统的语言

【例 2-33】　使用 Navigator 对象属性获取并显示浏览器信息。

```
<!DOCTYPE HTML>
<html>
<head>
<title>浏览器信息</title>
</head>

<body>
<Script LANGUAGE = JavaScript>
document.write("浏览器名称: "+navigator.appName+"<br>");

document.write("浏览器版本: "+navigator.appVersion+"<br>");

document.write("浏览器的代码名称: "+navigator.appCodeName+"<br>");

document.write("是否启用 cookie: "+navigator. cookieEnabled +"<br>");

document.write("浏览器的语言: "+navigator. browserLanguage +"<br>");

document.write("操作系统平台: "+navigator. platform +"<br>");

document.write("CPU 等级: "+navigator. cpuClass +"<br>");
</Script>
</BODY>
</HTML>
```

在 Chrome 浏览器中浏览【例 2-33】的结果如图 2-22 所示。可以看到，有些信息并不准确，如浏览器名称。

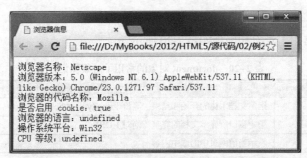

图 2-22　在 Chrome 浏览器中浏览【例 2-33】的结果

Navigator 对象是 Window 对象的一个属性，但 Navigator 对象的实例是唯一的，即所有窗口的 Navigator 对象都是唯一的。

2.5.6 document 对象

document 是常用的 JavaScript 对象，用于管理网页文档。前面已经介绍了使用 document.write() 在文档中输出字符串的方法。本小节再简单介绍 document 对象的属性、方法、子对象和集合。

1. 常用属性

document 对象的常用属性如表 2-18 所示。

表 2-18　document 对象的常用属性

类型	具体描述
title	设置文档标题等价于 HTML 的 title 标签
bgColor	设置页面背景色
fgColor	设置前景色（文本颜色）
linkColor	未点击过的链接颜色
alinkColor	激活链接（焦点在此链接上）的颜色
vlinkColor	已点击过的链接颜色
URL	返回当前文档的 URL
fileCreatedDate	文件建立日期，只读属性
fileModifiedDate	文件修改日期，只读属性
fileSize	文件大小，只读属性
cookie	设置和读取 cookie
charset	设置字符集，简体中文为 gb2312

2. 常用方法

document 对象的常用方法如表 2-19 所示。

表 2-19　document 对象的常用方法

类型	具体描述
write	向页面动态写入内容
createElement(Tag)	创建一个 HTML 标签对象
getElementById(ID)	获得指定 ID 值的对象
getElementsByName(Name)	获得指定 Name 值的对象

3. 子对象和集合

document 对象的常用子对象和集合如表 2-20 所示。

表 2-20　document 对象的常用子对象和集合

类型	具体描述
主体子对象 body	指定文档主体的开始和结束，等价于 \<body\>...\</body\>
位置子对象 location	指定窗口所显示文档的完整（绝对）URL
选区子对象 selection	表示当前网页中的选中内容
images 集合	表示页面中的图像
forms 集合	表示页面中的表单

【例 2-34】　document 对象的使用。

```
<HTML>
 <HEAD>
  <TITLE> New Document </TITLE>
 </HEAD>
 <BODY>
  <IMG SRC="1.jpg" WIDTH="170" HEIGHT="100" BORDER="0" ALT=""><br>
  <SCRIPT LANGUAGE="JavaScript">
document.write("文件地址:"+document.location+"<br>")
document.write("文件标题:"+document.title+"<br>");
document.write("图片路径:"+document.images[0].src+"<br>");
document.write("文本颜色:"+document.fgColor+"<br>");
document.write("背景颜色:"+document.bgColor+"<br>");
  </SCRIPT>
 </BODY>
</HTML>
```

在 Internet Explorer 中浏览【例 2-34】的结果如图 2-23 所示。

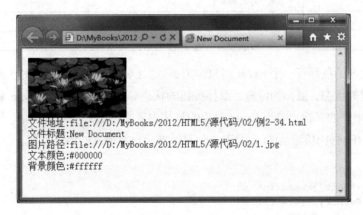

图 2-23　在 Internet Explorer 中浏览【例 2-34】的结果

2.6　JavaScript 事件处理

事件处理是 JavaScript 的一个优势，它可以针对某个事件编写程序进行处理。

2.6.1　常用的 HTML 事件

常用的 HTML 事件如表 2-21 所示。

表 2–21　常用的 HTML 事件

事件	说明
onabort	图像的加载被中断时触发
onblur	元素失去焦点时触发
onchange	域的内容被改变时触发
onclick	当用户单击某个对象时触发
ondblclick	当用户双击某个对象时触发

续表

事件	说明
onerror	如果加载文档或图像时发生错误，则触发
onfocus	元素获得焦点时触发
onkeydown	某个键盘按键被按下时触发
onkeypress	某个键盘按键被按下并松开时触发
onkeyup	某个键盘按键被松开时触发
onload	一个页面或一幅图像完成加载时触发
onmousedown	鼠标按钮被按下时触发
onmousemove	鼠标被移动时触发
onmouseout	鼠标从某元素移开时触发
onmouseover	鼠标移到某元素之上时触发
onmouseup	鼠标按键被松开时触发
onreset	重置按钮被单击时触发
onresize	窗口或框架被重新调整大小时触发
onselect	文本被选中时触发
onsubmit	提交按钮被单击时触发
onunload	用户退出页面时触发

每个事件的处理函数都有一个 Event 对象作为参数。Event 对象代表事件的状态，如发生事件中的元素、键盘按键的状态、鼠标的位置、鼠标按钮的状态等。Event 对象的 type 属性可以返回当前 Event 对象表示的事件的名称。关于 Event 对象的具体内容将在 2.6.3 小节介绍。

【例 2-35】 在网页中单击鼠标，弹出一个对话框，显示触发的事件类型。

```
<html>
<head>
<script type="text/javascript">
function getEventType(event)
  {
  alert(event.type);
  }
</script>
</head>
<body onmousedown="getEventType(event)">
<p>在网页中点击某个位置。对话框会提示出被触发的事件的类型。</p>
</body>
</html>
```

在<body>标签中定义 onmousedown 事件的处理函数为 getEventType()，参数 event 是 Event 对象。在 getEventType() 函数中调用 alert()方法显示 event.type 属性，如图 2-24 所示。

也可以使用 addEventListener()函数侦听事件并对事件进行处理，语法如下。

图 2-24　显示 event.type 属性

```
target.addEventListener(type, listener, useCapture);
```

参数说明如下。

- target：HTML DOM 对象，如 document 或 window。
- type：事件类型。

- listener：侦听到事件后处理事件的函数。此函数必须接受 Event 对象作为其唯一的参数。
- useCapture：是否使用捕捉。侦听器在侦听时有 3 个阶段：捕获阶段、目标阶段和冒泡阶段。

此参数的作用是确定侦听器是运行于捕获阶段、目标阶段，还是冒泡阶段。一般用 false，不用捕捉。

【例 2-36】 演示使用 addEventListener()函数侦听事件并对事件进行处理的方法。

```
<HTML>
<HEAD><TITLE>演示 Window 对象事件的使用</TITLE></HEAD>
<BODY>
<input id="myinput"></input>
<script type="text/javascript">
function handler()
{
    alert('welcome');
}
document.getElementById("myinput").addEventListener("click", handler, false);
</script>
</BODY>
</HTML>
```

2.6.2 Window 对象的事件处理

Window 对象的事件包括 OnLoad（窗口启动）、OnUnLoad（窗口关闭）、OnFocus（窗口获得焦点）、OnBlur（窗口失去焦点）和 OnError（窗口中出现错误）等，比较常用的事件是 OnLoad。

【例 2-37】 在打开一个网页时弹出一个对话框，代码如下。

```
<HTML>
<HEAD><TITLE>演示 Window 对象事件的使用</TITLE></HEAD>
<BODY OnLoad = "alert('welcome')">
打开此网页时将弹出一个对话框
</BODY>
</HTML>
```

2.6.3 Event 对象

前面已经介绍了每个事件的处理函数都有一个 Event 对象作为参数，Event 对象代表事件的状态。Event 对象的属性如表 2-22 所示。

表 2-22 Event 对象的属性

事件	说明
altKey	用于检查 Alt 键的状态。当 Alt 键按下时，值为 TRUE，否则为 FALSE
button	检查按下的鼠标键。可能的取值如下。 - 0：没按键。 - 1：按左键。 - 2：按右键。 - 3：按左右键。 - 4：按中间键。 - 5：按左键和中间键。 - 6：按右键和中间键。 - 7：按所有的键。 这个属性仅用于 onmousedown、onmouseup 和 onmousemove 事件。对于其他事件，不管鼠标状态如何，都返回 0

续表

事件	说明
cancelBubble	检测是否接受上层元素的事件的控制。等于 TRUE 表示不被上层元素的事件控制；等于 FALSE（默认值）表示允许被上层元素的事件控制
clientX	返回鼠标在窗口客户区域中的 X 坐标
clientY	返回鼠标在窗口客户区域中的 Y 坐标
ctrlKey	用于检查 Ctrl 键的状态。当 Ctrl 键按下时，值为 TRUE，否则为 FALSE
fromElement	检测 onmouseover 和 onmouseout 事件发生时，鼠标离开的元素
keyCode	检测键盘事件对应的内码。这个属性用于 onkeydown、onkeyup 和 onkeypress 事件
offsetX	检查相对于触发事件的对象，鼠标位置的水平坐标（即水平偏移）
offsetY	检查相对于触发事件的对象，鼠标位置的垂直坐标（即垂直偏移）
propertyName	设置或返回元素的变化的属性的名称。可以使用 onpropertychange 事件，得到 propertyName 的值
returnValue	从事件中返回的值
screenX	检测鼠标相对于用户屏幕的水平位置
screenY	检测鼠标相对于用户屏幕的垂直位置
shiftKey	检查 Shift 键的状态。当 Shift 键按下时，值为 TRUE，否则为 FALSE
srcElement	返回触发事件的元素
srcFilter	返回触发 onfilterchange 事件的滤镜
toElement	检测 onmouseover 和 onmouseout 事件发生时，鼠标进入的元素
type	返回事件名
x	返回鼠标相对于 css 属性中有 position 属性的上级元素的 x 轴坐标
y	返回鼠标相对于 css 属性中有 position 属性的上级元素的 y 轴坐标

【例 2-38】 使用 Event 对象在窗口的状态栏中显示鼠标的坐标，代码如下。

```
<HTML>
<HEAD><TITLE>【例 2-38】</TITLE></HEAD>
<BODY onmousemove="window.status = 'X=' + window.event.x + ' Y=' + window.event.y">
在窗口的状态栏中显示鼠标的坐标
</BODY>
</HTML>
```

2.7 渐进式前端框架 Vue.js

Vue 的读音为/vju：/，类似于 view，是一套构建用户界面的渐进式轻量级框架，Vue.js 的核心库只关注视图层。

2.7.1 下载和安装 Vue.js

下载 Vue.js 的地址如下。

```
ttp://vuejs.org/guide/installation.html
```

下载 Vue.js 的页面如图 2-25 所示。

Vue.js 有开发版（Development Version）和生产版（Production Version）两种。这里单击 Production Version 按钮，下载生产版 Vue.js，得到 Vue.min.js。

在网页中可以通过如下语句引用 Vue.min.js。

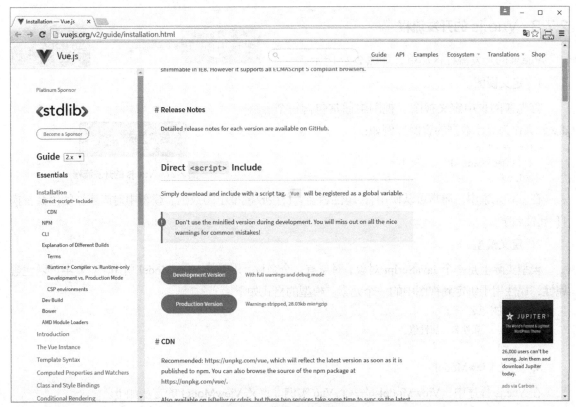

图 2-25　下载 Vue.js 的页面

```
<script src="vue.min.js"></script>
```

在网页中可以通过如下语句引用 Vue.min.js。

2.7.2　MVVM 开发模式

MVVM 是 Model View View Model 的缩写。其中，Model（模型）是指数据模型，如数据库记录。通常模型对象负责在数据库中存取数据；View（视图）是应用程序中处理数据显示的部分；ViewModel 负责数据转换，将 Model 的变化反映到 View 上，如果 View 自身发生了变化，ViewModel 也负责将此变化同步到 Model。

MVVM 的开发模式如图 2-26 所示。

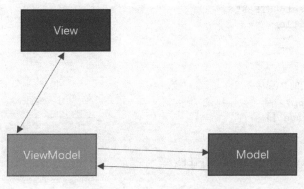

图 2-26　MVVM 的开发模式示意图

2.7.3　Vue.js 的开发流程

Vue.js 的开发流程很简单，如图 2-27 所示。

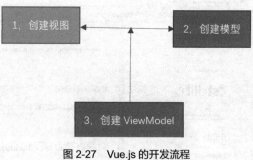

图 2-27　Vue.js 的开发流程

1. 定义视图

首先在网页中定义视图。视图中通常包含一个 div 元素作为显示数据的容器。例如：

```
<div id="app">
    {{ message }}
 </div>
```

在 div 元素中，通常可以使用{{ 属性名字 }}接收模型中的数据。模型中对应属性的值会替换 {{ 属性名字 }}。

2. 定义模型

模型实际上是一个 JavaScript 对象，对象有一个名称，用于被 ViewModel 引用。对象中可以包含属性，属性用于绑定到视图中的一个元素。模型的格式如下。

```
var 模型对象名 = {
        属性名: 属性值
    }
```

3. 定义 ViewModel

在 Vue.js 程序中，ViewModel 是一个 Vue 实例。定义 ViewModel 的方法如下。

```
new Vue({
        el: '#app',
        data: exampleData
    })
```

Vue 实例中包含以下两个属性。

- el：用于指定视图。例如，el: '#app'表示 Vue 实例绑定到视图中 id 为 app 的 HTML 元素。
- data：用于指定模型。例如，data: exampleData 表示与视图绑定的模型是 exampleData 对象。

Vue.js 有多种数据绑定的语法，最基础的形式是文本插值，使用一对大括号语法，在运行时，视图中的{{ message }}会被模型对象的 message 属性替换。

【例 2-39】　基于 Vue.js 的简单实例。

```
<!DOCTYPE html>
<html>
    <head>
        <meta charset="UTF-8">
        <title></title>
    </head>

    <body>
        <!--这是我们的 View-->
        <div id="app">
            {{ message }}
        </div>
    </body>
    <script src="vue.min.js"></script>
    <script>
        // 这是我们的 Model
```

```
    var exampleData = {
        message: 'Hello World!'
    }

    // 创建一个 Vue 实例或 "ViewModel"
    // 它连接 View 与 Model
    new Vue({
        el: '#app',
        data: exampleData
    })
    </script>
</html>
```

网页中定义了一个 id 为 app 的 div 元素，其中包含一个数据绑定的元素{{ message }}。本例中的模型是 exampleData 对象，其中包含一个 message 属性。ViewModel 是一个 Vue 对象，其中 el 属性指定#app，data 属性指定 exampleData。这样就可以用 exampleData 对象 message 属性的值替换{{ message }}的位置。

2.7.4　Vue.js 的常用指令

Vue.js 的指令都以 v-开头，它作用于 HTML 元素，可以为绑定的目标元素添加一些特殊的行为和特性。

1. v-if 指令

v-if 是条件渲染指令，其基本语法如下。

```
v-if="expression"
```

expression 是一个布尔表达式，当该表达式的值为 true 时，v-if 指令作用的视图元素将会渲染到网页中，否则该元素将被从网页中移除。例如，在下面的代码中，当 num 的值大于或等于 25 时，会在网页中渲染 h1 元素。

```
<h1 v-if="num>= 25">Age: {{ num }}</h1>
```

【例 2-40】　v-if 指令的应用。

```
<!DOCTYPE html>
<html>
    <head>
        <meta charset="UTF-8">
        <title></title>
    </head>
    <body>
        <div id="app">
            <h1>Hello, Vue.js!</h1>
            <h1 v-if="yes">Yes!</h1>
            <h1 v-if="no">No!</h1>
            <h1 v-if="num >= 100">Num: {{ num }}</h1>
            <h1 v-if="name.indexOf('jack') >= 0">Name: {{ name }}</h1>
        </div>
    </body>
    <script src="/vue.min.js"></script>
    <script>

        var vm = new Vue({
            el: '#app',
```

```
                data: {
                    yes: true,
                    no: false,
                    age: 101,
                    name: 'Johney'
                }
            })
        </script>
    </html>
```

浏览【例 2-40】的页面如图 2-28 所示。

数据绑定情况如下。

（1）yes 等于 true，因此<h1 v-if="yes">Yes!</h1>显示在网页中。

（2）no 等于 false，因此<h1 v-if="no">No!</h1>没有显示在网页中。

（3）age 等于 101，因此<h1 v-if="num >= 100">Num: {{ num }}</h1>>显示在网页中。

图 2-28　浏览【例 2-40】的页面

（4）name 等于'Johney'，因此<h1 v-if="name.indexOf('jack') >= 0">Name: {{ name }}</h1>没有显示在网页中。

2．v-show 指令

v-show 也是条件渲染指令，其基本语法如下。

```
v-show="expression"
```

与 v-if 指令不同的是，使用 v-show 指令的元素始终都会被渲染到页面中。当 *expression* 的值为 false 时，使用 v-show 指令的元素将被设置为 CSS 的 display 属性，将其隐藏。也就是说，该元素的定义中会增加下面的样式定义代码。

```
style="display:none;"
```

3．v-else 指令

v-else 指令可以为 v-if 指令或 v-show 指令添加一个 else 块。使用 v-else 指令的元素必须跟在使用 v-if 指令或 v-show 指令的元素后面，否则不会被识别。当 v-if 指令为 true 时，其后面使用 v-else 指令的元素将不会被渲染到网页中；否则，其后面使用 v-else 指令的元素将会被渲染到网页中。无论 v-show 指令的结果如何，其后面使用 v-else 指令的元素都会被渲染到网页中。只不过如果 v-show 指令等于 true，那么其后面使用 v-else 指令的元素会被隐藏，否则会显示在网页中。

【例 2-41】　v-else 指令的应用。

```
<!DOCTYPE html>
<html>
    <head>
        <meta charset="UTF-8">
        <title></title>
    </head>
    <body>
        <div id="app">
            <h1 v-if="num >= 100">Num: {{ num }}</h1>
            <h1 v-else>num 小于 100</h1>
        </div>
    </body>
    <script src="vue.min.js"></script>
```

```
<script>

    var vm = new Vue({
        el: '#app',
        data: {
            num: 99
        }
    })
</script>
</html>
```

浏览【例 2-41】的页面如图 2-29 所示。

图 2-29　浏览【例 2-41】的页面

因为 num=99，所以 v-if="num >= 100" 为 false，其后面使用 v-else 指令的元素将被渲染到网页中。

4. v-for 指令

v-for 指令可以遍历一个列表，并将其中的元素渲染到网页中。其语法如下。

v-for="item in items"

items 的数据将在 ViewModel 中指定。

【例 2-42】　v-for 指令的应用。

```
<!DOCTYPE html>
<html>

    <head>
        <meta charset="UTF-8">
        <title></title>
    </head>

    <body>
        <div id="app">
        <table>
            <thead>
                <tr>
                    <th>Name</th>
                    <th>Age</th>
                    <th>Sex</th>
                </tr>
            </thead>
            <tbody>
                <tr v-for="person in people">
                    <td>{{ person.name }}</td>
                    <td>{{ person.age }}</td>
                    <td>{{ person.sex }}</td>
```

```
                </tr>
            </tbody>
        </table>
    </div>
</body>
<script src="vue.min.js"></script>
<script>
    var vm = new Vue({
        el: '#app',
        data: {
            people: [{
                name: '张三',
                age: 30,
                sex: '男'
            }, {
                name: '李四',
                age: 26,
                sex: '女'
            }, {
                name: '王五',
                age: 22,
                sex: '女'
            }, {
                name: '小明',
                age: 36,
                sex: '男'
            }]
        }
    })
</script>
</html>
```

代码中定义了一个数组模型 people，其元素为一个包含 name、age、sex 等 3 个字段的类。在视图中，使用 v-for 指令遍历 people 并将其元素显示在网页中。浏览【例 2-42】的页面如图 2-30 所示。

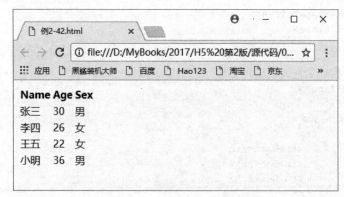

图 2-30　浏览【例 2-42】的页面

5. v-bind 指令

v-bind 指令用于指定 HTML 元素的某个特性的值，语法如下。

```
v-bind:argument="expression"
```

expression 的值将应用于 HTML 元素的 argument 属性。

【例 2-43】　v-bind 指令的应用。

```html
<!DOCTYPE html>
<html>
    <head>
        <meta charset="UTF-8">
        <title></title>
        <link rel="stylesheet" href="demo.css" />
    </head>
    <body>
        <div id="app">
            <ul class="pagination">
                <li v-for="n in pageCount">
                    <a href="javascripit:void(0)" v-bind:class="activeNumber === n ?
'active' : ''">{{ n }}</a>
                </li>
            </ul>
        </div>
    </body>
    <script src="vue.min.js"></script>
    <script>
        var vm = new Vue({
            el: '#app',
            data: {
                activeNumber: 1,
                pageCount: 10
            }
        })
    </script>
</html>
```

程序使用 v-for 指定在网页中显示了一个分页条，并用 v-bind 指令指定当前页码超链接元素（由 activeNumber 指定）的 class 属性。

本例在 demo.css 中定义了分页条的样式，代码如下。

```css
ul li
{
    list-style-type:none;
    float:left;
    width:30px;
    height:30px;
    padding:0px;
    border :1px solid #B3EE3A;
    text-align:center;
}
ul li a
{
    text-decoration:none;
    font-size: small;
    color:#B3EE3A;
    display: block;
    width:100%;
    height:100%;
    line-height:30px;
}

.active{
```

```
    background-color: #B3EE3A;
    color:white;
    font-weight:bold;
}
```

浏览【例 2-43】，效果如图 2-31 所示。

图 2-31 浏览【例 2-43】

2.8 使用 webpack+Vue 构建模块化项目

webpack+Vue 是一种常用的构建模块化项目的组合，Vue 的基本情况前面已经介绍了。webpack 是模块打包工具，它可以分析项目结构，找到 JavaScript 模块以及其他浏览器不能直接运行的扩展语言（如 Scss、TypeScript 等），并将其打包为合适的格式供浏览器使用。

2.8.1 webpack

webpack 将项目作为一个整体，并指定一个主文件（如 main.js）。webpack 可以从主文件开始找到项目中的依赖文件，然后使用 loaders 处理它们，最后打包成浏览器可以识别的 JavaScript 文件。webpack 的工作原理如图 2-32 所示。

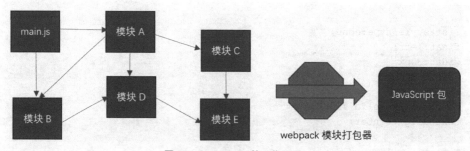

图 2-32 webpack 的工作原理

1. 创建 webpack 项目

可以使用 npm 命令创建 webpack 项目。npm 是与 node.js 一起安装的 JavaScript 包管理工具。使用 npm 可以下载第三方包到本地并安装，也可以将自己编写的包上传至 npm 服务器，供他人使用。

要使用 npm 工具，需要熟悉下载和安装 nodejs。nodejs 是一个基于 Chrome JavaScript 运行时建立的平台，用于方便地搭建响应速度快、易于扩展的网络应用。nodejs 的官网如下。

```
https://nodejs.org
```

在官网首页就可以下载 nodejs 的稳定版本和最新版本。在编写此书时，下载的是 6.11.2 版本。运行安装程序，并按照向导提示完成安装。默认的安装目录是 C:\Program Files\nodejs。将此目录添加到环境变量 path 中，然后打开命令行窗口，执行下面的命令，查看 nodejs 的版本。

```
node -v
```

如果可以显示版本信息，则说明安装成功了。此时，npm 也随 nodejs 一起安装好了。执行下面的命令，查看 nodejs 的版本。

```
npm -v
```

nodejs 6.11.2 自带的 npm 的版本为 5.4.0。

首先创建一个 webpack 项目文件夹 webpackProject，打开命令行窗口，执行下面的命令，初始化 webpack 项目。

```
cd webpackProject
npm init
```

在该命令执行过程中会提示输入一系列的项目版本信息，包括包名（package name）、版本（version）、描述信息（description）、主文件（entry point）、测试命令（test command）、git 库（git repository）、关键字（keywords）、作者（author）、许可证号（license）等，这些信息都不是必填的，全部回车即可。最后会提示用户即将创建一个 package.json 文件，这是一个标准的 npm 说明文件。确认屏幕上显示的信息，如果不需要修改，则单击回车键，如图 2-33 所示。

图 2-33　初始化 webpack 项目

执行成功后，可以看到 webpackProject 文件夹下生成了一个 package.json 文件。

接下来就可以执行下面的命令，在项目中安装 webpack 作为依赖包。

```
npm install --save-dev webpack
```

如果执行的过程中报错，则可以执行下面的命令清除 webpack 的缓存。

```
npm cache clear --force
```

也可能是由于 npm 的版本不匹配。笔者在遇到 npm ERR! code EPERM 错误时，执行下面的命令将 npm 降级至 5.0.3 版本才成功解决。

```
npm install -g npm@5.0.3
```

在项目中安装 webpack 后，在项目文件夹下会生成一个 node_modules 子文件夹。

2. webpack 配置文件

webpack 执行时，除了在命令行传入参数外，还可以通过配置文件来指定参数。默认情况下，会搜索当前目录的 webpack.config.js 文件，这是一个 node.js 模块，返回一个 json 格式的配置信息对象。也可以通过--config 选项来指定配置文件。

下面是 webpack.config.js 文件的例子。

```
var Webpack = require("webpack");
module.exports = {
entry: ["./entry.js"],
output: {
path: __dirname,
filename: "bundle.js"
},
module: {
loaders: [{
test: /\.css$/,
loader: "style!css"
}]
}
}
```

参数说明如下。

- entry：用于指定入口文件。
- output：用于指定打包结果。path 指定输出的文件夹，filename 指定打包结果文件的名称。
- module：定义对模块的处理逻辑。当需要加载的文件匹配 test 的正则时，调用后面的 loader 对文件进行处理。

3. 使用 webpack 打包的过程

下面通过一个实例演示 webpack 的工作过程。

（1）在 webpackProject 文件夹下创建以下两个子文件夹。

- app：用于存储原始数据和 JavaScript 模块。
- public：用于存储之后供浏览器读取的文件，包括由 webpack 生成的 JavaScript 文件和一个 index.html 文件。

（2）为了演示 webpack 的工作过程，下面在 app 文件夹下创建一个 hello.js，代码如下。

```
module.exports = function() {
        var hellodiv = document.createElement('div');
        hellodiv.textContent = "Hello World!"; return hellodiv; };
```

在编写 node.js 程序时，经常需要把一些功能封装在模块（module）中，module.exports 可以用于定义模块对外暴露的接口。本例中的模块可以创建一个内容为 "Hello World!" 的 div 元素，然后将其返回。

（3）编写入口文件 main.js。

main.js 的代码如下。

```
const hello = require('./hello.js');
document.querySelector("#root").appendChild(hello());
```

require 是 Node.js 的函数，用于加载 js 文件。这里调用 greeter()函数创建一个内容为"Hello World!"

的 div 元素，然后将其添加到网页中的 root 元素中。

（4）设计 index.html 网页。

index.html 是项目中的网页，它保存在 public 文件夹下。假定将 webpack 打包后的文件命名为 bundle.js，则可以在 index.html 中应用它。例如，代码如下。

```
<!DOCTYPE html> <html lang="en">
<head>
<meta charset="utf-8"> <title>Webpack Sample Project</title>
</head>
<body>
<div id='root'> </div>
<script src="bundle.js"></script>
</body>
</html>
```

（5）使用 webpack 打包。

使用 webpack 打包的命令如下。

```
webpack 入口 js 文件 打包文件的目标路径
```

如果在 webpack 命令中指定入口文件和包文件的目标路径，则需要将配置文件 webpack.config.js 删除。

本例中的打包命令如下。

```
d:
cd D:\webpackProject
node_modules\.bin\webpack app/main.js public/bundle.js
```

执行的过程如图 2-34 所示。

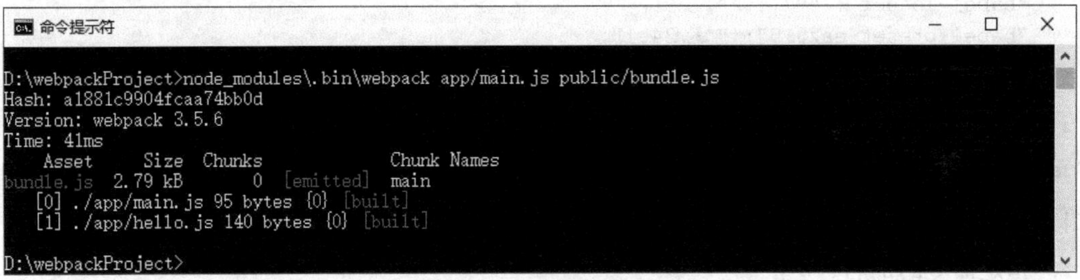

图 2-34　使用 webpack 打包

执行成功后，可以在 public 文件夹中生成一个 bundle.js 文件。浏览 index.html 的结果如图 2-35 所示。

图 2-35　浏览 index.html 的结果

2.8.2　Babel

Babel 是一个编译 JavaScript 的平台。它能将 ES6 转换成可以在浏览器中运行的代码。

　　　　ECMAScript 6（以下简称 ES 6）是 JavaScript 语言的下一代标准。因为当前版本的 ES 6 是在 2015 年发布的，所以又称 ECMAScript 2015。很多 ES 6 的新特性还不能被多数浏览器接受，因此需要经过 Babel 的转换。

1. 安装 Babel

在命令行窗口中，切换至 webpack 项目文件夹下，执行下面的命令可以安装 babel-core 和它的 babel-preset-es2015 插件，并写入 package.json 的 devDependencies 中。

```
npm install --save-dev babel-core babel-preset-es2015
```

执行成功后，在 webpack 项目文件夹下的 package.json 文件的内容如下。

```
{
  "name": "webpackproject",
  "version": "1.0.0",
  "description": "My first webpack project",
  "main": "index.js",
  "scripts": {
    "test": "echo \"Error: no test specified\" && exit 1"
  },
  "author": "",
  "license": "ISC",
  "devDependencies": {
    "babel-core": "^6.26.0",
    "babel-loader": "^7.1.2",
    "babel-preset-es2015": "^6.24.1",
    "babel-preset-react": "^6.24.1"
  }
}
```

可以看到 devDependencies 包含 babel-core、babel-loader、babel-preset-es2015 和 babel-preset-react 等插件。

2. 指定命令的别名

为了使用方便，可以在 package.json 文件的 Scripts 中定义命令的别名。例如：

```
"scripts": {
    "test": "echo \"Error: no test specified\" && exit 1",
    "build": "webpack -p --progress --hide-modules"
}
```

上面的代码中定义了两个命令别名，即 test 和 build。可以通过下面的方法，使用别名运行命令。

```
npm run 命令别名
```

例如，执行下面的命令可以运行 test 命令。

```
d:
cd D:\webpackProject
npm run test
```

运行结果如图 2-36 所示。

```
C:\Windows\system32\cmd.exe                                              —  □  ×
C:\Users\Administrator>d:

D:\>cd D:\webpackProject

D:\webpackProject>npm run test

> webpackproject@1.0.0 test D:\webpackProject
> echo "Error: no test specified" && exit 1

"Error: no test specified"
npm         ELIFECYCLE
npm         errno 1
npm         webpackproject@1.0.0 test: `echo "Error: no test specified" && exit 1`
npm         Exit status 1
npm
npm         Failed at the webpackproject@1.0.0 test script.
npm         This is probably not a problem with npm. There is likely additional logging output above.

npm         A complete log of this run can be found in:
npm             C:\Users\Administrator\AppData\Roaming\npm-cache\_logs\2017-09-22T13_36_44_984Z-debug.log

D:\webpackProject>_
```

图 2-36　通过别名运行命令

3. Babel 配置文件

Babel 配置文件的扩展名是.babelrc，它的基本格式如下。

```
{
  "presets": [],
  "plugins": [],
}
```

presets 用于指定转码规则，plugins 用于指定加载的插件。

常用的转码规则如下。

- ES 2015：又称为 ES 6，是 JavaScript 语言经过 ECMA 认证的一个版本的别称，发布于 2015 年。

- react：Facebook 开发的一款用于构建用户界面的 JavaScript 库。

- stage-0：是对 ES 7 一些提案的支持，包含下面 stage-1、stage-2 和 stage-3 的所有功能以及其他 2 个插件。

- stage-1：包含下面 stage-2 和 stage-3 的所有功能以及其他 4 个插件。

- stage-2：包含 stage-3 的所有功能以及其他两个插件。

- stage-3：是 ES 7 的基本转码规则，包含 transform-async-to-generator 和 transform-exponentiation-operator 2 个插件。

> **提示**　ECMA 是一家国际性会员制度的信息和电信标准组织。1994 年之前，名为欧洲计算机制造商协会（European Computer Manufacturers Association）。是 1961 年成立的旨在建立统一的电脑操作格式标准——包括程序语言和输入输出的组织。

presets 指定的是预设的插件集，plugins 指定的是单独的插件。例如：

```
{
  "presets": ["es2015", "stage-0", "react"],
  "plugins": ["transform-runtime"]
}
```

transform-runtime 插件用于运行时编译 ES 6。

4. Babel+webpack 应用实例

接下来通过一个实例介绍使用 Babel+webpack 开发 ES 6 程序的方法。首先创建一个项目文件夹

d:\webpack_bable，然后打开命令行窗口，执行下面的命令，切换至项目文件夹。

```
d:
cd webpack_bable
```

下面的命令都将在 webpack_bable 文件夹下执行。如果还没有安装 webpack，则参照 2.8.1 节安装 webpack。

执行下面的命令初始化 Node 项目。如果文件夹中出现了 package.json 文件，则说明初始化成功。

```
npm init
```

参考前面介绍的方法在项目中安装 webpack 作为依赖包。

执行下面的命令，将 Babel 和 webpack 安装到项目中。

```
npm install --save-dev babel-core babel-preset-es2015
```

此命令安装 babel-core 及其 babel-preset-es2015 插件，并写入 package.json 的 devDependencies 中。

执行下面的命令，安装 webpack 及其 babel-loader 插件。

```
npm install --save-dev webpack babel-loader
```

在 package.json 修改 scripts 属性，定义两个命令别名，代码如下。

```
"scripts": {
    "test": "echo \"Error: no test specified\" && exit 1",
    "build": "webpack -p --progress --hide-modules",
    "serve": "http-server dist"
}
```

build 命令用于启动 webpack 执行打包，serve 命令用于启动服务器，以便浏览打包后的效果。

创建一个 Babel 配置文件.babelrc，代码如下。

```
{
    "presets": ["es2015"]
}
```

指定转码规则为 ES 2015。

新建 webpack 配置文件 webpack.config.js，代码如下。

```
const path = require('path')
const webpack = require('webpack')

const ROOT_PATH = path.resolve(__dirname)
const SRC_PATH = path.resolve(ROOT_PATH, 'src')
const DIST_PATH = path.resolve(ROOT_PATH, 'dist')
const MODULE_PATH = path.resolve(ROOT_PATH, 'node_modules')

const config = {
    entry: {
        'main': path.resolve(SRC_PATH, 'main'),
    },
    output: {
        path: DIST_PATH,
        filename: 'scripts.js',
        publicPath: '/'
    },
    module: {
        loaders: [{
            test: /\.js$/,
            loader: 'babel',
            include: [SRC_PATH]
        }]
```

```
    },
    resolve: {
        modulesDirectories: [
            'node_modules',
            'src'
        ],
        alias: {
            'pokemon-gif': path.resolve(MODULE_PATH, 'pokemon-gif', 'lib', 'pokemon-
gif.js')
        }
    },
    plugins: [
        new webpack.optimize.UglifyJsPlugin({
            compress: {
                warnings: false
            }
        })
    ]
}

module.exports = config
```

配置文件中做了如下约定。

- 源代码文件夹（SRC_PATH）为 src。
- 部署文件夹（DIST_PATH 为）为 dist。
- 模块文件夹（MODULE_PATH）为 node_modules。
- 入口文件为 src\main.js。
- 输出文件为 dist\scripts.js。
- src 文件夹下的所有 js 文件都使用 babel 加载。
- 指定 node_modules\lib\ pokemon-gif.js 的别名为 pokemon-gif。
- 启用了 webpack 内嵌的 uglifyJS 对 js 与 CSS 进行压缩混淆。

在 dist 文件夹下新建一个网页文件 index.html，代码如下。

```
<!DOCTYPE html>
<html>
  <head>
    <title>ES2015  Babel+webpack 应用实例</title>
    <link rel="stylesheet" href="./style.css">
  </head>
  <body>
    <button class="btn">单击我</button>
    <script src="./main.js" charset="utf-8"></script>
  </body>
</html>
```

在 dist 文件夹下新建一个样式文件 style.css，代码如下。

```
html, body {
    width: 100%;
    height: 100%;
    margin: 0;
}
body {
    display: flex;
```

```
        justify-content: center;
        align-items: center;
        background-color: whitesmoke;
        font-family: "HelveticaNeue-Light", "Helvetica Neue Light", "Helvetica Neue",
Helvetica, Arial, "Lucida Grande", sans-serif;
    }
    .btn {
        outline: none;
        border: none;
        border-radius: 2px;
        padding: 10px;
        color: #fff;
        background: indianred;
    }
```

在 src 文件夹下新建一个 JavaScript 文件 main.js，代码如下。

```
import pokemonGif from 'pokemon-gif'

const btn = document.getElementsByClassName('btn')[0]

btn.addEventListener('click', () => {
    console.log('Clicked!')
    const randomId = Math.ceil(Math.random() * 721)
    const gifUrl = pokemonGif(randomId)
    console.log(gifUrl)
    if (gifUrl) {
        const img = document.createElement('img')
        img.src = gifUrl
        const body = document.getElementsByTagName('body')[0]
        body.removeChild(btn)
        body.appendChild(img)
    }
})
```

在程序中使用 pokemon-gif 插件，在单击按钮时显示一个精灵图片。使用 pokemon-gif 插件之前需要执行下面的命令安装该插件。

```
npm install --save pokemon-gif
```

至此，准备工作都完成了，可以执行下面的命令进行打包。

```
npm run build
```

执行完成后，可以在 dist 文件夹下看到生成的 js 脚本 scripts.js。

运行如下命令，安装 ttp-server。http-server 是一个简单的零配置命令行 HTTP 服务器，基于 nodeJs。

```
npm install http-server
```

执行下面的命令，启动 HTTP 服务器。

```
npm run serve
```

如果启动正常，则打开浏览器，浏览如下的 URL，可以查看本节实例的效果，如图 2-37 所示。

```
http://127.0.0.1:8080
```

可以看到网页中定义了一个按钮，单击此按钮会调用 pokemon-gif 插件显示一个精灵动画。每次显示的图片不同。但是，由于存储图片的服务器在境外，很多时候无法正常显示，需要借助一定的技术手段才可以看到正常的效果。

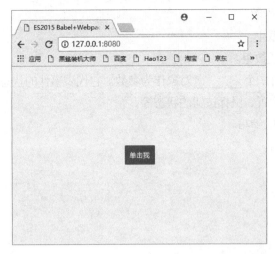

图 2-37　查看本节实例的效果

练习题

一、单项选择题

1. 在 HTML 文件中使用 JavaScript 脚本时，JavaScript 代码需要出现在（　　）之间。

　　A. < JavaScript>和</ JavaScript >

　　B. < JScript>和</ JScript >

　　C. <Script Language ="JavaScript">和</Script>

　　D. < Js>和</ Js >

2. 下面关于 JavaScript 变量的描述，错误的是（　　）。

　　A. 在 JavaScript 中，可以使用 var 关键字声明变量

　　B. 声明变量时必须指明变量的数据类型

　　C. 可以使用 typeof 运算符返回变量的类型

　　D. 可以不定义变量，而使用变量来确定其类型

3. 下面（　　）是 JavaScript 支持的注释字符。

　　A. //　　　　　　　　B. ;　　　　　　　　C. —　　　　　　　　D. &&

4. 包含浏览器信息的 HTML DOM 对象是（　　）。

　　A. Navigator　　　　　B. Window　　　　　C. document　　　　D. Location

二、填空题

1. JavaScript 简称_____，是一种可以嵌入 HTML 页面中的脚本语言。

2. JavaScript 的恒等运算符为_____，用于衡量两个运算数的值是否相等，而且它们的数据类型也相同。

3. 在循环体中使用_____语句可以跳过本次循环后面的代码，重新开始下一次循环。

4. 在循环体中使用_____语句可以跳出循环体。

5. 在 JavaScript 中可以使用_____关键字来创建自定义函数。

6. 使用_____语句可以返回函数值并退出函数。

7. 所有 JavaScript 内置类都从基类_____派生。

8. 在 JavaScript 中可以使用_____对象创建数组。

9. 在 JavaScript 中，每个事件的处理函数都有一个_____对象作为参数。它代表事件的状态，如发生事件中的元素、键盘按键的状态、鼠标的位置、鼠标按钮的状态等。

10. MVVM 是_____的缩写。

11. 可以使用_____命令创建 webpack 项目。

三、简答题

1. 试述 JavaScript 包含的 5 种原始数据类型。

2. 试画出 switch 语句的流程图。

3. 试写出 for 语句的基本语法结构。

4. 试述 JavaScript 中全局变量和局部变量的作用域。

03 第3章 HTML5表单及文件处理

应用程序的基本功能就是与用户进行交互，用户提交数据最常用的方式是通过表单。表单除了可以用于传送用户输入的数据外，还可以用于上传文件。本章主要介绍 HTML5 表单的新特性和文件处理的方法。

3.1 HTML4 表单

表单是网页中的常用组件，用户可以通过表单向服务器提交数据。表单中可以包括标签（静态文本）、单行文本框、滚动文本框、复选框、单选按钮、下拉菜单（组合框）和按钮等控件。

在定义表单和表单控件等方面，HTML5 与 HTML4 兼容，为了使读者能够更好地理解 HTML5 表单的新特性，本节先介绍 HTML4 表单的基础。

3.1.1 定义表单

可以使用<form>…</form>标签定义表单，常用的属性如表 3-1 所示。

表 3–1 表单的常用属性及说明

属性	具体描述
id	表单 ID，用来标记一个表单
name	表单名
action	指定处理表单提交数据的脚本文件。脚本文件可以是 ASP 文件、ASP.net 文件和 PHP 文件，它部署在 Web 服务器上，用于接收和处理用户通过表单提交的数据
method	指定表单信息传递到服务器的方式，有效值为 GET 或 POST。如果设置为 GET，则当按下提交按钮时，浏览器会立即传送表单数据；如果设置为 POST，则浏览器会等待服务器来读取数据。使用 GET 方法的效率较高，但传递的信息量仅为 2KB，而 POST 方法没有此限制，所以通常使用 POST 方法

在设计页面的下部是表单属性页，如果要在 PHP 脚本文件中处理表单提交的数据，请单击"动作"文本框后面的"浏览文件"按钮，打开"选择文件"对话框。例如，设置表单提交的数据由 ShowInfo.php 处理，方法为 POST。

【例 3-1】 定义表单 form1，提交数据的方式为 POST，处理表单提交数据的脚本文件为 ShowInfo.php，代码如下。

```
<form id="form1" name="form1" method="post" action="ShowInfo.php">
……
</form>
```

在 action 属性中指定处理脚本文件时可以指定文件的路径。可以使用绝对路径和相对路径两种方式指定脚本文件的位置。

绝对路径是指从网站根目录（\）到脚本文件的完整路径，如"\ShowInfo.php"或"\php\ShowInfo.php"；绝对路径也可以是一个完整的 URL，如"http://www.host.com/ ShowInfo.php"。

相对路径是从表单所在网页文件到脚本文件的路径。如果网页文件和脚本文件在同一目录下，则 action 属性中不需要指定路径，也可以使用".\ShowInfo.php"指定处理脚本文件，"."表示当前路径。还有一个特殊的相对路径，即".."，它表示上级路径。如果脚本文件 ShowInfo.php 在网页文件的上级目录中，则可以使用"..\ShowInfo.php"指定处理脚本文件。

【例3-1】只定义了一个空表单，表单中不包含任何控件，因此不能用于输入数据。下面将介绍如何定义和使用表单控件。

3.1.2 文本框

文本框　　　　　是用于输入文本的表单控件。可以使用<input>标签定义单行文本框，例如：

```
<input name="txtUserName" type="text" value="" />
```

文本框的常用属性如表 3-2 所示。

表 3-2　文本框的常用属性

属性	具体描述
name	名称，用来标记一个文本框
value	设置文本框的初始值
size	设置文本框的宽度
maxlength	设置文本框允许输入的最大字符数
readonly	指示是否可修改该字段的值
type	设置文本框的类型，常用的类型如下。 • text：默认值，普通文本框。 • password：密码文本框。 • hidden：隐藏文本框，常用于记录和提交不希望用户看到的数据，如编号。 • file：用于选择文件的文本框
value	定义元素的默认值

提示　　使用<input …>标签不仅可以定义文本框，设置 type 属性，还可以定义文本区域、复选框、列表框和按钮等控件。具体内容将在本章后面介绍。

【例 3-2】　定义一个表单 form1，其中包含各种类型的文本框，代码如下。

```
<form id="form1" name="form1" method="post" action="ShowInfo.php">
用户名:     <input name="txtUserName" type="text" value="" />  <br>
密码:       <input name="txtUserPass" type="password" /> <br>
文件:       <input name="upfile" type="file" /><br>
隐藏文本框: <input name="flag" type="hidden" vslue="1" />
</form>
```

浏览此网页的结果如图 3-1 所示。

可以看到，类型为 text 的普通文本框可以正常显示用户输入的文本，类型为 password 的密码文本框可将用户输入的文本显示为*，类型为 file 的文件文本框显示为一个"选择文件"按钮和一个显示文件名的字符串（未选择文件时，显示为"未选择文件"），类型为 hidden 的隐藏文本框不会显示在页面中。

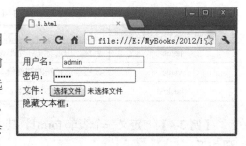

图 3-1　【例 3-2】的浏览界面

3.1.3　文本区域

文本区域是用于输入多行文本的表单控件。可以使用<textarea>标签定义文本区域。例如：

```
<textarea name="details"></textarea>
```

<textarea>标签的常用属性如表 3-3 所示。

表 3-3　<textarea>标签的常用属性

属性	具体描述
cols	设置文本区域的宽度
disabled	当此文本区首次加载时禁用此文本区

续表

属性	具体描述
name	用来标记一个文本区域
readonly	指示用户无法修改文本区内的内容
rows	设置文本区域允许输入的最大行数

【例 3-3】 定义一个表单 form1，其中包含一个 5 行 45 列的文本区域，代码如下。

```
<form id="form1" name="form1" method="post" action="ShowInfo.php">
<textarea name="details" cols="45" rows="5">文本区域</textarea>
</form>
```

浏览此网页的结果如图 3-2 所示。

图 3-2 【例 3-3】的浏览界面

3.1.4 单选按钮

单选按钮◉是用于从多个选项中选择一个项目的表单控件。在<input>标签中将 type 属性设置为 radio，即可定义单选按钮。

单选按钮的常用属性如表 3-4 所示。

表 3–4 单选按钮的常用属性

属性	具体描述
name	名称，用来标记一个单选按钮
value	设置单选按钮的初始值
checked	初始状态，如果使用 checked，则单选按钮的初始状态为已选，否则为未选

【例 3-4】 定义一个表单 form1，其中包含两个用于选择性别的单选按钮，默认选中"男"，代码如下。

```
<form id="form1" name="form1" method="post"
action="ShowInfo.php">
    <input name="radioSex1" type="radio"
id="radioSex1" checked>男</input>
    <input name="radioSex2" type="radio"
id="radioSex2"/>女</input>
</form>
```

图 3-3 【例 3-4】的浏览界面

浏览此网页的结果如图 3-3 所示。

3.1.5 复选框

复选框☐是用于选择或取消某个项目的表单控件。在<input>标签中将 type 属性设置为 checkbox，即可定义复选框。

复选框的常用属性如表 3-5 所示。

表 3-5　复选框的常用属性

属性	具体描述
name	名称，用来标记一个复选框
checked	初始状态，如果使用 checked，则复选框的初始状态为已选，否则为未选

【例 3-5】　定义一个表单 form1，其中包含 3 个用于选择兴趣爱好的复选框，代码如下。

```
<form id="form1" name="form1" method="post" action="ShowInfo.php">
    <input type="checkbox" name="C1" id="C1">文艺</input>
    <input type="checkbox" name="C2" id="C2">体育</input>
    <input type="checkbox" name="C3" id="C3">电脑</input>
</form>
```

浏览此网页的结果如图 3-4 所示。

图 3-4　【例 3-5】的浏览界面

3.1.6　组合框

组合框   也称为列表/菜单，是用于从多个选项中选择某个项目的表单控件。可以使用<select>标签定义组合框。

组合框的常用属性如表 3-6 所示。

表 3-6　组合框的常用属性

属性	具体描述
name	名称，用来标记一个组合框
option	定义组合框中包含的下拉菜单项
value	定义菜单项的值
selected	如果指定某个菜单项的初始状态为"选中"，则在对应的 option 属性中使用 selected

【例 3-6】　定义一个表单 form1，其中包含一个用于选择所在城市的组合框，组合框中有北京、上海、天津和重庆 4 个选项，默认选中"北京"，代码如下。

```
<form id="form1" name="form1" method="post"
action="ShowInfo.php">
<select name="city" id="city">
    <option value="北京" selected>北京</option>
    <option value="上海">上海</option>
    <option value="天津">天津</option>
    <option value="重庆">重庆</option>
</select>
</form>
```

浏览此网页的结果如图 3-5 所示。

图 3-5　【例 3-6】的浏览界面

3.1.7　按钮

HTML4 支持 3 种类型的按钮，即提交按钮（submit）、重置按钮（reset）和普通按钮（button）。单击提交按钮，浏览器会将表单中的数据提交到 Web 服务器，由服务器端的脚本语言（ASP、

ASP.NET、PHP 等）处理提交的表单数据，此过程不在本书讨论的范围内，读者可以参考相关资料理解。单击重置按钮，浏览器会将表单中所有控件的值设置为初始值。单击普通按钮的动作则由用户指定。

可以使用<input>标签定义按钮，通过 type 属性指定按钮的类型，type="submit"表示定义提交按钮，type="reset"表示定义重置按钮，type="button"表示定义普通按钮。按钮的常用属性如表 3-7 所示。

表 3–7　按钮的常用属性

属性	具体描述
name	用来标记一个按钮
value	定义按钮显示的字符串
type	定义按钮类型

【例 3-7】　定义一个表单 form1，其中包含 3 个按钮：一个提交按钮、一个重置按钮和一个普通按钮 hello，代码如下。

```
<form id="form1" name="form1" method="post" action="ShowInfo.php">
<input type="submit" name="submit" id="submit" value="提交" />
<input type="reset" name="reset" id="reset" value="重设" />
<input type="button" name="hello" onclick="alert('hello')" value="hello" />
</form>
```

浏览此网页的结果如图 3-6 所示。单击 hello 按钮会弹出如图 3-7 所示的对话框。

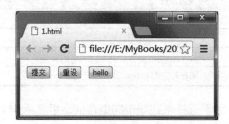

图 3-6　【例 3-7】的浏览界面　　　　图 3-7　单击 hello 按钮弹出的对话框

也可以使用<button>标签定义按钮，<button>标签的常用属性如表 3-8 所示。

表 3–8　<button>标签的常用属性

属性	具体描述
autofocus	HTML5 的新增属性，指定在页面加载时，是否让按钮获得焦点
disabled	禁用按钮
name	指定按钮的名称
value	定义按钮显示的字符串
type	定义按钮类型。type="submit"表示定义提交按钮，type="reset"表示定义重置按钮，type="button"表示定义普通按钮

【例 3-8】　【例 3-7】中的按钮也可以用下面的代码实现。

```
<form id="form1" name="form1" method="post" action="ShowInfo.php">
<button type="submit" name="submit" id="submit">提交</button>
<button type="reset" name="reset" id="reset">重设</button>
<button type="button" name=" " onclick="alert('hello')"/>hello</button>
</form>
```

3.2　HTML5 表单的新特性

HTML5 对表单进行了很多扩充和完善，从而可以设计出全新界面的表单。HTML5 表单的新特性包括新的<input>标签类型、新的表单元素、新的表单属性以及新增的表单验证功能。

3.2.1　新的<input>标签类型

3.1 节已经介绍了 HTML4 的<input>标签的类型，本节介绍 HTML5 新增的<input>标签类型。

1.　email 类型

email 类型用于应该包含 E-mail 地址的输入域。在提交表单时，会自动验证 email 域的值。

【例 3-9】　定义一个表单 form1，其中包含一个用于输入 E-mail 的文本框，代码如下。

```
<form id="form1" name="form1" method="post" action="ShowInfo.php">
E-mail: <input type="email" name="user_email" />
<button type="submit" name="submit" id="submit">提交</button>
<button type="reset" name="reset" id="reset">重设</button>
</form>
```

如果用户输入的数据不符合 E-mail 的格式，则在提交表单时，会提示"请输入电子邮件地址"，如图 3-8 所示。

图 3-8　使用 email 类型<input>标签的例子

2.　url 类型

url 类型用于应该包含 URL 地址的输入域。在提交表单时，会自动验证 URL 域的值。

【例 3-10】　定义一个表单 form1，其中包含一个用于输入 URL 的文本框，代码如下。

```
<form id="form1" name="form1" method="post" action="ShowInfo.php">
您的首页: <input type="url" name="user_url" />
<button type="submit" name="submit" id="submit">提交</button>
<button type="reset" name="reset" id="reset">重设</button>
</form>
```

如果用户输入的数据不符合网址的格式，则在提交表单时，会提示"请输入网址"，如图 3-9 所示。

图 3-9 使用 url 类型<input>标签的例子

3. number 类型

number 类型用于应该包含数值的输入域。可以通过表 3-9 所示的属性限定数值。

表 3-9 限定数值属性

属性	具体描述
max	允许的最大值
min	允许的最小值
step	规定合法的数字间隔（如果 step="3"，则合法的数是-3、0、3、6 等）
value	默认值

【例 3-11】 定义一个表单 form1，其中包含一个用于输入数值的文本框，并规定取值范围为 1～100，默认值为 30，代码如下。

```html
<form id="form1" name="form1" method="post" action="ShowInfo.php">
您的年龄: <input type="number" name="points" min="1" max="100" value="30"/>
<button type="submit" name="submit" id="submit">提交</button>
<button type="reset" name="reset" id="reset">重设</button>
</form>
```

浏览【例 3-11】的界面如图 3-10 所示。

4. date 类型

date 类型用于应该包含日期值的输入域，可以通过一个下拉日历来选择年/月/日。

【例 3-12】 定义一个表单 form1，其中包含一个 date 类型的文本框，用于选择生日，代码如下。

```html
<form id="form1" name="form1" method="post" action="ShowInfo.php">
您的生日: <input type="date" name="birth" />
<button type="submit" name="submit" id="submit">提交</button>
<button type="reset" name="reset" id="reset">重设</button>
</form>
```

浏览【例 3-12】的界面如图 3-11 所示。

图 3-10　使用 number 类型<input>标签的例子　　　　图 3-11　使用 date 类型<input>标签的例子

5．其他日期时间类型

HTML5 还新增了如下用于输入日期时间的<input>标签类型。

- month：用于选取月和年。
- week：用于选取周和年。
- time：用于选取时间（小时和分钟）。
- datetime：用于选取时间、日、月、年（UTC 时间）。
- datetime-local：用于选取时间、日、月、年（本地时间）。

在编写本书时，大多数主流浏览器尚未支持这些<input>标签类型。由于篇幅所限，这里就不具体介绍这些日期时间类型的用法了，只是给出在 Opera 12.10 中实现它们的界面。month 类型的界面如图 3-12 所示，week 类型的界面如图 3-13 所示，time 类型的界面为 23:59，datetime 类型的界面如图 3-14 所示。

图 3-12　month 类型的界面　　图 3-13　week 类型的界面　　图 3-14　datetime 类型的界面

datetime-local 类型的界面与 datetime 类型的界面相似，只是没有后面的 UTC 标识。

6．search 类型

search 类型用于搜索域，如站点搜索或 Google 搜索。search 域显示为常规的文本域。

7．color 类型

color 类型用于选择颜色。

【例 3-13】　定义一个表单 form1，其中包含一个 color 类型的文本框，用于选择颜色，代码如下。

```
<form id="form1" name="form1" method="post" action="ShowInfo.php">
选择颜色: <input type="color" name="color" />
```

```
<button type="submit" name="submit" id="submit">提交</button>
<button type="reset" name="reset" id="reset">重设</button>
</form>
```

浏览【例 3-13】的界面如图 3-15 所示。默认的颜色是黑色，单击 color 类型的输入域，会弹出如图 3-16 所示的"颜色"对话框。

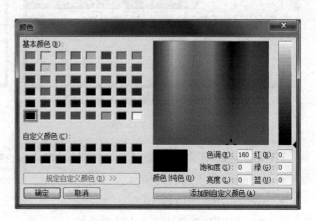

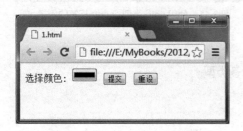

图 3-15　使用 color 类型<input>标签的例子

图 3-16　"颜色"对话框

3.2.2　新的表单元素

HTML5 还新增了 datalist、keygen 和 output 等表单元素，本节将介绍它们的功能和使用方法。

1. datalist 元素

datalist 元素用于定义输入域的选项列表。定义 datalist 元素的语法如下。

```
<datalist id="…">
<option label="…" value="…" />
<option label="…" value="…" />
…
</datalist>
```

option 元素用于创建 datalist 元素中的选项列表，label 属性用于定义列表项的显示标签，value 属性用于定义列表项的值。

在<input>标签中可以使用 list 属性引用 datalist 的 ID。

【例 3-14】　定义一个表单 form1，其中包含 1 个用于输入搜索引擎的文本框，文本框包含百度和 Google 两个选项，代码如下。

```
<form id="form1" name="form1" method="post" action="ShowInfo.php">
搜索引擎: <input type="url" list="url_list" name=
"link" />
<datalist id="url_list">
<option label="百度" value="http://www.baidu.com" />
<option label="Google" value="http://www.google.
com" />
</datalist>
</form>
```

浏览网页时，双击文本框，会显示选项列表，如图 3-17 所示。

图 3-17　使用 datalist 元素的例子

2. keygen 元素

keygen 元素用于提供一种验证用户的可靠方法，它是一个密钥对生成器。当提交表单时，会生成两个键，一个是私钥（private key），一个公钥（public key）。私钥存储于客户端，公钥则被发送到服务器。公钥可用于之后验证用户的客户端证书。

定义 keygen 元素的语法如下。

```
<keygen name="…">
```

【例 3-15】 定义一个表单 form1，其中包含 1 个用于输入用户名的文本框和 1 个 keygen 元素定义的密钥对生成器，代码如下。

```
<form id="form1" name="form1" method="post" action="ShowInfo.php">
用户名: <input type="text" name="usr_name" />
密钥: <keygen name="security" />
</form>
```

浏览网页时，用户可以选择密钥的强度，如图 3-18 所示。

图 3-18 使用 keygen 元素的例子

服务器接收到的 keygen 元素的值是产生的公钥，例如：

```
MIICQDCCASgwggEiMA0GCSqGSIb3DQEBAQUAA4IBDwAwggEKAoIBAQDIrrKfrNG6Jw68MBYRCsVdGzFZMGIjh
SEIv0IGOhIi8WGvwh4dfDmy5f%2BFQ2MU2LdxIHfScpOgnWmS1g6aMllzRU%2BMTrtq3YFB4PNQsHmdpnoTzfgi5s
Z%2BNIcwEbUyoI4hDXhFYncFrNXoRd2KXCYD%2FwcfhucBOnHvbAwWPwRq0NmABPoKdwJHeTQTWe2cCNO5eV2Rdg
CCx%2BH%2FgZsyzJAc23%2BijgHdcz2Rv4haoQH%2FyFsJs2mH4rlQQlidpkYNV5LoFp805kfWQYJ%2F%2F0TtphC
ox%2F2UhxENzCcOB%2FX%2Ff75LO52TezWV7cpCk4ImdDtLg3KazXRBBryJ9ZEcDzA5RyBAgMBAAEWADANBgkqhki
G9w0BAQQFAAOCAQEAYJCvOPuy6QlhHOuefmTYCEkuMiBfw8GKleJd68fbnBySqE9zKthszF%2B%2FdJFBzmCJhCdx
yvsHToGsrYR4A448JDWjUN4EYYu0LMZW6dfEAaQBtNM1dV2J5mRsi1nWA8cuyrL7bPCsnedJ8G%2B87Oip31t0110
LTIQKnDv3b%2FyjENXWA2P2IZNh1D1MZ%2BjuEKYm%2BKtVQ7XEH%2B%2F944YlfEfydZafIzQdIfvKZPvmh4zVv0
bpMHqbgM1vVcKSEj6E04bkfxfxG30RzyJw9bMUOrGIGvwoxFyD5ENwJfwS442Ws0JMkKj%2FRIxQ0qT4NqBgShSvZ
BWzrHcLPAf9cygyaYXvdg%3D%3D
```

服务器端由 ASP 或 PHP 等脚本语言接收和处理表单提交的数据，具体方法不是本书要讨论的内容，请参阅相关资料了解。

3. output 元素

output 元素用于显示不同类型的输出，如计算或脚本的结果输出。定义 output 元素的语法如下。

```
<output id="…" onforminput="…"></output>
```

onforminput 指定当表单获得用户输入时运行脚本，此时可以将结果显示在 output 元素中。

【例 3-16】 定义一个表单 form1，其中包含两个用于输入数字的文本框和一个用于显示计算结果的 output 元素，代码如下。

```
<form id="form1" name="form1" method="post" action="ShowInfo.php">
<input id="num_a" /> +
```

```
<input id="num_b" /> =
<output id="result" onforminput="resCalc()"></output>
</form>
```

resCalc()函数用于计算 num_a 和 num_b 之和，并将计算结果显示在 output 元素中，代码如下。

```
<script type="text/javascript">
function resCalc()
{
numA=document.getElementById("num_a").value;
numB=document.getElementById("num_b").value;
document.getElementById("result").value=Number(numA)+Number(numB);
}
</script>
```

在编写本书时，大多数主流浏览器尚未支持 output 元素。经笔者测试，只有 Opera 浏览器支持 output 元素。使用 Opera 12.10 浏览【例 3-16】如图 3-19 所示。

图 3-19　使用 Opera 12.10 浏览【例 3-16】

输入运算数的同时会显示运算结果。

3.2.3　新的表单属性

HTML5 在 form 元素和 input 元素中新增了一些属性，丰富了它们的功能。本节介绍这些新增的表单属性。

1. form 元素的新增属性

在 HTML5 中，form 元素的新增属性如表 3-10 所示。

表 3–10　form 元素的新增属性

属性	具体描述
autocomplete	规定表单中的元素是否具有自动完成功能。所谓自动完成功能，就是表单会记忆用户在表单元素中输入数据的历史记录。下次输入时会根据用户输入的字头提示匹配的历史数据，帮助用户完成输入。autocomplete="on"表示启用自动完成功能；autocomplete="off"表示停用自动完成功能。例如： `<form action=" demo_form.asp" method="get" autocomplete="on">`
novalidate	规定在提交表单时不验证数据，例如： `<form action="demo_form.asp" method="get" novalidate>` 如果不使用 novalidate，则会验证数据

form 元素的属性对表单内的所有元素都有效。

2. input 元素的新增属性

在 HTML5 中，input 元素的新增属性如表 3-11 所示。

表 3–11　input 元素的新增属性

属性	具体描述
autocomplete	与表 3-10 中的介绍相同，例如 `<input type="text" name="fname" autocomplete="on"/>`
autofocus	规定在页面加载时，域自动获得焦点，例如 `<input type="text" name="fname" autofocus/>`

form	规定输入域所属的一个或多个表单。这样就可以在表单的外面定义表单域了。例如
	`<form action="demo_form.asp" method="get" id="user_form">`
	`name:<input type="text" name="name" />`
	`<input type="submit" />`
	`</form>`
	`Title: <input type="text" name="title" form="user_form" />`

表单重写属性	重写 form 元素的以下属性。 ● formaction：重写表单的 action 属性。 ● formenctype：重写表单的 enctype 属性。 ● formmethod：重写表单的 method 属性。 ● formnovalidate：重写表单的 novalidate 属性。 ● formtarget：重写表单的 target 属性。 表单重写属性通常只用于 submit 类型的 `<input>` 标签。例如 `<form action="demo_form.asp" method="get" id="user_form">` `E-mail: <input type="email" name="userid" />` ` ` `<input type="submit" value="Submit" /> ` `<input type="submit" formaction="demo_admin.asp" value="管理员提交" />`
height 和 width	规定用于 image 类型的 input 标签的图像高度和宽度
list	规定输入域的 datalist。datalist 是输入域的选项列表。在 3.2.2 小节介绍 datalist 元素时已经介绍了 list 属性的用法
min、max 和 step 属性	为包含数字或日期的 input 类型规定限制。 ● max 属性规定输入域允许的最大值。 ● min 属性规定输入域允许的最小值。 ● step 属性为输入域规定合法的数字间隔（如果 step="2"，则合法的数是-2、0、2、4、6 等）。 例如： `<input type="number" name="points" min="0" max="10" step="2" />` 表示该域只接受最小是 0、最大是 10，步长为 2 的整数，包括 0、2、4、6、8、10
multiple	规定输入域中可选择多个值，适用于 email 和 file 类型的 `<input>` 标签
novalidate	与表 3-10 中的介绍相同
pattern	规定用于验证 input 域的模式，模式（pattern）是正则表达式，关于正则表达式这里就不详细介绍了，有兴趣的读者可以参阅相关资料了解。下面是使用正则表达式指定 pattern 属性的例子，规定文本域只接受有 3 个字母的字符串 `<input type="text" name="country_code" pattern="[A-z]{3}"/>`
placeholder	提供一种提示（hint），描述输入域期待的值。例如 `<input type="text" name="title" placeholder="您的职务"/>`
required	规定必须在提交之前填写输入域，即不能为空。例如 `<input type="text" name="title" required />`

3.2.4　表单验证

在提交 HTML5 表单时，浏览器会根据一些 input 元素的属性自动对其进行验证。例如，前面已经介绍的 email、url 等类型的 input 元素会检查格式；使用 required 属性的 input 元素会检查是否输入数据；使用 pattern 属性的 input 元素会检查输入数据是否符合定义的模式等。这些都是由浏览器在提交数据时自动进行的。

如果用户需要显式验证表单，还可以使用 HTML5 新增的一些相关特性。

HTML5 为 input 元素增加了一个 checkValidity()方法，用于检查 input 元素是否满足验证要求。如果满足要求则返回 true；否则返回 false，并提示用户。

【例 3-17】 定义一个表单 form1，其中包含一个用于输入密码的文本框和一个用于验证表单的按钮，代码如下。

```
<form name="form1" id="form1">
    <p><label name="password1">输入密码:</label>
    <input type="password" id="password1" required></p>
    <button onclick="document.form1.password1.checkValidity()">验证</button>
</form>
```

不输入密码，直接单击"验证"按钮时，会提示"请填写此字段"，如图 3-20 所示，说明已经对 document.form1.password1 域进行了验证。

使用 checkValidity()方法按照浏览器定义的规则验证数据，如果用户有特殊的验证需求，则可以使用 JavaScript 程序自定义验证方法，然后使用 input 对象的 setCustomValidity()方法设置自定义的提示方式。

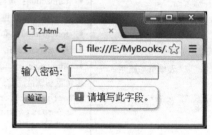

图 3-20　使用 checkValidity()方法
显式地进行表单验证

【例 3-18】 定义一个表单 form1，其中包含两个用于输入密码的文本框和一个用于表单验证的按钮（检查两个密码是否相同），代码如下。

```
<form name="form1" id="form1">
    <p><label name="password1">输入密码:</label>
    <input type="password" id="password1"></p>
        <p><label name ="password2">确认密码:</label>
    <input type="password" id="password2"></p>
<button onclick=" checkPasswords()">验证</button>
</form>
```

单击"验证"按钮时，会调用 checkPasswords()函数，代码如下。

```
<script type="text/javascript">
function checkPasswords() {
    var pass1 = document.getElementById("password1");
    var pass2 = document.getElementById("password2");
    if (pass1.value == "")
        pass1.setCustomValidity("请输入密码");
    else
        pass1.setCustomValidity("");
    if (pass1.value != pass2.value)
        pass2.setCustomValidity("两次输入的密码不匹配");
    elsea
        pass2.setCustomValidity("");
    }
</script>
```

单击"验证"按钮时，如果没有输入第 1 个密码域，则会提示"请输入密码"，如图 3-21 所示；如果两个密码域不同，则会在第 2 个密码域处提示"两次输入的密码不匹配"，如图 3-22 所示。

图 3-21　提示"请输入密码"　　　　　　图 3-22　提示"两次输入的密码不匹配"

也可以通过表单控件的 ValidityState 对象验证表单。可以使用下面的方法获取表单 myForm 的 myInput 域的 ValidityState 对象。

```
var valCheck = document.myForm.myInput.validity
```

ValidityState 对象的 valid 属性返回最终验证结果。如果通过验证，则返回 true；否则返回 false。

ValidityState 对象还包含 8 个约束条件属性，如表 3-12 所示。这些约束条件属性都是如果通过验证，则返回 true；否则返回 false。

表 3–12　ValidityState 对象的约束条件属性

属性	具体描述
valueMissing	针对设置了 required 的表单元素，检查是否输入了数据
typeMismatch	针对 email、number 和 url 类型的表单元素，检查数据是否为指定类型
patternMismatch	针对设置了 pattern 的表单元素，检查数据是否满足指定模式
tooLong	针对设置了 maxLength 的表单元素，检查数据是否超长
rangeUnderflow	针对设置了 min 的 range 类型的表单元素，检查数据是否超过下限
rangeOverflow	针对设置了 max 的 range 类型的表单元素，检查数据是否超过上限
stepMismatch	针对设置了 min、max 以及 step 的 range 类型的表单元素。检查数据是否满足步长约束
customError	处理使用代码明确设置的错误，可以调用 setCustomValidity(message)方法将表单控件置于 customError 状态

3.3　在 Vue.js 表单控件上实现双向数据绑定

在 Vue.js 中，可以在表单控件上使用 v-model 属性实现双向数据绑定。双向数据绑定是指表单控件的值与其绑定到的 Vue 模型属性值保持一致。无论谁改变了，另一方也会随之改变。

3.3.1　在 input 和 textarea 元素上实现双向数据绑定

【例 3-19】　在 input 和 textarea 元素上实现双向数据绑定。

```
<!DOCTYPE html>
<html>
    <head>
        <meta charset="gb2312">
        <title></title>
    </head>
```

```
    <body><div id="app">
<p>input 元素：</p>
<input v-model="message" placeholder="输入 message 的值">
<p>模型中 message 的值为：{{ message }}</p>

<p>模型中 message2 的值为：</p>
<p style="white-space: pre">{{ message2 }}</p>
<textarea v-model="message2" placeholder="输入 message2 的值"></textarea>
</div>
    <script src="vue.min.js"></script>
<script>
new Vue({
  el: '#app',
  data: {
    message: '模型中 message 的值',
    message2: '模型中 message2 的值'
  }
})
</script>
</html>
```

在网页中定义了一个 input 元素，使用 v-model 属性将其双向绑定到模型的 message 属性。同时，模型的 message 属性还绑定到一个 p 元素中。

在网页中还定义了一个 textarea 元素，使用 v-model 属性将其双向绑定到模型的 message2 属性。同时，模型的 message2 属性还绑定到一个 p 元素中。

浏览网页，如图 3-23 所示。

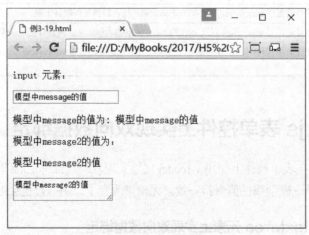

图 3-23 【例 3-19】的页面

修改文本框中的内容，对应 p 元素的内容也会发生变化。这是因为 input 元素双向绑定到模型的 message 属性。修改它的内容，message 属性的值也会随之变化，而 p 元素中的{{ message }}也绑定到了 message 属性，因此 p 元素的内容会随之变化。

同样修改 extarea 元素的内容，对应的 p 元素的内容也会发生变化。

3.3.2　在复选框上实现双向数据绑定

【例 3-20】　演示在复选框上实现双向数据绑定的实例。

```
<!DOCTYPE html>
<html>
    <head>
        <meta charset="gb2312">
        <title></title>
    </head>

    <body><div id="app">
  <p>input 元素: </p>
  <input type="checkbox" id="checkbox" v-model="checked">
<label for="checkbox">{{ checked }}</label>
</div>
    <script src="vue.min.js"></script>
<script>
new Vue({
  el: '#app',
  data: { checked : false, checkedNames: [] }
})
</script>
</html>
```

在网页中定义了一个 type="checkbox"的 input 元素，使用 v-model
属性将其双向绑定到模型的 checked 属性，也就是复选框的选中状态。
同时，模型的 checked 属性还绑定到一个 label 元素中。

浏览网页，如图 3-24 所示。

改变复选框的选中状态，对应 p 元素的内容也会发生变化。这是因
为 input 元素双向绑定到模型的 checked 属性。修改它的内容，checked 属

图 3-24 【例 3-20】的页面

性的值也会随之变化，而 p 元素中的{{ checked}}也绑定到了 checked 属性，因此 p 元素的内容会随之
变化。

【例 3-21】　在模型中使用数组同时绑定到多个复选框。

```
<!DOCTYPE html>
<html>
    <head>
        <meta charset="gb2312">
        <title></title>
    </head>

    <body><div id="app">
  <p>选择您喜欢的电商: </p>
  <input type="checkbox" id="suning" value="苏宁易购" v-model="checkedNames">
  <label for="suning">苏宁易购</label>
  <input type="checkbox" id="taobao" value="淘宝" v-model="checkedNames">
  <label for="taobao">淘宝</label>
  <input type="checkbox" id="jingdong" value="京东" v-model="checkedNames">
  <label for="jingdong">京东</label>
  <br>
```

```
      <span>选择的值为：{{ checkedNames }}</span>
</div>
   <script src="vue.min.js"></script>
<script>
new Vue({
  el: '#app',
  data: {
    checked : false,
    checkedNames: []
    }
})
</script>
</html>
```

在网页中定义了 3 个 type="checkbox"的 input 元素，分别用于选择苏宁易购、淘宝和京东。它们都使用 v-model 属性双向绑定到模型的 checkedNames 属性，也就是复选框的选中值。同时，模型的 checkedNames 属性还绑定到一个 span 元素中。

浏览网页，如图 3-25 所示。

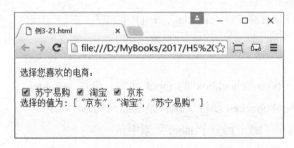

图 3-25 【例 3-21】的页面

改变复选框的选中状态，span 元素的内容也会发生变化。

3.3.3 在 select 列表上实现双向数据绑定

【例 3-22】 在 select 列表上实现双向数据绑定。

```
<!DOCTYPE html>
<html>
   <head>
      <meta charset="gb2312">
      <title></title>
   </head>

   <body><div id="app">
   <select v-model="selected" name="website">
   <option value="">选择一个网站</option>
   <option value="www.baidu.com">百度</option>
   <option value="www.sougou.com">搜狗</option>
  </select>
  <br/>
  <div id="output">
      选择的网站是：{{selected}}
</div>
```

```
    <script src="vue.min.js"></script>
<script>
new Vue({
  el: '#app',
  data: {
    selected: ''
  }
  });
</script>
</html>
```

在网页中定义了一个 select 元素，使用 v-model 属性将其双向绑定到模型的 selected 属性，也就是下拉列表的选中值。同时，模型的 selected 属性还绑定到一个 div 元素中。

浏览网页，如图 3-26 所示。选择不同的选项，对应 div 元素的内容也会发生变化。

图 3-26　【例 3-22】的页面

3.3.4　在单选按钮上实现双向数据绑定

【例 3-23】　在单选按钮上实现双向数据绑定。

```
<!DOCTYPE html>
<html>
    <head>
        <meta charset="gb2312">
        <title></title>
    </head>

    <body>
     <div id="app">
  <input type="radio" id="taobao" value="淘宝" v-model="picked">
  <label for="taobao">淘宝</label>
  <br>
  <input type="radio" id="jingdong" value="京东" v-model="picked">
  <label for="jingdong">京东</label>
  <br>
  <span>选中值为：{{ picked }}</span>
</div>
        <script src="vue.min.js"></script>
<script>
new Vue({
  el: '#app',
  data: {
    picked : '淘宝'
  }
```

101

```
})
</script>
</body>
</html>
```

在网页中定义了两个 type="radio" 的 input 元素，使用 v-model 属性将其双向绑定到模型的 picked 属性。同时，模型的 picked 属性还绑定到一个 span 元素中。

浏览网页，如图 3-27 所示。选择不同的选项，对应 span 元素的内容也会发生变化。

图 3-27 【例 3-23】的页面

3.3.5 修饰符

在 v-model 属性后面的使用 lazy、number 和 trim 等 3 个修饰符。通过这些修饰符可以指定数据绑定的一些特性。

1. lazy 修饰符

在默认情况下，v-model 会在 input 事件中同步输入框的值与模型中数据。使用 lazy 修饰符后，将转变为在 change 事件中同步数据。也就是说，同步数据的时间点滞后了一些。lazy 修饰符的用法如下。

```
<input v-model.lazy="data" >
```

2. number 修饰符

number 修饰符可以自动将用户输入的数据转换成数字类型（如果转换成 NaN，则返回原值）。number 修饰符的用法如下。

```
<input v-model.number="score" type="number">
```

3. trim 修饰符

trim 修饰符可以自动将用户输入的数据去掉收尾空格。trim 修饰符的用法如下。

```
<input v-model.trim="name" type="text">
```

3.4 文件处理

通常可以使用表单提交文件，从而实现上传文件的功能。本节介绍 HTML5 的文件处理功能，为在 HTML5 中实现更灵活的文件上传奠定基础。

3.4.1 选择文件的表单控件

在 3.1.2 小节简要介绍了使用 file 类型的 input 元素可以选择文件。

【例 3-24】 定义一个表单 form1，其中包含一个用于选择文件的控件，代码如下。

```
<input type="file" id="Files" name="files[]" multiple />
```

multiple 属性用于定义可以选择多个文件。file 类型的 input 元素的界面如图 3-28 所示。

在 JavaScript 程序中，可以通过 document.getElementById ('控件 id') 获取选择文件的控件对象。

图 3-28　file 类型的 input 元素的界面

3.4.2　检测浏览器是否支持 HTML5 File API

HTML5 提供了一组 File API，用于对文件进行操作，使程序员可以对选择文件的表单控件进行编程，更好地通过程序控制访问文件和文件上传等功能。在 HTML5 File API 中定义了一组接口，包括 FileList 接口、File 接口、Blob 接口、FileReader 接口等。这些接口的具体情况将在稍后介绍。检测浏览器是否支持 HTML5 File API 实际上就是检测浏览器对这些接口的支持情况。使用 window.FileList 属性可以判断浏览器是否支持 FileList 接口；使用 window.File 属性可以判断浏览器是否支持 File 接口；使用 window.Blob 属性可以判断浏览器是否支持 Blob 接口；使用 window.FileReader 属性可以判断浏览器是否支持 FileReader 接口。

如果以上属性都为 True，则说明浏览器完全支持 HTML5 File API，否则说明不支持。

【例 3-25】　在网页中定义一个按钮，单击此按钮时，会检测浏览器是否支持 HTML5 File API。定义按钮的代码如下。

```
<button id="check" onclick="check();">检测浏览器是否支持 HTML5 File API</button>
```

单击按钮 check 将调用 check() 函数。定义 check() 函数的代码如下。

```
<script type="text/javascript">
function check(){
  if(window.File && window.FileReader && window.FileList && window.Blob){
    alert("您的浏览器完全支持 HTML5 File API。");
  }
  else{
    alert("您的浏览器不支持 HTML5 File API。");
  }
}
</script>
```

经测试，在主流浏览器中，除 Internet Explorer 9 外，Chrome、Firefox 和 Opera 等都完全支持 HTML5 File API。

3.4.3　FileList 接口

FileList 接口是 File API 的重要成员，它代表由本地系统中选中的单个文件组成的数组，用于获取 File 类型的 input 元素选择的文件。定义 FileList 接口的代码如下。

```
interface FileList {
    getter File  item(unsigned long index);
    readonly attribute unsigned long length;
};
```

FileList 接口的成员说明如下。

- item 方法：返回 FileList 数组的第 index 个数组元素，是一个 File 对象。
- length：数组元素的数量。

103

FileList 接口的数组元素是一个 File 接口，它表示一个文件对象，其定义代码如下。

```
interface File : Blob {
  readonly attribute DOMString name;
  readonly attribute Date lastModifiedDate;
};
```

File 接口定义了以下两个属性。

- name：返回文件名，不包含路径信息。

- lastModifiedDate：返回文件的最后修改日期。

File 接口继承自 Blob 接口，Blob 接口表示不变的裸数据，其定义代码如下。

```
interface Blob {

    readonly attribute unsigned long long size;
    readonly attribute DOMString type;

    //slice Blob into byte-ranged chunks

    Blob slice(optional long long start,
            optional long long end,
            optional DOMString contentType);
    void close();
    };
```

Blob 接口定义了以下两个属性。

- size：返回 Blob 对象的大小，单位是字节。

- type：返回 Blob 对象媒体类型的字符串。

Blob 接口定义了以下两个方法。

- slice：返回从 start 开始到 end 结束的 contentType 类型数据的新的 Blob 对象。

- close：关闭 Blob 对象。

在 JavaScript 中，可以使用下面的方法获取 File 类型的 input 元素的 FileList 数组。

```
document.forms['表单名']['File 类型的 input 元素名'].files
```

获取 FileList 数组中的 File 对象的方法如下。

```
document.forms['表单名']['File 类型的 input 元素名'].files[index]
```

或者

```
document.forms['表单名']['File 类型的 input 元素名'].files.item(index)
```

【例 3-26】 演示 FileList 接口和 File 接口的使用，显示选择文件的名称和大小。选择文件的 input 元素的定义代码如下。

```
<input type="file" id="Files" name="files[]" multiple />
```

定义一个显示文件信息的 div 元素，代码如下。

```
<div id="Lists"></div>
```

选择文件的 input 元素 Files 定义 change 事件的处理函数，代码如下。

```
if(window.File && window.FileList && window.FileReader && window.Blob) {
    document.getElementById('Files').addEventListener('change', fileSelect, false);
} else {
    document.write('您的浏览器不支持 File Api');
}
```

当用户选择文件后，会触发 change 事件，处理函数为 fileSelect()，其定义代码如下。

```
function fileSelect(e) {
    e = e || window.event;
    var files = e.target.files;  //FileList 对象
    var output = [];
    for(var i = 0, f; f = files[i]; i++) {
        output.push('<li><strong>' + f.name + '</strong>(' + f.type + ') - ' + f.size +'
bytes</li>');
    }
    document.getElementById('Lists').innerHTML = '<ul>' + output.join('') + '</ul>';
}
```

程序从 input 元素获取 FileList 对象，然后依次处理其中的 File 对象，显示 File 对象的名称、类型和大小，运行结果如图 3-29 所示。

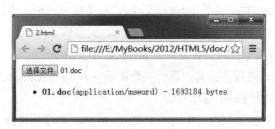

图 3-29　【例 3-26】的运行结果

3.4.4　FileReader 接口

FileReader 接口用于将 File 对象或 Blob 对象中的数据读取到内存中。

1．属性

FileReader 接口的属性如表 3-13 所示。

表 3-13　FileReader 接口的属性

属性	具体描述
readyState	返回当前的状态，可以是下面的值。 • EMPTY（0）：FileReader 对象已经构建，没有挂起的读操作，即没有调用与读有关的方法 • LOADING（1）：正在执行读操作，读的过程中没有发生错误 • DONE（2）：整个文件已经被读到内存中，或者读文件过程中发生错误，或者读操作被终止
result	读取的文件或 Blob 对象的数据
error	DOMError 对象，包含错误信息

2．方法

FileReader 接口的方法如表 3-14 所示。

表 3-14　FileReader 接口的方法

方法	具体描述
readAsArrayBuffer(blob)	异步地将 blob 数据读取到 ArrayBuffer 对象中
readAsText(blob, encoding)	以指定的编码格式读取 blob 数据，读取的 result 属性是一个字符串
readAsDataURL(blob)	将 blob 数据读取为编码过的数据 URL（即在 URL 中包含数据）
abort()	终止读取数据

FileReader 接口定义了上面 3 个读取文件的方法。它们的执行步骤相似，只是读取数据的格式不同。下面以 readAsArrayBuffer(blob)方法为例说明。调用 readAsArrayBuffer(blob)方法的步骤如下。

（1）如果 readyState 等于 LOADING（即正在执行读操作），则会抛出 InvalidStateError 异常，并终止操作。

（2）如果 blob 被关闭，也会抛出 InvalidStateError 异常，并终止操作。

（3）如果在读取数据时出现错误，则会将 readyState 属性设置为 DONE，并将 result 属性设置为 null。

（4）如果读取数据时没有出现错误，则会将 readyState 属性设置为 LOADING。

（5）触发一个 loadstart 事件。关于 FileReader 接口的事件将在稍后介绍。

（6）返回 readAsArrayBuffer()方法，并继续执行下面的步骤。

（7）每 50ms 或每读取 1 字节，就触发一个 progress 事件。

（8）在读取 blob 数据的过程中，客户端会将数据填充到一个 ArrayBuffer 对象中，并更新 result 属性。读取完成后，停止触发 progress 事件。

（9）当 blob 数据被全部读取到内存中时，会将 readyState 属性设置为 DONE。

（10）终止 readAsArrayBuffer(blob)方法。

调用 abort()方法的步骤如下。

（1）如果 readyState 等于 EMPTY 或 NONE，则会将 result 属性设置为 null，并终止操作。

（2）如果 readyState 等于 LOADING，则会将其设置为 NONE，并将 result 属性设置为 null。

（3）如果读取数据的任务队列中还有任务，则将其结束并移除。

（4）终止读取操作。

（5）触发一个 abort 事件。

（6）触发一个 loadend 事件。

FileReader 接口的 3 种读取文件方法都有一个 blob 参数，它可以引用一个 File 对象、FileList 对象或 Blob 对象。

3. 事件

FileReader 接口的事件如表 3-15 所示。

表 3–15   FileReader 接口的事件

事件	对应的事件处理属性	具体描述
loadstart	onloadstart	开始读数据时触发
progress	onprogress	当读取、编码 blob 数据时触发。每 50ms 或每读取 1 字节，就触发一次
abort	onabort	当调用 abort()方法终止读取数据时触发
error	onerror	当读取数据出现错误时触发
load	onload	当读取数据成功完成时触发
loadend	onloadend	当读取数据完成时触发（无论成功或失败）

【例 3-27】   演示 FileReader 接口的使用。使用 readAsText()读取并显示选择的文本文件的内容。

选择文件的 input 元素的定义代码如下。

```
<input type="file" id="file"/>
```

定义一个显示文件信息的 div 元素，代码如下。

```
<div name="result" id="result"></div>
```

选择文件的 input 元素 Files 定义 change 事件的处理函数，代码如下。

```
if(window.File && window.FileList && window.FileReader && window.Blob) {
    document.getElementById('file').addEventListener('change', fileSelect, false);
} else {
    document.write('您的浏览器不支持 File Api');
}
```

用户选择文件后，会触发 change 事件，处理函数为 fileSelect()，其定义代码如下。

```
function fileSelect(e) {
    e = e || window.event;
    var files = e.target.files;
    var f = files[0];
    var reader=new FileReader();        //创建 FileReader 对象用于读取文件
    reader.readAsText(f);               // 读取文本数据
    // 读取数据成功后的处理函数
    reader.onload = function (f) {
        document.getElementById('result').innerHTML = this.result;              }
}
```

程序从 input 元素获取 FileList 对象，然后处理其中的 File 对象，创建 FileReader 对象用于读取文件的文本数据，并显示在 div 元素 result 中。

练习题

一、单项选择题

1. 在<form>标签中，指定处理表单提交数据的脚本文件的属性为（　　）。

　　A. id　　　　　　　　　B. name　　　　　　　　C. action　　　　　　　D. method

2. 在<input>标签中将 type 属性设置为（　　）即可定义单选按钮。

　　A. "check"　　　　　　B. "radio"　　　　　　　C. "select"　　　　　　D. "text"

3. 规定必须在提交之前填写输入域，即不能为空的 input 元素新增属性是（　　）。

　　A. required　　　　　　B. notnull　　　　　　　C. mustinput　　　　　　D. wanted

4. 在 FileReader 接口的事件中，读取、编码 blob 数据时，触发的事件为（　　）。

　　A. loadstart　　　　　　B. progress　　　　　　C. load　　　　　　　　D. loadend

5. 可以在表单控件上使用（　　）属性实现双向数据绑定。

　　A. v-model　　　　　　B. model　　　　　　　　C. view-model　　　　　D. vmmv

二、填空题

1. 可以使用＿＿＿＿＿标签定义表单。

2. 在<input>标签中，指定控件类型的属性为＿＿＿＿。

3. 文本区域是用于输入多行文本的表单控件。可以使用＿＿＿＿标签定义文本区域。

4. 可以使用<input>标签定义按钮，通过 type 属性指定按钮的类型，type=＿＿＿＿指定提交按钮，type=＿＿＿＿表示定义重置按钮，type=＿＿＿＿表示定义普通按钮。

5. HTML5 为 input 元素增加了一个＿＿＿＿方法，用于检查 input 元素是否满足验证要求。如果满足要求则返回 true；否则返回 false，并提示用户。

6. 在 HTML5 File API 中定义了一组接口，包括＿＿＿＿接口、＿＿＿＿接口、＿＿＿＿接口、＿＿＿＿接口等。

7. 在 Vue.js 中，可以在表单控件上使用＿＿＿＿属性实现双向数据绑定，所谓双向数据绑定，是指表单控件的值与其绑定到的 Vue 模型属性值保持一致。无论谁改变了，另一方也会随之改变。

三、简答题

1. 试列举 HTML5 新增的<input>标签类型。
2. 试列举 HTML5 新增的表单元素。
3. 试述 form 元素的新增属性 autocomplete 的作用。
4. 试述 form 元素的新增属性 novalidate 的作用。

04 第4章　最新版本的层叠样式表——CSS3

　　层叠样式表（CSS）是用来定义网页的显示格式，使用它可以设计出更加整洁、美观的网页。目前 CSS 的最新版本是 CSS3，该版本扩充了很多新颖的界面效果。CSS3 并不是 HTML5 的组成部分，但是，CSS3 和 HTML5 有很好的兼容性。俗话说："好马配好鞍"，HTML5、CSS3 和本书第 14 章介绍的 jQuery 被称为未来 Web 应用的三驾马车。因此，建议读者在 HTML5 网页中使用 CSS3 设计全新的显示效果。

4.1 CSS 基础

在学习 CSS3 之前，首先应了解 CSS 的基础知识和基本功能，这样既能做到循序渐进，又可以对比 CSS3 的新增特性。

4.1.1 什么是 CSS

层叠样式表（Cascading Style Sheet，CSS）可以扩展 HTML 的功能，重新定义 HTML 元素的显示方式。CSS 能改变的属性包括字体、文字间距、列表、颜色、背景、页边距和位置等。使用 CSS 的好处在于用户只需要一次性定义文字的显示样式，就可以在各个网页中统一使用，这样既避免了用户的重复劳动，也可以使系统的界面风格统一。

CSS 是一种能使网页格式化的标准，使用 CSS 可以使网页格式与文本分开，先决定文本的格式，然后确定文档的内容。

定义 CSS 的语句形式如下。

```
selector {property:value; property:value; ...}
```

其中各元素的说明如下。

* selector：选择器。有 3 种选择器，第一种是 HTML 的标签，如 p、body、a 等；第二种是 class；第三种是 ID。具体使用情况将在后面介绍。

* property：就是将要被修改的属性，如 color。

* value：property 的值，比如 color 的属性值可以是 red。

下面是一个典型的 CSS 定义。

```
a {color: red}
```

此定义使当前网页的所有链接都变成红色。通常把所有的定义都包括在 style 元素中，style 元素在\<HEAD\>和\</HEAD\>之间使用。

【例 4-1】 在 HTML 中使用 CSS 设置显示风格。

```
<!DOCTYPE HTML>
<HTML>
<HEAD>
  <STYLE>
    A {color: red}
    P {background-color:blue; color:white}
  </STYLE>
</HEAD>
<BODY>
  <A href="http://www.yourdomain.com">CSS 示例</A>
  <P>你注意到这一段文字的颜色和背景颜色了吗?</P> 怎么样?
</BODY>
</HTML>
```

运行结果如图 4-1 所示。

图 4-1　CSS 示例的运行结果

4.1.2　在 HTML 文档中应用 CSS

【例 4-1】已经介绍了在 HTML 文档中应用 CSS 的一种简单的方法。本节再系统地总结在 HTML 文档中应用 CSS 3 的方法。

1. 行内样式表

在 HTML 元素中使用 style 属性可以指定该元素的 CSS 样式，这种应用称为行内样式表。

【例 4-2】使用行内样式表定义网页的背景色为蓝色，代码如下。

```
<!DOCTYPE HTML>
<html>
<head>
<title>使用行内样式表的例子</title>
</head>
<body style="background-color: blue;">
<p>网页的背景为蓝色</p>
</body>
</html>
```

2. 内部样式表

在网页中可以使用 style 元素定义一个内部样式表，指定该网页内元素的 CSS 样式。【例 4-1】演示的就是这种用法。在 style 元素中通常可以使用 type 属性定义内容的类型（一般取值为 "text/css"）。例如，【例 4-1】也可以改写为以下形式。

```
<!DOCTYPE HTML>
<HTML>
<HEAD>
  <STYLE type = "text/css">
    A {color: red}
    P {background-color:blue; color:white}
  </STYLE>
</HEAD>
<BODY>
  <A href="http://www.yourdomain.com">CSS 示例</A>
  <P>你注意到这一段文字的颜色和背景颜色了吗?</P> 怎么样?
</BODY>
</HTML>
```

3. 外部样式表

一个网站包含很多网页，通常这些网页都使用相同的样式，如果在每个网页中重复定义样式表，显然很麻烦。可以定义一个样式表文件，样式表文件的扩展名为.css，如 style.css。

在 HTML 文档中可以使用 link 元素引用外部样式表。link 元素的属性如表 4-1 所示。

表 4-1　<link>元素的属性

属性	说明
charset	使用的字符集，HTML5 中已经不支持
href	指定被链接文档（样式表文件）的位置
hreflang	指定被链接文档中的文本的语言
media	指定被链接文档将被显示在什么设备上，可以是下面的值。 ● all：默认值，适用于所有设备。 ● aural：语音合成器。 ● braille：盲文反馈装置。 ● handheld：手持设备（小屏幕、有限的带宽）。 ● projection：投影机。 ● print：打印预览模式/打印页。 ● screen：计算机屏幕。 ● tty：电传打字机以及类似的使用等宽字符网格的媒介。 ● tv：电视类型设备（低分辨率、有限的滚屏能力）
rel	指定当前文档与被链接文档之间的关系，可以是下面的值。 ● alternate：链接到该文档的替代版本（如打印页、翻译或镜像）。 ● author：链接到该文档的作者。 ● help：链接到帮助文档。 ● icon：表示该文档的图标。 ● license：链接到该文档的版权信息。 ● next：集合中的下一个文档。 ● pingback：指向 pingback 服务器的 URL。 ● prefetch：规定应该对目标文档进行缓存。 ● prev：集合中的前一个文档。 ● search：链接到针对文档的搜索工具。 ● sidebar：链接到应该显示在浏览器侧栏的文档。 ● stylesheet：指向要导入的样式表的 URL。 ● tag：描述当前文档的标签（关键词）
rev	保留关系，HTML5 中已经不支持
sizes	指定被链接资源的尺寸。只有当被链接资源是图标时（rel="icon"），才能使用该属性
target	链接目标，HTML5 中已经不支持
type	指定被链接文档的 MIME 类型

【例 4-3】　演示外部样式表的使用。创建一个 style.css 文件，内容如下。

```
A {color: red}
P {background-color:blue; color:white}
```

引用 style.css 的 HTML 文档的代码如下。

```
<!DOCTYPE HTML>
<HTML>
<HEAD>
 <link rel="stylesheet" type="text/css" href="style.css" />
</HEAD>
<BODY>
 <A href="http://www.yourdomain.com">CSS 示例</A>
 <P>你注意到这一段文字的颜色和背景颜色了吗?</P> 怎么样?
</BODY>
</HTML>
```

运行结果与【例 4-1】相同。

4.1.3　颜色与背景

在 CSS 中可以使用一些属性定义 HTML 文档的颜色和背景,常用的设置颜色和背景的 CSS 属性如表 4-2 所示。

表 4–2　常用的设置颜色和背景的 CSS 属性

属性	说明
color	设置前景颜色。【例 4-1】中已经演示了 color 属性的使用,例如: 　　A {color: red}
background-color	用来改变元素的背景颜色。【例 4-1】中已经演示了 background-color 属性的使用,例如: 　　P {background-color:blue; color:white}
background-image	设置背景图像的 URL 地址
background-attachment	指定背景图像是否随着用户滚动窗口而滚动。该属性有两个属性值,fixed 表示图像固定,scroll 表示图像滚动
background-position	用于改变背景图像的位置。此位置是相对于左上角的相对位置
background-repeat	指定平铺背景图像。可以是下面的值。 ● repeat-x:指定图像横向平铺。 ● repeat-y:指定图像纵向平铺。 ● repeat:指定图像横向和纵向都平铺。 ● norepeat:指定图像不平铺

【例 4-4】　设置网页背景图像。

```
<!DOCTYPE HTML>
<html>
<head>
<title>设置网页背景图像的例子</title>
</head>
<body style="background-image: url("cat.bmp"); background-repeat: repeat;">
</body>
</html>
```

网页使用招财猫图片(cat.bmp)作为背景,使用 background-repeat 属性设置图像横向和纵向都平铺,运行结果如图 4-2 所示。

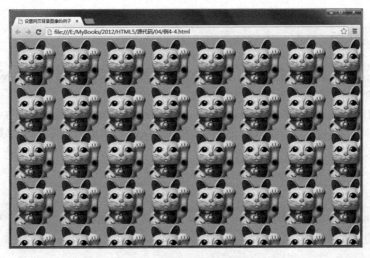

图 4-2　【例 4-4】的运行结果

4.1.4 设置字体

在 CSS 中可以使用一些属性定义 HTML 文档中字符串的字体，常用的设置字体的 CSS 属性如表 4-3 所示。

表 4-3　常用的设置字体的 CSS 属性

属性	说明
font-family	设置文本的字体。有些字体不一定被浏览器支持，在定义时可以多给出几种字体。例如： 　P {font-family: Verdana, Forte, "Times New Roman"} 浏览器在处理上面这个定义时，首先使用 Verdana 字体，如果 Verdana 字体不存在，则使用 Forte 字体，如果还不存在，最后使用 Times New Roman 字体
font-size	设置字体的尺寸
font-style	设置字体样式，normal 表示普通，bold 表示粗体，italic 表示斜体
font-variant	设置小型大写字母的字体显示文本，也就是说，所有的小写字母均会被转换为大写，但是所有使用小型大写字母的字母与其余文本相比，其字体尺寸更小。可以是下面的值。 • normal：默认值。指定显示一个标准的字体。 • small-caps：指定显示小型大写字母的字体。 • inherit：指定应该从父元素继承 font-variant 属性的值
font-weight	设置字体重量，normal 表示普通，bold 表示粗体，bolder 表示更粗的字体，lighter 表示较细

【例 4-5】　设置字体。

```
<!DOCTYPE HTML>
<HTML>
<HEAD>
<title>设置字体的例子</title>
  <STYLE type = "text/css">
    H1 {font-family: arial, verdana, sans-serif; font-weight: bold; font-size: 30px;}
    P { font-family: 宋体; font-weight: normal; font-size: 9px;}
  </STYLE>
</HEAD>
<BODY>
  <H1> HTML5</H>
  <P>2004 年，超文本应用技术工作组（Web Hypertext Application Technology Working Group，WHATWG）开始研发 HTML5。2007 年，万维网联盟（World Wide Web Consortium，W3C）接受了 HTML5 草案，并成立了专门的工作团队，于 2008 年 1 月发布了第 1 个 HTML5 的正式草案。<br>
    尽管 HTML5 到目前为止还只是草案，离真正的规范还有相当长的一段路要走，但 HTML5 还是引起了业内的广泛兴趣，Google Chrome 、Firefox、Opera、Safari 和 Internet Explorer 9 等主流浏览器都已经支持 HTML5 技术。
  </P>
</BODY>
</HTML>
```

网页使用 Arial（Verdana 和 Sans-Serif 为备用字体）加粗、30px 大小的字体作为标题字体，使用宋体、9px 大小的字体作为正文字体，运行结果如图 4-3 所示。

图 4-3 【例 4-5】的运行结果

4.1.5 设置文本属性

在 CSS 中可以使用一些属性定义 HTML 文档中文本的属性。

1. 设置文本对齐

使用 text-align 属性可以设置元素中文本的水平对齐方式。text-align 属性可以是下面的值。

- left：左侧对齐，默认值。
- right：右侧对齐。
- center：居中对齐。
- inherit：指定应该从父元素继承 text-align 属性的值。

【例 4-6】 设置文本对齐。

```
<!DOCTYPE HTML>
<HTML>
<HEAD>
<title>设置文本对齐的例子</title>
  <STYLE type = "text/css">
    H1 {text-align:center}
    H2 {text-align:left}
    H3 {text-align:right}
  </STYLE>
</HEAD>
<BODY>
  <H1> 标题 1</H1>
  <H2>标题 2</H2>
  <H3>标题 3</H3>
</BODY>
</HTML>
```

图 4-4 【例 4-6】的运行结果

【例 4-6】的运行结果如图 4-4 所示。

2. 设置文本的修饰

使用 text-decoration 属性可以设置元素中文本的修饰。text-decoration 属性可以是以下的值。

- none：默认值，定义标准的文本。
- underline：定义文本下的一条线。
- overline：定义文本上的一条线。
- line-through：定义穿过文本的一条线。
- blink：定义闪烁的文本。
- inherit：指定应该从父元素继承 text-decoration 属性的值。

【例 4-7】 设置文本修饰。

```
<!DOCTYPE HTML>
<HTML>
<HEAD>
<title>设置文本修饰的例子</title>
  <STYLE type = "text/css">
  H1 {text-decoration:overline}
  H2 {text-decoration:line-through}
  H3 {text-decoration:underline}
  H4 {text-decoration:blink}

  </STYLE>
</HEAD>
<BODY>
  <H1>标题 1</H1>
  <H2>标题 2</H2>
  <H3>标题 3</H3>
  <H4>标题 4</H4>
</BODY>
</HTML>
```

【例 4-7】的运行结果如图 4-5 所示。

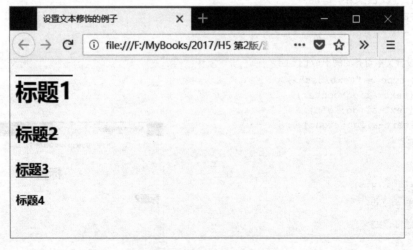

图 4-5 【例 4-7】的运行结果

3. 设置文本的缩进

使用 text-indent 属性可以设置文本块中首行文本的缩进。

【例 4-8】 设置文本缩进。

```
<!DOCTYPE HTML>
<HTML>
<HEAD>
<title>设置文本缩进的例子</title>
  <STYLE type = "text/css">
    P {  text-indent:50px;}
  </STYLE>
</HEAD>
<BODY>
  <H1> HTML5</H>
<P>2004 年，超文本应用技术工作组（Web Hypertext Application Technology Working Group，WHATWG）
开始研发 HTML5。2007 年，万维网联盟（World Wide Web Consortium，W3C）接受了 HTML5 草案，并成立了专门的
工作团队，于 2008 年 1 月发布了第 1 个 HTML5 的正式草案。<br>
   尽管 HTML5 到目前为止还只是草案，离真正的规范还有相当长的一段路要走，但 HTML5 还是引起了业内的广泛兴趣，
Google Chrome 、Firefox、Opera、Safari 和 Internet Explorer 9 等主流浏览器都已经支持 HTML5 技术。
  </P>
</BODY>
</HTML>
```

【例 4-8】的运行结果如图 4-6 所示。

图 4-6 【例 4-8】的运行结果

4. 设置文本的字间距

使用 word-spacing 属性可以设置文本的字间距。word-spacing 的属性值可以是正值，也可以是负值。如果是正值，则字间距会增大；如果是负值，则字间距会缩小。

【例 4-9】 设置文本字间距。

```
<!DOCTYPE HTML>
<HTML>
<HEAD>
<title>【例 4-9】</title>
  <STYLE type = "text/css">
   p.spread {word-spacing: 30px;}
   p.tight {word-spacing: -0.5em;}
  </STYLE>
</HEAD>
<BODY>
  <H1>HTML5</H1>
  <P class="spread">
```

2004 年，超文本应用技术工作组（Web Hypertext Application Technology Working Group, WHATWG）开始研发 HTML5。2007 年，万维网联盟（World Wide Web Consortium, W3C）接受了 HTML5 草案，并成立了专门的工作团队，于 2008 年 1 月发布了第 1 个 HTML5 的正式草案。
</P>

```
<P class="tight">
```

尽管 HTML5 到目前为止还只是草案，离真正的规范还有相当长的一段路要走，但 HTML5 还是引起了业内的广泛兴趣，Google Chrome 、Firefox、Opera、Safari 和 Internet Explorer 9 等主流浏览器都已经支持 HTML5 技术。

```
</P>
</BODY>
</HTML>
```

【例 4-9】的运行结果如图 4-7 所示。

图 4-7 【例 4-9】的运行结果

5. 设置文本的行间距

使用 line-height 属性可以设置文本的行间距。line-height 的属性值可以是正值，也可以是负值。如果是正值，则行间距会增大；如果是负值，则行间距会缩小。

【例 4-10】 设置文本行间距。

```
<!DOCTYPE HTML>
<HTML>
<HEAD>
<title>【例 4-10】</title>
  <STYLE type = "text/css">
    p.small {line-height:90%}
    p.big {line-height:200%}
  </STYLE>
</HEAD>
<BODY>
  <H1> HTML5</H1>
  <P class="small">
```

2004 年，超文本应用技术工作组（Web Hypertext Application Technology Working Group, WHATWG）开始研发 HTML5。2007 年，万维网联盟（World Wide Web Consortium, W3C）接受了 HTML5 草案，并成立了专门的工作团队，于 2008 年 1 月发布了第 1 个 HTML5 的正式草案。
</P>

```
  <P class="big">
```

尽管 HTML5 到目前为止还只是草案，离真正的规范还有相当长的一段路要走，但 HTML5 还是引起了业内的广泛兴趣，Google Chrome 、Firefox、Opera、Safari 和 Internet Explorer 9 等主流浏览器都已经支持 HTML5 技术。

```
  </P>
</BODY>
</HTML>
```

【例 4-10】的运行结果如图 4-8 所示。可以看到，第 1 段的行距比较小，第 2 段的行距比较大。

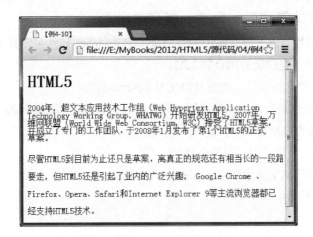

图 4-8 【例 4-10】的运行结果

6. 设置文本方向

使用 direction 属性可以设置元素中文本的方向。direction 属性可以是下面的值。

- ltr：文本方向从左到右，为默认值。
- rtl：文本方向从右到左。
- inherit：指定应该从父元素继承 direction 属性的值。

【例 4-11】　设置文本方向。

```
<html>
<head>
<style type="text/css">
div.one
{
direction: rtl
}
div.two
{
direction: ltr
}
</style>
</head>
<body>
<div class="one"> ltr，默认值。文本方向从左到右。</div>
<div class="two"> rtl，文本方向从右到左。</div>
</body>
</html>
```

【例 4-11】的运行结果如图 4-9 所示。

图 4-9 【例 4-11】的运行结果

119

7. 处理文本中的空白符

使用 white-space 属性可以处理文本中的空白符。white-space 属性可以是下面的值。

- normal：默认值，空白会被浏览器忽略。
- pre：空白会被浏览器保留，类似 HTML 中的<pre>标签。
- nowrap：文本不会换行，文本会在同一行上继续，直到遇到
标签为止。
- pre-wrap：保留空白符序列，但是正常换行。
- pre-line：合并空白符序列，但是保留换行符。
- inherit：指定应该从父元素继承 white-space 属性的值。

【例 4-12】 禁止元素中的文本换行。

```
<html>
<head>
<style type="text/css">
p
{
white-space: nowrap
}
</style>
</head>
<body>
<p>
2004 年，超文本应用技术工作组（Web Hypertext Application Technology Working Group, WHATWG）
开始研发 HTML5。2007 年，万维网联盟（World Wide Web Consortium, W3C）接受了 HTML5 草案，并成立了专门的
工作团队，于 2008 年 1 月发布了第 1 个 HTML5 的正式草案。<br></P>
</p>
</body>
</html>
```

【例 4-12】的运行结果如图 4-10 所示。可以看到，虽然 p 元素中的文本很多，但在浏览器中只显示在一行中。

图 4-10 【例 4-12】的运行结果

4.1.6 超链接

超链接是网页中很常用的元素，因此设置超链接的样式关系到网页的整体外观和布局。

可以通过选择器 a 设置超链接的样式，通常是设置超链接的颜色和字体，具体方法前面已经介绍过了。

【例 4-13】 通过选择器 a 设置超链接样式。

```
<!DOCTYPE HTML>
<html>
<head>
```

```
<title>【例4-13】</title>
</head>
<style type="text/css">
a {color: red; font-family: 宋体; font-weight: normal; font-size: 9px;}
</style>
<body>
  <a href="http://www.yourdomain.com">CSS 示例</A>
</body>
</html>
```

这样定义的超链接，颜色是红色，字体是宋体，大小为 9，如图 4-11 所示。

【例 4-14】　　通过选择器 a 设置超链接样式，不显示超链接下面的下划线。

```
<!DOCTYPE HTML>
<html>
<head>
<title>【例4-14】</title>
</head>
<style type="text/css">
a {text-decoration:none;}
</style>
<body>
  <a href="http://www.yourdomain.com">CSS 示例</A>
</body>
</html>
```

浏览【例 4-14】的结果如图 4-12 所示。

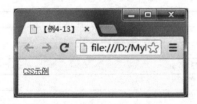

图 4-11　浏览【例 4-13】的结果

图 4-12　浏览【例 4-14】的结果

CSS 还包括下面的超链接样式。

- a:link：未访问过的超链接。
- a:hover：鼠标指针放上去、悬停状态时的超链接。
- a:active：鼠标点击时的超链接。
- a:visited：访问过的超链接。

【例 4-15】　　设置各种状态的超链接样式。

```
<!DOCTYPE HTML>
<html>
<head>
<title>【例4-15】</title>
</head>
<style type="text/css">
a:link {color: red; font-family: 宋体; font-weight: normal; font-size: 9px;}
a:hover {color: orange;
font-style: italic; font-family: 宋体; font-weight: normal; font-size: 9px;}
```

```
a:active { background-color: #FFFF00; font-family: 宋体; font-weight: normal; font-size:
9px;}
    a: visited{ color: #660099; #FFFF00; font-family: 宋体; font-weight: normal; font-size:
9px;}
</style>
<body>
  <a href="http://www.yourdomain.com">CSS 示例</A>
</body>
</html>
```

4.1.7　列表

在 HTML 中可以使用下面的标签定义列表。

- ul：定义无序列表。
- ol：定义有序列表。
- li：定义列表项。

1.2.7 小节已经介绍了这些标签的使用方法。在 CSS 中，可以设置列表的样式。

1. 设置列表项标记的类型

可以使用 list-style-type 属性设置列表项标记的类型，其取值如表 4-4 所示。

表 4-4　list-style-type 属性的取值

取值	说明
none	没有标记
disc	标记是实心圆，默认值
circle	标记是空心圆
square	标记是实心方块
decimal	标记是数字
decimal-leading-zero	以 0 开头的数字标记（01、02、03 等）
lower-roman	小写罗马数字（i、ii、iii、iv、v 等）
upper-roman	大写罗马数字 I、II、III、IV、V 等）
lower-alpha	小写英文字母（a、b、c、d、e 等）
upper-alpha	大写英文字母（A、B、C、D、E 等）
lower-greek	小写希腊字母（alpha、beta、gamma 等）
lower-latin	小写拉丁字母（a、b、c、d、e 等）
upper-latin	大写拉丁字母（A、B、C、D、E 等）
hebrew	传统的希伯来编号方式
armenian	传统的亚美尼亚编号方式
georgian	传统的乔治亚编号方式（an、ban、gan 等）
cjk-ideographic	简单的表意数字
hiragana	标记是 a、i、u、e、o、ka、ki 等日文片假名
katakana	标记是 A、I、U、E、O、KA、KI 等日文片假名
hiragana-iroha	标记是 i、ro、ha、ni、ho、he、to 等日文片假名
katakana-iroha	标记是 I、RO、HA、NI、HO、HE、TO 等日文片假名

【例 4-16】　设置无序列表和有序列表样式。

```
<!DOCTYPE HTML>
<html>
<head>
<title>【例 4-16】</title>
</head>
```

```
<style type="text/css">
ul {list-style-type: circle}
ol {list-style-type: lower-roman}
</style>
<body>
<ol>
   <li>北京</li>
   <li>上海</li>
   <li>天津</li>
</ol>

<ul>
   <li>北京</li>
   <li>上海</li>
   <li>天津</li>
</ul>
</body>
</html>
```

浏览【例 4-16】的结果如图 4-13 所示。

2. 设置列表项图像

列表项前面除了可以使用标记标明外，还可以使用 list-style-image 属性设置列表项前面的图像。

【例 4-17】　设置无序列表项前面的图像。

```
<!DOCTYPE HTML>
<html>
<head>
<title>【例 4-17】</title>
</head>
<style type="text/css">
ul {list-style-image: url('01.gif')}
</style>
<body>
<ul>
   <li>北京</li>
   <li>上海</li>
   <li>天津</li>
</ul>
</body>
</html>
```

浏览【例 4-17】的结果如图 4-14 所示。

图 4-13　浏览【例 4-16】的结果

图 4-14　浏览【例 4-17】的结果

123

4.1.8　表格

在 CSS 中可以设置表格的样式。选择器通常使用 table（设置整个表格的样式）、th（设置表头单元格的样式）和 td（设置单元格的样式）

1. 设置表格边框

可以使用 border 属性设置表格边框的属性，边框属性包括宽度、线型（实线或虚线）和颜色等。

【例 4-18】　设置表格边框样式。

```
<!DOCTYPE HTML>
<html>
<head>
<title>【例4-18】</title>
</head>
<style type="text/css">
table,th,td
{
border:1px solid blue;
}
</style>
<body>
<table>
<tr>
<th>姓名</th>
<th>性别</th>
</tr>
<tr>
<td>张三</td>
<td>男</td>
</tr>
<tr>
<td>李四</td>
<td>女</td>
</tr>
</table>
</body>
</html>
```

浏览【例 4-18】的结果如图 4-15 所示。注意，在默认情况下，表格采用双线条边框。

2. 折叠边框

可以使用 border-collapse 属性设置使用折叠边框（即单线条边框）。

【例 4-19】　定义折叠边框的表格。

```
<!DOCTYPE HTML>
<html>
<head>
<title>【例4-19】</title>
</head>
<style type="text/css">
table,th,td
{
```

图 4-15　浏览【例 4-18】的结果

```
border:1px solid blue;
border-collapse:collapse;
}
</style>
<body>
<table>
<tr>
<th>姓名</th>
<th>性别</th>
</tr>
<tr>
<td>张三</td>
<td>男</td>
</tr>
<tr>
<td>李四</td>
<td>女</td>
</tr>
</table>
</body>
</html>
```

图 4-16　浏览【例 4-19】的结果

浏览【例 4-19】的结果如图 4-16 所示。

CSS 的其他表格属性如表 4-5 所示，由于篇幅限制，这里就不介绍这些属性的具体使用方法了，有需要的读者可以查阅相关资料了解。

表 4–5　CSS 的其他表格属性

属性	说明
background-color	背景色
border-spacing	分隔单元格边框的距离
caption-side	表格标题的位置
empty-cells	是否显示表格中的空单元格
height	表格的高度
padding	表格中内容与边框的距离
table-layout	设置显示单元格、行和列的算法
text-align	设置表格中文本的水平对齐方式，包括左对齐（left，默认值）、右对齐（right）和居中（center）
vertical-align	设置表格中文本的垂直对齐方式，包括顶端对齐（top）、底端对齐（bottom）和居中对齐（middle）等
width	表格的宽度

【例 4-20】　制作一个漂亮的表格，代码如下。

```
<html>
<head>
<style type="text/css">
table
  {
  font-family:"Trebuchet MS", Arial, Helvetica, sans-serif;
  width:100%;
  border-collapse:collapse;
  }

  td, th
```

```
  {
  font-size:10px;
  border:1px solid #98bf21;
  padding:3px 7px 2px 7px;
  }

 th
  {
  font-size:10px;
  text-align:center;
  padding-top:5px;
  padding-bottom:4px;
  background-color:#A7C942;
  color:#ffffff;
  }

tr.alt
  {
  color:#000000;
  background-color:#EAF2D3;
  }
</style>
</head>

<body>
<table>
<tr>
<th>浏览器</th>
<th>版本</th>
<th>得分</th>
</tr>

<tr>
<td>Chrome</td>
<td>23.0.1271.64</td>
<td>448</td>
</tr>

<tr class="alt">
<td>Opera Next</td>
<td>12.10</td>
<td>404</td>
</tr>

<tr>
<td>Firefox</td>
<td>16.0</td>
<td>357</td>
</tr>

<tr class="alt">
<td>苹果浏览器 Safari for Windows</td>
<td>5.1.7</td>
<td>278</td>
</tr>
```

```
<tr>
<td>Internet Explorer</td>
<td>9.0</td>
<td>138</td>
</tr>

</table>
</body>
</html>
```

浏览【例 4-20】的结果如图 4-17 所示。

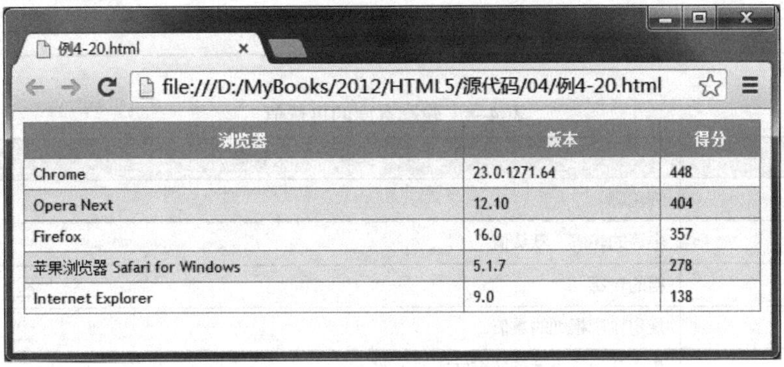

图 4-17　浏览【例 4-20】的结果

4.1.9　CSS 轮廓

轮廓（outline）是绘制于元素周围的一条线，位于边框边缘的外围，可以起到突出元素的作用。在 CSS 中可以通过如表 4-6 所示的轮廓属性设置轮廓的样式、颜色和宽度。

表 4–6　CSS 的轮廓属性

属性	说明

outline	在一个声明中设置所有的轮廓属性，轮廓属性的顺序为颜色、样式和宽度。例如，下面代码定义 p 元素的轮廓为红色、点线和粗线。
	　　p
	　　{
	　　outline:red dotted thick;
	　　}

outline-color	设置轮廓的颜色。例如，下面代码定义 p 元素的轮廓为红色。
	　　p
	　　{
	　　outline-color:red;
	　　}

outline-style	设置轮廓的样式。轮廓样式的可选值如表 4-7 所示
outline-width	设置轮廓的宽度。轮廓宽度的可选值如表 4-8 所示

表 4–7　轮廓样式的可选值

可选值	说明
none	表示无轮廓，默认值
dotted	点状的轮廓

续表

可选值	说明
dashed	虚线轮廓
solid	实线轮廓
double	双线轮廓。双线的宽度等同于 outline-width 属性的值
groove	3D 凹槽轮廓。此效果取决于 outline-color 属性的值
ridge	3D 凸槽轮廓。此效果取决于 outline-color 属性的值
inset	3D 凹边轮廓。此效果取决于 outline-color 属性的值
outset	3D 凸边轮廓。此效果取决于 outline-color 属性的值
inherit	规定从父元素继承轮廓样式的设置

表 4-8 轮廓宽度的可选值

可选值	说明
thin	细轮廓
medium	中等的轮廓，默认值
thick	粗的轮廓
length	规定轮廓粗细的数值
inherit	规定从父元素继承轮廓宽度的设置

【例 4-21】 设置元素轮廓，代码如下。

```
<!DOCTYPE html>
<html>
<head>
<style type="text/css">
p.one
{
outline-color:red;
outline-style:groove;
outline-width:thick;
}
p.two
{
outline-color:green;
outline-style:outset;
outline-width:5px;
}
</style>
</head>
<body>
<p class="one">3D 凹槽轮廓的效果</p>
<p class="two">3D 凸边轮廓的效果</p>
</body>
</html>
```

【例 4-21】中演示了 3D 凹槽轮廓和 3D 凸边轮廓的效果。浏览【例 4-21】的结果如图 4-18 所示。

图 4-18 浏览【例 4-21】的结果

4.1.10 浮动元素

浮动是一种网页布局的效果，浮动元素可以独立于其他因素，例如，可以实现图片周围包围着文字的效果。在 CSS 中可以通过 float 属性实现元素的浮动，float 属性的可选值如表 4-9 所示。

表 4–9 float 属性的可选值

可选值	说明
left	元素向左浮动
right	元素向右浮动
none	元素不浮动，并会在其在文本中出现的位置显示默认值
inherit	规定应该从父元素继承 float 属性的值

【例 4-22】 演示浮动图片的效果。

```
<html>
<head>
<style type="text/css">
img
{
float:left
}
</style>
</head>

<body>
<p>
<img src="dragon.jpg" />
<h1>龙</h1>
```
龙是中国等东亚区域古代神话传说中的神异动物，为鳞虫之长。常用来象征祥瑞，是中华民族等东亚民族最具代表性的传统文化之一，龙的传说等龙文化非常丰富。

龙的形象最基本的特点是"九似"，具体是哪九种动物尚有争议。传说多为其能显能隐，能细能巨，能短能长。春分登天，秋分潜渊，呼风唤雨，而这些已经是晚期发展而来的龙的形象，相比最初的龙而言更加复杂。[1]

《张果星经》云："又有辅翼，则为真龙"，认为有翼方是真龙。如西周有大量身负羽翼龙纹器皿，乃至青龙在先秦纹饰中也有羽翼，一说青龙为祖龙。封建时代，龙是皇权的象征，皇宫使用器物也以龙为装饰。

龙在中国传统的十二生肖中排第五，在《礼记·礼运第九》中与凤、龟、麟一起并称"四灵"。而西方神话中的 Dragon，也翻译成龙，但二者并不相同。

中国古代民间神话传说中可见于中国经典中的生物，在现实中无法找到实体，但其形象的组成物源于现实，起到祛邪、避灾、祈福的作用。

```
</p>
</body>
```

```
</html>
```

代码中使用 float:left 定义图片元素左侧浮动。浏览【例 4-22】的结果如图 4-19 所示。

图 4-19   浏览【例 4-22】的结果

4.2　CSS3 的新技术

与 HTML5 对应，CSS3 是 CSS 的最新升级版本。CSS3 语言开发是模块化的，原有的规范被分解为一些小的模块，同时新增了一些模块。CSS3 的主要模块包括盒子模型、列表模块、超链接方式、语言模块、背景和边框、文字特效、多栏布局等。由于篇幅所限，本节只介绍 CSS3 使用的新技术。

4.2.1　实现圆角效果

所有的 HTML 元素都是直角的，这虽然整洁、严谨，但用多了，难免显得死板。在 CSS3 中，可以使用 border-radius 属性实现圆角效果，基本语法如下。

```
border-radius: 圆角半径
```

【例 4-23】　使用 border-radius 属性实现圆角效果，代码如下。

```
<html>
<head>
<style type="text/css">
section{
    padding:20px;
    border:3px solid #000;
}
#border-radius{
    border-radius:10px;
}
</style>
</head>
<body>
<h1>全圆角: </h1>
    <section id="border-radius">
    <pre><code>#border-radius{
    border-radius:10px;
}</code></pre>
```

```
</section>
</body>
</html>
```

在 CSS 样式中定义了 section 元素拥有实线边框，border-radius 类的元素采用圆角边框。在文档中定义了一个 border-radius 类的 section 元素，用于显示使用 border-radius 属性实现圆角效果的代码。浏览【例 4-23】的结果如图 4-20 所示。

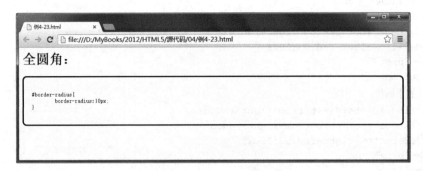

图 4-20　浏览【例 4-23】的结果

可以看到，border-radius 属性实现矩形的全圆角（即 4 个圆角），还可以使用下面的属性定义指定的圆角。

- border-top-right-radius：定义右上角的圆角半径。
- border-bottom-right-radius：定义右下角的圆角半径。
- border-bottom-left-radius：定义左下角的圆角半径。
- border-top-left-radius：定义左上角的圆角半径。

【例 4-24】　实现单个圆角效果，代码如下。

```
<html>
<head>
<style type="text/css">
section{
    padding:20px;
    border:3px solid #000;
}
#border-top-left-radius{
    border-top-left-radius:10px;
}
#border-top-right-radius{
    border-top-right-radius:10px;
}
#border-bottom-right-radius{
    border-bottom-right-radius:10px;
}
#border-bottom-left-radius{
    border-bottom-left-radius:10px;
}
#border-irregular-radius{
    border-top-left-radius:20px 50px;
}
</style>
</head>
```

```
<body>
    <h1>左上圆角：</h1>
    <section id="border-top-left-radius">
    <pre><code>#border-top-left-radius{
    border-top-left-radius:10px;
}</code></pre>
    </section>
    <h1>右上圆角：</h1>
    <section id="border-top-right-radius">
    <pre><code>#border-top-right-radius{
    border-top-right-radius:10px;
}</code></pre>
    </section>
    <h1>右下圆角：</h1>
    <section id="border-bottom-right-radius">
    <pre><code>#border-bottom-right-radius{
    border-bottom-right-radius:10px;
}</code></pre>
    </section>
    <h1>左下圆角：</h1>
    <section id="border-bottom-left-radius">
    <pre><code>#border-bottom-left-radius{
    border-bottom-left-radius:10px;
}</code></pre>
    </section>
</body>
</html>
```

浏览【例 4-24】的结果如图 4-21 所示。

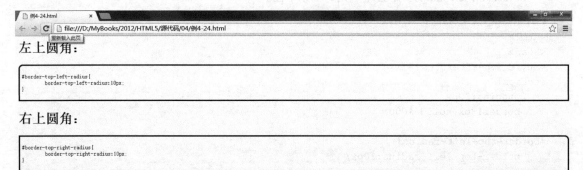

图 4-21　浏览【例 4-24】的结果

可以使用两个数字定义圆角的水平半径和垂直半径，从而实现不规则圆角，语法如下。

border-radius: 水平圆角半径 垂直圆角半径

【例 4-25】 使用 border-radius 属性实现不规则圆角效果，代码如下。

```html
<html>
<head>
<style type="text/css">
section{
    padding:20px;
    border:3px solid #000;
}
#border-irregular-radius{
    border-radius: 20px 50px;
}
</style>
</head>
<body>
<h1>不规则圆角: </h1>
    <section id="border-irregular-radius">
    <pre><code>#border-irregular-radius{
    border-radius:20px 50px;
}</code></pre>
    </section>
</body>
</html>
```

在 CSS 样式中定义了 section 元素拥有实线边框，border-irregular-radius 类的元素采用不规则圆角边框。在文档中定义了一个 border-irregular-radius 类的 section 元素，用于显示使用 border-radius 属性实现不规则圆角效果的代码。浏览【例 4-25】的结果如图 4-22 所示。

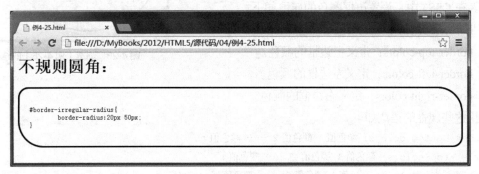

图 4-22　浏览【例 4-25】的结果

如果将圆角半径设置得足够大，还可以实现圆形边框。

【例 4-26】 使用 border-radius 属性实现圆形边框，代码如下。

```html
<html>
<head>
<style type="text/css">
section{
    padding:20px;
    border:3px solid #000;
}
#border-circle-radius{
    text-align: center;
    font:normal 40px/100% Arial;
    text-shadow:1px 1px 1px #000;
    color:#fff;
```

```
        background-color:yellow;
        width:400px;
        height:400px;
        padding:0;
        border-radius:200px;
}
</style>
</head>
<body>
<h1>圆形: </h1>
    <section id="border-circle-radius">
    <p>Hello,CSS3!<br>Hello,HTML5! </p>
    </section>
</body>
</html>
```

在 CSS 样式中定义了 section 元素拥有实线边框，border-circle-radius 类的元素采用不规则圆角边框。在文档中定义了一个 border-circle-radius 类的 section 元素。浏览【例 4-26】的结果如图 4-23 所示。

4.2.2 多彩的边框颜色

在传统 CSS 中，只能设置简单的边框颜色。而在 CSS3 中可以使用多个颜色值设置边框颜色，从而实现过渡颜色的效果。在 CSS3 中，设置边框颜色的属性如下。

- border-bottom-colors：定义下边框的颜色。
- border-top-colors：定义上边框的颜色。
- border-left-colors：定义左边框的颜色。
- border-right-colors：定义右边框的颜色。

图 4-23　浏览【例 4-26】的结果

使用这些属性的语法如下。

```
border-bottom-colors: 颜色值 1 颜色值 2 …… 颜色值 n
border-top-colors: 颜色值 1 颜色值 2 …… 颜色值 n
border-left-colors: 颜色值 1 颜色值 2 …… 颜色值 n
border-right-colors: 颜色值 1 颜色值 2 …… 颜色值 n
```

每个颜色值代表边框中的一行（列）像素的颜色。例如，如果边框的宽度为 10px，则颜色值 1 指定第 1 行（列）像素的颜色；颜色值 2 指定第 2 行（列）像素的颜色；以此类推。如果指定的颜色值数量小于 10，则其余边框行（列）像素的颜色使用颜色值 n。

在笔者编写此书时，主流浏览器中只有 Firefox 支持设置多彩边框颜色的 CSS3 属性，但是在这些属性的前面增加了一个前缀-moz，具体如下。

- -moz-border-bottom-colors：定义下边框的颜色。
- -moz-border-top-colors：定义上边框的颜色。
- -moz-border-left-colors：定义左边框的颜色。
- -moz-border-right-colors：定义右边框的颜色。

【例 4-27】　在 CSS3 中实现过渡颜色边框，代码如下。

```
<html>
<head>
<style type="text/css">
section{
    padding:20px;
}
#colorful-border{
    border: 10px solid transparent;
    -moz-border-bottom-colors: #303 #404 #606 #808 #909 #A0A;
    -moz-border-top-colors: #303 #404 #606 #808 #909 #A0A;
    -moz-border-left-colors: #303 #404 #606 #808 #909 #A0A;
    -moz-border-right-colors: #303 #404 #606 #808 #909 #A0A;
}
</style>
</head>
<body>
<h1>过渡颜色边框</h1>
    <section id="colorful-border">
    <pre><code>#colorful-border{
    border: 10px solid transparent;
    -moz-border-bottom-colors: #303 #404 #606 #808 #909 #A0A;
    -moz-border-top-colors: #303 #404 #606 #808 #909 #A0A;
    -moz-border-left-colors: #303 #404 #606 #808 #909 #A0A;
    -moz-border-right-colors: #303 #404 #606 #808 #909 #A0A;
}</code></pre>
    </section>
</body>
</html>
```

在 Firefox 中浏览【例 4-27】的结果如图 4-24 所示。

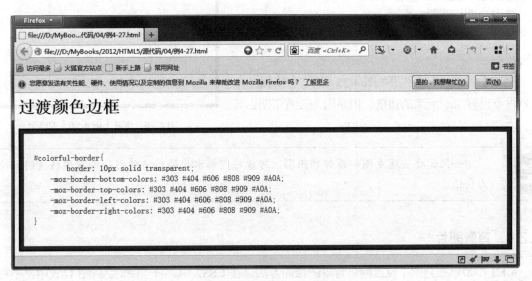

图 4-24 浏览【例 4-27】的结果

4.2.3 阴影

为图像文字设置阴影可以增加画面的立体感。以前，Web 设计师只能使用 Photoshop 来处理阴影。在传统 CSS 中，只能设置简单的边框颜色。在 CSS3 中，可以使用 box-shadow 属性设置阴影，语法如下。

```
box-shadow: 阴影水平偏移值  阴影垂直偏移值  阴影模糊值 || 阴影颜色
```

不同的浏览器引擎实现 box-shadow 属性的方法略有不同。在 webkit 引擎中为-webkit-box-shadow，在 Gecko 引擎中为-moz-box-shadow。出于兼容性的考虑，建议同时使用 box-shadow、-webkit-box-shadow 和-moz-box-shadow 属性设置阴影。

【例 4-28】 在 CSS3 中实现阴影，代码如下。

```
<!DOCTYPE html>
<html>
<head>
<title>盒子阴影</title>
<meta charset="utf-8" />
<style>
.box {
    width:300px;
    height:300px;
    background-color:#fff;

    /* 设置阴影 */
    -webkit-box-shadow:1px 1px 3px #292929;
    -moz-box-shadow:1px 1px 3px #292929;
    box-shadow:1px 1px 3px #292929;
}
</style>
</head>
<body>
<div class="box">
<br><br><br><br>
在 CSS3 中实现阴影的例子。
</div>
</body>
</html>
```

浏览【例 4-28】的结果如图 4-25 所示。可以看到，虽然没有设置 div 元素的边框，但是因为设置了阴影效果，右侧和下方看起来也有一个边框。

图 4-25　浏览【例 4-28】的结果

　　　如果需要实现左侧和顶部的阴影，可以将阴影水平偏移值阴影和垂直偏移值阴影设置为负值。

4.2.4　背景图片

4.1.3 小节已经介绍了设置网页背景图像的方法。在 CSS2 中，背景图的大小在样式中是不可控的，如果想使背景图充满某个区域，要么需要做一张大点的图，只能让它以平铺的方式来填充。CSS3 提供了一个新特性 background-size，使用它可以随心所欲地控制背景图的尺寸大小。background-size 属性的语法如下。

```
background-size: 值1 值2
```

值 1 为必填，用于指定背景图的宽度；值 2 为可选，用于指定背景图的高度。如果只指定值 1，则值 2 自动按图像比例设置。值 1 和值 2 的单位可以使用 px（像素），也可以用百分比%。值 1 还可以是如下的特定值。

- auto：按图像大小自动设置。
- cover：保持图像本身的宽高比例，将图片缩放到正好完全覆盖定义背景的区域。
- contain：保持图像本身的宽高比例，将图片缩放到宽度或高度正好适应定义背景的区域。

【例 4-29】　在 CSS3 中使用 background-size 属性控制背景图尺寸大小，代码如下。

```
<!DOCTYPE html>
<html>
<head>
<title>背景图片</title>
<style>
.box{
  background-image:url(cat.bmp);
  background-repeat:no-repeat;
  background-size:200px;
}
.auto{
  background-image:url(cat.bmp);
  background-repeat:no-repeat;
  background-size:100px;
}
.cover{
  background-image:url(cat.bmp);
  background-repeat:no-repeat;
  background-size:cover;
  }
.contain{
  background-image:url(cat.bmp);
  background-repeat:no-repeat;
  background-size:contain;
}
</style>
</head>
<body>
<div class="box">
<br><br><br><br>
 background-size:200px;
</div>
<div class="auto">
<br><br><br><br>
 background-size:auto;
</div>
<div class="cover">
<br><br><br><br>
 background-size:cover;
</div>
<div class="contain">
<br><br><br><br>
 background-size:contain;
</div>

</body>
</html>
```

代码中设置了各种 background-size 属性的值，浏览【例 4-29】的结果如图 4-26 所示。可以看到，background-size 属性的各种取值的效果。

图 4-26　浏览【例 4-29】的结果

4.2.5　多列

在很多报纸中，将文章以多列的形式表现。在 CSS3 中，可以使用 column-count 属性设置文章显示的列数，语法如下。

```
column-count: auto | 整数
```

如果取值为 auto，则由浏览器自动计算列数。

不同浏览器引擎实现 column-count 属性的方法略有不同。在 webkit 引擎中为-webkit-column-count，在 Gecko 引擎中为-moz-column-count。出于兼容性的考虑，建议同时使用-webkit-column-count 和-moz-column-count 属性设置列数。

【例 4-30】　在 CSS3 中实现多列，代码如下。

```
<!DOCTYPE html>
<html>
<head>
<title>CSS3 多列</title>
<style>
.columns{width:800px;}
.columns .title{margin-bottom:5px; line-height:25px; background:#f0f3f9; text-indent:
3px; font-weight:bold; font-size:14px;}
.columns .column_count{
    -webkit-column-count:3;
    -moz-column-count:3;
</style>
</head>
<body>
<div class="columns">
    <div class="title">HTML5</div>
    <div class="column_count">
            标准通用标记语言下的一个应用 HTML 标准自 1999 年 12 月发布的 HTML4.01 后，后继的 HTML5
```

和其他标准被束之高阁，为了推动 Web 标准化运动的发展，一些公司联合起来，成立了一个叫作 Web Hypertext Application Technology Working Group（Web 超文本应用技术工作组 -WHATWG）的组织。WHATWG 致力于 Web 表单和应用程序，而 W3C（World Wide Web Consortium，万维网联盟）专注于 XHTML2.0。在 2006 年，双方决定进行合作，来创建一个新版本的 HTML。

HTML5 草案的前身名为 Web Applications 1.0，于 2004 年被 WHATWG 提出，于 2007 年被 W3C 接纳，并成立了新的 HTML 工作团队。

HTML5 的第一份正式草案已于 2008 年 1 月 22 日公布。HTML5 仍处于完善之中。然而，大部分现代浏览器已经具备了某些 HTML5 支持。

2012 年 12 月 17 日，万维网联盟（W3C）正式宣布凝结了大量网络工作者心血的 HTML5 规范已经正式定稿。根据 W3C 的发言稿称："HTML5 是开放的 Web 网络平台的奠基石。"

2013 年 5 月 6 日，HTML5.1 正式草案公布。该规范定义了第五次重大版本，第一次要修订万维网的核心语言：超文本标记语言（HTML）。在这个版本中，新功能不断推出，以帮助 Web 应用程序的作者，努力提高新元素互操作性。

本次草案的发布，从 2012 年 12 月 27 日至今，进行了多达近百项的修改，包括 HTML 和 XHTML 的标签，相关的 API、Canvas 等，同时 HTML5 的图像 img 标签及 svg 也进行了改进，性能得到进一步提升。

支持 HTML5 的浏览器包括 Firefox（火狐浏览器）、IE9 及其更高版本、Chrome（谷歌浏览器）、Safari、Opera 等；傲游浏览器（Maxthon），以及基于 IE 或 Chromium（Chrome 的工程版或称实验版）所推出的 360 浏览器、搜狗浏览器、QQ 浏览器、猎豹浏览器等国产浏览器同样具备支持 HTML5 的能力。

在移动设备开发 HTML5 应用只有两种方法，要不就是全使用 HTML5 的语法，要不就是仅使用 JavaScript 引擎。

JavaScript 引擎的构建方法让制作手机网页游戏成为可能。由于界面层很复杂，已预订了一个 UI 工具包去使用。

纯 HTML5 手机应用运行缓慢并错漏百出，但优化后的效果会好转。尽管不是很多人愿意去做这样的优化，但依然可以去尝试。

HTML5 手机应用的最大优势就是可以在网页上直接调试和修改。原先应用的开发人员可能需要花费非常大的力气才能达到 HTML5 的效果，不断地重复编码、调试和运行，这是首先得解决的一个问题。因此也有许多手机杂志客户端是基于 HTML5 标准，开发人员可以轻松调试修改。

2014 年 10 月 29 日，万维网联盟泪流满面地宣布，经过几乎 8 年的艰辛努力，HTML5 标准规范终于最终制定完成了，并已公开发布。

在此之前的几年时间里，已经有很多开发者陆续使用了 HTML5 的部分技术，Firefox、Google Chrome、Opera、Safari 4+、Internet Explorer 9+ 都已支持 HTML5，但直到今天，我们才看到"正式版"。

HTML5 将会取代 1999 年制定的 HTML4.01、XHTML 1.0 标准，以期能在互联网应用迅速发展的时候，使网络标准达到符合当代的网络需求，为桌面和移动平台带来无缝衔接的丰富内容。

W3C CEO Jeff Jaffe 博士表示："HTML5 将推动 Web 进入新的时代。不久以前，Web 还只是上网看一些基础文档，而如今，Web 是一个极大丰富的平台。我们已经进入一个稳定阶段，每个人都可以按照标准行事，并且可用于所有浏览器。如果我们不能携起手来，就不会有统一的 Web。"

HTML5 还有望成为梦想中的"开放 Web 平台"(Open Web Platform) 的基石，如能实现可进一步推动更深入的跨平台 Web 应用。

接下来，W3C 将致力于开发用于实时通信、电子支付、应用开发等方面的标准规范，还会创建一系列的隐私、安全防护措施。

W3C 还曾在 2012 年透露说，计划在 2016 年底前发布 HTML5.1。

设计目的

HTML5 的设计目的是在移动设备上支持多媒体。新的语法特征被引进以支持这一点，如 video、audio 和 canvas 标记。HTML5 还引进了新的功能，可以真正改变用户与文档的交互方式，包括：

· 新的解析规则增强了灵活性
· 新属性
· 淘汰过时的或冗余的属性
· 一个 HTML5 文档到另一个文档间的拖放功能
· 离线编辑

- 信息传递的增强
- 详细的解析规则
- 多用途互联网邮件扩展（MIME）和协议处理程序注册
- 在 SQL 数据库中存储数据的通用标准（Web SQL）

HTML5 在 2007 年被万维网联盟(W3C)新的工作组采用。这个工作组在 2008 年 1 月发布了 HTML5 的首个公开草案。眼下，HTML5 处于"呼吁审查"状态，W3C 预期它将在 2014 年年底达到其最终状态。

特性

语义特性（Class: Semantic）

HTML5 赋予网页更好的意义和结构。更加丰富的标签将随着对 RDFa 的、微数据与微格式等方面的支持，构建对程序、对用户都更有价值的数据驱动的 Web。

本地存储特性（Class: OFFLINE & STORAGE）

基于 HTML5 开发的网页 APP 拥有更短的启动时间和更快的联网速度，这些全得益于 HTML5 APP Cache，以及本地存储功能。Indexed DB（HTML5 本地存储最重要的技术之一）和 API 说明文档。

设备兼容特性 (Class: DEVICE ACCESS)

从 Geolocation 功能的 API 文档公开以来，HTML5 为网页应用开发者们提供了更多功能上的优化选择，带来了更多体验功能的优势。HTML5 提供了前所未有的数据与应用接入开放接口。使外部应用可以直接与浏览器内部的数据相连，例如视频影音可直接与 microphones 及摄像头相连。

连接特性（Class: CONNECTIVITY）

更有效的连接工作效率，使得基于页面的实时聊天、更快速的网页游戏体验、更优化的在线交流得到了实现。HTML5 拥有更有效的服务器推送技术，Server-Sent Event 和 WebSockets 就是其中的两个特性，这两个特性能够帮助我们实现服务器将数据"推送"到客户端的功能。

网页多媒体特性(Class: MULTIMEDIA)

支持网页端的 Audio、Video 等多媒体功能，与网站自带的 APPS、摄像头、影音功能相得益彰。

三维、图形及特效特性（Class: 3D, Graphics & Effects）

基于 SVG、Canvas、WebGL 及 CSS3 的 3D 功能，用户会惊叹于在浏览器中，所呈现的惊人视觉效果。

性能与集成特性（Class: Performance & Integration）

没有用户会永远等待你的 Loading——HTML5 会通过 XMLHttpRequest2 等技术，解决以前的跨域等问题，帮助您的 Web 应用和网站在多样化的环境中更快速地工作。

CSS3 特性(Class: CSS3)

在不牺牲性能和语义结构的前提下，CSS3 中提供了更多的风格和更强的效果。此外，较之以前的 Web 排版，Web 的开放字体格式（WOFF）也提供了更高的灵活性和控制性。

沿革

HTML5 提供了一些新的元素和属性，例如<nav>（网站导航块）和<footer>。这种标签将有利于搜索引擎的索引整理，同时更好地帮助小屏幕装置和视障人士使用，除此之外，还为其他浏览要素提供了新的功能，如<audio>和<video>标记。

1. 取消了一些过时的 HTML4 标记

其中包括纯粹显示效果的标记，如<font>和<center>，它们已经被 CSS 取代。

HTML5 吸取了 XHTML2 一些建议，包括一些用来改善文档结构的功能，如新的 HTML 标签 header、footer、dialog、aside、figure 等的使用，将使内容创作者更加语义地创建文档，之前的开发者在实现这些功能时一般都是使用 div。

2. 将内容和展示分离

b 和 i 标签依然保留，但它们的意义已经和之前有所不同，这些标签的意义只是为了将一段文字标识出来，而不是为了为它们设置粗体或斜体式样。u、font、center、strike 这些标签则被完全去掉了。

3. 一些全新的表单输入对象

包括日期、URL、Email 地址，其他的对象则增加了对非拉丁字符的支持。HTML5 还引入了微数据，这使语义 Web 的处理更为简单。总地来说，这些与结构有关的改进使内容创建者可以创建更干净、更容易管理的网页，这样的网页对搜索引擎、对读屏软件等更为友好。

4. 全新的，更合理的 Tag

多媒体对象将不再全部绑定在 object 或 embed Tag 中，而是视频有视频的 Tag，音频有音频的 Tag。

5. 本地数据库

这个功能将内嵌一个本地的 SQL 数据库，以加速交互式搜索，缓存以及索引功能。同时，那些离线 Web 程序也将因此获益匪浅。不需要插件的丰富动画。

6. Canvas 对象

将给浏览器带来直接在上面绘制矢量图的能力，这意味着用户可以脱离 Flash 和 Silverlight，直接在浏览器中显示图形或动画。

7. 浏览器中的真正程序

将提供 API 实现浏览器内的编辑、拖放，以及各种图形用户界面的能力。内容修饰 Tag 将被剔除，而使用 CSS。

8. HTML5 取代 Flash 在移动设备的地位

9. 其突出的特点就是强化了 web 页的表现性,追加了本地数据库

规范

HTML5 和 Canvas 2D 规范的制定已经完成，尽管还不能算是 W3C 标准，但是这些规范已经功能完整，企业和开发人员有了一个稳定的执行和规划目标。

W3C 首席执行官 Jeff Jaffe 表示："从今天起，企业用户可以清楚地知道，他们能够在未来依赖 HTML5。" HTML5 是开放 Web 标准的基石，它是一个完整的编程环境，适用于跨平台应用程序、视频和动画、图形、风格、排版和其他数字内容发布工具、广泛的网络功能等。

为了减少浏览器碎片、实现于所有 HTML 工具的应用，W3C 从今天开始着手 W3C 标准化的互操作性和测试。和之前宣布的规划一样，W3C 计划在 2014 年完成 HTML5 标准。

HTML 工作组还发布了 HTML5.1、HTML Canvas 2D Context、Level 2 以及主要元素的草案，让开发人员能提前预览下一轮标准。

……

```
    </div>
</div>

</body>
</html>
```

浏览【例 4-30】的结果如图 4-27 所示。可以看到，文章按 3 列显示。

图 4-27　浏览【例 4-30】的结果

4.2.6 嵌入字体

为了使页面更美观、更独特，网页设计人员经常需要在网页中使用特殊的字体。但是如果客户端没有安装这个字体，就无法达到预期的效果，因此很多时候只能使用图片代替文字。但是，图片文件会增加网页的大小，影响浏览的速度。

在 CSS3 中，可以使用@font-face 属性使用嵌入字体，语法如下。

```
@font-face {
    font-family: <YourWebFontName>;
    src: <source> [<format>][,<source> [<format>]];
    [font-weight: <weight>];
    [font-style: <style>];
}
```

参数说明如下。

* ourWebFontName：自定义的字体名，在网页元素的 font-family 中引用定义的嵌入字体；
* source：指定自定义字体文件的存放路径；
* format：指定自定义字体的格式，用来帮助浏览器识别，可以是 truetype、opentype、truetype-aat、embedded-opentype 和 avg 等类型。
* weight：定义字体是否为粗体。
* style：定义字体样式，如斜体。

【例 4-31】 在 CSS3 中实现嵌入字体，代码如下。

```html
<!DOCTYPE html>
<html>
<head>
<title>CSS3 嵌入字体</title>
<style>
@font-face {
  font-family: 'Andriko';
  src: url('Andriko.ttf');
  font-weight: normal;
  font-style: normal;
  }
  h1 {
   font-family: 'Andriko'
}
</style>
</head>
<body>
  <h1>font-family: 'Andriko';</h1>
 </body>
</html>
```

浏览【例 4-31】的结果如图 4-28 所示。网页中标题文字使用嵌入字体 Andriko。

可以访问下面的网站下载需要的英文字体，如图 4-29 所示。单击字体后面的 Download 按钮，可以下载字体。

http://www.dafont.com/

图 4-28　浏览【例 4-31】的结果

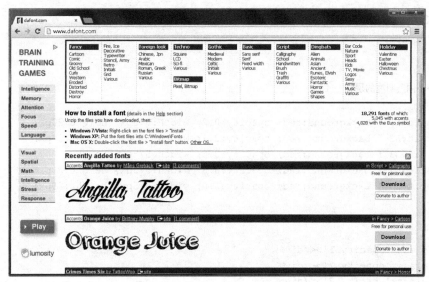

图 4-29　从 dafont.com 下载字体

4.2.7　透明度

在 CSS3 中，可以使用 opacity 定义 HTML 元素的透明度。其取值范围为 0～1，0 表示完全透明（即不可见），1 表示完全不透明。

【**例 4-32**】　在 CSS3 中实现不同透明度的图像，代码如下。

```
<!DOCTYPE html>
<html>
<head>
<title>不同透明度的图像</title>
<style>
img.opacity1 { opacity:0.25; width:150px; height:100px; }
img.opacity2 { opacity:0.50; width:150px; height:100px; }
img.opacity3 { opacity:0.75; width:150px; height:100px; }
</style>
</head>
<body>
  <img class='opacity1' src="cat.bmp" />
  <img class='opacity2' src="cat.bmp" />
  <img class='opacity3' src="cat.bmp" />
</body>
</html>
```

浏览【例 4-32】的结果如图 4-30 所示。

图 4-30　浏览【例 4-32】的结果

【例 4-33】　在 CSS3 中实现不同透明度的层，代码如下。

```
<!DOCTYPE html>
<html>
<head>
<title>不同透明度的层</title>
<style>
div.opacityL1 { background:red; opacity:0.2; width:575px; height:20px; }
div.opacityL2 { background:red; opacity:0.4; width:575px; height:20px; }
div.opacityL3 { background:red; opacity:0.6; width:575px; height:20px; }
div.opacityL4 { background:red; opacity:0.8; width:575px; height:20px; }
div.opacityL5 { background:red; opacity:1.0; width:575px; height:20px; }
</style>
</head>
<body>
  <div class='opacityL1'></div>
  <div class='opacityL2'></div>
  <div class='opacityL3'></div>
  <div class='opacityL4'></div>
  <div class='opacityL5'></div>
</body>
</html>
```

浏览【例 4-33】的结果如图 4-31 所示。

图 4-31　浏览【例 4-33】的结果

也可以使用 RGBA 声明定义颜色的透明度。RGBA 声明在 RGB 颜色的基础上增加了一个 A 参数，设置该颜色的透明度。与 opacity 一样，A 参数的取值范围也为 0～1，0 表示完全透明（即不可见），1 表示完全不透明。

【例 4-34】　使用 RGBA 声明实现类似【例 4-33】的不同透明度的层，代码如下。

```
<!DOCTYPE html>
<html>
<head>
<title>不同透明度的图像</title>
<style>
div.rgbaL1 { background:rgba(255, 0, 0, 0.2); height:20px; }
div.rgbaL2 { background:rgba(255, 0, 0, 0.4); height:20px; }
div.rgbaL3 { background:rgba(255, 0, 0, 0.6); height:20px; }
div.rgbaL4 { background:rgba(255, 0, 0, 0.8); height:20px; }
div.rgbaL5 { background:rgba(255, 0, 0, 1.0); height:20px; }
```

```
</style>
</head>
<body>
  <div class='rgbaL1'></div>
  <div class='rgbaL2'></div>
  <div class='rgbaL3'></div>
  <div class='rgbaL4'></div>
  <div class='rgbaL5'></div>
</body>
</html>
```

4.2.8　HSL 和 HSLA 颜色表现方法

CSS3 支持以 HSL 声明的形式表现颜色。HSL 色彩模式是工业界的一种颜色标准，是通过对色调（H）、饱和度（S）、亮度（L）3 个颜色通道的变化以及它们相互之间的叠加来得到各式各样的颜色。这个标准几乎包括了人类视力所能感知的所有颜色，是目前运用最广的颜色系统之一。HSL 声明的定义形式如下。

hsl(色调值，饱和度值，亮度值)

参数说明如下。

- 色调值：用于定义色盘，0 和 360 是红色，接近 120 的是绿色，240 是蓝色。
- 饱和度值：百分比，0%是灰度，100%饱和度最高。
- 亮度值：单位为百分比，0%最暗，50%均值，100%最亮。

【例 4-35】　使用 HSL 声明实现不同颜色的层，代码如下。

```
<!DOCTYPE html>
<html>
<head>
<title>使用 HSL 声明实现不同颜色的层</title>
<style>
div.hslL1 { background:hsl(120, 100%, 50%); height:20px; }
div.hslL2 { background:hsl(120, 50%, 50%); height:20px; }
div.hslL3 { background:hsl(120, 100%, 75%); height:20px; }
div.hslL4 { background:hsl(240, 100%, 50%); height:20px; }
div.hslL5 { background:hsl(240, 50%, 50%); height:20px; }
div.hslL6 { background:hsl(240, 100%, 75%); height:20px; }
</style>
</head>
<body>
  <div class='hslL1'></div>
  <div class='hslL2'></div>
  <div class='hslL3'></div>
  <div class='hslL4'></div>
  <div class='hslL5'></div>
</body>
</html>
```

浏览【例 4-35】的结果如图 4-32 所示。

HSLA 声明在 HSL 颜色的基础上增加了一个 A 参数，设置该颜色的透明度。与 RGBA 一样，A 参数的取值范围也为 0~1，0 表示完全透明（即不可见），1 表示完全不透明。

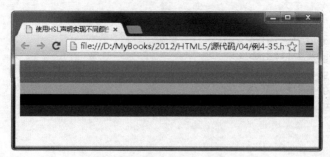

图 4-32　浏览【例 4-35】的结果

【例 4-36】　使用 RGBA 声明实现类似【例 4-33】的不同透明度的层，代码如下。

```
<!DOCTYPE html>
<html>
<head>
<title>【例 4-36】</title>
<style>
div.hslaL1 { background:rgba(0, 50%, 50%, 0.2); height:20px; }
div.hslaL2 { background:rgba(0, 50%, 50%, 0.4); height:20px; }
div.hslaL3 { background:rgba(0, 50%, 50%, 0.6); height:20px; }
div.hslaL4 { background:rgba(0, 50%, 50%, 0.8); height:20px; }
div.hslaL5 { background:rgba(0, 50%, 50%, 1.0); height:20px; }
</style>
</head>
<body>
  <div class='hslaL1'></daiv>
  <div class='hslaL2'></div>
  <div class='hslaL3'></div>
  <div class='hslaL4'></div>
  <div class='hslaL5'></div>
</body>
</html>
```

浏览【例 4-36】的结果如图 4-33 所示。

图 4-33　浏览【例 4-36】的结果

4.3　CSS3 应用实例

本节介绍几个实用的 CSS3 应用实例，帮助读者进一步了解 CSS3 的功能和作用。

4.3.1　HTML5+CSS3 设计页面布局

1.3.2 小节介绍了 HTML5 中新的布局标签，使用它们可以定义网页布局。这些布局标签必须和 CSS 结合使用才能更直观地表现网页布局的架构和外观。本节通过实例介绍 HTML5+CSS3 设计页面布局的方法。

假定在 style-css3.css 文件中定义网页元素的样式，代码如下。

```css
@charset "utf-8";
/* CSS Document */
body { /*整个页面的属性设定*/
    background-color: #CCCCCC; /*背景色*/
    font-family: Geneva, sans-serif; /*可用字体*/
    margin: 10px auto; /*页边空白*/
    max-width: 800px;
    border: solid; /*边缘立体*/
    border-color: #FFFFFF; /*边缘颜色*/
}

h2 { /*设定整个 body 内的 h2 的共同属性*/
    text-align: center; /*文本居中*/
}

header { /*整个 body 页面的 header 适用*/
    background-color: #F47D31;
    color: #FFFFFF;
    text-align: center;
}

article { /*整个 body 页面的 article 适用*/
    background-color: #eee;
}

p { /*整个 body 页面的 p 适用*/
    color: #F36;
}

nav,article,aside { /*共同属性*/
    margin: 10px;
    padding: 10px;
    display: block;
}

header#page_header nav { /*header#page_header nav 的属性*/
    list-style: none;
    margin: 0;
    padding: 0;
}

header#page_header nav ul li { /*header#page_header nav ul li 属性*/
    padding: 0;
```

```
        margin: 0 20px 0 0;
        display: inline;
}

section#posts { /*#posts 的 section 属性*/
        display: block;
        float: left;
        width: 70%;
        height: auto;
        background-color: #F69;
}

section#posts article footer { /*section#posts article footer 属性*/
        background-color: #039;
        clear: both;
        height: 50px;
        display: block;
        color: #FFFFFF;
        text-align: center;
        padding: 15px;
}

section#posts aside { /*section#posts aside 属性*/
        background-color: #069;
        display: block;
        float: right;
        width: 35%;
        margin-left: 5%;
        font-size: 20px;
        line-height: 40px;
}

section#sidebar { /*section#sidebar 属性*/
        background-color: #eee;
        display: block;
        float: right;
        width: 25%;
        height: auto;
        background-color: #699;
        margin-right: 15px;
}

footer#page_footer { /*footer#page_footer 属性*/
        display: block;
        clear: both;
        width: 100%;
        margin-top: 15px;
        display: block;
        color: #FFFFFF;
        text-align: center;
        background-color: #06C;
}
```

在网页中引用 style-css3.css，并使用 HTML5 的新布局标签定义网页布局，代码如下。

```
<!DOCTYPE html>
```

```html
<html lang="en-US">
<head>
<meta http-equiv="Content-Type" content="text/html; charset=utf-8">
<link rel="stylesheet" href="style-css3.css" type="text/css">
<title>Layout TEST</title>
</head>

<body>
    <h2>body</h2>
    <header id="page_header">
        <h1>Header</h1>
        <nav>
            <ul>
                <li><a href="#">Home</a></li>
                <li><a href="#">One</a></li>
                <li><a href="#">Two</a></li>
                <li><a href="#">Three</a></li>
            </ul>
        </nav>
    </header>
    <section id="posts">
        <h2>Section</h2>
        <article class="post">
            <h2>article</h2>
            <header>
                <h2>Article Header</h2>
            </header>
            <aside>
                <h2>Article Aside</h2>
            </aside>
            <p>Without you?I'd be a soul without a purpose.
            </p>
            <footer>
                <h2>Article Footer</h2>
            </footer>
        </article>
        <article class="post">
            <h2>article</h2>
            <header>
                <h2>Article Header</h2>
            </header>
            <aside>
                <h2>Article Aside</h2>
            </aside>
            <p>Without you?I'd be a soul without a purpose. </p>
            <footer>
                <h2>Article Footer</h2>
            </footer>
        </article>
    </section>

    <section id="sidebar">
        <h2>Section</h2>
        <header>
            <h2>Sidebar Header</h2>
        </header>
        <nav>
```

```
            <h3></h3>
            <ul>
                <li><a href="2012/04">April 2012</a></li>
                <li><a href="2012/03">March 2012</a></li>
                <li><a href="2012/02">February 2012</a></li>
                <li><a href="2012/01">January 2012</a></li>
            </ul>
        </nav>
    </section>

    <footer id="page_footer">
        <h2>Footer</h2>
    </footer>

</body>
</html>
```

浏览此网页的界面如图 4-34 所示。

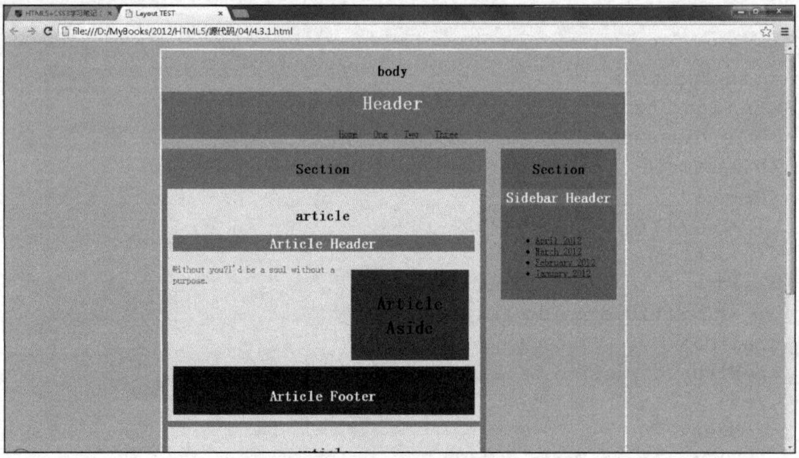

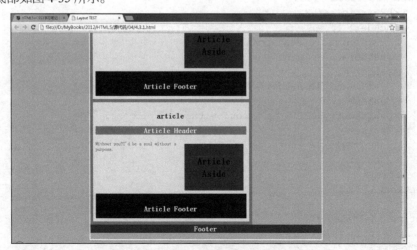

图 4-34　HTML5+CSS3 页面布局

网页的底部如图 4-35 所示。

图 4-35　HTML5+CSS3 页面布局的底部

有兴趣的读者可以修改 style-css3.css，设计独特的网页。

4.3.2　设计漂亮的导航菜单

使用 CSS3 可以设计出漂亮的导航菜单，实现悬停和动画等效果。

【例 4-37】　首先看一个没有设计样式的导航菜单，代码如下。

```
<ul class="demo1">
<li><a href="#">Home</a></li>
<li><a href="#">Services</a></li>
<li><a href="#">Gallery</a></li>
<li><a href="#">About</a></li>
<li><a href="#">Contact</a></li>
</ul>
```

浏览【例 4-37】的结果如图 4-36 所示。

这是最简单的导航菜单，由于没有样式，它的外观很朴素。下面使用 CSS3 美化它。

在 CSS3 中可以使用 transition 属性和其他 CSS 属性（颜色、宽高、变形、位置等）配合来实现动画效果。transition 属性的语法如下。

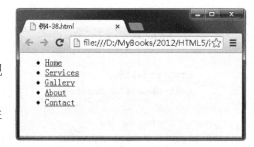

图 4-36　浏览【例 4-37】的结果

```
transition: [<'transition-property'> || <'transition-duration'> || <'transition-
timing-function'> || <'transition-delay'> [, [<'transition-property'> || <'transition-
duration'> || <'transition-timing-function'> || <'transition-delay'>]]*
```

参数说明如下。

- transition-property：指定要变化的属性，语法如下。

```
transition-property : none | all | [ <IDENT> ] [ ',' <IDENT> ]*;
```

none 表示没有要变化的属性，all 表示所有可能的属性都变化。也可以指出具体要变化的属性，可以变化的属性包括 background-color、background-image、background-position、border-bottom-color、border-bottom-width、border-color、border-left-color、border-left-width、border-right-color、border-right-width、border-spacing、border-top-color、border-top-width、border-width、bottom、color、crop、font-size、font-weight、grid、height、left、letter-spacing、line-height、margin-bottom、margin-left、margin-right、margin-top、max-height、max-width、min-height、min-width、opacity、outline-color、outline-offset、outline-width、padding-bottom、padding-left、padding-right、padding-top、right、text-indent、text-shadow、top、vertical-align、visibility、width、word-spacing、z-index、zoom 等。

- transition-duration：指定执行动画的时间，单位为秒。
- transition-timing-function：指定执行动画的计算方式，可能的取值如表 4-10 所示。

表 4–10　transition–timing–function 的可选值

可选值	说明
ease	逐渐慢下来，函数等同于贝塞尔曲线（0.25，0.1，0.25，1.0）
linear	线性过度，函数等同于贝塞尔曲线（0.0，0.0，1.0，1.0）
ease-in	由慢到快，函数等同于贝塞尔曲线（0.42，0，1.0，1.0）
ease-out	由快到慢，函数等同于贝塞尔曲线（0，0，0.58，1.0）
ease-in-out	由慢到快再到慢，函数等同于贝塞尔曲线（0.42，0，0.58，1.0）
cubic-bezier	特定的 cubic-bezier 曲线。（$x1$，$y1$，$x2$，$y2$）4 个值特定于曲线上的点 P1 和点 P2。所有值需在[0，1]区域内，否则无效

不同浏览器引擎实现 transition-property 属性的方法略有不同。在 webkit 引擎中为-webkit-transition-property，在 Gecko 引擎中为-moz- transition-property。出于兼容性的考虑，建议同时使用 box-shadow、-webkit-transition-property 和-moz- transition-property 属性。

- transition-delay：指定在动作和变换开始之间等待多久，通常用秒来表示（如 0.1s）。

【例 4-38】 为【例 4-37】增加样式，代码如下。

```
<style type="text/css">
ul, li {
    list-style:none;
    margin: 0px;
    padding: 0px;
}
a {
    color:#9a9a9a;
    text-decoration:none;
}
.demo1 li {
background-color: rgba(238, 238, 238, 1);
-webkit-transition: all 0.3s ease-in-out 0s;
-moz-transition: all 0.3s ease-in-out 0s;
transition: all 0.3s ease-in-out 0s;
padding-left:1%;
height: 50px;
min-height: 50px;
width: 0;
font-family:"Arial";
font-size:20px;
}
.demo1 li a {
    width:50%;
    height:50px;
    line-height:50px;
    padding-left:5px;
    position:absolute;
}
.demo1 li:hover {
    background-color: rgba(238, 238, 238, 1);
    -webkit-transition: all 0.3s ease-in-out 0s;
    -moz-transition: all 0.3s ease-in-out 0s;
    -o-transition: all 0.3s ease-in-out 0s;
    -ms-transition: all 0.3s ease-in-out 0s;
    transition: all 0.3s ease-in-out 0s;
    width:50%;
}
</style>
```

浏览【例 4-38】的结果如图 4-37 所示。

在样式中，不但设置了菜单的字体、背景色等基本信息，而且设置了动画效果。当鼠标指针悬停在菜单项上时，会滑动出背景条；移开鼠标指针，又会收回背景条。

图 4-37　浏览【例 4-38】的结果

4.3.3　设计登录页面

登录页面在网页中的应用非常广泛，本节介绍使用 CSS3 设计登录页面样式的实例。

【例 4-39】　首先看一个没有设计样式的登录页面，代码如下。

```html
<html>
<head>
<style type="text/css">

</style>
</head>
<body>
<form id="login">
   <h>1 登　录</h1>
   <fieldset id="inputs">
      <input id="username" type="text" placeholder="用户名" autofocus required>
      <input id="password" type="password" placeholder="密码" required>
   </fieldset>
   <fieldset id="actions">
      <input type="submit" id="submit" value="登录">
      <a href="">忘记密码?</a><a href="">注册新用户</a>
   </fieldset>
</form>
 </body>
</html>
```

浏览【例 4-39】的结果如图 4-38 所示。

这是最简单的登录页面，由于没有样式，它的外观很朴素。下面使用 CSS3 美化它。

【例 4-40】　对【例 4-39】设计基本的样式，包括页面背景色和登录框的圆角、阴影和颜色等，相关代码如下。

```css
<style type="text/css">
body
```

图 4-38　浏览【例 4-39】的结果

```css
{
    font: 12px 'Lucida Sans Unicode', 'Trebuchet MS', Arial, Helvetica;
    margin: 0;
    background-color: #d9dee2;
}

#login
{
    background-color: #fff;
    height: 240px;
    width: 400px;
    margin: -150px 0 0 -230px;
    padding: 30px;
    position: absolute;
    top: 50%;
    left: 50%;
    z-index: 0;
    -moz-border-radius: 3px;
    -webkit-border-radius: 3px;
    border-radius: 3px;
    -webkit-box-shadow:
        0 0 2px rgba(0, 0, 0, 0.2),
        0 1px 1px rgba(0, 0, 0, .2),
        0 3px 0 #fff,
        0 4px 0 rgba(0, 0, 0, .2),
        0 6px 0 #fff,
        0 7px 0 rgba(0, 0, 0, .2);
    -moz-box-shadow:
        0 0 2px rgba(0, 0, 0, 0.2),
        1px 1px  0 rgba(0,   0,   0,   .1),
        3px 3px  0 rgba(255, 255, 255, 1),
        4px 4px  0 rgba(0,   0,   0,   .1),
        6px 6px  0 rgba(255, 255, 255, 1),
        7px 7px  0 rgba(0,   0,   0,   .1);
    box-shadow:
        0 0 2px rgba(0, 0, 0, 0.2),
        0 1px 1px rgba(0, 0, 0, .2),
        0 3px 0 #fff,
        0 4px 0 rgba(0, 0, 0, .2),
        0 6px 0 #fff,
        0 7px 0 rgba(0, 0, 0, .2);
}

</style>
```

浏览【例 4-40】的结果如图 4-39 所示。

【例 4-41】 在【例 4-40】的基础上设置标题、文本框和按钮的样式，相关代码如下。

```css
fieldset
{
    border: 0;
    padding: 0;
    margin: 0;
}
#inputs input
{
    padding: 15px 15px 15px 30px;
```

图 4-39　浏览【例 4-40】的结果

```
    margin: 0 0 10px 0;
    width: 353px; /* 353 + 2 + 45 = 400 */
    border: 1px solid #ccc;
    -moz-border-radius: 5px;
    -webkit-border-radius: 5px;
    border-radius: 5px;
    -moz-box-shadow: 0 1px 1px #ccc inset, 0 1px 0 #fff;
    -webkit-box-shadow: 0 1px 1px #ccc inset, 0 1px 0 #fff;
    box-shadow: 0 1px 1px #ccc inset, 0 1px 0 #fff;
}


#inputs input:focus
{
    background-color: #fff;
    border-color: #e8c291;
    outline: none;
    -moz-box-shadow: 0 0 0 1px #e8c291 inset;
    -webkit-box-shadow: 0 0 0 1px #e8c291 inset;
    box-shadow: 0 0 0 1px #e8c291 inset;
}


#actions
{
    margin: 25px 0 0 0;
}


#submit
{
    background-color: #ffb94b;

    -moz-border-radius: 3px;
    -webkit-border-radius: 3px;
    border-radius: 3px;

    text-shadow: 0 1px 0 rgba(255,255,255,0.5);

    -moz-box-shadow: 0 0 1px rgba(0, 0, 0, 0.3), 0 1px 0 rgba(255, 255, 255, 0.3) inset;
```

```
    -webkit-box-shadow: 0 0 1px rgba(0, 0, 0, 0.3), 0 1px 0 rgba(255, 255, 255, 0.3) inset;
    box-shadow: 0 0 1px rgba(0, 0, 0, 0.3), 0 1px 0 rgba(255, 255, 255, 0.3) inset;

    border-width: 1px;
    border-style: solid;
    border-color: #d69e31 #e3a037 #d5982d #e3a037;

    float: left;
    height: 35px;
    padding: 0;
    width: 120px;
    cursoar: pointer;
    font: bold 15px Arial, Helvetica;
    color: #8f5a0a;
}

#actions a
{
    color: #3151A2;
    float: right;
    line-height: 35px;
    margin-left: 10px;
}
```

浏览【例 4-41】的结果如图 4-40 所示。

图 4-40　浏览【例 4-41】的结果

4.4　前端 CSS 框架 Bootstrap

　　Bootstrap 可以说是目前最受欢迎的前端框架。它由 Twitter 开发，是一个 HTML/CSS 框架。Bootstrap 是基于 HTML5 和 CSS3 开发的，并在 jQuery 的基础上进行了更为个性化的完善，兼容大部分 jQuery 插件。

4.4.1　下载和使用 Bootstrap

　　访问下面的 URL 可以打开下载 Bootstrap 的页面，如图 4-41 所示。

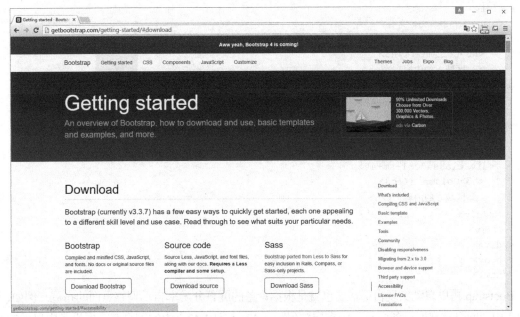

图 4-41　下载 Bootstrap 的页面

单击 Download source 按钮，可以下载最新的 Bootstrap 源代码压缩包。笔者在编写本书时下载得到 bootstrap-3.3.7.zip。将其解压缩后，可以在 dist 子目录中找到编译好的库。dist 子目录下包含如下 3 个目录。

- css：保存 CSS 文件。
- fonts：保存字体文件。
- js：保存 js 文件。

在设计基于 Bootstrap 的网页时，需要引用 bootstrap.min.css，代码如下。

```
<link rel="stylesheet" href="/css/bootstrap.min.css">
```

Bootstrap 还提供了很多插件，可以实现各种扩展功能。例如，实现过渡效果、模态框、下拉菜单、标签页等。要使用 Bootstrap 插件，就需要引用 bootstrap.min.js。bootstrap.min.js 是依赖 jQuery 的，因此在引用 bootstrap.min.js 之前还需要引用 jquery.min.js，代码如下。

```
<script src="/js/jquery.min.js"></script>
<script src="/js/bootstrap.min.js"></script>
```

【例 4-42】　基于 Bootstrap 框架的一个简单网页。

```
<!DOCTYPE HTML>
<html>
<head>
<link rel="stylesheet" href="css/bootstrap.min.css">
<script src="js/jquery.min.js"></script>
<script src="js/bootstrap.min.js"></script>

</head>
<body>
<div class="container">
 <div class="jumbotron">
    <h1>我的第一个 Bootstrap 页面</h1>
    <p>重置窗口大小，查看响应式效果! </p>
```

```
    </div>
    <div class="row">
      <div class="col-sm-4">
        <h3>Column 1</h3>
        <p>区域 1 的内容！</p>
      </div>
      <div class="col-sm-4">
        <h3>Column 2</h3>
        <p 区域 2 的内容！</p>
      </div>
      <div class="col-sm-4">
        <h3>Column 3</h3>
        <p>区域 3 的内容！</p>
      </div>
    </div>
  </div>
  </body>
</html>
```

Bootstrap 可以自动实现自适应，也就是根据设备的屏幕分辨率自动调整页面的布局。例如，【例 4-42】中的网页在宽屏设备中显示的布局类似图 4-42。【例 4-42】中的网页在窄屏设备中显示的布局类似图 4-43。

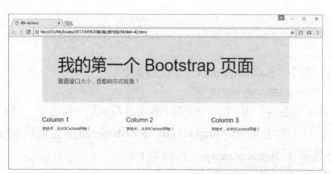

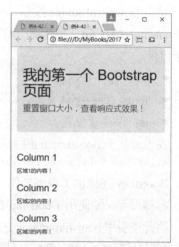

图 4-42 【例 4-42】中的网页在宽屏设备中显示的布局　　图 4-43 【例 4-42】中的网页在窄屏设备
　　　　　　　　　　　　　　　　　　　　　　　　　　　　　　　　中显示的布局

【例 4-42】使用的 Bootstrap class 如表 4-11 所示。

表 4–11　【例 4–42】使用的 Bootstrap class

class	说明
container	用于定义一个固定宽度并支持响应式布局的容器
jumbotron	用于定义支持超大屏幕。该组件可以增加标题的大小，并为页面内容添加更多的外边距
row	用于定义网页布局中的一行，row 元素必须包含在 container 元素中

Class="col-sm-4"的内容将在 4.4.2 小节介绍。

4.4.2　布局容器

在使用 BootStrip 的网页中，需要定义一个容器。可以使用 .container 或 . container-fluid 的 class 定义容器。.container 类用于固定宽度并支持响应式布局的容器，代码如下。

```
<div class="container">
......
</div>
```

.container-fluid 类用于 100%宽度，占据全部视口（viewport）的容器，代码如下。

```
<div class="container-fluid">
......
</div>
```

4.4.3　栅格系统

BootStrap 内置了一套响应式的、移动设备优先的栅格系统。随着设备屏幕尺寸的变化，页面可以自动分为若干列（最多 12 列），具体列数由设备屏幕的尺寸决定。

栅格系统遵循如下的设计原则。

- 栅格系统通过一系列行和列组成页面的布局。
- 行（row）必须包含在 class=".container"（固定宽度）或 class=".container-fluid"（100%宽度）的容器中。
- 网页的内容都包含在列中，而行中可以直接包含的只有列。

可以使用一组 class 来定义栅格系统中的列，这些 class 会在不同宽度屏幕的设备上生效，具体如表 4-12 所示。

表 4–12　定义栅格系统中列的 class

class	适用的设备	.container 的最大宽度	最大列宽
.col-xs-*n*	超小屏幕设备（手机）	None（自动）	自动
.col-sm-*n*	小屏幕设备（平板）	750px	62px
.col-md-*n*	中等屏幕（桌面显示器）	970px	81px
col-lg-*n*	大屏幕（大桌面显示器）	1170px	97px

class 名后面的 *n* 是一个数字，表示该元素所占的列数（设备屏幕被分为 12 列）。如果一行中的列数超过 12，则多余列所在的元素将被整体另起一行排列。

可以在一个元素上应用多个栅格 class，以适应不同的设备。例如：

```
<div class="row">
  <div class="col-xs-6 col-md-4">.col-xs-6 .col-md-4</div>
  <div class="col-xs-6 col-md-4">.col-xs-6 .col-md-4</div>
  <div class="col-xs-6 col-md-4">.col-xs-6 .col-md-4</div>
</div>
```

这段代码定义了一个行元素，其中包含 3 个 div 元素。每个 div 元素都有两个栅格 class。在超小屏幕设备（手机）上显示时，前两个要素各占 50%，第 3 个元素另起一行显示，占 50%。在中等屏幕（桌面显示器）上显示时，每个元素各占 30%。

4.4.4 Bootstrap 布局组件

Bootstrap 提供了一组布局组件，可以定义图标、下拉菜单、按钮组、按钮下拉菜单、输入框组、导航元素、导航条、分页、徽章、页面标题、面板等各种网页组件。

1. 图标

Bootstrap 提供了 200 多个图标 class，使用.glyphicon 可以定义图标元素。.glyphicon 后面需要使用具体的图标 class 来指定图标。Bootstrap 的图标部分 class 如表 4-13 所示。

表 4–13 Bootstrap 的图标部分 class

class	图标	class	图标	class	图标
.glyphicon-adjust	◑	.glyphicon-align-center	≣	.glyphicon-align-left	≣
.glyphicon-align-justify	≡	.glyphicon-align-right	≣	.glyphicon-arrow-down	↓
.glyphicon-arrow-left	←	.glyphicon-arrow-right	→	.glyphicon-arrow-up	↑
.glyphicon-asterisk	✳	.glyphicon-backward	◀◀	.glyphicon-ban-circle	⊘
.glyphicon-barcode	⦀⦀	.glyphicon-bell	🔔	.glyphicon-bold	B
.glyphicon-book	📖	.glyphicon-bookmark	🔖	.glyphicon-briefcase	💼
.glyphicon-bullhorn	📢	.glyphicon-calendar	📅	.glyphicon-camera	📷
.glyphicon-certificate	✺	.glyphicon-check	☑	.glyphicon-chevron-down	⌄
.glyphicon-chevron-left	‹	.glyphicon-chevron-right	›	.glyphicon-chevron-up	⌃
.glyphicon-circle-arrow-down	⊙	.glyphicon-circle-arrow-left	◉	.glyphicon-circle-arrow-right	◉
.glyphicon-circle-arrow-up	◉	.glyphicon-cloud	☁	.glyphicon-cloud-download	☁
.glyphicon-cloud-upload	☁	.glyphicon-cog	⚙	.glyphicon-collapse-down	▾

2. 导航条

BootStrap 提供响应式的导航条组件，在 nav 元素中使用 class .navbar、.navbar-default 和 role="navigation"可以定义一个默认的导航条。在 nav 元素中可以使用 div、ul、li 等元素定义导航条中的菜单项。BootStrap 导航条的样式如图 4-44 所示。

图 4-44 BootStrap 导航条

3. 下拉菜单

在 BootStrap 网页中可以使用 class="dropdown"的元素定义一个下拉菜单。下拉菜单中包含菜单标题和下拉子菜单列表。

可以使用 a 元素定义菜单标题，在 a 元素中使用 data-toggle 属性指定单击此元素展开的下拉菜单。例如：

```
<li class="dropdown">
    <a href="#" data-toggle="dropdown">
        下拉菜单
        <b class="caret"></b>
    </a>
    <!-- 下拉菜单列表 -->

</li>
```

通常可以使用 ul 和 li 元素定义下拉菜单列表。下拉菜单列表的 class 可以是 dropdown-menu。可以使用 a 元素来定义下拉菜单列表中的每个子菜单，如果是被分隔的菜单项，则可以使用 class="divider" 指定。

【例 4-43】　Bootstrap 下拉菜单的使用实例。

```
<!DOCTYPE HTML>
<html>
<head>
<link rel="stylesheet" href="css/bootstrap.min.css">
    <script src="https://cdn.bootcss.com/jquery/2.1.1/jquery.min.js"></script>
    <script src="https://cdn.bootcss.com/bootstrap/3.3.7/js/bootstrap.min.js"></script>
</head>
<body>
 <div>
        <ul class="nav navbar-nav">

            <li class="dropdown">
                <a href="#" data-toggle="dropdown">
                    下拉菜单
                    <b class="caret"></b>
                </a>
                <ul class="dropdown-menu">
                    <li><a href="#">子菜单 1</a></li>
                    <li><a href="#">子菜单 2</a></li>
                    <li><a href="#">子菜单 3</a></li>
                    <li class="divider"></li>
                    <li><a href="#">分离的子菜单 1</a></li>
                    <li class="divider"></li>
                    <li><a href="#">分离的子菜单 2</a></li>
                </ul>
            </li>
        </ul>
    </div>
</body>
</html>
```

浏览网页，可以看到【例 4-43】定义的 Bootstrap 下拉菜单如图 4-45 所示。

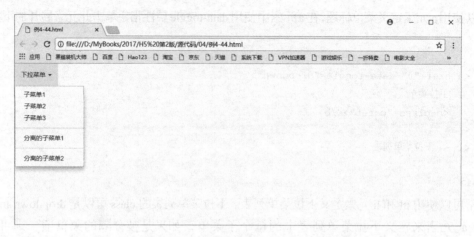

图 4-45 【例 4-42】定义的 Bootstrap 下拉菜单

4. 按钮组

使用 div 元素作为容器，将容器元素的 class 设置为.btn-group，再在里面包含一组 button 元素，可以定义按钮组。

【例 4-44】 Bootstrap 按钮组的使用实例。

```
<div class="btn-group"> <button type="button"
class="btn btn-default"> 按 钮 1</button> <button
type="button" class="btn btn-default">按钮 2</button>
<button type="button" class="btn btn-default"> 按 钮
3</button> </div>
```

浏览网页，可以看到【例 4-44】定义的 Bootstrap 下拉菜单如图 4-46 所示。

图 4-46 【例 4-44】定义的 Bootstrap 按钮组

5. 分页

Bootstrap 支持分页（Pagination）特性。与分页有关的 class 如表 4-14 所示。

表 4–14　与分页有关的 class

class	说明	示例

.pagination	在页面上显示分页	`<ul class="pagination">`
		`  <li><a href="#">&laquo;</a></li>`
		`  <li><a href="#">1</a></li>`
		`  ……`
		`</ul>`

.disabled, .active	可以自定义链接,使用.disabled 来定义不可点击的链接，使用.active 来指示当前的页面	`<ul class="pagination">`
		`  <li class="disabled"><a href="#">&laquo;</a></li>`
		`  <li class="active"><a href="#">1<span class="sr-only">(current)</span></a></li>`
		`  ……`
		`</ul>`

.pagination-lg, .pagination-sm	.pagination-lg 用于定义比较大的分页框；.pagination-sm 用于定义比较小的分页框	`ul class="pagination pagination-lg">...</ul>`
		`<ul class="pagination">...</ul>`
		`<ul class="pagination pagination-sm">...</ul>`

【例 4-45】 基于 Bootstrap 框架的分页。

```
<!DOCTYPE html>
```

```
<html>
<head>
    <meta charset="utf-8">
    <title>Bootstrap 分页</title>
<link rel="stylesheet" href="css/bootstrap.min.css">
<script src="js/jquery.min.js"></script>
<script src="js/bootstrap.min.js"></script>

</head>
<body>

<ul class="pagination">
    <li><a href="#">&laquo;</a></li>
    <li class="active"><a href="#">1</a></li>
    <li class="disabled"><a href="#">2</a></li>
    <li><a href="#">3</a></li>
    <li><a href="#">4</a></li>
    <li><a href="#">5</a></li>
    <li><a href="#">&raquo;</a></li>
</ul>

</body>
</html>
```

浏览网页，可以看到【例 4-45】定义的 Bootstrap 分页如图 4-47 所示。

图 4-47　【例 4-45】定义的 Bootstrap 分页

练习题

一、单项选择题

1. 定义 HTML 文档的背景图的 CSS 属性为（　　　）。

A. background

B. background-color

C. background-image

D. background-attachment

2. 定义文本字体的 CSS 属性为（　　　）。

A. font

B. font-family

C. font-style

D. font-variant

3. 在 CSS3 中，可以使用（　　　）属性实现圆角效果。

A. circle

B. border-radius

C. round

D. border-round

4. 在 CSS3 中，下面不是用于设置边框颜色的属性为（　　　）。

A. border-colors

B. border-bottom-colors

C. border-top-colors

D. border-left-colors

5. 在 CSS3 中，可以使用 box-shadow 属性设置阴影，不同浏览器引擎实现 box-shadow 属性的方法略有不同。在 Gecko 引擎中为（　　　　）。

  A.　box-shadow   B.　-moz-box-shadow

  C.　-webkit-box-shadow   D.　-gecko-box-shadow

6. 用于定义支持超大屏幕的 bootstrap class 为（　　　　）。

  A.　container   B.　jumbotron   C.　row   D.　col-sm-4

二、填空题

1. CSS 的中文全称为＿＿＿＿＿＿＿。

2. 样式表文件的扩展名为＿＿＿＿＿＿＿。

3. 使用＿＿＿＿＿＿＿＿属性可以设置元素中文本的修饰。

4. ＿＿＿＿＿＿＿＿是绘制于元素周围的一条线，位于边框边缘的外围，可以起到突出元素的作用。

5. 在 CSS 中可以通过＿＿＿＿＿＿＿＿属性实现元素的浮动。

6. 在 CSS3 中，可以使用＿＿＿＿＿＿＿定义 HTML 元素的透明度。其取值范围为＿＿＿＿＿＿＿。

7. 在 CSS3 中可以使用＿＿＿＿＿＿＿属性和其他 CSS 属性（颜色、宽高、变形、位置等）配合来实现动画效果。

8. Bootstrap 是基于＿＿＿＿＿＿＿和＿＿＿＿＿＿＿CSS3 开发的。

三、简答题

1. 定义 CSS 的语句形式如下。

```
selector {property:value; property:value; ...}
```

试说明其中各元素的含义。

2. 试述 CSS3 的 HSL 和 HSLA 颜色表现方法。

05

第5章　HTML5拖放

　　拖放是一种常见的操作，就是用鼠标抓取一个对象，将其拖放到另一个位置。例如，在 Windows 中，可以将一个对象拖放到回收站中。过去，在 Web 应用程序中实现拖放的应用并不多。在 HTML5 中，拖放已经是标准的一部分，任何元素都能够拖放。可以拖放网页中的元素，也可以将元素从桌面拖放到网页中。应用拖放特性实现的网页将更新颖、更方便，如直接从桌面向网页中拖放文件以上传文件。

5.1 概述

本节介绍 HTML5 拖放的背景知识。

5.1.1 什么是拖放

拖放可以分为两个动作，即拖曳（Drag）和放开（Drop）。拖曳就是移动鼠标指针到指定对象，按下左键，然后拖动对象；放开就是放开鼠标左键，放下对象。当开始拖曳时，可以提供如下信息。

（1）被拖曳的数据。这可以是多种不同格式的数据，如包含字符串数据的文本对象。

（2）在拖曳过程中显示在鼠标指针旁边的反馈图像。用户可以自定义此图像，但大多数时候只能使用默认图像。默认图像将基于按下鼠标时鼠标指针指向的元素。

（3）运行的拖曳效果。主要包括以下 3 种拖曳效果。

- copy：指被拖曳的数据将从当前位置复制到放开的位置。
- move：指被拖曳的数据将从当前位置移动到放开的位置。
- link：指在源位置和放开的位置之间将建立某种关系或连接。

在拖曳操作的过程中，也可以修改拖曳效果，以表明在某个特定的位置允许某种拖曳效果。

5.1.2 设置元素为可拖放

首先要定义使网页中的元素可以被拖放，可以将元素的 draggable 属性设置为 true 实现此功能。

【例 5-1】 在网页中定义一个可拖放的图片，代码如下。

```
<!DOCTYPE html>
<html>
<body>
<img src="Water lilies.jpg" draggable="true" />
</body>
</html>
```

浏览此网页，确认可以使用鼠标拖曳网页中的图片。

5.1.3 拖放事件

当拖放一个元素时，会触发一系列事件。处理这些事件就可以实现各种拖放效果。拖放事件如表 5-1 所示。

表 5–1 拖放事件

事件	说明	作用对象
dragstart	开始拖动对象时触发	被拖动对象
dragenter	当对象第一次被拖动到目标对象上时触发，同时表示该目标对象允许执行"放"的动作	目标对象
dragover	当对象拖动到目标对象时触发	当前目标对象

事件	说明	作用对象
dragleave	在拖动过程中，当被拖动对象离开目标对象时触发	先前目标对象
drag	每当对象被拖动时触发	被拖动对象
drop	每当对象被拖放时触发	当前目标对象
dragend	在拖放过程，松开鼠标时触发	被拖动对象

当拖放一个元素时，拖放事件被触发的顺序为 dragstart→dragenter→dragover→drop→dragend。

在定义元素时，可以指定拖放事件的处理函数。例如，在网页中定义一个可拖放的图片，并指定其 dragstart 事件的处理函数为 drag(event)，代码如下。

```
<img src="Water lilies.jpg" draggable="true" ondragstart="drag(event)" />
```

drag(event)函数的格式如下。

```
<script type="text/javascript">
function drag(ev)
{
    // 处理 dragstart 事件的代码
}
</script>
```

每个拖放事件的处理函数都有一个 Event 对象作为参数。Event 对象代表事件的状态，如发生事件中的元素、键盘按键的状态、鼠标的位置、鼠标按钮的状态。关于 Event 对象的具体内容已经在 2.6.3 小节介绍了，请参照理解。

5.2　传递拖曳数据

仅仅将网页中的元素设置为可拖放是不够的，在实际应用中还需要传递拖曳数据，可以使用 dataTransfer 对象来实现此功能。dataTransfer 对象是 Event 对象的一个属性。

5.2.1　dataTransfer 对象的属性

dataTransfer 对象包含 dropEffect 和 effectAllowed 两个属性。

1. dropEffect 属性

dropEffect 属性用于获取和设置拖放操作的类型以及光标的类型（形状）。dropEffect 属性的可能取值如表 5-2 所示。

表 5–2　dropEffect 属性的可能取值

取值	说明
copy	显示 copy 光标
link	显示 link 光标
move	显示 move 光标
none	默认值，即没有指定光标

2. effectAllowed 属性

effectAllowed 属性用于获取和设置对被拖放的源对象允许执行何种数据传输操作。effectAllowed

属性的可能取值如表 5-3 所示。

表 5–3　effectAllowed 属性的可能取值

取值	说明
copy	允许执行复制操作
link	将源对象链接到目的地
move	将源对象移动到目的地
copyLink	可以是 copy 或 link，取决于目标对象的默认值
copyMove	可以是 copy 或 move，取决于目标对象的默认值
linkMove	可以是 link 或 move，取决于目标对象的默认值
all	允许所有数据传输操作
none	没有数据传输操作，即放开时不执行任何操作
uninitialized	表明没有为 effectAllowed 属性设置值，执行默认的拖放操作，为默认值

5.2.2　dataTransfer 对象的方法

dataTransfer 对象包含 getData()、setData()和 clearData()等 3 个方法。

1. getData()方法

getData()方法用于从 dataTransfer 对象中以指定的格式获取数据，语法如下。
```
sretrievedata = object.getdata(sdataformat)
```
参数 sdataformat 是指定数据格式的字符串，可以是下面的值。

- Text：以文本格式获取数据。
- URL：以 URL 格式获取数据。

getData()方法的返回值是从 dataTransfer 对象中获取的数据。

2. setData ()方法

setData ()方法用于以指定的格式设置 dataTransfer 对象中的数据，语法如下。
```
bsuccess = object.setdata(sdataformat, sdata)
```
参数 sdataformat 是指定数据格式的字符串，可以是下面的值。

- Text：以文本格式保存数据。
- URL：以 URL 格式保存数据。

参数 sdata 是指定要设置的数据的字符串。

如果设置数据成功，则 setData ()方法返回 True；否则返回 False。

3. ClearData()方法

ClearData()方法用于从 dataTransfer 对象中删除数据，语法如下。
```
pret = object.cleardata([sdataformat])
```
参数 sdataformat 是指定要删除的数据格式的字符串，可以是下面的值。

- Text：删除文本格式数据。
- URL：删除 URL 格式数据。
- File：删除文件格式数据。
- HTML：删除 HTML 格式数据。

- Image：删除图像格式数据。

如果不指定参数 sdataformat，则清空 dataTransfer 对象中的所有数据。

5.3　HTML5 拖放的实例

本节介绍几个 HTML5 拖放的实例，包括拖放 HTML 元素和拖放文件，帮助读者更直观地了解 HTML5 的新特性——拖放。

5.3.1　拖放 HTML 元素

本节介绍一个拖放 img 元素的实例。

【例 5-2】　在网页中定义一个可拖放的图片，代码如下。

```
<img id="drag1" src="cat.bmp" draggable="true" ondragstart="drag(event)" />
```

当开始拖动对象时，触发 ondragstart 事件，处理函数为 drag()，代码如下。

```
function drag(ev)
{
ev.dataTransfer.setData("Text",ev.target.id);
}
```

参数 ev 为 Event 对象。ev.target 表示被拖动的 HTML 元素。ev.target.id 表示被拖动的 HTML 元素的 ID。程序调用 ev.dataTransfer.setData()方法将 ev.target.id 以文本格式保存在 dataTransfer 对象中，以便在放开 HTML 元素时获取被拖动的 HTML 元素的 ID。

定义一个 div 元素，用于接收被拖动的 img 元素，代码如下。

```
<div id="div1" ondrop="drop(event)" ondragover="allowDrop(event)"></div>
```

当对象拖动到 div 元素时触发 dragover 事件，处理函数为 allowDrop()，代码如下。

```
function allowDrop(ev)
{
ev.preventDefault();
}
```

程序阻止了事件的默认动作。默认的动作为不允许放开鼠标，鼠标指针为 ⊘。调用 ev.preventDefault()后，不再显示 ⊘ 指针，表示可以在此处放开鼠标。

当对象被放开时会触发 Drop 事件，处理函数为 drop()，代码如下。

```
function drop(ev)
{
ev.preventDefault();
var data=ev.dataTransfer.getData("Text");
ev.target.appendChild(document.getElementById(data));
}
```

程序首先阻止事件的默认动作，然后从 dataTransfer 对象中以文本格式获取拖动对象时保存拖动的 HTML 元素的 ID。

在这里参数 ev 为 Event 对象。ev.target 表示放开鼠标时的目标 HTML 元素（本例中为 div 元素）。调用 ev.target.appendChild()方法可以将被拖动的 img 元素添加到 div 元素中。拖动图片之前的网页如图 5-1 所示。将图片拖动到 div 元素中，并放开鼠标后的网页如图 5-2 所示。

图 5-1　拖动图片之前的网页　　　　图 5-2　将图片拖动到 div 元素中并放开鼠标后的网页

5.3.2　拖放文件

本节介绍一个拖放文件的实例。被拖放的文件对象保存在 event. dataTransfer.files 中，可以同时拖动多个文件。

【例 5-3】　在网页中定义一个 div 元素，用于接收被拖动的文件，代码如下。

```
<div id="dropArea" ondrop="drop(event)" ondragover="allowDrop(event)">请把文件拖放到这
</div>
```

当对象拖动到 div 元素时触发 dragover 事件，处理函数为 allowDrop()，代码如下。

```
function allowDrop(ev)
{
ev.preventDefault();
document.getElementById('dropArea').className = 'hover';
}
```

程序阻止了事件的默认动作，并将 div 元素 dropArea 的 ClassName 设置为 hover，这是为了在对象拖动到 div 元素时改变其背景色。dropArea. hover 的 CSS 样式代码如下。

```
#dropArea.hover {
        background-color: yellow;
    }
```

默认的 dropArea 的 CSS 样式代码如下。

```
#dropArea
{
    width:150px;
    height:  20px;
    padding:10px;
    border:3px solid #ff0000;
    background-color: #EEEEEE;
}
```

当文件被放开时会触发 Drop 事件，处理函数为 drop()，代码如下。

```
function drop(ev)
```

```
    {
        ev.preventDefault();
        document.getElementById('dropArea').className = "";
        document.getElementById('fileinfo').innerHTML="共选择了" + ev.dataTransfer.files.
length.toString() + "个文件";
        for(var  i=0;i< ev.dataTransfer.files.length;i++)
        {
          document.getElementById('fileinfo').innerHTML += "<br>文件名:" + ev.dataTransfer.
files[i].name + "; 文件大小:"+ev.dataTransfer.files[i].size + "字节";
        }
    }
```

程序首先阻止事件的默认动作，将 div 元素 dropArea 的 ClassName 设置为""（目的是恢复其背景色），然后从 event. dataTransfer.files 中获取拖动的文件信息。dataTransfer.files 就是 FileList 接口（由选中的单个文件组成的数组），元素是一个 File 接口，它表示一个文件对象，具体内容可以参照 3.3 节理解。

程序将选择文件的信息显示在 div 元素 fileinfo 中。定义 fileinfo 的代码如下。

```
<div id="fileinfo" ></div>
```

拖动文件并放开鼠标后的网页如图 5-3 所示。

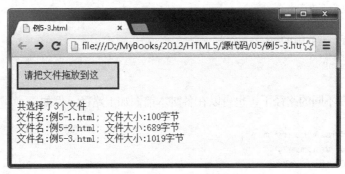

图 5-3　使用【例 5-3】拖放文件的页面

5.4　在 Vue.js 中实现拖曳功能

本节介绍如何在 Vue 2.0 中使用 Sortable.js 和 vuedraggable.js 实现可以自动排序的拖曳功能。

5.4.1　require.js

因为本节涉及使用两个以上的 js 脚本，为了更方便地管理 js 模块，所以使用 require.js 实现 js 脚本的异步加载，避免网页失去响应。

为了避免在加载 require.js 时造成网页失去响应，可以在网页的底部添加如下代码，引用 require.js。

```
<script src="js/require.js" defer async="true" ></script>
```

async 属性表明这个文件需要异步加载，避免网页失去响应。但是 IE 不支持这个属性，只支持 defer。但这只是加载 require.js，可以使用下面的代码指定要加载的用户自定义 js 脚本。

```
<script src="js/require.js" data-main="js/main"></script>
```

data-main 属性用于指定网页程序的主模块。在上面的代码中，主模块被指定为 js 目录下的

main.js，这个文件会第一个被 require.js 加载。因为 require.js 默认加载的文件为 js 文件，所以可以省略.js。

在主模块中可以使用 require() 指定 require.js 加载的 js 脚本，方法如下。

```
require(['moduleA', 'moduleB', 'moduleC'], function (moduleA, moduleB, moduleC){
    // some code here
  });
```

require.js 会先加载 moduleA、moduleB 和 moduleC，然后运行回调函数。主模块的代码就写在回调函数中。

使用 require.config() 方法可以自定义模块的加载行为。require.config() 写在主模块（main.js）的头部。require.config() 方法的参数就是一个对象，这个对象的 paths 属性指定各个模块的加载路径。例如：

```
require.config({
    paths: {
        "jquery": "jquery.min",
        "vue": "veu.min",
        "abc": "abc.min"
    }
```

这段代码指定了 3 个脚本，它们的默认路径是 main.js 所在的路径。也可以使用 baseUrl 属性指定一个默认加载脚本的路径。例如，下面的代码指定默认加载脚本的路径为 js/lib。

```
paths: {
  baseUrl: "js/lib",
  "jquery": "jquery.min",
 "vue": "veu.min",
 "abc": "abc.min"
}
```

如果脚本保存在不同的路径下，也可以在各脚本前面加上路径。例如：

```
paths: {
    "jquery": "js1\jquery.min",
    "vue": "js2\veu.min",
    "abc": "js3\abc.min"
}
```

5.4.2 注册 vuedraggable.js 组件

首先使用下面的语句引入 vuedraggable.js。

```
require(['vue','vuedraggable'],function(Vue,draggable){
```

下面就可以使用 draggable 代表 vuedraggable.js 了，然后使用下面的语句注册 vuedraggable.js。

```
Vue.component('draggable', draggable);
```

5.4.3 在 HTML 中使用 vuedraggable.js 组件

在 HTML 代码中使用 <draggable></draggable> 元素定义使用 vuedraggable.js 组件的容器。例如：

```
<draggable :list="list2" :move="getdata" @update="datadragEnd" :options="{animation:
300,handle:'.dargDiv'}">
        <transition-group name="list-complete" >
            <div v-for="element in list2" :key="element.it.name" class="list-
complete-item">
                <div class="styleclass dargDiv">{{element.id}}</div>
                <div class="styleclass">{{element.it.name}}</div>

            </div>
```

```
        </transition-group>
    </draggable>
```

参数说明如下。

- list：指定具有可以拖动的元素的列表对象。
- move：指定开始拖动时调用的 js 函数。
- update：指定拖动结束时调用的 js 函数。
- options：指定拖曳效果行为的相关配置。Animation 指定拖动元素到位所用的动画时间（单位为毫秒）；handle 指定可拖动元素的 class。

transition-group 元素可以为元素增加过渡动画，也就是元素从一处移动至另一处的过程中的动画效果。transition-group 元素的 name 属性，用来指定一组过渡动画的 class 名。name 属性作为过渡动画的 class 名的前缀。可选的后缀如下。

- -item：指定应用过渡动画的元素的样式和过渡时长。例如，如果 transition-group 元素的 name 属性为 list-complete，则 list-complete-item 的样式代码可以如下。

```
.list-complete-item {
  transition: all 1s;
    height:50px;
    line-height: 50px;
    background: #000;
    color:#fff;
    text-align: center;
    font-size:24px;
    margin-top:10px;
}
```

过渡动画的时长为 1s。

- -enter 和-leave-active：移动元素可以分为两个过程，在新位置插入元素、从旧位置上删除元素。因为插入元素时，是先插入，再动画的，所以应用以-enter 为后缀的 class；而在删除元素时，是先动画，再删除的，所以应用以-leave-active 为后缀的 class。例如，如果 transition-group 元素的 name 属性为 list-complete，则 list-complete-enter 和 list-complete-leave-active 的样式代码可以如下。

```
.list-complete-enter, .list-complete-leave-active {
  opacity: 0;
  height: 0px;
  margin-top: 0px;
  padding: 0px;
  border: solid 0px;
}
```

在 transition-group 元素中，通常可以使用 v-for 指定绑定列表中的子节点，每个子节点都必须有独立的 key 属性，且 key 属性的值需要是绑定元素的一部分，如 item.id。

```
<transition-group name="list-complete" >
    <div v-for="element in list2" :key="element.id"  class="list-complete-item">
        <div class="styleclass dargDiv">{{element.id}}</div>
        <div class="styleclass">{{element.it.name}}</div>

    </div>
</transition-group>
```

5.4.4 应用实例

本书附赠源代码包中的\05\5.4 目录下包含一个基于 Vue 2.0 的、使用 Sortable.js 和 vuedraggable.js 实现的可以自动排序的拖曳功能。

1. HTML 代码

在本实例的网页中，主要的 HTML 代码如下。

```
<draggable :list="list1" :move="getdata" @update="datadragEnd" :options="{animation:
300,handle:'.dargDiv'}">
    <transition-group name="list-complete" >
        <div v-for="element in list1" :key="element.it.name" class="list-complete-
item">
            <div class="styleclass dargDiv">{{element.id}}</div>
            <div class="styleclass">{{element.it.name}}</div>

        </div>
    </transition-group>
</draggable>
```

代码中使用<draggable></draggable>元素定义使用 vuedraggable.js 组件的容器，可以拖动的元素的列表对象为 list1。在<draggable></draggable>元素中，使用 transition-group 元素定义过渡动画。

2. JavaScript 代码

本实例使用的 JavaScript 脚本都保存在 js 目录下，具体如表 5-4 所示。

表 5-4　本实例使用的 JavaScript 脚本

取值	说明
require.js	Require 脚本，用于实现 js 脚本的异步加载
Sortable.js	拖放排序列表的 js 插件
vue.min2.js	Vue 2.0 的压缩脚本
vuedraggable.js	Vue 的拖曳插件脚本
vuedragMain.js	本实例使用的 js 脚本

在 vuedragMain.js 中，首先使用 require.config()方法自定义模块的加载行为，代码如下。

```
require.config({
    paths:{
        "vue":'vue.min2',
        "sortablejs":'Sortable',
        "vuedraggable":'vuedraggable'

    }
    ……
```

网页首先加载 vue.min2.js，然后加载 Sortable.js，最后加载 vuedraggable.js。

加载脚本后，程序注册 vuedraggable 组件并绑定数据源，代码如下。

```
require(['vue','vuedraggable'],function(Vue,draggable){
    Vue.compoanent('draggable', draggable);
    new Vue({
        el: '#example',
        data: {
            list1:[
            {id:"id1",it:{name:'我是第 1 个元素'}},
```

```
                {id:"id2",it:{name:'我是第 2 个元素'}},
                {id:"id3",it:{name:'我是第 3 个元素'}},
                {id:"id4",it:{name:'我是第 4 个元素'}}
                ]
        },
        methods:{
            getdata: function(evt){
                console.log(evt.draggedContext.element.id);
            },
        datadragEnd:function(evt){
                console.log('拖动前的索引: '+evt.oldIndex);
            console.log('拖动后的索引: '+evt.newIndex);


        }

    }
    })
})
```

程序中指定了在 HTML 代码的<draggable></draggable>元素中可以拖动的元素的列表对象 list1。每个对象包含一个 id 属性和一个 it 数组属性，在 it 数组中包含一个 name 属性。

代码中使用 method 属性定义了两个方法。getdata()方法在开始拖动时被调用，datadragEnd()方法 在拖动结束时被调用。本例中的这两个方法都只是在浏览器的控制台中记录相关日志。

从 HTML 代码中可以看出，可拖动的元素由两个 div 组成，一个显示 list1 中元素的 id 属性，且 其 class 为 styleclass 和 dargDiv；另一个显示 list1 中元素的 it 对象的 name 属性，且其 class 为 styleclass。

styleclass 的 CSS 代码如下。

```
.styleclass{
    width:100px;
    float:left;
}
```

元素的宽度为 100px，并且向左浮动。

dargDiv 的 CSS 代码如下。

```
.styleclass{
    width:100px;
    float:left;
}
```

元素的宽度为 100px，并且向左浮动。

浏览本实例的界面如图 5-4 所示。

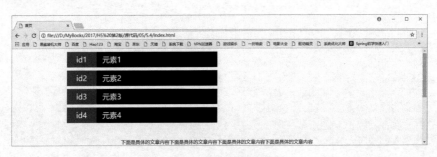

图 5-4　浏览本实例的界面

用鼠标拖动 id 部分，可以拖曳元素。请注意过渡动画的情况。

练习题

一、单项选择题

1. dataTransfer 对象的（　　）方法可以用于从 dataTransfer 对象中以指定的格式获取数据。

    A. getData()　　　　　B. getItem()　　　　　C. getText()　　　　　D. Get()

2. dataTransfer 对象的（　　）方法用于从 dataTransfer 对象中删除数据格式。

    A. Delete　　　　　　B. Remove　　　　　　C. ClearData()　　　　D. Drop

3. 每当对象被拖动时就会触发（　　）事件。

    A. dragstart　　　　　B. dragenter　　　　　C. Dragleave　　　　　D. Drag

4. 用（　　）实现 js 脚本的异步加载，避免网页失去响应。

    A. require.js　　　　　B. vuedraggable.js　　　C. Sortable.js　　　　　D. vue.min2.js

二、填空题

1. 拖放可以分为两个动作，即_____和_____。

2. 每当对象被放开时就会触发_____事件。

3. 在拖放过程，松开鼠标时会触发_____事件。

4. 每个拖放事件的处理函数都有一个_____对象作为参数。

三、简答题

1. 试列举 dataTransfer 对象的 dropEffect 属性的可能取值。

2. 试列举开始拖曳时，可以提供哪些信息。

06 第6章 使用Canvas API画图

　　HTML4 的画图能力很弱，通常只能在网页中显示指定的图像文件。HTML5
提供了 Canvas 元素，可以在网页中定义一个画布，然后使用 Canvas API 在画布
中画图。本章介绍在 HTML5 中如何使用 Canvas API 画图。

6.1 Canvas 元素

在 HTML5 网页中可以使用 Canvas 元素定义一个画布，这是使用 Canvas API 进行画图的前提。

6.1.1 Canvas 元素的定义语法

定义 Canvas 元素的语法如下。

```
<canvas id="xxx" height=… width=…>…</canvas>
```

Canvas 元素的常用属性如下。

- id：Canvas 元素的标识 id。
- height：Canvas 画布的高度，单位为像素。
- width：Canvas 画布的宽度，单位为像素。

<canvas>和</canvas>之间的字符串指定当浏览器不支持 Canvas 时显示的字符串。

【例 6-1】 在 HTML 文件中定义一个 Canvas 画布，id 为 myCanvas，高和宽各为 100 像素，代码如下。

```
<canvas id="myCanvas" height=100 width=100>
您的浏览器不支持 canvas。
</canvas>
```

在 IE 8 中浏览此网页的结果如图 6-1 所示，说明 IE 8 不支持 Canvas。

图 6-1　在 IE 8 中浏览【例 6-1】

 Internet Explorer 9、Firefox、Opera、Chrome 和 Safari 支持 Canvas 元素。Internet Explorer 8 及其之前版本不支持 Canvas 元素。

6.1.2 使用 JavaScript 获取网页中的 Canvas 对象

定义 Canvas 画布只是开始绘画的准备工作，真正绘画要在 JavaScript 程序中调用 Canvas API 完成。在 Canvas 画布中绘图前需要使用 JavaScript 获取网页中的 Canvas 对象，然后使用该对象调用 Canvas API 完成绘图。在 JavaScript 中，可以使用 document.getElementById()方法获取网页中的对象，语法如下。

```
document.getElementById(对象 id)
```

例如，获取【例 6-1】中定义的 myCanvas 对象的代码如下。

```
<script type="text/javascript">
var c=document.getElementById("myCanvas");
</script>
```

得到的对象 c 即为 myCanvas 对象。要在其中绘图还需要获得 myCanvas 对象的 2d 渲染上下文（CanvasRenderingContext2D）对象，代码如下。

```
var ctx=c.getContext("2d");
```

使用 CanvasRenderingContext2D 对象 ctx 即可调用 Canvas API 在 Canvas 画布中绘图，具体方法将在稍后介绍。

6.2　坐标与颜色

本节介绍 Canvas 绘图的两个基本概念，即坐标与颜色。它们可以确定 Canvas 的位置、大小和外观。

6.2.1　坐标系统

在绘图时需要指定图形的位置和大小，因此，需要引入一个坐标系统。坐标系统是描述位置的一组数值，可以使用坐标轴和度量单位来描述坐标系统。Canvas 使用二维坐标系统，即有 X 轴和 Y 轴两个坐标轴。默认情况下，坐标轴原点位于窗口客户区的左上角，X 轴向右为正，Y 轴向下为正，度量单位为像素，如图 6-2 所示。

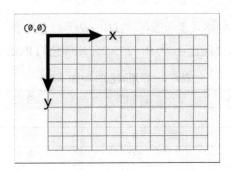

图 6-2　默认的 Windows 坐标系统

6.2.2　颜色的表示方法

在绘图和输出文字时，可以指定其颜色。可以设置颜色的最小图形单位是像素点。Windows 使用红、绿、蓝三原色组合表示一个颜色，每个原色用 8 位数字表示，合在一起即用 24 位数字来表示一个颜色，也就是通常所说的 24 位色，如图 6-3 所示。

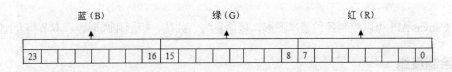

图 6-3　Windows 中 24 位色的数字表示

Canvas 采用 HTML 的颜色表示方法，下面具体介绍。

1. 颜色关键字

可以使用一组颜色关键字字符串表示颜色，具体如表 6-1 所示。

表 6–1 颜色关键字

颜色关键字	具体描述	颜色关键字	具体描述
maroon	酱紫色	green	绿色
red	红色	navy	藏青色
orange	橙色	blue	蓝色
yellow	黄色	silver	银色
olive	橄榄色	aqua	浅绿色
purple	紫色	white	白色
gray	灰色	teal	蓝绿色
fuchsia	紫红色	black	黑色
lime	绿黄色		

2. 十六进制字符串

可以使用一个十六进制字符串表示颜色，格式为#RGB。其中，R 表示红色集合，G 表示绿色集合，B 表示蓝色集合。例如，#F00 表示红色，#0F0 表示绿色，#00F 表示蓝色，#FFF 表示白色，#000 表示黑色。

3. RGB 颜色值

可以使用 rgb（r，g，b）的格式表示颜色。其中 r 表示红色集合，g 表示绿色集合，b 表示蓝色集合。r、g、b 都是十进制数，取值范围为 0～255。常用颜色的 RGB 表示如表 6-2 所示。

表 6–2 常用颜色的 RGB 表示

颜色	红色值	绿色值	蓝色值	RGB()表示
黑色	0	0	0	RGB（0，0，0）
蓝色	0	0	255	RGB（0，0，255）
绿色	0	255	0	RGB（0，255，0）
青色	0	255	255	RGB（0，255，255）
红色	255	0	0	RGB（255，0，0）
洋红色	255	0	255	RGB（255，0，255）
黄色	255	255	0	RGB（255，255，0）
白色	255	255	255	RGB（255，255，255）

6.3 绘制图形

使用 Canvas API 可以绘制各种基本图形，包括直线、曲线、矩形和圆形等。本节将介绍具体方法。

6.3.1 绘制直线

在 JavaScript 中可以使用 Canvas API 绘制直线，具体过程如下。

（1）在网页中使用 Canvas 元素定义一个 Canvas 画布，用于绘画。具体方法可以参照 6.1.1 小节理解。

（2）使用 JavaScript 获取网页中的 Canvas 对象，并获取 Canvas 对象的 2d 上下文 ctx。使用 2d 上下文可以调用 Canvas API 绘制图形。具体方法可以参照 6.1.2 小节。

（3）调用 beginPath()方法，指示开始绘图路径，即开始绘图。语法如下。

```
ctx.beginPath();
```

（4）调用 moveTo()方法将坐标移至直线起点。moveTo()方法的语法如下。

```
ctx.moveTo(x, y);
```

x 和 *y* 为要移动至的坐标。

（5）调用 lineTo()方法绘制直线。lineTo()方法的语法如下。

```
ctx.lineTo(x, y);
```

x 和 *y* 为直线的终点坐标。

（6）调用 stroke()方法，绘制图形的边界轮廓。语法如下。

```
ctx. stroke();
```

【例 6-2】　使用 Canvas API 绘制直线，起点为（10，10），终点为（50，50），代码如下。

```
<canvas id="myCanvas" height=100 width=100>您的浏览器不支持 canvas。</canvas>
<script type="text/javascript">
function drawline()
{
  var c=document.getElementById("myCanvas");     // 获取网页中的 canvas 对象
  var ctx=c.getContext("2d");                    // 获取 canvas 对象的上下文
  ctx.beginPath();                               // 开始绘图路径
  ctx.moveTo(10,10);                             // 将坐标移至直线起点
  ctx.lineTo(50,50);                             // 绘制直线
  ctx.stroke();                                  // 关闭绘图路径
}

window.addEventListener("load", drawline, true);
</script>
```

在 JavaScript 程序中，定义了一个绘制直线的方法 drawline()，并调用 window.addEventListener 将 drawline()方法添加到网页的 load 事件中。也就是说，加载网页时会调用 drawline()方法。

浏览此网页的结果如图 6-4 所示。

在调用 lineTo()方法后，当前坐标会自动移至所绘制直线的终点。因此，连续画线时不需要每次都调用 moveTo()方法设置起点坐标。

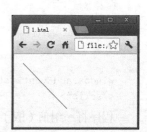

图 6-4　浏览【例 6-2】的结果

【例 6-3】　使用连续画线的方法绘制一个三角形，代码如下。

```
<canvas id="myCanvas" height=100 width=100>您的浏览器不支持 canvas。</canvas>
<script type="text/javascript">
function drawtriangle()
{
  var c=document.getElementById("myCanvas");     // 获取网页中的 canvas 对象
  var ctx=c.getContext("2d");                    //获取 canvas 对象的上下文
  ctx.beginPath();                               // 开始绘图路径
```

```
    ctx.moveTo(10,10);                        // 将坐标移至直线起点
    ctx.lineTo(10,100);                       // 绘制直线
    ctx.lineTo(100,100);                      // 绘制直线
    ctx.lineTo(10,10);                        // 绘制直线
    ctx.stroke();                             // 关闭绘图路径
}

window.addEventListener("load", drawtriangle, true);
</script>
```

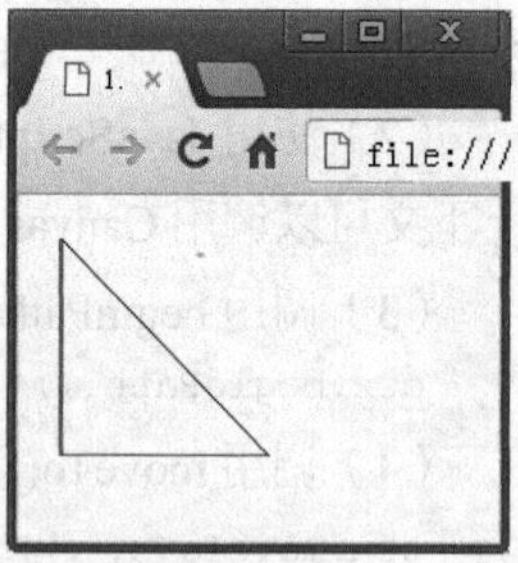

浏览此网页的结果如图 6-5 所示。

图 6-5　浏览【例 6-3】的结果

【例 6-4】　通过画线绘制复杂图形。

```
<canvas id="myCanvas" height=1000 width=1000>您的浏览器不支持 canvas。</canvas>
<script type="text/javascript">
function drawline()
{
    var c=document.getElementById("myCanvas");      // 获取网页中的 canvas 对象
    var ctx=c.getContext("2d");                      // 获取 canvas 对象的上下文

    var dx=150;
    var dy=150;
    var s = 100;
    ctx.beginPath();                                 //  开始绘图路径
    var x = Math.sin(0);
    var y = Math.cos(0);
    var dig=Math.PI/15*11;
    for(var i = 0;i<30;i++){
        var x = Math.sin(i*dig);
        var y = Math.cos(i*dig);
      //用三角函数计算顶点
        ctx.lineTo(dx+x*s,dy+y*s);
    }
    ctx.closePath();
    ctx.stroke();
}

window.addEventListener("load", drawline, true);
</script>
```

程序将一组值（取了 30 个点）的正弦值与余弦值相连。因为正弦值与余弦值的取值范围为 0～1，所以将得到的值乘以 100，然后右移 150（dx）、下移 150（dy）。浏览此网页的结果如图 6-6 所示。

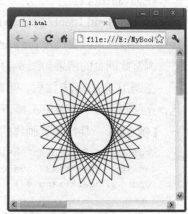

图 6-6　浏览【例 6-4】的结果

6.3.2　绘制贝塞尔曲线

HTML5 还提供一组绘制贝塞尔曲线的 Canvas API，本节介绍使用这些 API 绘制贝塞尔曲线的方法。

1.　什么是贝塞尔曲线

贝塞尔曲线是参数化的曲线，常用于计算机图形和相关领域。贝塞尔曲线是依据 n 个位置任意的点坐标绘制出的一条光滑曲线。研究贝塞尔曲线的人最初是按照已知曲线参数方程来确定 4 个点的思路设计出这种矢量曲线绘制法。贝塞尔曲线的独特之处在于它的"皮筋效应"，也就是说，随着点有规律地移动，曲线将产生皮筋伸展一样的变换，带来视觉上的冲击。1962 年，法国数学家 Pierre Bézier 第一个研究了这种矢量绘制曲线的方法，并给出了详细的计算公式，因此按照这样的公式绘制出来的曲线就用他的姓氏来命名为贝塞尔曲线。贝塞尔曲线的示意图如图 6-7 所示。移动两端的端点时，贝塞尔曲线会改变曲线的曲率（弯曲的程度）；移动中间的控制点时，贝塞尔曲线在两端的端点锁定的情况下做均匀移动。

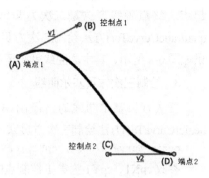

图 6-7　贝塞尔曲线的示意图

2. 绘制二次方贝塞尔曲线

二次方贝塞尔曲线的路径由 3 个给定点确定。可以通过 quadraticCurveTo()方法绘制二次方贝塞尔曲线，语法如下。

```
quadraticCurveTo(cpX, cpY, x, y)
```

参数 cpX 和 cpY 为控制点的坐标，参数 x 和 y 为曲线的终点坐标。

　　　　二次方贝塞尔曲线的起始点坐标为调用 quadraticCurveTo()方法时的当前位置坐标。调用 quadraticCurveTo()方法后的当前位置坐标为 (x, y)。

【例 6-5】　绘制二次方贝塞尔曲线，代码如下。

```html
<canvas id="myCanvas" height=500 width=500>您的浏览器不支持 canvas。</canvas>
<script type="text/javascript">
function drawBezier2()
{
  var c=document.getElementById("myCanvas");      // 获取网页中的 canvas 对象
  var ctx=c.getContext("2d");                     //获取 canvas 对象的上下文
  //绘制起始点、控制点、终点
  ctx.beginPath();                                //  开始绘图路径
  ctx.moveTo(20,170);
  ctx.lineTo(130,40);
  ctx.lineTo(180,150);
  ctx.stroke();
  //绘制二次方贝塞尔曲线
  ctx.beginPath();
  ctx.moveTo(20,170);

  ctx.quadraticCurveTo(130,40,180,150);
  ctx.stroke();
}
window.addEventListener("load", drawBezier2, true);
</script>
```

程序中绘制的二次方贝塞尔曲线的起点为（20，170），终点为（180，150），控制点为（130，40）。程序首先分别在控制点和起点、终点画线，这是二次方贝塞尔曲线的路径，然后调用 quadraticCurveTo()方法绘制二次方贝塞尔曲线。浏览此网页的结果如图 6-8 所示，其中的曲线就是要绘制的二次方贝塞尔曲线。

3. 绘制三次方贝塞尔曲线

三次方贝塞尔曲线的路径由 4 个给定点确定。可以通过 bezierCurveTo()方法绘制三次方贝塞尔曲线，语法如下。

```
bezierCurveTo(cpX1, cpY1, cpX2, cpY2, x, y)
```

图 6-8　浏览【例 6-5】的结果

参数 cpX1、cpY1 为第 1 控制点的坐标，参数 cpX2、cpY2 为第 2 控制点的坐标，参数 x 和 y 为曲线的终点坐标。

　　　　　　　三次方贝塞尔曲线的起始点坐标为调用 bezierCurveTo()方法时的当前位置坐标。调用 bezierCurveTo()方法后的当前位置坐标为（x，y）。

【例 6-6】 绘制三次方贝塞尔曲线，代码如下。

```html
<canvas id="myCanvas" height=500 width=500>您的浏览器不支持 canvas。</canvas>
<script type="text/javascript">
function drawBezier3()
{
  var c=document.getElementById("myCanvas");         //获取网页中的 canvas 对象
  var ctx=c.getContext("2d");                        //获取 canvas 对象的上下文
  //绘制起始点、控制点、终点
  ctx.beginPath();                                   //开始绘图路径
  ctx.moveTo(25,175);
  ctx.lineTo(60,80);
  ctx.lineTo(150,30);
  ctx.lineTo(170,150);
  ctx.stroke();
  //绘制三次方贝塞尔曲线
  ctx.beginPath();
  ctx.moveTo(25,175);
  ctx.bezierCurveTo(60,80,150,30,170,150);
  ctx.stroke();
}
window.addEventListener("load", drawBezier3, true);
</script>
```

程序中绘制的三次方贝塞尔曲线的起点为（25，175），终点为（170，150），控制点为（60，80）和（150，30）。程序首先分别在控制点和起点、终点画线，这是三次方贝塞尔曲线的路径，然后调用 bezierCurveTo()方法绘制三次方贝塞尔曲线。浏览此网页的结果如图 6-9 所示，其中的曲线就是要绘制的三次方贝塞尔曲线。

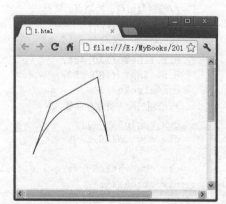

图 6-9　浏览【例 6-6】的结果

【例 6-7】 利用贝塞尔曲线绘制心形图形，代码如下。

```
<canvas id="myCanvas" height=500 width=500>您的浏览器不支持 canvas。</canvas>
<script type="text/javascript">
function drawBezier()
{
  var c=document.getElementById("myCanvas");          //获取网页中的 canvas 对象
  var ctx=c.getContext("2d");                         //获取 canvas 对象的上下文
  //绘制起始点、控制点、终点
  ctx.beginPath();        //  开始绘图路径
  ctx.moveTo(75,40);
  ctx.bezierCurveTo(75,37,70,25,50,25);
  ctx.bezierCurveTo(20,25,20,62.5,20,62.5);
  ctx.bezierCurveTo(20,80,40,102,75,120);
  ctx.bezierCurveTo(110,102,130,80,130,62.5);
  ctx.bezierCurveTo(130,62.5,130,25,100,25);
  ctx.bezierCurveTo(85,25,75,37,75,40);
  ctx.stroke();
}
window.addEventListener("load", drawBezier, true);
</script>
```

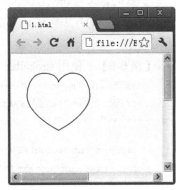

图 6-10　浏览【例 6-7】的结果

程序中绘制了 6 条三次方贝塞尔曲线，构成了一个心形图形。
浏览此网页的结果如图 6-10 所示。

6.3.3　绘制矩形

可以调用 rect()、strokeRect()、fillRect()和 clearRect()等 4 个 API 在 Canvas 画布中绘制矩形。其中，前两个 API 用于绘制矩形边框，调用 fillRect()可以填充指定的矩形区域，调用 clearRect()可以擦除指定的矩形区域。

1. rect()

rect()方法的语法如下。

```
rect (x, y, width, height)
```

参数说明如下。

- x：矩形的左上角的 X 坐标；
- y：矩形的左上角的 Y 坐标；
- width：矩形的宽度。
- height：矩形的高度。

【例 6-8】 使用 rect()方法绘制矩形边框。

```
<canvas id="myCanvas" height=500 width=500>您的浏览器不支持 canvas。</canvas>
<script type="text/javascript">
function drawRect()
{
  var c=document.getElementById("myCanvas");          //获取网页中的 canvas 对象
  var ctx=c.getContext("2d");                         //获取 canvas 对象的上下文
  //绘制起始点、控制点、终点
  ctx.beginPath();  //  开始绘图路径
  ctx.rect(20,20,100,50);
```

```
    ctx.stroke();
  }
  window.addEventListener("load", drawRect, true);
</script>
```

浏览此网页的结果如图 6-11 所示。

2. strokeRect()

strokeRect()方法的语法如下。

```
strokeRect(x, y, width, height)
```

参数的含义与 rect()方法的参数相同。

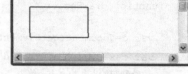

图 6-11   浏览【例 6-8】的结果

strokeRect()方法与 rect()方法的区别在于调用 strokeRect()方法时不需要使用 beginPath()和 stroke()
即可绘图。

【例 6-9】   使用 strokeRect()方法绘制矩形边框。

```
<canvas id="myCanvas" height=500 width=500>您的浏览器不支持 canvas。</canvas>
<script type="text/javascript">
function drawRect()
{
  var c=document.getElementById("myCanvas");        //获取网页中的 canvas 对象
  var ctx=c.getContext("2d");                        //获取 canvas 对象的上下文
                                                     //绘制起始点、控制点、终点
  ctx.strokeRect(20,20,100,50);
}
window.addEventListener("load",drawRect,true);
</script>
```

浏览此网页的结果与【例 6-8】相同。

3. fillRect()

fillRect()方法的语法如下。

```
fillRect(x, y, width, height)
```

参数的含义与 rect()方法的参数相同。

【例 6-10】   使用 fillRect ()方法填充矩形区域。

```
<<canvas id="myCanvas" height=500 width=500>您的浏览器不支持 canvas。</canvas>
<script type="text/javascript">
function drawRect()
{
  var c=document.getElementById("myCanvas");        //获取网页中的 canvas 对象
  var ctx=c.getContext("2d");                        //获取 canvas 对象的上下文
  ctx.fillRect(20,20,100,50);
}
window.addEventListener("load", drawRect, true);
</script>
```

浏览此网页的结果如图 6-12 所示。默认的填充颜色为黑色，6.4 节将介绍设置填充颜色的方法。

4. clearRect()

clearRect()方法的语法如下。

```
clearRect(x, y, width, height)
```

参数的含义与 rect()方法的参数相同。

【例 6-11】　将【例 6-10】绘制的矩形的中央擦除一个小矩形。

```
<canvas id="myCanvas" height=500 width=500>您的浏览器不支持 canvas。</canvas>
<script type="text/javascript">
function drawRect()
{
  var c=document.getElementById("myCanvas");        //获取网页中的 canvas 对象
  var ctx=c.getContext("2d");                        //获取 canvas 对象的上下文
  //绘制起始点、控制点、终点
  ctx.fillRect(20,20, 100, 50);
  ctx.clearRect(40,40, 60, 10);
}
window.addEventListener("load", drawRect, true);
</script>
```

浏览此网页的结果如图 6-13 所示。

图 6-12　浏览【例 6-10】的结果

图 6-13　浏览【例 6-11】的结果

6.3.4　绘制圆弧

可以调用 arc() 方法绘制圆弧，语法如下。

```
arc(centerX, centerY, radius, startingAngle, endingAngle, antiClockwise);
```

参数说明如下。

- centerX：圆弧圆心的 X 坐标。
- centerY：圆弧圆心的 Y 坐标。
- radius：圆弧的半径。
- startingAngle：圆弧的起始角度。
- endingAngle：圆弧的结束角度。
- antiClockwise：是否按逆时针方向绘图。

【例 6-12】　使用 arc() 方法绘制圆弧。

```
<canvas id="myCanvas" height=500 width=500>您的浏览器不支持 canvas。</canvas>
<script type="text/javascript">
function draw()
{
  var c=document.getElementById("myCanvas");        // 获取网页中的 canvas 对象
  var ctx=c.getContext("2d");                        // 获取 canvas 对象的上下文
  var centerX = 50;
  var centerY = 50;
  var radius = 50;
```

```
    var startingAngle = 1.1 * Math.PI;
    var endingAngle = 1.9 * Math.PI;
    ctx.beginPath();                               // 开始绘图路径
    ctx.arc(centerX, centerY, radius, startingAngle, endingAngle, false);
    ctx.stroke();
}
window.addEventListener("load", draw, true);
</script>
```

浏览此网页的结果如图 6-14 所示。

圆是一种特殊的圆弧，将 startingAngle 设置为 0，将 endingAngle 设置为 2*Math.PI，使用 arc()
方法即可画圆。

【例 6-13】 使用 arc()方法画圆。

```
<canvas id="myCanvas" height=500 width=500>您的浏览器不支持 canvas。</canvas>
<script type="text/javascript">
function draw()
{
  var c=document.getElementById("myCanvas");      // 获取网页中的 canvas 对象
  var ctx=c.getContext("2d");                     // 获取 canvas 对象的上下文
  var centerX = 50;
  var centerY = 50;
  var radius = 50;
  var startingAngle = 0;
  var endingAngle = 2 * Math.PI;
  ctx.beginPath();                                // 开始绘图路径
  ctx.arc(centerX, centerY, radius, startingAngle, endingAngle, false);
  ctx.stroke();
}
window.addEventListener("load", draw, true);
</script>
```

浏览此网页的结果如图 6-15 所示。

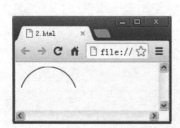

图 6-14 浏览【例 6-12】的结果

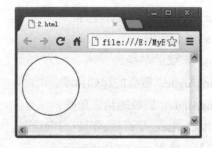

图 6-15 浏览【例 6-13】的结果

6.4 描边和填充

在绘图时可以指定线条的宽度和颜色，画出图形边缘的线条，通俗地讲就是在图形边缘加上边
框，就是描边。也可以使用指定的样式和颜色填充图形的内部。

6.4.1　描边

1. 指定描边的颜色和宽度

设置 CanvasRenderingContext2D 对象的 strokeStyle 属性可以指定描边的颜色，设置 CanvasRenderingContext2D 对象的 lineWidth 属性可以指定描边的宽度。

【例 6-14】　设置描边颜色和宽度。

```
<canvas id="myCanvas" height=500 width=500>您的浏览器不支持 canvas。</canvas>
<script type="text/javascript">
function draw()
{
  var c=document.getElementById("myCanvas");      // 获取网页中的 canvas 对象
  var ctx=c.getContext("2d");                      // 获取 canvas 对象的上下文
  ctx.lineWidth = 10;
  ctx.strokeStyle = "red";
  ctx.beginPath();                                 // 开始绘图路径
  ctx.moveTo(65,65);                               // 将坐标移至直线起点
  ctx.lineTo(130,130);                             // 绘制直线
  ctx.stroke();                                    // 关闭绘图路径

  ctx.strokeStyle = "yellow";
  ctx.strokeRect(65,65, 65, 65);

  ctx.strokeStyle = "blue";
  var centerX = 100;
  var centerY = 100;
  var radius = 50;
  var startingAngle = 0;
  var endingAngle = 2 * Math.PI;
  ctx.beginPath();                                 //  开始绘图路径
  ctx.arc(centerX, centerY, radius, startingAngle, endingAngle, false);
  ctx.stroke();
}

window.addEventListener("load", draw, true);
</script>
```

程序绘制了一条红色的直线、一个黄色的正方形和一个蓝色的圆，边框宽度均为 10。浏览【例 6-14】的结果如图 6-16 所示。

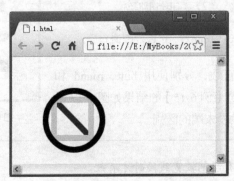

图 6-16　浏览【例 6-14】的结果

2. 指定如何绘制线段的末端

设置 CanvasRenderingContext2D 对象的 lineCap 属性可以指定线段的末端如何绘制。lineCap 属性的可选值如表 6-3 所示。

表 6–3　lineCap 属性的可选值

可选值	具体描述
butt	指定线段没有线帽，为默认值。线条的末点是平直的，而且和线条的方向正交，这条线段在其端点之外没有扩展
round	指定线段带有一个半圆形的线帽，半圆的直径等于线段的宽度，并且线段在端点之外扩展了线段宽度的一半
square	指定线段一个矩形线帽。这个值和 butt 一样，但是线段扩展了自己宽度的一半

【例 6-15】　指定线段的末端。

```
<canvas id="myCanvas" height=500 width=500>您的浏览器不支持 canvas。</canvas>
<script type="text/javascript">
function draw()
{
  var c=document.getElementById("myCanvas");        // 获取网页中的 canvas 对象
  var ctx=c.getContext("2d");                       //获取 canvas 对象的上下文
  ctx.lineWidth = 20;
  ctx.lineCap = "butt";
  ctx.strokeStyle = "red";
  ctx.beginPath();         //  开始绘图路径
  ctx.moveTo(50,50);       // 将坐标移至直线起点
  ctx.lineTo(100,50);      // 绘制直线
  ctx.stroke();            // 关闭绘图路径

  ctx.lineCap = "round";
  ctx.beginPath();         // 开始绘图路径
  ctx.moveTo(50,100);      // 将坐标移至直线起点
  ctx.lineTo(100,100);     // 绘制直线
  ctx.stroke();            // 关闭绘图路径

  ctx.lineCap = "square";
  ctx.beginPath();         //  开始绘图路径
  ctx.moveTo(50,150);      // 将坐标移至直线起点
  ctx.lineTo(100,150);     // 绘制直线
  ctx.stroke();            // 关闭绘图路径
}
window.addEventListener("load", draw, true);
</script>
```

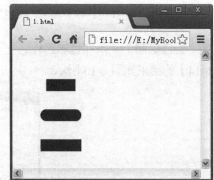

图 6-17　浏览【例 6-15】的结果

程序绘制了 3 条红色的直线，分别使用 butt、round 和 square 设置 lineCap 属性。浏览【例 6-15】的结果如图 6-17 所示。从结果中可以比较不同线段末端的区别。

lineCap 属性只有绘制较宽线段时才有效。

3. 指定如何绘制交点

设置 CanvasRenderingContext2D 对象的 lineJoin 属性可以指定如何绘制线段或曲线的交点。lineJoin 属性的可选值如表 6-4 所示。

表 6–4　lineJoin 属性的可选值

可选值	具体描述
miter	指定线段的外边缘一直扩展到它们相交，为默认值。当两条线段以一个锐角相交时，斜角连接可能变得很长
round	指定顶点的外边缘应该和一个填充的弧接合，这个弧的直径等于线段的宽度
bevel	指定顶点的外边缘应该和一个填充的三角形相交

【例 6-16】　指定如何绘制矩形交点。

```
<canvas id="myCanvas" height=500 width=500>您的浏览器不支持 canvas。</canvas>
<script type="text/javascript">
function draw()
{
  var c=document.getElementById("myCanvas");       // 获取网页中的 canvas 对象
  var ctx=c.getContext("2d");                       // 获取 canvas 对象的上下文
  ctx.lineWidth = 20;
  ctx.strokeStyle = "red";
  ctx.lineJoin = "miter";
  ctx.strokeRect(50,50, 100, 50);

  ctx.lineJoin = "round";
  ctx.strokeRect(200,50, 100, 50);

  ctx.lineJoin = "bevel";
  ctx.strokeRect(350,50, 100, 50);

}

window.addEventListener("load", draw, true);
</script>
```

程序绘制了 3 个矩形，分别使用 miter、round 和 bevel 设置 lineJoin 属性。浏览【例 6-16】的结果如图 6-18 所示，从结果中可以比较不同线段交点的区别。

图 6-18　浏览【例 6-16】的结果

lineJoin 属性只有绘制较宽边框的图形时才有效。

6.4.2 填充图形内部

设置 CanvasRenderingContext2D 对象的 **fillStyle** 属性可以指定填充图形内部的颜色。

【例 6-17】 填充图形内部。

```
<canvas id="myCanvas" height=500 width=500>您的浏览器不支持 canvas。</canvas>
<script type="text/javascript">
function draw()
{
  var c=document.getElementById("myCanvas");      // 获取网页中的 canvas 对象
  var ctx=c.getContext("2d");                      //获取 canvas 对象的上下文
  ctx.fillStyle = "yellow";
  ctx.fillRect(65,65, 65, 65);
}
window.addEventListener("load", draw, true);
</script>
```

程序绘制了一个黄色矩形，如图 6-19 所示。

fillRect()方法只能填充矩形，如果要填充其他封闭图形的内部，可以调用 fill()方法。fill()方法的功能是使用 **fillStyle** 属性指定的颜色、渐变和模式来填充当前路径。这一路径的每一条子路径都单独填充。

【例 6-18】 填充图形内部。

```
<canvas id="myCanvas" height=500 width=500>您的浏览器不支持 canvas。</canvas>
<script type="text/javascript">
function draw()
{
  var c=document.getElementById("myCanvas");          // 获取网页中的 canvas 对象
  var ctx=c.getContext("2d");                          // 获取 canvas 对象的上下文
  ctx.fillStyle = "yellow";
  var centerX = 100;
  var centerY = 100;
  var radius = 50;
  var startingAngle = 0;
  var endingAngle = 2 * Math.PI;
  ctx.beginPath();                                     // 开始绘图路径
  ctx.arc(centerX, centerY, radius, startingAngle, endingAngle, false);
  ctx.stroke();
  ctx.fill();
}
window.addEventListener("load", draw, true);
</script>
```

程序绘制了一个黄色的圆，如图 6-20 所示。

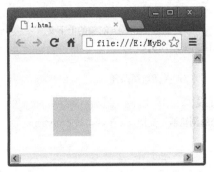
图 6-19　浏览【例 6-17】的结果

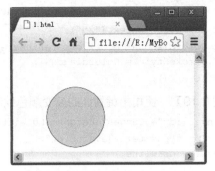
图 6-20　浏览【例 6-18】的结果

6.4.3　渐变颜色

在描边和填充图形时，可以使用渐变颜色。渐变颜色从字面上理解就是逐渐变化的颜色。专业地讲，渐变是指在颜色采集上使用逐步抽样算法。

1.　创建 CanvasGradient 对象

CanvasGradient 是用于定义画布中的一个渐变颜色的对象。如果要使用渐变颜色，首先需要创建一个 CanvasGradient 对象。可以通过下面 2 种方法创建 CanvasGradient 对象。

（1）以线性颜色渐变方式创建 CanvasGradient 对象。

使用 CanvasRenderingContext2D 对象的 createLinearGradient()方法可以用线性颜色渐变方式创建 CanvasGradient 对象。createLinearGradient()方法的语法如下。

```
createLinearGradient(xStart, yStart, xEnd, yEnd)
```

参数 xStart 和 yStart 是渐变的起始点的坐标，参数 xEnd 和 yEnd 是渐变的结束点的坐标。

（2）以放射颜色渐变方式创建 CanvasGradient 对象。

使用 CanvasRenderingContext2D 对象的 createRadialGradient()方法可以用放射颜色渐变方式创建 CanvasGradient 对象。createRadialGradient()方法的语法如下。

```
createRadialGradient(xStart, yStart, radiusStart, xEnd, yEnd, radiusEnd)
```

参数 xStart 和 yStart 是开始圆的圆心坐标，radiusStart 是开始圆的半径；参数 xEnd 和 yEnd 是结束圆的圆心坐标，radiusEnd 是结束圆的半径。

2.　为渐变对象设置颜色

创建 CanvasGradient 对象后，还需要为其设置颜色基准，可以通过 CanvasGradient 对象的 addColorStop()方法在渐变中的某一点添加一个颜色变化，渐变中其他点的颜色将以此为基准。addColorStop()方法的语法如下。

```
addColorStop(offset, color)
```

参数 offset 是一个范围为 0.0～1.0 的浮点值，表示渐变的开始点和结束点之间的一部分。offset 为 0 对应开始点，offset 为 1 对应结束点。color 指定 offset 显示的颜色。沿着渐变某一点的颜色是根据这个值以及任何其他的颜色色标来插值的。

3.　设置描边样式为渐变颜色

只要将前面创建的 CanvasGradient 对象赋值给用于绘图的 CanvasRenderingContext2D 对象的 strokeStyle 属性，即可使用渐变颜色描边。例如：

```
var c=document.getElementById("myCanvas");        // 获取网页中的 canvas 对象
var ctx=c.getContext("2d");                       // 获取 canvas 对象的上下文
var Colordiagonal = ctx.createLinearGradient(10,10,100,10);
ctx.strokeStyle = Colordiagonal;
ctx.stroke();                                     // 关闭绘图路径
```

【例 6-19】 使用由黄到红的渐变颜色绘制一条直线。

```
<canvas id="myCanvas" height=100 width=100>您的浏览器不支持 canvas。</canvas>
<script type="text/javascript">
function drawline()
{
  var c=document.getElementById("myCanvas");      // 获取网页中的 canvas 对象
  var ctx=c.getContext("2d");                     // 获取 canvas 对象的上下文
  ctx.beginPath();                                // 开始绘图路径
  ctx.moveTo(10,10);                              // 将坐标移至直线起点
  ctx.lineTo(100,10);                             // 绘制直线
  // 对角线上的渐变
  var Colordiagonal = ctx.createLinearGradient(10,10,100,10);
  Colordiagonal.addColorStop(0, "yellow");        // red
  Colordiagonal.addColorStop(1, "red");           // red
  ctx.lineWidth = 10;
  ctx.strokeStyle = Colordiagonal;
  ctx.stroke();                                   // 关闭绘图路径
}

window.addEventListener("load", drawline, true);
</script>
```

程序绘制的直线起点为（10，10），终点为（100，10），然后沿直线（即起点和终点与直线重合）创建一个渐变对象 Colordiagonal，使用 Colordiagonal.addColorStop()方法设置渐变对象的颜色为从黄到红（即 0 为黄，1 为红），将 Colordiagonal 对象赋值给 ctx.strokeStyle 属性，最后调用 ctx.stroke()方法绘制直线。

浏览【例 6-19】的结果如图 6-21 所示。

图 6-21 浏览【例 6-19】的结果

【例 6-20】 在【例 6-19】的基础上，在中间增加蓝色过渡。

```
<canvas id="myCanvas" height=100 width=100>您的浏览器不支持 canvas。</canvas>
<script type="text/javascript">
function drawline()
{
  var c=document.getElementById("myCanvas");      // 获取网页中的 canvas 对象
  var ctx=c.getContext("2d");                     // 获取 canvas 对象的上下文
  ctx.beginPath();                                // 开始绘图路径
  ctx.moveTo(10,10);                              // 将坐标移至直线起点
  ctx.lineTo(100,10);                             // 绘制直线
  // 对角线上的渐变
  var Colordiagonal = ctx.createLinearGradient(10,10,100,10);
  Colordiagonal.addColorStop(0, "yellow");
  Colordiagonal.addColorStop(0.5, "blue");
  Colordiagonal.addColorStop(1, "red");
```

```
  ctx.lineWidth = 10;
  ctx.strokeStyle = Colordiagonal;
  ctx.stroke();
}

window.addEventListener("load", drawline, true);
</script>
```

程序绘制的直线起点为（10，10），终点为（100，10），然后沿直线（即起点和终点与直线重合）创建一个渐变对象 Colordiagonal，使用 Colordiagonal.addColorStop()方法设置渐变对象的颜色为从黄到红（即 0 为黄，1 为红），使用 Colordiagonal.addColorStop(0.5, "green")语句在中间增加绿色作为过渡颜色，将 Colordiagonal 对象赋值给 ctx.strokeStyle 属性，最后调用 ctx.stroke()方法绘制直线。

图 6-22　浏览【例 6-20】的结果

浏览【例 6-20】的结果如图 6-22 所示。

【例 6-21】　　使用黄、绿、红的渐变颜色绘制一个矩形。

```
<canvas id="myCanvas" height=100 width=100>您的浏览器不支持 canvas。</canvas>
<script type="text/javascript">
function drawline()
{
  var c=document.getElementById("myCanvas");      // 获取网页中的 canvas 对象
  var ctx=c.getContext("2d");                     // 获取 canvas 对象的上下文
  ctx.beginPath();                                // 开始绘图路径
  ctx.rect(10,10,90,50);
  // 水平方向上的渐变
  var Colordiagonal = ctx.createLinearGradient(10,10, 100,10);
  Colordiagonal.addColorStop(0, "yellow");
  Colordiagonal.addColorStop(0.5, "green");
  Colordiagonal.addColorStop(1, "red");
  ctx.lineWidth = 10;
  ctx.strokeStyle = Colordiagonal;
  ctx.stroke();
}

window.addEventListener("load", drawline, true);
</script>
```

程序绘制一个矩形，左上角坐标为（10，10），宽度为 90，高度为 50。矩形的起点为（10，10），终点为（100，10）。程序首先沿水平方向创建一个渐变对象 Colordiagonal，使用 Colordiagonal.addColorStop() 方法设置渐变对象的颜色为从黄到红（即 0 为黄，1 为红），使用 Colordiagonal.addColorStop(0.5, "green")语句在中间增加绿色作为过渡颜色，将 Colordiagonal 对象赋值给 ctx.strokeStyle 属性，最后调用 ctx.stroke()方法绘制图形。

图 6-23　浏览【例 6-21】的结果

浏览【例 6-21】的结果如图 6-23 所示。

4. 设置填充样式为渐变颜色

只要将前面创建的 CanvasGradient 对象赋值给用于绘图的 CanvasRenderingContext2D 对象的

fillStyle 属性，即可使用渐变颜色进行填充。例如：

```
var c=document.getElementById("myCanvas");        // 获取网页中的 canvas 对象
var ctx=c.getContext("2d");                       // 获取 canvas 对象的上下文
var Colordiagonal = ctx.createLinearGradient(10,10, 100,10);
ctx.fillStyle = Colordiagonal;
ctx.fill();
```

【例 6-22】 使用黄、绿、红的直线渐变颜色填充一个矩形。

```
<canvas id="myCanvas" height=500 width=500>您的浏览器不支持 canvas。</canvas>
<script type="text/javascript">
function drawline()
{
  var c=document.getElementById("myCanvas");      // 获取网页中的 canvas 对象
  var ctx=c.getContext("2d");                     // 获取 canvas 对象的上下文
  // 对角线上的渐变
  var Colordiagonal = ctx.createLinearGradient(10,10,300,10);
  Colordiagonal.addColorStop(0, "yellow");
  Colordiagonal.addColorStop(0.5, "green");
  Colordiagonal.addColorStop(1, "red");

  ctx.fillStyle = Colordiagonal;
  ctx.fillRect(10,10,290,100);
  ctx.stroke();                                   // 关闭绘图路径
}

 window.addEventListener("load", drawline, true);
</script>
```

程序绘制的直线起点为（10，10），终点为（100，10），然后沿直线（即起点和终点与直线重合）创建一个渐变对象 Colordiagonal，使用 Colordiagonal.addColorStop()方法设置渐变对象的颜色为从黄到红（即 0 为黄，1 为红），将 Colordiagonal 对象赋值给 ctx.strokeStyle 属性，最后调用 ctx.stroke()方法绘制直线。

图 6-24　浏览【例 6-22】的结果

浏览【例 6-22】的结果如图 6-24 所示。

【例 6-23】 使用黄、绿、红的放射渐变颜色填充一个圆。

```
<canvas id="myCanvas" height=500 width=500>您的浏览器不支持 canvas。</canvas>
<script type="text/javascript">
function draw()
{
  var c=document.getElementById("myCanvas");      // 获取网页中的 canvas 对象
  var ctx=c.getContext("2d");                     // 获取 canvas 对象的上下文
  // 对角线上的渐变
  var Colordiagonal = ctx.createRadialGradient(100,100,0,100,100,100);
  Colordiagonal.addColorStop(0, "red");
  Colordiagonal.addColorStop(0.5, "green");
  Colordiagonal.addColorStop(1, "yellow");

  var centerX = 100;
  var centerY = 100;
```

```
    var radius = 100;
    var startingAngle = 0;
    var endingAngle = 2 * Math.PI;
    ctx.beginPath();                              // 开始绘图路径
    ctx.arc(centerX, centerY, radius, startingAngle, endingAngle, false);
    ctx.fillStyle = Colordiagonal;
    ctx.stroke();
    ctx.fill();
}

window.addEventListener("load", draw, true);
</script>
```

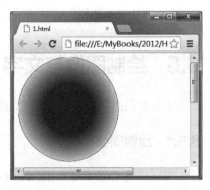

程序绘制的圆的圆心为（100，100），半径为 100，然后创建一个放射渐变对象 Colordiagonal（开始圆和结束圆的圆心都为（100，100），开始圆的半径为 0，结束圆的半径为 100，即从圆心渐变到圆的边框），使用 Colordiagonal.addColorStop()方法设置渐变对象的颜色为红、绿、黄（即 0 为红，0.5 为绿，1 为黄），将 Colordiagonal 对象赋值给 ctx.fillStyle 属性，最后调用 ctx.stroke()方法绘制圆并调用 ctx.fill()方法填充。

浏览【例 6-23】的结果如图 6-25 所示。

图 6-25　浏览【例 6-23】的结果

6.4.4　透明颜色

在指定颜色时，可以使用 rgba()方法定义透明颜色，格式如下。

```
rgba(r,g,b, alpha)
```

其中 r 表示红色集合，g 表示绿色集合，b 表示蓝色集合。r、g、b 都是十进制数，取值范围为 0～255。alpha 的取值范围为 0～1，用于指定透明度，0 表示完全透明，1 表示不透明。

【例 6-24】　使用透明颜色填充 10 个连成一串的圆，模拟太阳光照射的光环。

```
<canvas id="myCanvas" height=500 width=500>您的浏览器不支持 canvas。</canvas>
<script type="text/javascript">
function draw()
{
  var canvas=document.getElementById("myCanvas");
  if(canvas == null)
       return false;
  var context = canvas.getContext("2d");
   //先绘制画布的底图
   context.fillStyle="yellow";
   context.fillRect(0,0,400,350);
   //用循环绘制 10 个圆形
   var n = 0;
   for(var i=0 ;i<10;i++){
     //开始创建路径，因为要画圆，圆本质上也是一个路径，这里向 canvas 说明要开始画了，这是起点
     context.beginPath();
     context.arc(i*25,i*25,i*10,0,Math.PI*2,true);
     context.fillStyle="rgba(255,0,0,0.25)";
     //填充刚才所画的圆形
     context.fill();
```

```
    }
  }
window.addEventListener("load", draw, true);
</script>
```

程序首先绘制一个黄色的矩形作为画布的底图，然后使用 for 语句绘制 10 个圆，并使用 rgba()方法定义的透明颜色填充圆，参数 alpha 的取值为 0.25。

浏览【例 6-24】的结果如图 6-26 所示。可以看到，使用 rgba()方法定义的颜色填充圆后，圆是透明的。

6.5 绘制图像与文字

本节介绍使用 Canvas API 绘制图像与文字的方法。

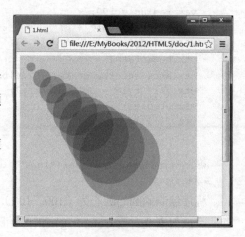

图 6-26 浏览【例 6-24】的结果

6.5.1 绘制图像

可以使用 Canvas API 在画布的指定位置绘制图像。相比而言，传统使用<img>标签的方法只能在固定的位置以固定的大小显示图像，显然 Canvas API 更具有灵活性。

在画布上绘制图片的 Canvas API 是 drawImage()方法，语法如下。

```
drawImage(image, x, y)
drawImage(image, x, y, width, height)
drawImage(image, sourceX, sourceY, sourceWidth, sourceHeight,
          destX, destY, destWidth, destHeight)
```

可以看到，drawImage()方法有 3 种用法。第 1 种用法用于以原始大小在指定位置绘制图像；第 2 种用法用于在指定位置以指定大小绘制图像；第 3 种用法用于在指定位置以指定大小绘制图像的一部分（即对图像进行剪裁）。

参数说明如下。

• image：所要绘制的图像，必须是<img>标记或者屏幕外图像的 Image 对象，或者是 Canvas 元素。

• x 和 y：要绘制的图像的左上角位置坐标。

• width 和 height：绘制图像的宽度和高度。

• sourceX 和 sourceY：图像将要被绘制的区域的左上角坐标。

• destX 和 destY：所要绘制的图像区域左上角的画布坐标。

• destWidth 和 destHeight：图像区域所要绘制的画布大小。

【例 6-25】 以原始大小在指定位置（100，100）绘制图像 Water lilies.jpg。

```
<canvas id="myCanvas" height=1000 width=1000>您的浏览器不支持 canvas。</canvas>
<script type="text/javascript">
function draw()
{
  var c=document.getElementById("myCanvas");      // 获取网页中的 canvas 对象
  var ctx=c.getContext("2d");                     // 获取 canvas 对象的上下文

  var imageObj = new Image();                     // 创建图像对象
```

```
    imageObj.src = "Water lilies.jpg";
    imageObj.onload = function(){
        ctx.drawImage(imageObj, 100, 100);
    };
}

window.addEventListener("load", draw, true);
</script>
```

　　加载网页时调用 draw() 方法，程序创建图像对象 imageObj，并设置图像源为 Water lilies.jpg。加载 imageObj 对象时调用 ctx.drawImage() 方法绘制图像。

　　浏览【例 6-25】的结果如图 6-27 所示。

图 6-27　浏览【例 6-25】的结果

【例 6-26】　在指定位置（100，100）绘制图像 Water lilies.jpg 的缩略图（宽 160、高 120）。

```
<canvas id="myCanvas" height=1000 width=1000>您的浏览器不支持 canvas。</canvas>
<script type="text/javascript">
function draw()
{
  var c=document.getElementById("myCanvas");        // 获取网页中的 canvas 对象
  var ctx=c.getContext("2d");                       // 获取 canvas 对象的上下文

  var imageObj = new Image();                       // 创建图像
  imageObj.src = "Water lilies.jpg";
   imageObj.onload = function(){
      ctx.drawImage(imageObj, 100, 100, 320, 240);
   };
}

window.addEventListener("load", draw, true);
</script>
```

浏览【例 6-26】的结果如图 6-28 所示。

【例 6-27】 在指定位置（100，100）绘制图像 Water lilies.jpg 中的一朵花（左上角的坐标为（100，100），宽度为 200，高度为 160）。

```
<canvas id="myCanvas" height=500 width=500>您的浏览器不支持 canvas。</canvas>
<script type="text/javascript">
function draw()
{
  var c=document.getElementById("myCanvas");       // 获取网页中的 canvas 对象
  var ctx=c.getContext("2d");                       // 获取 canvas 对象的上下文

  var imageObj = new Image();                       // 创建图像
  imageObj.src = "Water lilies.jpg";
  imageObj.onload = function(){
      ctx.drawImage(imageObj, 100, 100, 200, 160, 0, 0, 200, 160);
  };
}

window.addEventListener("load", draw, true);
</script>
```

浏览【例 6-27】的结果如图 6-29 所示。

图 6-28　浏览【例 6-26】的结果　　　　图 6-29　浏览【例 6-27】的结果

6.5.2 输出文字

可以使用 strokeText()方法在画布的指定位置输出文字，语法如下。

```
strokeText(string text, float x, float y)
```

参数说明如下。

- string：所要输出的字符串。

- x 和 y：要输出的字符串位置坐标。

【例 6-28】 在指定位置（10，10）输出字符串"你好，HTML5"。

```
<canvas id="myCanvas" height=500 width=500>您的浏览器不支持 canvas。</canvas>
<script type="text/javascript">
function draw()
```

```
{
  var c=document.getElementById("myCanvas");        // 获取网页中的 canvas 对象

  var ctx=c.getContext("2d");                       //获取 canvas 对象的上下文

  ctx.strokeText("你好, HTML5", 10, 10);
}
window.addEventListener("load", draw, true);
</script>
```

浏览【例 6-28】的结果如图 6-30 所示。

1．设置字体

可以通过 Context.font 属性来设置输出字符串的字体，格式如下。

Context.font = "字体大小 字体名称"

【例 6-29】　使用隶书输出字符串"你好，HTML5"，字体大小为 40。

```
<canvas id="myCanvas" height=500 width=500>您的浏览器不支持 canvas。</canvas>
<script type="text/javascript">
function draw()
{
  var c=document.getElementById("myCanvas");        // 获取网页中的 canvas 对象
  var ctx=c.getContext("2d");                       // 获取 canvas 对象的上下文

  ctx.font = "40pt 隶书";
  ctx.strokeText("你好, HTML5", 100, 100);
}
window.addEventListener("load", draw, true);
</script>
```

浏览【例 6-29】的结果如图 6-31 所示。

图 6-30　浏览【例 6-28】的结果

图 6-31　浏览【例 6-29】的结果

可以看到，输出的文字是中空的，只绘制了边框。稍后将介绍填充文字内部的方法。

2．设置对齐方式

可以通过 Context.TextAlign 属性来设置输出字符串的对齐方式，可选值为 left（左对齐）、center（居中对齐）和 right（右对齐）。

【例 6-30】　在画布的正中输出字符串"你好，HTML5"。

```
<canvas id="myCanvas" height=500 width=500>您的浏览器不支持 canvas。</canvas>
<script type="text/javascript">
function draw()
```

```
{
  var c=document.getElementById("myCanvas");        // 获取网页中的 canvas 对象
  var ctx=c.getContext("2d");                        // 获取 canvas 对象的上下文

  var x = c.width / 2;
  var y = c.height / 2;
  ctx.TextAlign = "center";
  ctx.strokeText("你好, HTML5", x, y);
}
window.addEventListener("load", draw, true);
</script>
```

3. 设置边框宽度和颜色

可以设置 CanvasRenderingContext2D 对象的 strokeStyle 属性指定输出文字的颜色。

【例 6-31】 使用蓝色边框、隶书输出字符串"你好，HTML5"，字体大小为 40。

```
<canvas id="myCanvas" height=500 width=500>您的浏览器不支持 canvas。</canvas>
<script type="text/javascript">
function draw()
{
  var c=document.getElementById("myCanvas");        // 获取网页中的 canvas 对象
  var ctx=c.getContext("2d");                        // 获取 canvas 对象的上下文
  ctx.strokeStyle = "blue";
  ctx.font = "40pt 隶书";
  ctx.strokeText("你好, HTML5", 100, 100);
}
window.addEventListener("load", draw, true);
</script>
```

4. 填充字体内部

使用 strokeText()方法输出的文字是中空的，只绘制了边框。如果要填充文字内部，可以使用 fillText()方法，语法如下。

```
fillText (string text, float x, float y)
```

可以使用 Context.fillStyle 属性指定填充的颜色。

【例 6-32】 使用蓝色、隶书输出字符串"你好，HTML5"，字体大小为 60。

```
<canvas id="myCanvas" height=500 width=500>您的浏览器不支持 canvas。</canvas>
<script type="text/javascript">
function draw()
{
  var c=document.getElementById("myCanvas");        // 获取网页中的 canvas 对象
  var ctx=c.getContext("2d");                        // 获取 canvas 对象的上下文
  ctx.fillStyle = "blue";
  ctx.font = "60pt 隶书";
  ctx.fillText("你好, HTML5", 100, 100);
}
window.addEventListener("load", draw, true);
</script>
```

浏览【例 6-32】的结果如图 6-32 所示。

图 6-32　浏览【例 6-32】的结果

也可以使用渐变颜色填充输出的字符串，具体方法可以参见 6.4.3 小节。

【例 6-33】　使用黄、绿、红的直线渐变颜色填充字符串"你好，HTML5"。

```
<canvas id="myCanvas" height=500 width=500>您的浏览器不支持 canvas。</canvas>
<script type="text/javascript">
function draw()
{
  var c=document.getElementById("myCanvas");        // 获取网页中的 canvas 对象
  var ctx=c.getContext("2d");                       // 获取 canvas 对象的上下文

  var Colordiagonal = ctx.createLinearGradient(100,100, 300,100);
  Colordiagonal.addColorStop(0, "yellow");
  Colordiagonal.addColorStop(0.5, "green");
  Colordiagonal.addColorStop(1, "red");

  ctx.fillStyle = Colordiagonal;
  ctx.font = "60pt 隶书";
  ctx.fillText("你好，HTML5", 100, 100);
}
window.addEventListener("load", draw, true);
</script>
```

浏览【例 6-33】的结果如图 6-33 所示。

图 6-33　浏览【例 6-33】的结果

6.6　图形的操作

可以对 Canvas 图形进行一系列操作，包括移动、旋转、缩放和变形等。通过这些操作可以使绘图的效果更加丰富。这里所说的移动、旋转、缩放和变形等操作并不是对已经绘制的图形进行的，而是作用于后面即将绘制的图形的操作。

6.6.1　保存和恢复绘图状态

在绘图和对图形进行操作时，经常要使用不同的样式或变形，在绘制复杂图形时就需要保存绘图状态，并在需要时恢复之前保存的绘图状态。

调用 Context.save() 方法可以保存当前的绘图状态。Canvas 状态下以堆（Stack）的方式保存绘图状态，绘图状态包括以下几种。

- 当前应用的操作（如移动、旋转、缩放或变形，具体方法将在本节稍后介绍）。

- strokeStyle、fillStyle、globalAlpha、lineWidth、lineCap、lineJoin、miterLimit、shadowOffsetX、shadowOffsetY、shadowBlur、shadowColor、globalCompositeOperation 等属性的值。有些属性在本书并未介绍，也有些属性将在本章后面介绍。

- 当前的裁切路径（Clipping Path）。

调用 Context.restore() 方法可以从堆中弹出之前保存的绘图状态。

Context.save() 方法和 Context.restore() 方法都没有参数。

【例 6-34】　保存和恢复绘图状态。

```
<!DOCTYPE html>
<html>
  <head>
<script type="text/javascript">
 function draw() {
 var c=document.getElementById("myCanvas");        // 获取网页中的 Canvas 对象
 var ctx=c.getContext("2d");                       // 获取 Canvas 对象的上下文

ctx.fillStyle = 'red'
ctx.fillRect(0,0,150,150);        // 使用红色填充矩形
ctx.save();                       // 保存当前的绘图状态
ctx.fillStyle = 'green'
ctx.fillRect(15,15,120,120);      // 使用绿色填充矩形
ctx.save();                       // 保存当前的绘图状态
ctx.fillStyle = 'blue'
ctx.fillRect(30,30,90,90);        // 使用蓝色填充矩形
ctx.restore();                    // 恢复之前保存的绘图状态，即 ctx.fillStyle = 'green'
ctx.fillRect(45,45,60,60);        // 使用绿色填充矩形
ctx.restore();                    //  恢复再之前保存的绘图状态，即 ctx.fillStyle = 'red'
ctx.fillRect(60,60,30,30);        //  使用红色填充矩形
}
window.addEventListener("load", draw, true);
</script>

  </head>
  <body>
<canvas id="myCanvas" height=500 width=500>您的浏览器不支持 canvas。</canvas>
</body>
</html>
```

程序的流程如下。

（1）使用红色填充矩形。

（2）第 1 次调用 Context.save()方法保存当前的绘图状态，此时的状态堆如图 6-34 所示。

（3）使用绿色填充矩形。

（4）第 2 次调用 Context.save()方法保存当前的绘图状态，此时的状态堆如图 6-35 所示。

（5）使用蓝色填充矩形。

（6）第 1 次调用 Context.restore()方法恢复绘图状态。因为状态堆采用先进后出的原则，所以恢复的状态为 ctx.fillStyle = 'green'，此时的状态堆又变成了如图 6-34 所示的内容。现在填充矩形就使用绿色了。

（7）第 2 次调用 Context.restore()方法恢复绘图状态。因为状态堆只有一条记录了，所以恢复的状态为 ctx.fillStyle = 'red'，此时的状态堆为空。现在填充矩形就使用红色了。

图 6-34　第 1 次调用 Context.save()方法后的状态堆

图 6-35　第 2 次调用 Context.save()方法后的状态堆

浏览【例 6-34】的结果如图 6-36 所示。

可以看到，填充矩形的颜色依次为红色、绿色、蓝色、绿色和红色，与前面的分析过程相同。

6.6.2　移动

可以调用 Context.translate ()方法将 Canvas 画布的原点移动到指定的位置，移动后再绘图就会按照新的坐标设置位置。这就相当于将之前已经绘制的图形反向移动了位置。

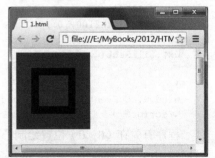

图 6-36　浏览【例 6-34】的结果

Context.translate ()方法的语法如下。

```
void translate(x, y);
```

参数 x 和 y 指定将 Canvas 画布的原点移动到的新位置。

【例 6-35】　使用 Context.translate ()方法移动 Canvas 画布原点。

```
<canvas id="myCanvas" height=500 width=500>您的浏览器不支持 canvas。</canvas>
<script type="text/javascript">
function draw() {
var cxt = document.getElementById('myCanvas').getContext('2d');
cxt.fillStyle = 'red'
cxt.fillRect(0, 0, 50, 50);
```

```
cxt.translate(100, 100);
cxt.fillStyle = 'blue'
cxt.fillRect(0, 0, 50, 50);
}
window.addEventListener("load", draw, true);
</script>
```

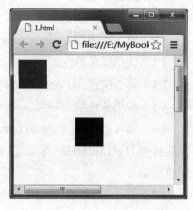

程序分别在（0，0）位置画了两个边长为 50 的正方形（第 1 个使用红色填充，第 2 个使用蓝色填充）。在画完第一个正方形后调用 cxt.translate() 方法将 canvas 画布的原点移动到（100，100）。浏览【例 6-35】的结果如图 6-37 所示。

如果不调用 cxt.translate() 方法移动 Canvas 画布的原点，则两个正方形会重合（因为都在（0，0）处绘制）。移动 Canvas 画布的原点后，相当于将第一个（红色）正方形向左上方移动了 100 像素。

图 6-37　浏览【例 6-35】的结果

6.6.3　缩放

可以调用 Context.scale() 方法缩小或放大 Canvas 图形或位图，语法如下。

```
void scale(x, y);
```

参数 x 和 y 分别是 x 轴和 y 轴的缩放因子，它们都必须是正值。值比 1.0 小表示缩小，比 1.0 大表示放大，值为 1.0 时什么效果都没有。

【例 6-36】　使用 Context. scale() 方法缩放 Canvas 对象。

```
<canvas id="myCanvas" height=500 width=500>您的浏览器不支持 canvas。</canvas>
<script type="text/javascript">
 function draw() {
var cxt = document.getElementById('myCanvas').getContext('2d');
cxt.fillStyle = 'red'
cxt.fillRect(0, 0, 50, 50);
cxt.translate(100, 0);
cxt.scale(0.5, 2);
cxt.fillRect(0, 0, 50, 50);

}
window.addEventListener("load", draw, true);
</script>
```

程序首先在（0，0）位置绘制了一个边长为 50 的正方形，然后调用 cxt.translate() 方法将 Canvas 画布的原点移动到（0，100），再调用 cxt.scale() 将 x 轴缩小为原来的一半，将 y 轴放大为原来的 2 倍，最后绘制一个边长为 50 的正方形。浏览【例 6-36】的结果如图 6-38 所示。

可以看到，同样是绘制边长为 50 的正方形，调用 cxt.scale（0.5，2）方法后，绘制图形的 x 轴缩小为原来的一半，将 y 轴放大为原来的两倍。

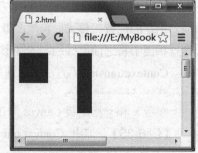

图 6-38　浏览【例 6-36】的结果

6.6.4　旋转

可以调用 Context.rotate() 方法将绘制的 Canvas 图形旋转一个角度，语法如下。

```
void rotate(angle);
```

参数 angle 是旋转的角度，单位为弧度，旋转方向是顺时针的。

【例 6-37】　使用 Context. rotate()方法旋转绘制的 Canvas 图形。

```
<canvas id="myCanvas" height=500 width=500>您的浏览器不支持 canvas。</canvas>
<script type="text/javascript">
function draw() {
var cxt = document.getElementById('myCanvas').getContext('2d');
cxt.translate(75,75);
for (var i=1;i<6;i++){ // Loop through rings (from inside to out)
cxt.save();
cxt.fillStyle = 'rgb('+(51*i)+','+(255-51*i)+',255)';
for (var j=0;j<i*6;j++){ // draw individual dots
cxt.rotate(Math.PI*2/(i*6));
cxt.beginPath();
cxt.arc(0,i*12.5,5,0,Math.PI*2,true);
cxt.fill();
}
cxt.restore();
}

}
window.addEventListener("load", draw, true);
</script>
```

程序中使用了两个 for 循环语句，第一个 for 语句用于控制画圆的圈数（这里画 5 圈），第二个 for
语句用于画一圈圆（圆的数量与循环的圈数相关），每画一个圆之前
都调用 Context. rotate()方法旋转一个角度。因此，尽管画圆的坐标没
有变化，但可以画出一圈圆；每画完一圈圆之后，程序都会调用 cxt.
restore()方法恢复绘图状态。因此 Context. rotate()方法不会对下一圈
圆的绘制产生影响。

每画一圈圆之前，程序都会调用 cxt.save()方法保存当前的绘图
状态。

浏览【例 6-37】的结果如图 6-39 所示。

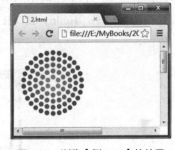

图 6-39　浏览【例 6-37】的结果

6.6.5　变形

可以调用 Context.setTransform()方法对绘制的 Canvas 图形进行变形，语法如下。

```
context.setTransform(m11, m12, m21, m22, dx, dy);
```

参数构成如下的变形矩阵。

$$\begin{pmatrix} m11 & m21 & dx \\ m12 & m22 & dy \\ 0 & 0 & 1 \end{pmatrix}$$

假定点（x, y）经过变形后变成了（X, Y），则变形的转换公式如下。

```
X = m11×x + m21×y+ dx
Y = m12×x + m22×y+ dy
```

通常可以使用变形绘制影子效果。

【例 6-38】　使用 Context. setTransform()方法实现倒影效果。

207

```
<canvas id="myCanvas" height=500 width=500>您的浏览器不支持 canvas。</canvas>
<script type="text/javascript">
function draw() {
  var ctx= document.getElementById('myCanvas').getContext('2d');
  ctx.fillStyle="blue";
  ctx.font="48pt Helvetica";
  ctx.fillText("Hello, HTML5!", 0, 100);
  ctx.setTransform(1,0,0,-1,0,2);
    // 对角线上的渐变
  var Colordiagonal = ctx.createLinearGradient(0,-10, 0,-200);
  Colordiagonal.addColorStop(0, "blue");
  Colordiagonal.addColorStop(1, "white");
  ctx.fillStyle = Colordiagonal;
  ctx.fillText("Hello, HTML5!", 0, -100)
}

window.addEventListener("load", draw, true);
</script>
```

程序首先在（0，100）处输出一个字符串"Hello，HTML5!"，然后调用 ctx.setTransform（1，0，0，–1，0，2）方法进行变形处理。按照前面介绍的变换公式，可以得到转换的结果如下。

X = 1×x + 0×y+ 0 = x
Y = 0×x + (-1)×y+ 2 = -y+2

可以看到变换后 x 坐标不变，y 坐标被取反（即得到倒影）。参数 dy 的作用是使文字与倒影之间留有空隙。为了在输出的字符串"Hello，HTML5!"的正下方输出其倒影，变换后在（0，–100）处输出字符串"Hello，HTML5!"，得到的取反结果就会出现在第一个字符串的正下方，如图 6-40 所示。

图 6-40　绘制倒影

为了增强视觉效果，程序还在绘制阴影时使用了渐变颜色。

【例 6-39】　使用 Context.setTransform()方法实现侧阴影效果。

```
<canvas id="myCanvas" height=500 width=500>您的浏览器不支持 canvas。</canvas>
<script type="text/javascript">
function draw()
{
  var c=document.getElementById("myCanvas");      // 获取网页中的 canvas 对象
  var ctx=c.getContext("2d");                      // 获取 canvas 对象的上下文
  ctx.fillStyle = "yellow";
    ctx.strokeStyle = "yellow";
  var centerX = 100;
  var centerY = 100;
```

```
    var radius = 50;
    var startingAngle = 0;
    var endingAngle = 2 * Math.PI;
    ctx.save();                                    // 保存当前的绘图状态
    ctx.setTransform(1, 0, -0.5, 1, 100, 0);
    ctx.beginPath();                               // 开始绘图路径
    ctx.arc(centerX, centerY, radius, startingAngle, endingAngle, false);
    ctx.strokeStyle = "white";
    ctx.stroke();
    ctx.fillStyle = "RGBA(0,0,0,0.2)";
    ctx.fill();
ctx.restore();                                     // 恢复之前保存的绘图状态
    ctx.beginPath();                               // 开始绘图路径
    ctx.arc(centerX, centerY, radius, startingAngle, endingAngle, false);
    ctx.stroke();
    ctx.fill();
}
window.addEventListener("load", draw, true);
</script>
```

程序首先调用 ctx.save() 方法保存当前的绘图状态，然后调用 ctx.setTransform（1，0，–0.5，1，100，0）方法进行变形处理。按照前面介绍的变换公式，可以得到转换的结果如下。

```
X = 1×x + (-0.5)×y+ 100 = x - 0.5×y + 100
Y = 0×x + 1×y+ 0 = y
```

变换后 y 坐标不变, x 坐标被减小并取反（即被移至原来的左侧, 同时发生变形 ）。参数 dx 的作用是使图形移至原来的右侧。变形后调用 ctx.arc() 方法绘制一个阴影圆（先绘制阴影是为了防止阴影覆盖原图 ），然后调用 ctx.restore() 方法恢复之前保存的绘图状态，最后绘制一个圆，如图 6-41 所示。

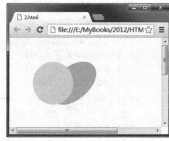

图 6-41　浏览【例 6-39】的结果

6.7　组合和阴影

本节介绍 Canvas 绘图的另外两个特性: 组合和阴影。

6.7.1　组合图形

在绘制图形时，如果画布上已经有图形，就涉及两个图形如何组合的问题。可以通过 CanvasRenderingContext2D.globalCompositeOperation 属性来设置组合方式，具体取值如表 6-5 所示。

表 6–5　globalCompositeOperation 属性的可选值

可选值	具体描述
source-over	新图形会覆盖在原有内容之上，为默认值
destination-over	在原有内容之下绘制新图形
source-in	新图形会仅仅出现与原有内容重叠的部分，其他区域都变成透明的
destination-in	原有内容中与新图形重叠的部分会被保留，其他区域都变成透明的

续表

可选值	具体描述
source-out	只有新图形中与原有内容不重叠的部分会被绘制出来
destination-out	原有内容中与新图形不重叠的部分会被保留
source-atop	新图形中与原有内容重叠的部分会被绘制，并覆盖于原有内容之上
destination-atop	原有内容中与新内容重叠的部分会被保留，并会在原有内容之下绘制新图形
lighter	两图形中重叠的部分做减色处理
darker	两图形中重叠的部分做加色处理
xor	重叠的部分会变成透明
copy	只有新图形会被保留，其他都被清除掉

【例 6-40】 使用 Context.globalCompositeOperation 属性实现图形组合的例子。

```
<canvas id="myCanvas" height=500 width=500>您的浏览器不支持 canvas。</canvas>
<script type="text/javascript">
function draw()
{
  var c=document.getElementById("myCanvas");      // 获取网页中的 canvas 对象
  var ctx=c.getContext("2d");                     // 获取 canvas 对象的上下文
  ctx.fillStyle = "yellow";
  ctx.fillRect(0,0, 100, 100);

  ctx.fillStyle = "blue";
  ctx.globalCompositeOperation = "source-over";
  var centerX = 100;
  var centerY = 100;
  var radius = 50;
  var startingAngle = 0;
  var endingAngle = 2 * Math.PI;
  ctx.beginPath();                                // 开始绘图路径
  ctx.arc(centerX, centerY, radius, startingAngle, endingAngle, false);
  ctx.fill();
}
window.addEventListener("load", draw, true);
</script>
```

程序首先绘制一个黄色的正方形，然后绘制一个蓝色的圆，两个图形有交集。这里将 ctx.globalCompositeOperation 设置为默认值 source-over，结果如图 6-42 所示。读者可以将 ctx.globalCompositeOperation 设置为不同的值，查看结果，进行比较。例如，ctx.globalCompositeOperation=" destination-over"的结果如图 6-43 所示。

图 6-42　source-over 属性值的结果

图 6-43　destination-over 属性值的结果

ctx.globalCompositeOperation="source-in"的结果如图 6-44 所示。

ctx.globalCompositeOperation= "destination-in"的结果如图 6-45 所示。

图 6-44　source-in 属性值的结果

图 6-45　destination-in 属性值的结果

ctx.globalCompositeOperation="source-out"的结果如图 6-46 所示。

ctx.globalCompositeOperation="destination-out"的结果如图 6-47 所示。

图 6-46　source-out 属性值的结果

图 6-47　destination-out 属性值的结果

ctx.globalCompositeOperation="source-atop"的结果如图 6-48 所示。

ctx.globalCompositeOperation="destination-atop"的结果如图 6-49 所示。

图 6-48　source-atop 属性值的结果

图 6-49　destination-atop 属性值的结果

ctx.globalCompositeOperation="lighter"的结果如图 6-50 所示。

ctx.globalCompositeOperation="darker"的结果如图 6-51 所示。

图 6-50　lighter 属性值的结果

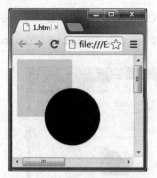

图 6-51　darker 属性值的结果

ctx.globalCompositeOperation="xor"的结果如图 6-52 所示。

ctx.globalCompositeOperation="copy"的结果如图 6-53 所示。

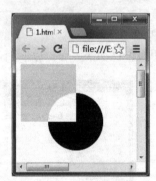

图 6-52　xor 属性值的结果

图 6-53　copy 属性值的结果

6.7.2　绘制阴影

在绘制图形时，可以通过 CanvasRenderingContext2D 的一组属性设置图形的阴影，这些与阴影有关的属性如表 6-6 所示。

表 6–6　与阴影有关的属性

属性名	具体描述
shadowBlur	阴影的像素模糊值
shadowOffsetX	阴影在 x 轴上的偏移值
shadowOffsetY	阴影在 y 轴上的偏移值
shadowColor	阴影颜色值

【例 6-41】　绘制一个蓝色的矩形，同时绘制阴影。

```
<canvas id="myCanvas" height=500 width=500>您的浏览器不支持 canvas。</canvas>
<script type="text/javascript">
function draw()
{
    var c=document.getElementById("myCanvas");        // 获取网页中的 canvas 对象
    var ctx=c.getContext("2d");                       //获取 canvas 对象的上下文
    ctx.fillStyle = "blue";
    ctx.save();
    ctx.shadowBlur = 20;
```

```
  ctx.shadowOffsetX = 15;
  ctx.shadowOffsetY = 15;
  ctx.shadowColor = "blue";
  ctx.fillRect(50,50,100,100);
  ctx.restore();
  ctx.fillRect(200,50,100,100);
}
window.addEventListener("load", draw, true);
</script>
```

程序首先绘制一个带阴影的矩形，然后调用 **ctx.restore()**方法将绘图状态恢复到设置阴影属性之前，在旁边又绘制了一个没有阴影的矩形，以便读者对比。浏览【例 6-41】的结果如图 6-54 所示。

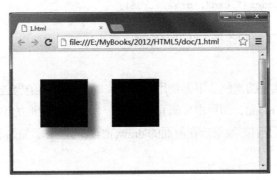

图 6-54 浏览【例 6-41】的结果

6.8 HTML5 Canvas 应用实例

前面介绍了使用 HTML5 Canvas API 绘制基本图形和实现绘图效果的方法，仅仅绘制基本图形显然不够实用。本节介绍两个使用 HTML5 Canvas API 绘制的精美应用实例。

6.8.1 绘制漂亮的警告牌

本节演示如何使用 HTML5 Canvas API 一步一步地绘制一个漂亮的警告牌，如图 6-55 所示。

1. 绘制路径

首先绘制一个三角形路径，代码如下。

```
<!DOCTYPE html>
<html>
  <head>
    <title>HTML5 Canvas Example</title>
  </head>
  <body>
    <canvas id="canvasId" width="165" height="145"></canvas>
  </body>
</html>

    <script type="text/javascript">
    var context = document.getElementById('canvasId').getContext("2d");
    function draw()
{
  var width = 125;  // 图形的宽度
```

```
    var height = 105;                                          // 图形的高度
    var padding = 20;                                          // 图形的偏移
  // 绘制底面
  // 画边线
  context.beginPath();
  context.moveTo(padding + width/2, padding);                 // 顶点
  context.lineTo(padding + width, height + padding);          // 右下角
  context.lineTo(padding, height + padding);                  // 左下角
  context.closePath();
}
window.addEventListener("load", draw, true);
</script>
```

上面的程序只是定义了绘图路径，并没有绘制，因此还看不出效果。

2. 绘制最外侧边框

警告牌的 3 个角应该是圆滑的。下面使用前面定义的渐变颜色给警告牌绘制一个最外侧边框，将 context.lineJoin 设置为 round，即可出现圆角的效果。为了增加图形的层次感，程序使用了垂直渐变颜色进行填充，并增加了阴影效果。在前面的 draw()函数的最后添加如下代码。

```
context.shadowBlur = 10;
context.shadowColor = "black";
//使用垂直渐变颜色填充
gradient = context.createLinearGradient(0,padding,0,padding+height);
gradient.addColorStop(0, "#faf100");
gradient.addColorStop(0.9, "#fca009");
gradient.addColorStop(1, "#ffc821");
//绘制最外侧边框
context.lineWidth = 20;
context.lineJoin = "round";
context.strokeStyle = gradient;
context.stroke();
```

绘制出的效果如图 6-56 所示。

图 6-55　要绘制的警告牌

图 6-56　绘制最外侧边框

3. 填充内部

下面使用前面定义的渐变颜色填充警告牌的内部。在前面的 draw()函数的最后添加如下代码。

```
context.shadowColor = "transparent";
context.fillStyle = gradient;
```

```
context.fill();
```

绘制出的效果如图 6-57 所示。为了取消内部的阴影效果，这里将 context.shadowColor 属性设置为 transparent。

4. 绘制黑色边框

下面绘制警告牌的黑色三角边框。在前面的 draw() 函数的最后添加如下代码。

```
//绘制黑色边框
context.lineWidth = 5;
context.lineJoin = "round";
context.strokeStyle = "#333";
context.stroke();
```

绘制出的效果如图 6-58 所示。

图 6-57　填充内部　　　　　　　　　　图 6-58　绘制黑色边框

5. 绘制中心的感叹号

下面绘制中心的感叹号，在前面的 draw() 函数的最后添加如下代码。

```
context.textAlign = "center";
context.textBaseline = "middle";
context.font = "bold 60px 'Times New Roman', Times, serif";
context.fillStyle = "#333";
context.fillText("!", padding +width/2, padding + height/1.5);
```

绘制出的效果如图 6-55 所示。至此，漂亮的警告牌就绘制完成了。也许有的读者会觉得网上有很多精美的图片，为什么要如此费力地画图呢？直接用现成的不就行了嘛！实际上使用 Canvas API 绘图非常灵活，可以很轻松地调整图像的颜色和大小，而且可以实现动画效果，这种应用在开发在线游戏时非常重要。下一小节介绍一个使用 Canvas API 实现的动画实例。

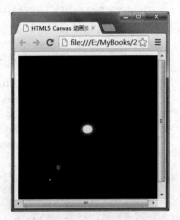

6.8.2　动画实例：小型太阳系模型

开发在线游戏时，绘制动画是非常重要的。本节介绍一个使用 Canvas API 实现的动画实例——小型太阳系模型，该模型由地球、月球和太阳组成。在漆黑的夜空中，地球围着太阳转、月球围绕地球转，界面如图 6-59 所示。

图 6-59　小型太阳系模型动画实例

可惜，截图不能充分地表现动画效果。读者只能在上机练习时亲自体验了。

要实现动画效果，除了绘图外，还需要解决下面两个问题。

（1）定期绘图，也就是每隔一段时间就调用绘图函数进行绘图。动画是通过多次绘图实现的，一次绘图只能实现静态图像。

可以使用 setInterval() 方法设置一个定时器，语法如下。

```
setInterval(函数名,时间间隔)
```

时间间隔的单位是 ms，每经过指定的时间间隔，系统都会自动调用指定的函数。

（2）清除先前绘制的所有图形。物体已经移动开来，可原来的位置还保留先前绘制的图形，这样当然不行。解决这个问题最简单的方法是使用 clearRect 方法清除画布中的内容。

在设计小型太阳系模型动画之前需要准备 3 张图片分别用于表示地球、月球和太阳。本例的画面比较小，因此这 3 张图片不需要很精美。这里使用 sun.png 表示太阳，使用 eartrh.png 表示地球，使用 moon.png 表示月球，将它们保存在 images 目录下，如图 6-60 所示。

图 6-60　本例使用的 3 个图片

因为本例的背景是漆黑的夜空，所以这些图片的背景都是黑色的。下面介绍本实例的设计过程。首先定义一个 Canvas 元素，画布的长和宽都是 300，代码如下。

```
<!DOCTYPE html>
<html>
  <head>
    <title>HTML5 Canvas 动画实例：小型太阳系模型</title>
  </head>
  <body>
    <canvas id="canvasId" width="300" height="300"></canvas>
  </body>
</html>
```

在 JavaScript 代码中定义 3 个 Image 对象，分别用于显示 sun.png、eartrh.png 和 moon.png。然后定义一个 init() 函数，初始化 Image 对象，并设置定时器，代码如下。

```
<script type="text/javascript">
  var sun = new Image();
  var moon = new Image();
  var earth = new Image();
  function init(){
    sun.src = 'images/sun.png';
    moon.src = 'images/moon.png';
    earth.src = 'images/earth.png';
    setInterval(draw,100);
  }
```

......
```
//此处省略 draw()函数的代码
    window.addEventListener("load", init, true);
</script>
```

程序使用 window.addEventListener()方法指定页面加载（load 事件）时调用 init()方法。

在 init()函数中调用 setInterval()方法设置每 100ms 调用一次 draw()函数。draw()函数是本实例的主体，用于绘制小型太阳系模型。下面分步介绍 draw()函数的代码。

1．绘制背景

本例的背景就是漆黑的夜空，因此简单地画一个黑色的矩形就可以了，代码如下。

```
function draw()
{
  var ctx = document.getElementById('canvasId').getContext('2d');
  ctx.clearRect(0,0,300,300); // 清除 canvas 画布
  ctx.fillStyle = 'rgba(0,0,0)';
  ctx.fillRect(0,0,300,300);
  ctx.save();
```

每次调用 draw()函数都要使用 ctx.clearRect()方法清除 canvas 画布。

2．绘制太阳

在画布的中心绘制太阳，代码如下。

```
ctx.drawImage(sun,125,125,50,50);
```

画布的中心为（150，150），太阳图片的长和宽都为 50，因此图像的左上角坐标为（125，125）（125=150−50/2）。

3．绘制地球轨道

假定地球轨道是以太阳为中心的半径为 100 的圆，绘制地球轨道的代码如下。

```
ctx.strokeStyle = 'rgba(0,153,255,0.4)';
ctx.beginPath();
ctx.arc(150,150,100,0,Math.PI*2,false);        // 地球轨道
ctx.stroke();
ctx.closePath();
```

4．绘制地球

因为地球围绕着太阳转，所以在绘制地球之前，要进行下面几次平移和旋转操作。

（1）平移至画布的中心（即站在太阳的角度看地球）。

（2）根据当前的时间旋转一定的角度。

（3）平移至地球轨道。

绘制地球，代码如下。

```
ctx.save();
// 绘制地球
ctx.translate(150,150);                         // 平移至画布的中心
var time = new Date();                          // 获取当前时间
// 旋转一定的角度
ctx.rotate( ((2*Math.PI)/60)*time.getSeconds() +
                ((2*Math.PI)/60000)*time.getMilliseconds() );
ctx.translate(105,0);                           // 平移至地球轨道
ctx.drawImage(earth,-12,-12);                   // 绘制地球
```

每次绘图制地球时程序都会根据当前的时间旋转一定的角度，这是动画的关键。使用 new Date() 可以获取当前的系统时间，使用 time.getSeconds() 可以得到系统时间中的秒数，使用 time.getMilliseconds() 可以得到系统时间中的毫秒数。这里约定地球 1 分钟（60 秒）绕太阳转一圈，因此当前地球在轨道上的位置应该是 2π 除以 60 再乘以当前的秒数加上 2π 除以 60 000（1 分钟=60 000 毫秒）再乘以当前的毫秒数。

地球轨道的半径为 100，考虑到 eartrh.png 的宽度，在平移至地球轨道时调用 ctx.translate（105，0）。

最后调用 ctx.drawImage() 方法绘制地球图片，可以调整坐标使地球图片正好位于轨道上。

5. 绘制月球

经过前面的平移和旋转操作，旋转的坐标原点已经在地球的位置了。在此基础上绘制月球就很方便了。只需要经过一次旋转和一次平移就可以了。绘制月球，代码如下。

```
ctx.save();
ctx.rotate( ((2*Math.PI)/6)*time.getSeconds() +
                   ((2*Math.PI)/6000)*time.getMilliseconds() );
ctx.translate(0,28.5);
ctx.drawImage(moon,-3.5,-3.5);
```

这里假定月球每 6 秒绕地球转一圈，旋转的公式可以参照绘制地球的方法理解。这里假定月球的轨道半径为 28.5。

6. 恢复绘图状态

在绘制地球和绘制月球时都进行了平移和旋转操作。绘制之前都调用 ctx.save() 方法保存绘图状态。在绘制结束时需要两次恢复绘图状态，代码如下。

```
ctx.restore();
ctx.restore();
```

如果不恢复绘图状态，则下次调用 draw() 函数时，坐标的状态是不正确的，画面就会出现混乱。

练习题

一、单项选择题

1. 关于 Canvas 坐标系统，下面的说法错误的是（　　）。

    A. Canvas 使用二维坐标系统，即有 X 轴和 Y 轴两个坐标轴

    B. 默认情况下，坐标轴原点位于窗口客户区的左下角，X 轴向右为正，Y 轴向上为正

    C. Canvas 坐标系统的度量单位为像素

    D. Canvas 坐标系统有 X 轴和 Y 轴两个坐标轴

2. 可以使用一个（　　）进制字符串表示颜色，格式为 #RGB。

    A. 十六　　　　　　　B. 八　　　　　　　　C. 十　　　　　　　　D. 二

3. 绘制二次方贝塞尔曲线的方法是（　　）。

    A. quadraticCurveTo(cpX, cpY, x, y)

    B. bezierCurveTo(cpX1, cpY1, cpX2, cpY2, x, y)

    C. quadraticCurveTo(cpX1, cpY1, cpX2, cpY2, x, y)

    D. bezierCurveTo(cpX, cpY, x, y)

4. 调用 Context.translate ()方法的作用是（　　　）。

   A. 将指定的图形移动到指定的位置　　　　B. 将 canvas 画布的原点移动到指定的位置

   C. 将 canvas 画布的内容移动到指定的位置　D. 将以后绘制的图形移动到指定的位置

二、填空题

1. 可以调用_____方法绘制直线。

2. 可以使用_____方法画圆。

3. 可以使用_____方法定义透明颜色。

4. 使用_____方法输出的文字是中空的。如果要填充文字内部，可以使用_____方法。

5. 可以调用 Context._____方法将绘制的 canvas 图形旋转一个角度。

三、简答题

1. 试述 strokeRect()方法与 rect()方法的异同。

2. 试述创建 CanvasGradient（渐变颜色）对象的方法。

3. 试解释下面的 drawImage()方法中各参数的含义。

```
drawImage(image, sourceX, sourceY, sourceWidth, sourceHeight,
        destX, destY, destWidth, destHeight)
```

4. 可以通过 CanvasRenderingContext2D 的一组属性设置图形的阴影，试述阴影有关的属性及其含义。

07

第7章 绘制可伸缩矢量图形（SVG）

　　可伸缩矢量图形（Scalable Vector Graphics，SVG）使用 XML 格式在 Web 上定义基于矢量的图形。矢量图形是根据几何特性来绘制的图形，矢量（Vector）可以是一个点或一条线。矢量图以几何图形居多，图形可以无限放大，不变色、不模糊，常用于图案、标志、文字等方面的设计。

　　HTML5 对 SVG 提供了很好的支持，可以直接在 HTML 网页中嵌入 SVG 元素。本章介绍在 HTML5 中如何绘制 SVG 图形。

7.1　SVG 概述

本节首先介绍 SVG 的基础知识，使读者进一步了解 SVG 技术，为学习本章后面的内容奠定基础。

7.1.1　SVG 的特性

与 JPEG 和 GIF 等格式的图像相比，SVG 图像主要具有如下优势。

* SVG 图像可以使用任何文本编辑器创建和编辑，而 JPEG 和 GIF 等格式的图像必须使用专用的图像编辑软件创建和编辑。

* SVG 图像更易于压缩、搜索（适用于制作地图）、索引和脚本化。

* 缩放 SVG 图像时，图像不变形。

* 可以在任何分辨率下打印高质量的 SVG 图像。

SVG 与 Canvas 相比的异同如下。

* SVG 是在 XML 中描述二维图像的语言；Canvas 则在 JavaScript 程序中绘制二维图像。

* 在 SVG 中，每一个绘制的图形都会被记录为一个对象，当 SVG 对象的属性变化时，浏览器会自动重画图形。

* Canvas 图像是逐像素绘制的，一旦图像绘制完成，浏览器就会忘了它。如果图像的位置变化了，那么场景都要重画，包括被该图像覆盖的对象。

7.1.2　XML 基础

与 HTML 相同，XML 也是一种标记语言。但是，XML 是可扩展的，它没有 HTML 中那些预先定义好的标记，用户可以创建自定义元素以满足使用需要，这无疑大大增加了 XML 的灵活性和应用领域。当然，XML 文档不可能是没有限制的，它必须遵守一个特殊的结构。下面是一个简单的 XML 文档。

```
<?xml version="1.0" encoding="gb2312" standalone="yes"?>
<!-- 这是一个 XML 文档的示例  -->
<AddressList>
  <Person>
    <Name>小李</Name>
    <Sex>男</Sex>
    <Age>23</Age>
    <Address>北京市海淀区</Address>
    <Mobile>1300XXXXXXX</Mobile>
  </Person>
  <Person>
    <Name>小张</Name>
    <Sex>女</Sex>
    <Age>22</Age>
    <Address>北京市西城区</Address>
```

```
      <Mobile>1360XXXXXX</Mobile>
    </Person>
</AddressList >
```

第 1 行是 XML 声明，其中包含 3 个属性，具体说明如下。

• version 属性指明了 XML 的版本。

• encoding 属性定义了文档中使用的编码格式，gb2312 指定使用 GB2312 码。GB2312 码是中华人民共和国国家汉字信息交换用编码，全称为《信息交换用汉字编码字符集——基本集》，由国家标准总局发布。

• standalone 属性指定 XML 文档是否依赖外部定义的 DTD 文件，有效值是 yes 和 no。

XML 文档中的注释是由<!--和-->标记分隔的文本段，其中包含的文字将不被解析。

在第 3 行中定义了一个元素（element），即 AddressList。因为 XML 文档可以表现为树状结构，所以它的第一个元素被称为根元素，也叫文档元素。每个 XML 文档只能包含一个根元素。最后一行的</AddressList>是根元素的结束标记，每个 XML 标记都必须有一个对应的结束标记，表明定义的结束。Person 是 AddressList 的一个子元素，在<Person>和</Person>之间定义了一个联系人的基本信息，而 Person 元素中又包含姓名（<Name>…</Name>）、性别（<Sex>…</Sex>）、年龄（<Age>…</Age>）、地址（<Address>…</Address>）和手机（<Mobile>…</Mobile>）等子元素。

每个 XML 元素都可以包含一个或多个属性，可以使用属性替换子元素。

【例 7-1】 在 Person 元素中定义属性 sex，替换子元素<Sex>…</Sex>，代码如下。

```
<?xml version="1.0" encoding="gb2312" standalone="yes"?>
<!-- 这是一个 XML 文档的示例  -->
<AddressList>
  <Person sex="男">
    <Name>小李</Name>
    <Age>23</Age>
    <Address>北京市海淀区</Address>
    <Mobile>1300XXXXXX</Mobile>
  </Person>
  <Person sex="女">
    <Name>小张</Name>
    <Age>22</Age>
    <Address>北京市西城区</Address>
    <Mobile>1360XXXXXX</Mobile>
  </Person>
</AddressList >
```

7.1.3 SVG 实例

SVG 图像可以保存为.avg 文件，本小节通过一个简单的 SVG 实例介绍如何使用 SVG 进行绘图。

【例 7-2】 一个画圆的 SVG 文件，代码如下。

```
<?xml version="1.0" standalone="no"?>
```

```
<!DOCTYPE svg PUBLIC "-//W3C//DTD SVG 1.1//EN"
"http://www.w3.org/Graphics/SVG/1.1/DTD/svg11.dtd">

<svg width="100%" height="100%" version="1.1"
xmlns="http://www.w3.org/2000/svg">

<circle cx="100" cy="50" r="40" stroke="black"
stroke-width="2" fill="red"/>
</svg>
```

代码说明如下。

- 第 1 行是 XML 声明，standalone="no"说明 SVG 文档会引用一个外部文件，就是后面指定的 http://www.w3.org/Graphics/SVG/1.1/DTD/svg11.dtd，svg11.dtd 中包含了所有允许的 SVG 元素。

- SVG 代码从<svg>标签开始，以</svg>标签结束。

- <circle>标签用于定义一个圆。cx 和 cy 指定圆的圆心坐标，r 指定圆的半径。Stroke 属性指定圆的边框颜色，stroke-width 属性指定圆的边框宽度。fill 属性指定填充圆的颜色。

将上面的代码保存为 circle.svg，然后在支持 SVG 的浏览器（这里使用的是 Google Chrome 21.0）中打开此文件，结果如图 7-1 所示。

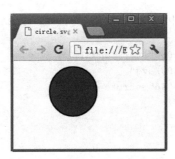

图 7-1　浏览【例 7-2】的结果

　在 HTML5 中绘制 SVG 图形并不是设计.svg 文件，而是在浏览器中查看并在网页中使用 SVG 标签和 API 绘图。本节只是通过实例使读者了解什么是 SVG。

7.1.4　SVG 坐标系统

在 HTML5 中绘制 SVG 图形时也需要指定坐标。SVG 使用的坐标系统与 Canvas 相同，请参照 6.2.1 小节理解。

7.1.5　在 HTML5 中使用 SVG

可以通过下面两种方法在 HTML5 中使用 SVG。

（1）嵌入.svg 文件。

（2）直接在 HTML 文档中添加 SVG 定义代码。

1. 嵌入 .svg 文件

可以使用<embed>标签在 HTML 文档中引用.svg 文件，方法如下。

```
<embed src=".svg 文件" width="SVG 宽度" height="SVG 高度"  type="image/svg+xml"
pluginspage="http://www.adobe.com/svg/viewer/install/" />
```

pluginspage 属性指定下载 SVG 插件的 URL。

【例 7-3】 在 HTML5 文档中嵌入【例 7-2】中定义的 circle.svg，代码如下。

```
<HTML>
<HEAD><TITLE>嵌入.svg 文件</TITLE></HEAD>
<BODY>
<embed src="circle.svg" width="100%" height="100%"  type="image/svg+xml"
pluginspage="http://www.adobe.com/svg/viewer/install/" />
</BODY>
</HTML>
```

2. 直接在 HTML 文档中添加 SVG 定义代码

也可以将 7.1.3 小节介绍的 SVG 代码（从<svg>标签开始，到</svg>标签结束）直接添加在 HTML 文档中。

【例 7-4】 直接在 HTML 文档中添加 SVG 定义代码，在网页中画圆，代码如下。

```
<HTML>
<HEAD><TITLE>直接在 HTML 文档中添加 SVG 定义代码</TITLE></HEAD>
<BODY>
<svg width="100%" height="100%" version="1.1"
xmlns="http://www.w3.org/2000/svg">
<circle cx="100" cy="50" r="40" stroke="black"
stroke-width="2" fill="red"/>
</svg>
</BODY>
</HTML>
```

7.2 SVG 形状

使用 SVG 可以绘制各种形状，包括直线、折线、矩形、圆形、椭圆和多边形等。本节介绍绘制 SVG 形状的方法。

7.2.1 绘制直线

在 SVG 代码中，可以使用<line>标签绘制直线，具体方法如下。

```
<line x1="x1 值" y1="y1 值" x2="x2 值" y2="y2 值"/>
```

x1、y1、x2、y2 是必选属性，说明如下。

- x1：直线起点的 *x* 坐标。
- y1：直线起点的 *y* 坐标。
- x2：直线终点的 *x* 坐标。
- y2：直线终点的 *y* 坐标。

【例7-5】 绘制直线，起点坐标为（100，100），终点坐标为（200，200），线的颜色为黑色，线宽为2。代码如下。

```
<HTML>
<HEAD><TITLE>绘制直线</TITLE></HEAD>
<BODY>
<svg width="100%" height="100%" version="1.1"
xmlns="http://www.w3.org/2000/svg">
<line x1="100" y1="100" x2="200" y2="200" stroke="black"/>
</svg>
</BODY>
</HTML>
```

stroke 属性指定画线的颜色。如果不指定，则默认使用白色。浏览此网页的结果如图 7-2 所示。

图 7-2　浏览【例 7-5】的结果

7.2.2　绘制折线

在 SVG 代码中，可以使用<polyline>标签绘制由一组直线构成的折线，具体方法如下。

```
<polyline points="x1,y1 x2,y2 … xn,yn"/>
```

points 属性指定折线中的转折点。其中，（x1，y1）为起点，（x_n，y_n）为终点。

【例7-6】 使用<polyline>标签绘制折线。

```
<HTML>
<HEAD><TITLE>绘制折线</TITLE></HEAD>
<BODY>
<svg width="100%" height="100%" version="1.1"
xmlns="http://www.w3.org/2000/svg">
<polyline points="0,0 50,50  50,100 100,100 100,150"
stroke-width="2" />
</svg>
</BODY>
</HTML>
```

浏览此网页的结果如图 7-3 所示。可以看到，虽然代码中没有指定填充属性，但系统还是自动使用黑色填充了折线内部的封闭空间。如果只希望看到折线，不希望填充折线内部的封闭空间，则可以将 fill 属性设置为白色，代码如下。

```
<HTML>
<HEAD><TITLE>绘制折线</TITLE></HEAD>
<BODY>
<svg width="100%" height="100%" version="1.1"
xmlns="http://www.w3.org/2000/svg">
<polyline points="0,0 50,50  50,100 100,100 100,150" stroke="red"
fill="white"/>
</svg>
</BODY>
</HTML>
```

浏览此网页的结果如图 7-4 所示。

图 7-3　浏览【例 7-6】的结果

图 7-4　以白色填充折线内部封闭空间的结果

7.2.3　绘制矩形

在 SVG 代码中，可以使用<rect>标签绘制矩形，具体方法如下。

```
<rect x="矩形左上角 x 坐标" y="矩形左上角 y 坐标" width="矩形的宽度" height="矩形的高度" />
```

【例 7-7】　使用< rect >标签绘制矩形。

```
<HTML>
<HEAD><TITLE>绘制矩形</TITLE></HEAD>
<BODY>
<svg width="100%" height="100%" version="1.1"
xmlns="http://www.w3.org/2000/svg">
<rect x="50" y="50" width="100" height="50" stroke=
"blue"/>
</svg>
</BODY>
</HTML>
```

图 7-5　浏览【例 7-7】的结果

浏览此网页的结果如图 7-5 所示。

7.2.4　绘制圆形

在 SVG 代码中，可以使用<circle>标签绘制圆形，具体方法如下。

```
<rect cx="圆心 x 坐标" cy="圆心 y 坐标" r="半径"/>
```

【例 7-8】　使用<circle>标签绘制圆形。

```
<HTML>
<HEAD><TITLE>绘制圆形</TITLE></HEAD>
<BODY>
```

```
<svg width="100%" height="100%" version="1.1"
xmlns="http://www.w3.org/2000/svg">
<circle cx="100" cy="100" r="50" />
</svg>
</BODY>
</HTML>
```

浏览此网页的结果如图 7-6 所示。

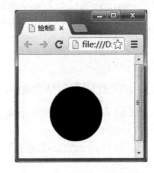

图 7-6　浏览【例 7-8】的结果

7.2.5　绘制椭圆

在 SVG 代码中，可以使用<ellipse>标签绘制椭圆形，具体方法如下。

```
<rect cx="圆心 x 坐标" cy="圆心 y 坐标" rx="x 轴半径" ry="y 轴半径"/>
```

【例 7-9】　使用< ellipse >标签绘制椭圆。

```
<HTML>
<HEAD><TITLE>绘制椭圆</TITLE></HEAD>
<BODY>
<svg width="100%" height="100%" version="1.1"
xmlns="http://www.w3.org/2000/svg">
<ellipse cx="200" cx="200" cy="100" rx="100" ry="50"/>
</svg>
</BODY>
</HTML>
```

浏览此网页的结果如图 7-7 所示。

图 7-7　浏览【例 7-9】的结果

7.2.6　绘制多边形

在 SVG 代码中，可以使用< polygon>标签绘制不少于 3 条边的多边形，具体方法如下。

```
< polygon points="多边形端点的坐标集"/>
```

多边形端点坐标的表示方法为 x、y，不同的端点坐标使用空格分隔，格式如下。

```
x₁,y₁ x₂,y₂ …… xₙyₙ
```

【例 7-10】　使用< polygon >标签绘制多边形。

```
<HTML>
<HEAD><TITLE>绘制多边形</TITLE></HEAD>
<BODY>
<svg width="100%" height="100%" version="1.1"
```

227

```
xmlns="http://www.w3.org/2000/svg">
<polygon points="220,100 300,210 170,250 123,234" stroke="blue"/>
</svg>
</BODY>
</HTML>
```

浏览此网页的结果如图 7-8 所示。

【例 7-11】 使用< polygon >标签绘制五角星。

```
<HTML>
<HEAD><TITLE>绘制五角星</TITLE></HEAD>
<BODY>
<svg width="100%" height="100%" version="1.1"
xmlns="http://www.w3.org/2000/svg">
<polygon points="100,10 40,180 190,60 10,60 160,180" />
</svg>
</BODY>
</HTML>
```

浏览此网页的结果如图 7-9 所示。

图 7-8　浏览【例 7-10】的结果

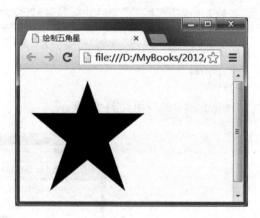

图 7-9　浏览【例 7-11】的结果

7.2.7　路径

路径代表一个可以被填充的形状的外形轮廓。可以使用路径描述当前点的概念。想象 SVG 是在一张纸上绘图，那么当前点就是画笔的位置。绘图时画笔是移动的，路径就相当于画笔移动的轨迹。可以使用<path>标签定义 SVG 路径，语法如下。

```
<path d="路径命令"/>
```

SVG 的路径命令如表 7-1 所示。

表 7–1　SVG 的路径命令

命令	命令格式	具体描述
M	M X Y	移动至（X, Y）
L	L X Y	画直线至（X, Y），起点为当前点
H	H X	画水平线。起点为当前点，终点的 X 坐标为参数 X，终点的 Y 坐标与当前点的 Y 坐标相同

续表

命令	命令格式	具体描述
V	V Y	画垂直线。起点为当前点，终点的 Y 坐标为参数 Y，终点的 X 坐标与当前点的 X 坐标相同
C	C X1Y1 X2 Y2 ENDX ENDY	绘制曲线（三次方贝塞曲线）
S	S X2 Y2 ENDX ENDY	绘制流畅曲线
Q	Q X Y ENDX ENDY	绘制二次方贝塞曲线
T	T ENDX,ENDY	绘制流畅二次方贝塞曲线
A	A RX RY XROTATION FLAG1 FLAG2 X Y	绘制椭圆，参数说明如下。 • RX，RY，椭圆的半轴大小 • XROTATION，椭圆的 X 轴与水平方向得到的顺时针方向夹角。可以想象成一个水平的椭圆绕中心点顺时针旋转 XROTATION 的角度 • FLAG1，只有两个值，1 表示大角度弧线，0 表示小角度弧线 • FLAG2，只有两个值，确定从起点至终点的方向，1 为顺时针，0 为逆时针 • X，Y，终点坐标

【例 7-12】　使用 SVG 路径绘制三角形。

```
<HTML>
<HEAD><TITLE>绘制三角形</TITLE></HEAD>
<BODY>
<svg width="100%" height="100%" version="1.1"
xmlns="http://www.w3.org/2000/svg">
<path d="M150 50 L50 250 L250 250" />
</svg>
</BODY>
</HTML>
```

浏览此网页的结果如图 7-10 所示。

【例 7-13】　使用 SVG 路径绘制螺旋。

```
<HTML>
<HEAD><TITLE>绘制螺旋</TITLE></HEAD>
<BODY>
<svg width="100%" height="100%" version="1.1"
xmlns="http://www.w3.org/2000/svg">
<path d="M153 134
C153 134 151 134 151 134
C151 139 153 144 156 144
C164 144 171 139 171 134
C171 122 164 114 156 114
C142 114 131 122 131 134
C131 150 142 164 156 164
C175 164 191 150 191 134
C191 111 175 94 156 94
C131 94 111 111 111 134
C111 161 131 184 156 184
C186 184 211 161 211 134
C211 100 186 74 156 74"
style="fill:white;stroke:red"/>
</svg>
</BODY>
</HTML>
```

为了看清螺旋的内部，这里设置 fill 属性为 white，stroke 属性为 red，即使用红色线条和白色填充绘图。浏览此网页的结果如图 7-11 所示。

图 7-10　浏览【例 7-12】的结果

图 7-11　浏览【例 7-13】的结果

　　　　使用 SVG 路径绘制复杂图形很麻烦，需要制定很多坐标参数。因此，如果需要使用
SVG 路径绘制复杂图形，那么建议借助 SVG 编辑工具，如 Adobe 的 SVGViewer。

7.3　线条和填充

在进行 SVG 绘图时，可以指定线条的属性和填充的样式。

7.3.1　设置线条的属性

7.2 节介绍的 SVG 基本形状都是通过线条绘制。在绘制图形时可以指定线条的颜色、宽度、端点、交点和虚实等属性。

1. 设置线条的颜色

在 SVG 标签中，可以使用 stroke 属性指定线条的颜色。例如，下面的代码可以绘制一个蓝色边框的矩形。

```
<rect x="10" y="10" width="100" height="100" stroke="blue"/>
```

2. 设置线条的透明度

在 SVG 标签中，可以使用 stroke-opacity 属性指定线条的透明度，其取值范围为 0~1，0 表示完全透明，1 表示不透明。例如，下面的代码可以绘制一个蓝色边框、透明度为 0.5 的矩形。

```
<rect x="10" y="10" width="100" height="100" stroke="blue" stroke-opacity=0.5/>
```

3. 设置线条的宽度

在 SVG 标签中，可以使用 stroke-width 属性指定线条的宽度。例如，下面的代码可以绘制一个蓝色边框、宽度为 4 的矩形。

```
<rect x="10" y="10" width="100" height="100" stroke="blue" stroke-width="4"/>
```

4. 设置线条的端点

在 SVG 标签中，可以使用 stroke-linecap 属性指定线条的端点样式。stroke-linecap 属性的取值如

表 7-2 所示。

表 7-2 stroke-linecap 属性的取值

取值	具体描述
butt	默认值，指定线段没有线帽。线条的末点是平直的，而且和线条的方向正交，这条线段在其端点之外没有扩展
round	指定线段带有一个半圆形的线帽，半圆的直径等于线段的宽度，并且线段在端点之外扩展了线段宽度的一半
square	指定线段一个矩形线帽。这个值和 butt 一样，但是线段扩展了自己宽度的一半

【例 7-14】 绘制各种线条端点。

```
<HTML>
<HEAD><TITLE>绘制各种线条端点</TITLE></HEAD>
<BODY>
<svg width="100%" height="100%" version="1.1"
xmlns="http://www.w3.org/2000/svg">
<line x1="100" y1="100" x2="200" y2="100" stroke="blue"
stroke-width="40" stroke-linecap="butt"/>
<line x1="100" y1="150" x2="200" y2="150" stroke="blue"
stroke-width="40" stroke-linecap="round"/>
<line x1="100" y1="200" x2="200" y2="200" stroke="blue"
stroke-width="40" stroke-linecap="square"/>
</svg>
</BODY>
</HTML>
```

图 7-12 浏览【例 7-14】的结果

程序绘制了 3 条直线，分别使用 butt、round 和 square 设置 lineCap 属性。浏览此网页的结果如图 7-12 所示。从结果中可以比较不同线段末端的区别。

lineCap 属性只有绘制较宽线段时才有效。

5. 指定如何绘制交点

在 SVG 标签中，可以使用 stroke-lineJoin 属性指定如何绘制线条的交点。stroke-lineJoin 属性的取值如表 7-3 所示。

表 7-3 stroke-lineJoin 属性的取值

取值	具体描述
miter	默认值，指定线段的外边缘一直扩展到它们相交。当两条线段以一个锐角相交时，斜角连接可能变得很长
round	指定顶点的外边缘应该和一个填充的弧接合，这个弧的直径等于线段的宽度
bevel	指定顶点的外边缘应该和一个填充的三角形相交

【例 7-15】 绘制各种线条交点。

```
<HTML>
<HEAD><TITLE>绘制各种线条交点</TITLE></HEAD>
<BODY>
<svg width="100%" height="100%" version="1.1"
```

```
xmlns="http://www.w3.org/2000/svg">
<polyline points="40,80,80,40,120,80" stroke="black" stroke-width="40"
    stroke-linecap="butt" fill="transparent" stroke-linejoin="miter"/>

 <polyline points="40,160,80,120,120,160",stroke="black" stroke-width="40"
    stroke-linecap="round" fill="transparent" stroke-linejoin="round"/>

 <polyline points="40,240,80,200,120,240",stroke="black" stroke-width="40"
    stroke-linecap="square" fill="transparent" stroke-linejoin="bevel"/> </svg>
</BODY>
</HTML>
```

程序绘制了 3 个折线，分别使用 miter、round 和 bevel 设置 stroke-lineJoin 属性。浏览【例 7-15】的结果如图 7-13 所示。从结果中可以比较不同线段交点的区别。

图 7-13   浏览【例 7-15】的结果

stroke-lineJoin 属性只有绘制较宽边框的图形时才有效。

6. 指定线条的虚实

在 SVG 标签中，可以使用 stroke-dasharray 属性指定线条的虚实。stroke-dasharray 属性的值是一组由逗号隔开的整数，每个数字定义了实线段的长度，分别按照绘制、不绘制这个顺序循环下去。例如，stroke-dasharray="5,5"指定了绘制线条时，先画 5 个单位的实线，再留 5 个单位的空格，再画 5 个单位的实线，以此类推。

【例 7-16】   绘制各种虚实线条。

```
<HTML>
<HEAD><TITLE>绘制各种虚实线条</TITLE></HEAD>
<BODY>
<svg width="100%" height="100%" version="1.1"
xmlns="http://www.w3.org/2000/svg">
<line x1="100" y1="100" x2="400" y2="100" stroke="blue" stroke-width="4" stroke-
dasharray="5,5"/>
    <line x1="100" y1="150" x2="400" y2="150" stroke="blue" stroke-width="4" stroke-
dasharray="5,10,5"/>
```

```
</svg>
</BODY>
</HTML>
```

浏览【例 7-16】的结果如图 7-14 所示。

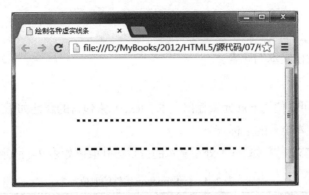

图 7-14　浏览【例 7-16】的结果

7.3.2　填充

在使用 SVG 绘制图形时，可以使用 fill 属性指定填充的颜色。如果不指定 fill 属性，则默认使用黑色填充。可以使用 fill-opacity 属性指定填充的透明度，其取值范围为 0～1，0 表示完全透明，1 表示不透明。

【例 7-17】　使用 SVG 绘制一个红色边框、蓝色填充的矩形，再在旁边绘制一个同样颜色的半透明的矩形。

```
<HTML>
<HEAD><TITLE>填充矩形</TITLE></HEAD>
<BODY>
<svg width="100%" height="100%" version="1.1"
xmlns="http://www.w3.org/2000/svg">
<rect x="10" y="10" width="100" height="100" stroke=" red" fill=" blue"/>

<rect x="200" y="10" width="100" height="100" stroke=" red" fill="blue"
fill-opacity="0.5"/>
</svg>
</BODY>
</HTML>
```

浏览【例 7-17】的结果如图 7-15 所示。

图 7-15　浏览【例 7-17】的结果

7.4 SVG 文本与图片

本节介绍使用 SVG 在网页中输出文本和图片的方法。

7.4.1 输出文本

本小节介绍用于输出文本的元素。

1. text 元素

在 SVG 代码中，可以使用 text 元素输出文本。text 元素包含的属性如下。

- x 和 y：定义文本位置的坐标。
- text-anchor：定义位置 (x, y) 处于文本的位置，其取值如表 7-4 所示。

表 7-4 text-anchor 属性的取值

取值	具体描述
start	表示文本位置坐标 (x, y) 位于文本的开始处，文本从这点开始向右逐一显示
middle	表示 (x, y) 位于文本中间处，文本向左右两个方向显示，也就是居中显示
end	表示 (x, y) 点位于文本结尾，文本向左逐一显示

除此之外，还可以使用 stroke 和 fill 属性指定文本的边框和填充属性，具体情况请参照 7.3 节理解。

在 text 元素中还可以使用 CSS 字体属性，具体情况请参照 4.1.4 小节理解。

【例 7-18】 使用 SVG 输出文本的简单示例。

```
<HTML>
<HEAD><TITLE>使用 SVG 输出文本的简单示例</TITLE></HEAD>
<BODY>
<svg width="100%" height="100%" version="1.1"
xmlns="http://www.w3.org/2000/svg">
<text x="450" y="125" font-family="Arial Black" font-size="50" text-anchor="middle"
fill="red">HTML5 绘制可伸缩矢量图形（SVG）</text>
</svg>
</BODY>
</HTML>
```

浏览【例 7-18】的结果如图 7-16 所示。

图 7-16 浏览【例 7-18】的结果

2. 文本区间

使用 tspan 元素可以定义一个文本区间，它通常出现在 text 元素中。用于渲染一个区间内的文本，也就是强调显示部分文本。

tspan 元素可以包含下面的属性。

- x 和 y：定义文本位置的坐标。
- dx 和 dy：用于设置包含的文本相对于默认的文本位置的偏移量。
- rotate：用于设置字体的旋转角度。这个属性可以包含一系列数字，应用到每个字符。没有对应设置的字符会使用最后设置的那个数字。

【例 7-19】　设置 SVG 文本区间的简单示例。

```
<HTML>
<HEAD><TITLE>使用 SVG 文本区间的简单示例</TITLE></HEAD>
<BODY>
<svg width="100%" height="100%" version="1.1"
xmlns="http://www.w3.org/2000/svg">
<text x="450" y="125" font-family="Arial Black" font-size="50" text-anchor="middle"
fill="blue">HTML5 绘制可伸缩矢量图形
<tspan rotate="10 20 45" font-weight="bold" fill="red">SVG</tspan>
</text>
</svg>
</BODY>
</HTML>
```

浏览【例 7-19】的结果如图 7-17 所示。可以看到，文本区间的 SVG 被强调显示，而且每个字母可以旋转不同的角度。

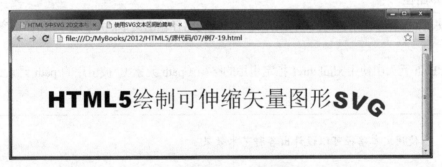

图 7-17　浏览【例 7-19】的结果

3. 文本引用

可以使用 tref 元素引用已经定义的 text 元素。被引用的 text 元素必须定义 id 属性。在 tref 元素中使用 xlink:href 指定引用的 text 元素。

　　　　文本引用只引用源 text 元素的文本内容，而不会引用源 text 元素的样式和属性。

【例 7-20】　使用 SVG 文本引用的简单示例。

```
<HTML>
<HEAD><TITLE>使用 SVG 文本引用的简单示例</TITLE></HEAD>
```

```
<BODY>
<svg width="100%" height="100%" version="1.1"
xmlns="http://www.w3.org/2000/svg">
<text    id="example" x="450"  y="125"  font-family="Arial  Black"  font-size="50"
text-anchor="middle" fill="blue">HTML5 绘制可伸缩矢量图形
<tspan rotate="10 20 45" font-weight="bold" fill="red">SVG</tspan>
</text>
<text x="450" y="250">
    <tref xlink:href="#example"/>
</text>
</svg>
</BODY>
</HTML>
```

浏览【例 7-20】的结果如图 7-18 所示。可以看到，引用文本和源文本的内容相同，而样式不同。

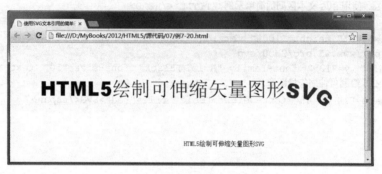

图 7-18　浏览【例 7-20】的结果

4. 文本路径

可以使用 textPath 元素引用文本路径，即沿指定的路径输出文本。关于 SVG 路径请参照 7.2.7 小节理解。

在 textPath 元素中使用 xlink:href 指定引用的路径（path 元素）。被引用的 path 元素必须定义 id 属性。

　　使用文本路径可以设计出各种艺术效果。

【例 7-21】　使用 SVG 文本路径的简单示例。

```
<HTML>
<HEAD><TITLE>使用 SVG 文本路径的简单示例</TITLE></HEAD>
<BODY>
<svg width="100%" height="100%" version="1.1"
xmlns="http://www.w3.org/2000/svg">
<path id="my_path" d="M 20,20 C 80,40 140,40 200,20" style="fill:transparent;stroke:
transparent" />
<text>
  <textPath xlink:href="#my_path">HTML5 绘制可伸缩矢量图形</textPath>
</text></svg>
</BODY>
</HTML>
```

浏览【例 7-21】的结果如图 7-19 所示。程序首先使用 path 元素定义了一个曲线，然后沿曲线输出文本。

图 7-19　浏览【例 7-21】的结果

7.4.2　SVG 图片

在 SVG 代码中，可以使用 image 元素显示光栅图片。image 元素包含的属性如表 7-5 所示。

表 7–5　image 元素包含的属性

取值	具体描述
x, y	表示图片位置，坐标（x, y）位于图片的左上角
xlink:href	指定图片的链接
height	图片的高度
width	图片的宽度

【例 7-22】　使用 SVG 显示图片的简单示例。

```
<HTML>
<HEAD><TITLE>使用 SVG 显示图片的简单示例</TITLE></HEAD>
<BODY>
<svg width="100%" height="100%" version="1.1"
xmlns="http://www.w3.org/2000/svg">
<image x="450" y="125" xlink:href ="01.jpg" height ="100" width ="200" />
</svg>
</BODY>
</HTML>
```

7.5　SVG 滤镜

滤镜是图形学的专业术语，主要是用来实现图像的各种特殊效果，可以在 Photoshop 中体验滤镜的作用。SVG 也提供滤镜功能，可以向形状和文本添加特殊的效果。

7.5.1　定义滤镜

可以使用<filter>标签定义滤镜，基本语法如下。

```
<defs>
<filter id="…">
<滤镜类型 属性列表 />
```

```
</filter>
</defs>
```

参数说明如下。

- <defs>标签是 definitions 的简写，表示允许特殊标签的定义。svg 滤镜必须在<defs>标签中定义。

- <filter>标签用于定义滤镜，id 指定滤镜的唯一标识。在图形或图像中通过 id 指定应用此滤镜，具体方法将在 7.5.2 小节介绍。

- 滤镜类型，指定滤镜的效果。SVG 支持的滤镜类型如表 7-6 所示。

表 7-6   SVG 支持的滤镜类型

滤镜类型	具体描述
feBlend	使用不同的混合模式把两个对象合成在一起
feColorMatrix	应用 matrix 转换
feComponentTransfer	执行数据的 component-wise 重映射
feComposite	将反射光源的结果与原始来源图形结合
feConvolveMatrix	矩阵卷积效果
feDiffuseLighting	调整图像等的光照
feDisplacementMap	图像间的像素移动
feFlood	使用不同的混合模式把两个对象合成在一起
feGaussianBlur	对图像执行高斯模糊
feImage	指定外部图像作为原始图像的一部分应用滤镜
feMerge	创建累积而上的图像
feMorphology	对源图形执行 fattening 或者 thinning
feOffset	相对于图形的当前位置来移动图像
feSpecularLighting	调整图像等的光照
feTile	使用指定图像以平铺方式填充一个矩形
feTurbulence	基于 Perlin 噪声函数创建一个图像
feDistantLight	定义远光源
fePointLight	定义点光源
feSpotLight	定义聚光灯光源

滤镜是比较专业的技术，这里就不详细介绍了。有兴趣的读者可以查阅相关资料了解。

【例 7-23】   定义高斯滤镜。

```
<defs>
<filter id="Gaussian_Blur">
<feGaussianBlur in="SourceGraphic" stdDeviation="20"/>
</filter>
</defs>
```

in="SourceGraphic"属性指定由整个图像创建效果，stdDeviation 属性指定模糊的程度。本例只是定义了一个高斯滤镜，在图形或图像中应用此滤镜的方法将在 7.5.2 小节介绍。

7.5.2   应用滤镜

在图形和图像元素中，可以在 style 属性中使用 filter:url（#滤镜 id）应用指定的滤镜。

【例 7-24】　　在图像元素中应用高斯滤镜的示例。

```
<HTML>
<HEAD><TITLE>使用 SVG 显示图片的简单示例</TITLE></HEAD>
<BODY>
<svg width="100%" height="100%" version="1.1"
xmlns="http://www.w3.org/2000/svg">
<defs>
<filter id="Gaussian_Blur">
<feGaussianBlur in="SourceGraphic" stdDeviation="20"/>
</filter>
</defs>

<image x="0" y="0" xlink:href ="01.jpg" height ="300" width ="600"/>
<image x="450" y="0" xlink:href ="01.jpg" height ="300" width ="600" style="filter:url
(#Gaussian_Blur)"/>
</svg>
</BODY>
</HTML>
```

代码中定义了两个 image 元素，一个显示原始图像，另一个在图像上应用高斯滤镜，结果如图 7-20 所示。可以看到，高斯滤镜能够使图像变得模糊。

图 7-20　浏览【例 7-24】的结果

7.6　渐变颜色

与 Canvas 一样，SVG 也支持渐变颜色。渐变是从一种颜色到另一种颜色的平滑过渡，SVG 渐变可以分为线性渐变和放射性渐变。SVG 渐变必须在<defs>标签中定义。

7.6.1　线性渐变

线性渐变也就是颜色沿一条直线渐变。可以使用<linearGradient>定义 SVG 的线性渐变，语法如下。

<linearGradient id="渐变id" x1="起点 x 坐标" y1="起点 y 坐标" x2="终点 x 坐标" y2="终点 y 坐标">

<linearGradient>标签定义了线性渐变的 id 和起点、终点坐标。在 SVG 图形元素中可以通过线性渐变 id 来应用它。

<linearGradient>标签中并不包含渐变颜色的信息。需要使用<stop> 标签定义，语法如下。

```
<stop offset="位置百分比" style="stop-color:rgb(255,0,0);stop-opacity:1"/>
```

Offset 属性用于定义渐变颜色出现的位置，如果为 0%，则该颜色出现在线性渐变的起点；如果为 0%，则该颜色出现在线性渐变的终点；其他百分比值表示该颜色出现在线性渐变从起点到终点的对应位置。在 style 属性中，可以通过 stop-color 指定出现在该位置的颜色，stop-opacity 是 0～1 的数值，用于指定颜色的透明度。

在 SVG 图形元素中可以通过 tyle="fill:url(#线性渐变 id)"来应用线性渐变。

【例 7-25】 在图形元素中应用线性渐变颜色。

```
<HTML>
<HEAD><TITLE>【例 7-25】</TITLE></HEAD>
<BODY>
<svg width="100%" height="100%" version="1.1"
xmlns="http://www.w3.org/2000/svg">
<defs>
<radialGradient id="grey_blue" cx="50%" cy="50%" r="50%"
fx="50%" fy="50%">
<stop offset="0%" style="stop-color:rgb(200,200,200);
stop-opacity:0"/>
<stop offset="100%" style="stop-color:rgb(0,0,255);
stop-opacity:1"/>
</radialGradient>
</defs>

<ellipse cx="230" cy="200" rx="110" ry="100"
style="fill:url(#grey_blue)"/>
</svg>
</BODY>
</HTML>
```

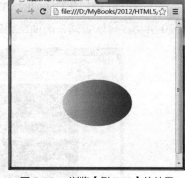

图 7-21　浏览【例 7-25】的结果

浏览【例 7-25】的结果如图 7-21 所示。

7.6.2　放射性渐变

放射性渐变也就是颜色沿一个圆进行发散性渐变。可以使用<radialGradient>标签定义 SVG 的放射性渐变，语法如下。

```
< radialGradient id="渐变 id" cx="…" cy="…" r="…" fx="…" fy="…" >
```

放射性渐变需要定义两个圆分别表示颜色变化的起始和终止范围。cx、cy 和 r 属性定义外圈，fx 和 fy 定义内圈。

与<linearGradient>标签一样，<radialGradient>标签中并不包含渐变颜色的信息，也需要使用<stop>标签定义。

在 SVG 图形元素中可以通过 tyle="fill:url(#渐变 id)"来应用放射性渐变。

【例 7-26】 在图形元素中应用放射性渐变颜色。

```
<HTML>
<HEAD><TITLE>在图性元素中应用放射性渐变颜色的示例</TITLE></HEAD>
<BODY>
<svg width="100%" height="100%" version="1.1"
xmlns="http://www.w3.org/2000/svg">
<defs>
<radialGradient id="orange_red" x1="0%" y1="0%" x2="100%" y2="0%">
```

```
<stop offset="0%" style="stop-color:rgb(255,255,0);
stop-opacity:1"/>
<stop offset="100%" style="stop-color:rgb(255,0,0);
stop-opacity:1"/>
</radialGradient>
</defs>

<ellipse cx="200" cy="190" rx="85" ry="55"
style="fill:url(#orange_red)"/>
</svg>
</BODY>
</HTML>
```

浏览【例 7-26】的结果如图 7-22 所示。

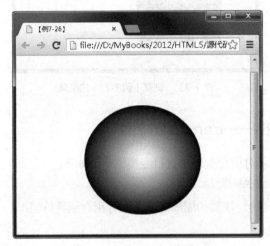

图 7-22　　浏览【例 7-26】的结果

7.7　变换坐标系

SVG 存在两套坐标系统，即视窗坐标系与用户坐标系。默认情况下，用户坐标系与视窗坐标系的点是一一对应的，原点都在视窗的左上角，x 轴水平向右，y 轴竖直向下。可以在用户坐标系中对图形进行平移、旋转、倾斜和缩放等变换。

7.7.1　视窗变换——viewBox 属性

视窗是网页上一个可视的矩形区域，长度和宽度都是有限的。使用 viewBox 属性可以调整 SVG 图形在视窗中的显示范围、大小，语法如下。

```
viewBox="x0 y0 u_width u_height"
```

使用 viewBox 属性后，绘制图形的宽和高的缩放比例分别为 u_width/width 和 u_height /height。

【例 7-27】　viewBox 属性的使用。

```
<HTML>
<HEAD><TITLE>【例 7-27】</TITLE></HEAD>
<BODY>
<svg width="200" height="200" viewBox="0 0 100 200">
<rect x="0" y="0" width="200" height="200" fill="Red" />
</svg>
```

```
</BODY>
</HTML>
```

浏览【例 7-27】的结果如图 7-23 所示。可以看到，图形的宽度被压缩了。

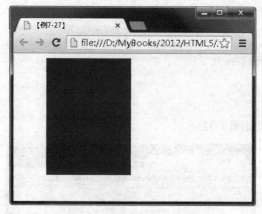

图 7-23　浏览【例 7-27】的结果

7.7.2　用户坐标系的变换——transform 属性

使用 transform 属性可以对用户坐标系进行变换，语法如下。

```
<svg 元素  transform="变换操作"/>
```

变换操作包括平移、旋转、倾斜和缩放等，下面分别介绍具体情况。

1. 平移

使用 translate 属性可以平移指定的 svg 元素，语法如下。

```
<svg 元素  transform="translate(x 轴平移量,y 轴平移量)"/>
```

【例 7-28】　平移 svg 元素。

```
<HTML>
<HEAD><TITLE>【例 7-28】</TITLE></HEAD>
<BODY>
<svg width="500" height="500">
<rect x="0" y="0" width="200" height="200" fill="Red" transform="translate(30,40)" />
</svg>
</BODY>
</HTML>
```

浏览【例 7-28】的结果如图 7-24 所示。可以看到，图形已经被平移了（左上角不再是（0，0））。

2. 旋转

使用 rotate 属性可以旋转指定的 svg 元素，语法如下。

```
<svg 元素  transform="rotate (旋转的角度)"/>
```

【例 7-29】　旋转 svg 元素。

```
<HTML>
<HEAD><TITLE>【例 7-29】</TITLE></HEAD>
<BODY>
<svg width="500" height="500">
<rect x="100" y="40" width="20" height="20" fill="Red" transform="rotate (45)" />
</svg>
```

```
</BODY>
</HTML>
```

浏览【例 7-29】的结果如图 7-25 所示。

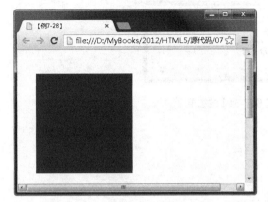

图 7-24　浏览【例 7-28】的结果

图 7-25　浏览【例 7-29】的结果

3. 倾斜

使用 skewX 属性可以沿 x 轴倾斜指定的 svg 元素，语法如下。

```
<svg 元素  transform="skewX(倾斜的角度)"/>
```

如果倾斜的角度为正，则向右倾斜，否则向左倾斜。

使用 skewY 属性可以沿 y 轴倾斜指定的 svg 元素，语法如下。

```
<svg 元素  transform="skewY(倾斜的角度)"/>
```

如果倾斜的角度为正，则向下倾斜，否则向上倾斜。

【例 7-30】　倾斜 svg 元素。

```
<svg width="100" height="100">
<rect x="0"y="0"width="100"height="100" fill="green"/>
<circle cx="15" cy="15" r="15"fill="red" />
<circle cx="15" cy="15" r="15"fill="yellow" transform="skewX(45)"/>
<rect x="30" y="30" width="20" height="20"/>
<rect x="30" y="30" width="20" height="20" transform="skewX(45)"/>
<rect x="30" y="30" width="20" height="20" transform="skewY(45)" />
</svg>
```

浏览【例 7-30】的结果如图 7-26 所示。程序首先绘制了一个圆形，然后将其沿 X 轴倾斜 45°。又绘制了一个矩形，然后分别绘制了沿 X 轴倾斜 45°和沿 Y 轴倾斜 45°的矩形。

4. 缩放

使用 scale 属性可以缩放指定的 svg 元素，语法如下。

```
<svg 元素  transform="scale(缩放的系数)"/>
```

【例 7-31】　缩放 svg 元素。

```
<svg width="500" height="500">
 <text x="20" y="20" font-size="20">缩放(scale)</text>
 <text x="50" y="50" font-size="20" transform="scale(1.5)"> 缩放(scale)</text>
</svg>
```

图 7-26　浏览【例 7-30】的结果

浏览【例 7-31】的结果如图 7-27 所示。

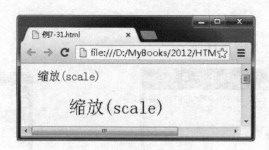

图 7-27　浏览【例 7-31】的结果

练习题

一、单项选择题

1. 可以使用（　　）标签在 HTML 文档中引用.svg 文件。

　　A.　<svg>　　　　　　B.　<embed>　　　　　C.　<js>　　　　　　D.　<image>

2. 在 SVG 代码中，可以使用（　　）标签绘制由一组直线构成的折线。

　　A.　<polyline>　　　　B.　<line>　　　　　　C.　<moveTo>　　　　D.　<lineto>

3. 在 SVG 代码中，可以使用（　　）标签绘制圆形。

　　A.　<ellipse>　　　　　B.　<arc>　　　　　　C.　<circle>　　　　　D.　< polygon>

4. 使用（　　）元素可以定义一个文本区间，它通常出现在 text 元素中，用于渲染一个区间内的文本，也就是强调显示部分文本。

　　A.　tspan　　　　　　　B.　tref　　　　　　　C.　textPath　　　　　D.　filter

5. 使用（　　）属性可以缩放指定的 svg 元素。

　　A.　transform　　　　　B.　scale　　　　　　C.　translate　　　　　D.　rotate

二、填空题

1. SVG 是 Scalable Vector Graphics 的缩写，即＿＿＿＿＿，它使用 XML 格式在 Web 上定义基于矢量的图形。

2. 在 SVG 代码中，可以使用＿＿＿＿标签绘制矩形。

3. 在 SVG 标签中，可以使用＿＿＿＿属性指定线条的透明度，其取值范围为 0～1，0 表示完全透明，1 表示不透明。

4. 在 SVG 标签中，可以使用＿＿＿＿属性指定如何绘制线条的交点。

5. 在 SVG 标签中，可以使用＿＿＿＿属性指定线条的虚实。

6. 在图形和图像元素中，可以在＿＿＿＿属性中使用 filter:url(#滤镜 id)"应用指定的滤镜。

三、简答题

1. 试述与 JPEG 和 GIF 等格式的图像相比，SVG 图像具有的主要优势。

2. 试述 SVG 与 Canvas 相比的异同。

3. 在 SVG 标签中，可以使用 stroke-linecap 属性指定线条的端点样式。试列举 stroke-linecap 属性的取值。

08 第8章 播放多媒体

在 HTML5 出现之前，要在网页中播放多媒体，需要借助 Flash 插件。浏览器在安装 Flash 插件后才能播放多媒体。使用 HTML5 提供的新标签<audio>和<video>可以很方便地在网页中播放音频和视频。

8.1 HTML5 音频

HTML5 提供了在网页中播放音频的标准，支持<audio>标签的浏览器可以不依赖其他插件播放音频。本节介绍在 HTML5 中播放音频的具体方法。

8.1.1 audio 标签

在 HTML5 中，可以使用<audio>标签定义一个音频播放器，语法如下。

```
<audio src="音频文件">…</audio>
```

src 属性用于指定音频文件的 URL。<audio>标签支持的音频文件类型包括.wav、.mp3 和.ogg 等。
< audio >和</audio>之间的字符串指定当浏览器不支持<audio>标签时显示的字符串。

【例 8-1】 在 HTML 文件中定义一个 audio 标签，用于播放 music.wav，代码如下。

```
<html>
<head>
    <title>使用audio标签播放音频</title>
</head>
<body>
    <h1>Audio标签的例子</h1>
    <audio src="music.wav" controls>
        您的浏览器不支持 audio 标签。
    </audio>
</body>
</html>
```

controls 属性指定在网页中显示控件，如播放按钮等。在 Google Chrome 中浏览【例 8-1】所述的网页，如图 8-1 所示。可以看到，音频播放器中包括播放/暂停按钮、进度条、进度滑块、播放秒数、音量/静音控件。

图 8-1　在 Google Chrome 中浏览【例 8-1】所述的网页

　　　　不同浏览器的音频播放器控件的外观也不尽相同，Internet Explorer 8 及其之前版本不支持<audio>标签。

除了前面用到的 src 和 controls 属性，<audio>标签还包括如表 8-1 所示的主要属性。

表 8-1 除了 src 和 controls 外，<audio>标签还包括的主要属性

属性	值	具体描述
autoplay	True 或 false	如果是 true，则音频在就绪后马上播放
end	数值	定义播放器在音频流中的何处停止播放，默认会播放到结尾
loop	True 或 false	如果是 true，则音频会循环播放
loopend	数值	定义在音频流中循环播放停止的位置，默认为 end 属性的值
loopstart	数值	定义在音频流中循环播放的开始位置，默认为 start 属性的值
playcount	数值	定义音频片断播放多少次，默认为 1
start	数值	定义播放器在音频流中开始播放的位置，默认从开头播放

8.1.2 播放背景音乐

给自己的网页增加一段悠扬的背景音乐，这是很多网页设计者的希望。使用前面介绍的 HTML5 的<audio>标签可以很轻松地实现此功能。

播放背景音乐时通常不需要显示播放控件，因此在定义<audio>标签时，可以将 controls 属性设置为 false（或不使用 controls 属性）。播放背景音乐时需要自动循环播放，因此在定义<audio>标签时，可以将 autoplay 属性和 loop 属性设置为 true。

【例 8-2】 在 HTML 文件中定义一个<audio>标签，用于播放背景音乐 music.wav，代码如下。

```
<html>
<head>
    <title>使用 audio 标签播放背景音乐</title>
</head>
<body>
    <h1>播放背景音乐的例子</h1>
    <audio src="music.wav" autoplay loop>
        您的浏览器不支持 audio 标签。
    </audio>
</body>
</html>
```

8.1.3 设置替换音频源

前面已经介绍了<audio>标签支持.wav、.mp3 和.ogg 等多种类型的音频文件，但是并不是所有浏览器都支持每种类型的音频文件。如果只指定一种类型的音频文件，则很可能在使用某些浏览器时不能正常播放。

在<audio>标签中，可以使用<audio>标签指定多个要播放的音频文件。语法如下。

```
<audio>
  <source src="音频文件 1">
  <source src="音频文件 2">
  <source src="音频文件 3">
  ......
</audio>
```

【例 8-3】 改进【例 8-2】，增加替换音频源 music.mp3，代码如下。

```
<html>
<head>
```

```
        <title>使用 audio 标签播放音频</title>
    </head>
    <body>
        <h1>Audio 标签的例子</h1>
        <audio src="music.wav" controls>
            <source src=" music.wav">
            <source src=" music.mp3">
                您的浏览器不支持 audio 标签。
        </audio>
    </body>
</html>
```

8.1.4　使用 JavaScript 语言访问 audio 对象

除了使用默认的播放器控制播放音频外，还可以在 JavaScript 程序中操作 audio 对象，从而实现更灵活的控制。

1. 检测浏览器是否支持<audio>标签

在 JavaScript 程序中操作 audio 对象之前，通常需要检测浏览器是否支持<audio>标签。如果支持，则可以对 audio 对象进行操作。

可以通过 window.HTMLAudioElement 属性判断浏览器是否支持<audio>标签。如果 window. HTMLAudioElement 等于 true，则表示浏览器支持<audio>标签，否则表示不支持。

【例 8-4】　在网页中定义一个按钮，单击此按钮时，会检测浏览器是否支持<audio>标签。定义按钮的代码如下。

```
<button id="check" onclick="check();">检测浏览器是否支持 audio 标签</button>
```

单击按钮 check 将调用 check()函数。定义 check()函数的代码如下。

```
<script type="text/javascript">
function check(){
  if(window.HTMLAudioElement){
    alert("您的浏览器支持<audio>标签。");
  }
  else{
   alert("您的浏览器不支持<audio>标签。");
  }
}
</script>
```

2. 在 JavaScript 程序中获得 audio 对象

在 JavaScript 程序中有以下两种方法可以获得 audio 对象。

（1）使用 new 关键字创建 audio 对象，例如：

```
media = new audio("music.wav");
```

（2）首先在 HTML 网页中定义一个 Audio 标签，然后调用 document.getElementById()函数获取对应的 audio 对象。例如，定义 audio 标签的代码如下。

```
<audio id = "audio1" src="music.wav" autoplay loop>
    您的浏览器不支持<audio>标签。
</audio>
```

获取对应 audio 对象的代码如下。

```
var media = document.getElementById('audio1');
```

3. audio 对象的属性

audio 对象的常用属性如表 8-2 所示。

表 8–2　audio 对象的常用属性

属性	具体描述
currentTime	设置或返回音频文件开始播放的位置，返回值以"秒"为单位
duration	返回播放音频的长度
src	音频文件的 URL
volume	设置或返回音频文件的音量
networkState	当前的网络状态。0 表示尚未初始化，1 表示正常但没有使用网络，2 表示正在下载数据，3 表示没有找到资源
paused	是否暂停
ended	是否结束
autoPlay	是否自动播放
loop	是否循环播放
controls	是否显示默认控制条
muted	是否静音

【例 8-5】　演示 currentTime 属性的使用。

在网页中定义一个\<audio\>标签，代码如下。

```
<audio id="audio1" src="music.wav" controls>您的浏览器不支持<audio>标签。</audio>
```

定义一个"快进"按钮，定义按钮的代码如下。

```
<button id="foward" onclick="foward();">快进</button>
```

单击按钮 foward 将调用 foward ()函数。定义 foward ()函数的代码如下。

```
<script type="text/javascript">
  function foward (){
   if(window.HTMLAudioElement){
     var media = document.getElementById('audio1');
      media. currentTime += 1;
   }
  }
</script>
```

程序首先通过 window.HTMLAudioElement 判断浏览器是否支持\<audio\>标签，如果支持，则获取\<audio\>对象 media，然后将 media. currentTime 加 1。

再定义一个"倒回"按钮，定义按钮的代码如下。

```
<button id="rewind" onclick="rewind();">倒回</button>
```

单击按钮 rewind 将调用 rewind ()函数。定义 rewind ()函数的代码如下。

```
<script type="text/javascript">
  function rewind(){
   if(window.HTMLAudioElement){
     var media = document.getElementById('audio1');
      media. currentTime = 0;
   }
  }
</script>
```

程序首先通过 window.HTMLAudioElement 判断浏览器是否支持<audio>标签，如果支持，则获取<audio>对象 media，然后将 media. currentTime 设置为 0。

【例 8-5】定义的网页如图 8-2 所示。

图 8-2 【例 8-5】定义的网页

4. audio 对象的方法

audio 对象的常用方法如表 8-3 所示。

表 8–3　audio 对象的常用方法

方法	具体描述
canPlayType	是否能播放指定格式的资源
load	加载 src 属性指定的资源
play	播放
pause	暂停

【例 8-6】　在网页中定义一个按钮，单击此按钮时，会播放 music.wav。定义按钮的代码如下。

```
<button id="play" onclick="playAudio();">播放</button>
```

单击按钮 play 将调用 playAudio()函数。定义 playAudio()函数的代码如下。

```
<script type="text/javascript">
  function playAudio(){
    if(window.HTMLAudioElement){
      media = new Audio("music.wav");
      media.controls = false;
      media.play();
    }
  }
</script>
```

程序首先通过 window.HTMLAudioElement 判断浏览器是否支持<audio>标签，如果支持，则创建一个<audio>对象 media，默认的音频文件为 music.wav。然后将 media.controls 设置为 false，指定不显示默认控制条。最后调用 media.play()方法播放音频文件。

【例 8-7】　改进【例 8-6】，播放音频后，将"播放"按钮改为"暂停"按钮，单击"暂停"按钮后，暂停播放，并将按钮改为"播放"按钮。

因为要对同一个音频进行播放和暂停两种操作，所以不能像【例 8-6】那样在每次操作时创建 audio 对象，需要在网页中定义一个音频播放器，代码如下。

```
<audio id="audio1" src="music.wav"> 您的浏览器不支持 audio 标签</audio>
```

定义"播放／暂停"按钮的代码如下。

```
<button id="play" onclick="playAudio();">播放</button>
```

初始时按钮标题为"播放"，单击按钮 play 将调用 playAudio()函数。定义 playAudio()函数的代码如下。

```
<script type="text/javascript">
function playAudio(){
  if(window.HTMLAudioElement){
    var media = document.getElementById('audio1');
    var btn = document.getElementById('play');
    if (media.paused) {
      media.play();
      btn.textContent = "暂停";
    }
    else {
      media.pause();
      btn.textContent = "播放";
    }
  }
}
</script>
```

程序根据 media.paused 属性判断当前的播放状态。当 media.paused 等于 true 时，单击按钮会播放音频，并将按钮标题设置为"暂停"；否则，单击按钮会暂停播放音频，并将按钮标题设置为"播放"。

按钮控件的 textContent 属性用于返回和设置按钮的标题。

5. audio 对象的事件

audio 对象的常用事件如表 8-4 所示。

表 8-4　audio 对象的常用事件

方法	具体描述
loadstart	开始申请数据
progress	正在申请数据
suspend	延迟下载
play	播放时触发
pause	暂停时触发
ended	播放结束
volumechange	改变音量

【例 8-7】还存在一个问题：当播放完音频后，"播放"按钮依旧显示为"暂停"，这不符合逻辑。

【例 8-8】 改进【例 8-7】，当播放完音频后，将按钮标题改为"播放"。

在 playAudio()函数中添加如下代码。

```
media.addEventListener("ended", playend, true);
```

即指定 media 对象的 ended 事件触发时调用 playend()函数。定义 playend()函数的代码如下。

```
function playend(){
    var btn = document.getElementById('play');
    btn.textContent = "播放";
}
```

8.2　HTML5 视频

HTML5 提供了在网页中播放视频的标准，支持<video>标签的浏览器可以不依赖其他插件播放视频。本节介绍在 HTML5 中播放视频的具体方法。

8.2.1　video 标签

在 HTML5 中，可以使用<video>标签定义一个视频播放器，语法如下。

```
<video src="视频文件">…</video>
```

src 属性用于指定视频文件的 URL。<video>标签支持的视频文件格式包括. Ogg、MPEG 4 和 WebM 等。< video>和</ video>之间的字符串指定当浏览器不支持<video>标签时显示的字符串。

<video>标签的主要属性如表 8-5 所示。

表 8–5　<video>标签的主要属性

属性	值	具体描述
autoplay	True 或 false	如果是 true，则视频在就绪后马上播放
controls	True 或 false	如果是 true，则向用户显示视频播放器控件，如播放按钮
end	数值	定义播放器在视频流中的何处停止播放。默认会播放到结尾
height	数值	视频播放器的高度，单位为像素
loop	True 或 false	如果是 true，则视频会循环播放
loopend	数值	定义在视频流中循环播放停止的位置，默认为 end 属性的值
loopstart	数值	定义在视频流中循环播放的开始位置。默认为 start 属性的值
playcount	数值	定义视频片断播放多少次，默认为 1
poster	url	在视频播放之前所显示的图片的 URL
src	url	要播放的视频的 URL
start	数值	定义播放器在视频流中开始播放的位置，默认从开头播放
width	数值	视频播放器的宽度，单位为像素

【例 8-9】　在 HTML 文件中定义一个<video>标签，用于播放指定的在线 MP4 文件，代码如下。

```
<html>
<head>
    <title>使用 video 标签播放视频</title>
</head>
<body>
    <h1> video 标签的例子</h1>
    <video src="http://ie.sogou.com/lab/inc/BigBuckBunny.mp4" controls>
        您的浏览器不支持 video 标签。
    </video>
</body>
</html>
```

在 Google Chrome 中浏览【例 8-9】所述的网页，如图 8-3 所示。可以看到，音频播放器中包括播放/暂停按钮、进度条、进度滑块、播放秒数、音量/静音、全屏按钮等控件。

图 8-3　在 Google Chrome 中浏览【例 8-9】所述的网页

 不同浏览器的视频播放器控件的外观也不尽相同，Internet Explorer 8 及其之前版本不支持<video>标签。

与<audio>标签一样，在<video>标签中，也可以使用<source>标签指定多个要播放的视频文件。语法如下。

```
<video>
  <source src="视频文件 1">
  <source src="视频文件 2">
  <source src="视频文件 3">
  ……
</video>
```

【例 8-10】　改进【例 8-9】，增加替换视频源，代码如下。

```
<html>
<head>
    <title>使用<video>标签播放视频</title>
</head>
<body>
    <h1>Audio 标签的例子</h1>
    <video controls="controls">
      <source src="http://ie.sogou.com/lab/inc/BigBuckBunny.mp4" type="video/mp4"/>
      <source src="http://ie.sogou.com/lab/inc/BigBuckBunny.ogv" type="video/ogg"/>
</video>
</body>
</html>
```

8.2.2　使用 JavaScript 语言访问 video 对象

与音频处理一样，除了使用默认的播放器控制播放视频外，还可以在 JavaScript 程序中操作 video 对象。

1. 检测浏览器是否支持<video>标签

在 JavaScript 程序中操作 video 对象之前，通常需要检测浏览器是否支持<video>标签。如果支持，则可以对 video 对象进行操作。

可以通过 document.createElement()方法创建一个 video 对象，如果成功，则表示浏览器支持
<video>标签，否则表示不支持。

【例 8-11】　在网页中定义一个按钮，单击此按钮时，会检测浏览器是否支持<video>标签。定
义按钮的代码如下。

```
<button id="check" onclick="check();">检测浏览器是否支持 video 标签</button>
```

单击按钮 check 将调用 check()函数。定义 check()函数的代码如下。

```
<script type="text/javascript">
function check(){
  if(supports_video()){
    alert("您的浏览器支持 video 标签。");
  }
  else{
    alert("您的浏览器不支持 video 标签。");
  }
}
</script>
```

supports_video()函数用于检测浏览器是否支持<video>标签，代码如下。

```
function supports_video(){
  return !!document.createElement('video').canPlayType;
}
```

程序调用 document.createElement（'video'）方法创建一个 video 对象，然后调用该 video 对象的
canPlayType 方法，并借此判断浏览器是否支持<video>标签。使用!!操作符的目的是将结果转换为布
尔类型。

浏览【例 8-11】所述的网页，如图 8-4 所示。可以看到，网页中包含一个"检测浏览器是否支持
video 标签"按钮。在 Google Chrome 21.0 中单击此按钮，会弹出如图 8-5 所示的消息框。在 Internet
Explorer 8 中单击此按钮，会弹出如图 8-6 所示的消息框。

图 8-4　【例 8-11】所述的网页

图 8-5　Google Chrome 21.0 支持 video 标签

图 8-6　Internet Explorer 8 不支持 video 标签

2. 在 JavaScript 程序中获得 video 对象

与 audio 对象不同，video 对象在任何情况下都是可见的。因此不需要使用 new 关键字创建 video

对象。

一般在需要 HTML 网页中定义一个<video>标签，然后调用 document.getElementById()函数获取对应的 audio 对象。例如，定义<video>标签的代码如下。

```
<video id = " video1" src="http://ie.sogou.com/lab/inc/BigBuckBunny.mp4" controls>
    您的浏览器不支持 video 标签。
</video>
```

获取对应 video 对象的代码如下。

```
var media = document.getElementById('video1');
```

3. video 对象的属性

video 对象的常用属性如表 8-6 所示。

表 8-6　video 对象的常用属性

属性	具体描述
autoplay	设置或返回是否在加载完成后随即播放音频/视频
controls	设置或返回是否显示视频控件
currentSrc	返回当前视频的 URL
currentTime	设置或返回视频文件开始播放的位置，返回值以"秒"为单位
duration	返回播放音频在某秒上的播放的长度
ended	是否结束
height	视频的高度
loop	是否循环播放
muted	是否静音
networkState	当前的网络状态。0 表示尚未初始化，1 表示正常但没有使用网络，2 表示正在下载数据，3 表示没有找到资源
paused	是否暂停
played	是否已播放
preload	设置或返回视频是否应该在页面加载后进行加载
src	设置或返回视频元素的当前来源
volume	设置或返回视频文件的音量
videoWidth	原始视频的宽度
videoHeight	原始视频的高度
width	视频的宽度

【例 8-12】　width 属性和 videoWidth 属性的使用。

在网页中定义一个<video>标签，代码如下。

```
<video id = "video1" src="http://ie.sogou.com/lab/inc/BigBuckBunny.mp4" controls>
您的浏览器不支持 video 标签。
</video>
```

定义一个"小"按钮，定义按钮的代码如下。

```
<button id="MakeSmall" onclick=" MakeSmall ();">小</button>
```

单击按钮 MakeSmall 将调用 MakeSmall ()函数。定义 MakeSmall ()函数的代码如下。

```
<script type="text/javascript">
function supports_video(){
    return !!document.createElement('video').canPlayType;
}
```

```
function MakeSmall(){
  if(supports_video()){
    var media = document.getElementById('video1');
    media.width = media.videoWidth/2;
  }
}
</script>
```

程序首先通过 supports_video()判断浏览器是否支持<video>标签，如果支持，则获取 video 对象 media，然后将 media. width 设置为原始视频宽度的一半（media.videoWidth/2）。

再定义一个"正常"按钮，定义按钮的代码如下。

```
<button id="normal" onclick="MakeNormal();">正常</button>
```

单击按钮 normal 将调用 MakeNormal()函数。定义 MakeNormal()函数的代码如下。

```
function MakeNormal(){
  if(supports_video()){
    var media = document.getElementById('video1');
    media.width = media.videoWidth;
  }
}
```

程序将 media. width 设置为原始视频宽度（media.videoWidth）。

最后定义一个"大"按钮，定义按钮的代码如下。

```
<button id="Big" onclick="MakeBig();">大</button>
```

单击按钮 Big 将调用 Make Big()函数。定义 MakeBig()函数的代码如下。

```
function MakeBig(){
  if(supports_video()){
    var media = document.getElementById('video1');
    media.width = media.videoWidth*2;
  }
}
```

程序将 media. width 设置为原始视频宽度的两倍（media.videoWidth*2）。

【例 8-12】定义的网页如图 8-7 所示。单击"小"按钮，会缩小视频的大小，如图 8-8 所示。

图 8-7　【例 8-12】定义的网页

图 8-8　单击"小"按钮，会缩小视频的大小

单击"大"按钮，会放大视频的大小，如图 8-9 所示。

图 8-9　单击"大"按钮，会放大视频的大小

4. video 对象的方法

video 对象的常用方法如表 8-7 所示。

表 8–7　video 对象的常用方法

方法	具体描述
canPlayType	能否播放指定格式的资源
load	加载 src 属性指定的资源
play	播放
pause	暂停

【例 8-13】　定义一个 <video> 标签，用于播放指定的在线 MP4 文件。单击视频画面则播放视频，再次单击则会暂停播放。

定义一个视频播放器的代码如下。

```
<video id="video1" src="http://ie.sogou.com/lab/inc/BigBuckBunny.mp4" controls onclick=
"playvideo();">
        您的浏览器不支持 video 标签。
    </video>
```

onclick 事件指定单击视频画面时调用的函数为 playvideo()。定义 playvideo() 函数的代码如下。

```
<script type="text/javascript">
function supports_video(){
   return !!document.createElement('video').canPlayType;
}
function playvideo(){
  if(supports_video()){
   var media = document.getElementById('video1');
   if (media.paused) {
    media.play();
   }
   else {
    media.pause();
   }
```

```
    }
  }
</script>
```

程序根据 media.paused 属性判断当前的播放状态。当 media.paused 等于 true 时，会播放视频；否则会暂停播放。

5. video 对象的事件

video 对象的常用事件如表 8-8 所示。

表 8-8　video 对象的常用事件

方法	具体描述
canplay	当浏览器可以播放音频/视频时
loadeddata	当浏览器已加载视频的当前帧时
loadstart	开始申请数据
progress	正在申请数据
suspend	延迟下载
play	播放时触发
pause	暂停时触发
ended	播放结束
volumechange	改变音量
waiting	当视频由于需要缓冲下一帧而停止

【例 8-14】　在网页中定义两个视频播放器，当播放视频 1 时，暂停视频 2；当暂停视频 1 时，播放视频 2。网页代码如下。

```
<video id="video1" src="http://ie.sogou.com/lab/inc/BigBuckBunny.mp4" controls >
        您的浏览器不支持 video 标签。
    </video>
<video id="video2" src="http://ie.sogou.com/lab/inc/BigBuckBunny.ogv" controls>
        您的浏览器不支持 video 标签。
    </video>
<script type="text/javascript">
function register() {
  var media1 = document.getElementById('video1');

  media1.addEventListener("play", pauseVideo2, true);
  media1.addEventListener("pause", playVideo2, true);
}
function pauseVideo2(){
  var media2 = document.getElementById('video2');
  media2.pause();
}
function playVideo2(){
  var media2 = document.getElementById('video2');
  media2.play();
}
window.addEventListener("load", register, true);
</script>
```

程序使用 window.addEventListener()函数指定加载网页（load 事件）时调用 register()函数。register()
函数可用于定义视频 1 的事件处理函数，play 事件的处理函数为 pauseVideo2()，pause 事件的处理函
数为 playVideo2()。

8.3　视频播放插件 video.js

本节介绍一个基于 HTML5 的视频播放器插件 Video.js。Video.js 插件的使用方法很简单，首先
可以使用下面的语句在线引用 video.js 脚本。

```
<script src="http://vjs.zencdn.net/5.8.8/video.js"></script>
```

如果希望在 IE8 中支持 video.js 播放器，则还需要使用下面的语句引用 video.js 脚本。

```
<script src="http://vjs.zencdn.net/ie8/1.1.2/videojs-ie8.min.js"></script>
```

然后再使用下面的语句引用样式表文件。

```
<link href="http://vjs.zencdn.net/5.8.8/video-js.css" rel="stylesheet">
```

使用 video.js 插件的方法很简单，只需要在网页中定义一个 class="video-js"的 video 元素。例如：

```
<video id="my-video" class="video-js" controls preload="auto" width="640" height="264"
  poster="MY_VIDEO_POSTER.jpg" data-setup="{}">
  <source src="MY_VIDEO.mp4" type='video/mp4'>
  <source src="MY_VIDEO.webm" type='video/webm'>
  <p class="vjs-no-js">
    To view this video please enable JavaScript, and consider upgrading to a web browser
that
    <a href="http://videojs.com/html5-video-support/" target="_blank">supports HTML5
video</a>
  </p>
</video>
```

参数说明如下。

- preload：是否预加载视频，auto 表示自动预加载。
- width：播放器宽度。
- poster：封面图。
- source：视频源。
- type：视频格式。

【例 8-15】　视频播放插件 Video.js 的使用。网页代码如下。

```
<head>
  <link href="http://vjs.zencdn.net/5.8.8/video-js.css" rel="stylesheet">

  <!-- If you'd like to support IE8 -->
  <script src="http://vjs.zencdn.net/ie8/1.1.2/videojs-ie8.min.js"></script>
</head>

<body>
  <video id="my-video" class="video-js" controls preload="auto" width="640" height="264"
  poster="car.jpg" data-setup="{}">
    <source src="car.mp4" type='video/mp4'>
    <source src="car.webm" type='video/webm'>
  </video>
  <script src="http://vjs.zencdn.net/5.8.8/video.js"></script>
</body>
```

浏览【例 8-15】的结果如图 8-10 所示。

图 8-10　浏览【例 8-15】的结果

练习题

一、单项选择题

1. audio 标签支持的音频文件类型不包括（　　　）。

   A．.wav　　　　　　　　B．.mp3　　　　　　　　C．.ogg　　　　　　　　D．.aud

2. 可以通过（　　　）判断浏览器是否支持 audio 标签。

   A．window.AudioElement 属性　　　　　　　B．supportAudio()函数

   C．window.HTMLAudioElement 属性　　　　　D．detectAudio()函数

3. 用于返回原始视频宽度的 video 对象属性是（　　　）。

   A．videoWidth　　　　B．width　　　　　　　C．videoHeight　　　　D．Height

4. 用于设置或返回音频文件开始播放的 audio 对象属性是（　　　）。

   A．currentTime　　　　B．time　　　　　　　C．playTime　　　　D．currentPlayTime

二、填空题

1. 在 HTML5 中，可以使用＿＿＿＿＿标签定义一个音频播放器。

2. <audio>标签的＿＿＿＿＿属性用于定义是否循环播放。

3. <audio>标签的 playcount 属性用于指定音频片断播放多少次，其默认值为＿＿＿＿＿。

4. 在 audio 标签中，可以使用＿＿＿＿＿标签指定多个要播放的音频文件。

三、简答题

1. 简述使用<audio>标签播放背景音乐的方法。

2. 试述 video 对象的常用方法。

09

第9章 Web通信

　　HTML5 提供了功能强大的 Web 通信机制，可以实现不同域的 Web 应用程序之间的安全通信，也可以在 JavaScript 上进行 HTTP（S）通信和 WebSocket 通信。这些都是构建桌面式 Web 应用的基础。

9.1　跨文档消息机制

在 HTML4 中，出于安全考虑，一般不允许一个浏览器的不同框架、不同标签页、不同窗口之间的应用程序互相通信，以防止恶意攻击。但在实际应用中，有时需要进行跨文档通信，例如，在一个窗口发送一个消息到另一个窗口以实现聊天的功能。HTML5 提供了这种跨文档通信的消息机制。

9.1.1　检测浏览器对跨文档消息机制的支持情况

在 JavaScript 中可以使用 window.postMessage 属性检测浏览器对跨文档消息机制的支持情况。如果 typeof window.postMessage 等于 undefined，则表明当前浏览器不支持跨文档消息机制；否则表明支持。

【例 9-1】　在网页中定义一个按钮，单击此按钮时，会检测浏览器是否支持跨文档消息机制。定义按钮的代码如下。

```
<button id="check" onclick="check();">检测浏览器是否支持跨文档消息机制</button>
```

单击按钮 check 将调用 check()函数。定义 check()函数的代码如下。

```
<script type="text/javascript">
function check(){
  if(typeof window.postMessage == "undefined"){
    alert("您的浏览器不支持跨文档消息机制。");
  }
  else{
    alert("您的浏览器支持跨文档消息机制。");
  }
}
</script>
```

各主流浏览器对跨文档消息机制的支持情况如表 9-1 所示。

表 9–1　各主流浏览器对跨文档消息机制的支持情况

浏览器	对跨文档消息机制的支持情况
Chrome	2.0 及以后的版本支持
Firefox	3.0 及以后的版本支持
Internet Explore	8.0 及以后的版本支持
Opera	9.6 及以后的版本支持
Safari	4.0 及以后的版本支持

9.1.2　使用 postMessage API 发送消息

可以调用 postMessage API 实现跨文档发送消息，语法如下。

```
windows.postMessage(data,url)
```

参数说明如下。

- data：发送消息中包含的数据，通常是一个字符串。
- url：指定允许通信的域名。注意，不是接受消息的目标域名。使用该参数的主要作用是出于安全的考虑，接收消息的窗口可以根据此参数判断消息是否来自可信任的来源，以避免恶意攻击。如果不判断访问的域，则可以使用 "'*'"。

windows 是接收消息的窗口对象，例如，向父窗口发送消息可以使用 window.parent.postMessage()，如果页面中包含两个框架，则可以使用下面的代码向第 2 个框架发送消息。

```
window.parent.frames[1].postMessage(message, '*');
```

【例 9-2】 演示跨框架发送消息。定义框架的代码如下。

```html
<html>
<head>
<meta HTTP-EQUIV="Content-Type" CONTENT="text/html; charset=gb2312">
<title>演示跨框架发送消息</title>
</head>
<frameset framespacing="1" border="1" bordercolor= #333399 frameborder="yes">
<frameset cols="500,*">
    <frame name="left" target="main" src="a.html" scrolling="auto" frameborder=1>
    <frame name="main" src="b.html" scrolling="auto" noresize frameborder=1>
</frameset>
<noframes>
<body>
<p>此网页使用了框架，但您的浏览器不支持框架。</p>
</body>
</noframes>
</frameset>
```

框架集（frameset）中定义了两个框架（frame），左侧框架中显示 a.html，宽度为 500。右侧框架名为 main，初始时显示 b.html。在 a.html 中定义了一个表单，其中包含一个文本框和一个提交按钮，用于编辑和提交数据。定义表单的代码如下。

```html
<form>
    <p><input type="text" required autofocus /></p>
      <p class="mt10">
        <input type="submit" value="确认" />
      </p>
</form>
```

定义提交动作的 JavaScript 代码如下。

```javascript
<script>
var eleForm = document.querySelector("form");
eleForm.onsubmit = function() {
var message = document.querySelector("input[type='text']").value;
window.parent.frames[1].postMessage(message, '*');
return false;
}
</script>
```

提交数据时，程序首先获取文本框的内容，然后使用右侧框架窗口对象（window.parent.frames[1]）调用 postMessage() 方法向右侧框架发送消息。

右侧框架中显示的网页 b.html 中使用一个 <div> 标签显示接收到的信息。定义代码如下。

```html
<div id="message" class="p20">
    尚未接收到信息。
</div>
```

浏览【例 9-2】的界面如图 9-1 所示。

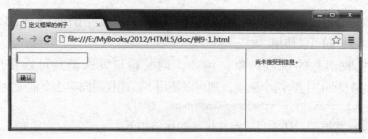

图9-1　浏览【例9-2】的界面

关于如何接收跨文档消息的方法将在 9.1.3 小节介绍。

9.1.3　监听和处理消息事件

在接收消息的窗口中，需要监听 postMessage()方法发送的消息事件，并处理其中包含的数据。如果使用 addEventListener()方法指定事件的处理函数，则需要指定监听事件为 message，方法如下。
```
window.addEventListener("message", messageHandle, false);
```
如果使用 attachEvent()方法指定事件的处理函数，则需要指定监听事件为 onmessage，方法如下。
```
window.attachEvent('onmessage', messageHandle);
```
messageHandle 是事件的处理函数，格式如下。
```
var messageHandle = function(e) {
   …
}
```
参数 e 有两个属性，即 e.data 和 e.origin。e.data 是接收到的数据，也就是 postMessage()方法的第 1 个参数指定的数据；e.origin 是传送源，也就是 postMessage()方法的第 2 个参数指定的数据。如果出于安全考虑，只处理来自指定传送源的消息，则可以在处理函数 messageHandle 中做如下处理。
```
var messageHandle = function(e) {
  switch(e.origin) {        //获取传送源
    case "safeorigin" :     //信任源的处理，可以将"safeorigin"替换为任意标记信任源字符串，
                            //即 postMessage()方法的第 2 个参数指定的数据
      var data = e.data ;   //获取数据处理
      break ;
    default :
      //不信任源的处理
      ……
  }
}
```
如果在 postMessage()方法的第 2 个参数中指定的数据为 "'*'"，则处理函数 messageHandle 接收到消息时，e.origin 为 "'undefined'"。

9.1.2 小节中介绍【例 9-2】时，只实现了发送消息的功能，现在就把它的功能补充完整。右侧框架中显示的页面为 b.html，其中监听和处理消息事件的代码如下。
```
<script>
var eleBox = document.querySelector("#message");
var messageHandle = function(e) {
  eleBox.innerHTML = '接收到的信息是：' + e.data + e.orgin;
};
if (window.addEventListener) {
```

```
  window.addEventListener("message", messageHandle, false);
} else if (window.attachEvent) {
  window.attachEvent('onmessage', messageHandle);
}
</script>
```

在传统 Web 应用中，表单将数据提交到 Web 服务器，经过处理后再将数据传送回浏览器显示。本小节介绍的跨文档消息机制无需 Web 服务器的参与就可以将数据传送到指定的框架或窗口，也不需要刷新窗口内容，即可显示接收到的数据。这无疑增强了 Web 应用的桌面处理的能力。

9.2　XMLHttpRequest Level 2

XMLHttpRequest 是一个浏览器接口，开发者可以使用它提出 HTTP 和 HTTPS 请求，而且不用刷新页面就可以修改页面的内容。XMLHttpRequest 的两个最常见的应用是提交表单和获取额外的内容。

使用 XMLHttpRequest 对象可以实现下面的功能。

- 在不重新加载页面的情况下更新网页。
- 在页面已加载后从服务器请求数据。
- 在页面已加载后从服务器接收数据。
- 在后台向服务器发送数据。

早期的 XMLHttpRequest 只能请求文本、HTML 和 XML，发送有语法格式的、读写都很复杂的变量和值，而且早期的 XMLHttpRequest 遵循同域的原则，这使得跨域请求变得很复杂。例如，没有中介（如代理服务器）就不能在 http://foo.example/和 http://bar.example 实现数据共享。

HTML5 中包含了 XMLHttpRequest 的一个新版本——XMLHttpRequest Level 2。本节就介绍使用 XMLHttpRequest Level 2 进行 Web 通信的具体方法。

9.2.1　创建 XMLHttpRequest 对象

对于不同的浏览器，创建 XMLHttpRequest 对象的代码也可能不同。

1. 微软公司的 IE 浏览器

在微软公司的 IE 浏览器中使用 Active 对象创建 XMLHttpRequest 对象，代码如下。
```
xmlhttp=new ActiveXObject("Microsoft.XMLHTTP");
```
当 window.ActiveXObject 等于 True 时，可以使用这种方法。

2. 其他浏览器

在其他浏览器中可以用下面的代码创建 XMLHttpRequest 对象。
```
xmlhttp=new XMLHttpRequest();
```
当 window.XMLHttpRequest 等于 True 时，可以使用这种方法。

3. 通用的创建 XMLHttpRequest 对象的代码

综上所述，可以在各种浏览器中创建 XMLHttpRequest 对象的代码如下。
```
var xmlHttp;
if(window.XMLHttpRequest){
  xmlHttp = new XMLHttpRequest();
```

```
}else if(window.ActiveXObject){
  xmlHttp = new ActiveXObject("Microsoft.XMLHTTP");
}
```

9.2.2 发送 HTTP 请求

在发送 HTTP 请求之前，需要调用 open()方法初始化 HTTP 请求的参数，语法如下。

```
open(method, url, async, username, password)
```

参数说明如下。

- method：用于请求的 HTTP 方法，值包括 GET、POST 和 HEAD。
- url：所调用的服务器资源的 URL。
- async：布尔值，指示这个调用使用异步还是同步，默认为 true（即异步）。
- username：可选参数，为 URL 所需的授权提供认证用户。
- password：可选参数，为 URL 所需的授权提供认证密码。

例如，使用 GET 方法以异步形式请求访问 URL 的代码如下。

```
xmlhttp.open("GET",url,true);
```

open()方法只是初始化 HTTP 请求的参数，并不真正发送 HTTP 请求。可以调用 send()方法发送 HTTP 请求，语法如下。

```
send(body)
```

如果调用 open()方法指定的 HTTP 方法是 POST 或 GET，则 body 参数指定了请求体，它可以是一个字符串或者 Document 对象。如果不需要指定请求体，则可以将这个参数设置为 null。

send()方法发送的 HTTP 请求通常由以下几部分组成。

- 之前调用 open()时指定的 HTTP 方法、URL 以及认证资格（如果有的话）。
- 如果之前调用 setRequestHeader()方法发送了 HTTP 请求的头部，则包含指定的请求头部。
- 传递给这个方法的 body 参数。

当 XMLHttpRequest 对象把一个 HTTP 请求发送到服务器时将经历若干种状态，XMLHttpRequest 对象的 ReadyState 属性可以表示请求的状态，它的取值如表 9-2 所示。

表 9-2   ReadyState 属性的取值

值	具体说明
0	表示已经创建一个 XMLHttpRequest 对象，但是还没有初始化，即还没调用 open()方法
1	表示正在加载，此时对象已建立，已经调用 open()方法，但还没调用 send()方法
2	表示请求已发送，即方法已调用 send()，但服务器还没有响应
3	表示请求处理中。此时，已经接收到 HTTP 响应头部信息，但是消息体部分还没有完全结束接收
4	表示请求已完成，即数据接收完毕，服务器的响应完成

9.2.3 从服务器接收数据

发送 HTTP 请求之后，就要准备从服务器接收数据了。首先要指定响应处理函数。定义相应处理函数后，将函数名赋值给 XMLHttpRequest 对象的 onreadystatechange 属性即可。例如：

```
xmlHttp.onreadystatechange = callback
```

//指定响应函数

```
function callBack(){
    //函数体
    ......
}
```

提示　响应处理函数没有参数，指定时也不带括号。

也可以不定义响应处理函数的函数名，直接定义函数体。例如：

```
request.onreadystatechange = function() {
    //函数体
    ......
}
```

当 readyState 属性值发生改变时，XMLHttpRequest 对象会激发一个 readystatechange 事件，此时会调用响应处理函数。

在响应处理函数中通常会根据 XMLHttpRequest 对象的 ReadyState 属性和其他属性决定对接收数据的处理。除了 ReadyState 属性外，XMLHttpRequest 的常用属性如表 9-3 所示。

表 9-3　XMLHttpRequest 的常用属性

值	具体说明
responseText	包含客户端接收到的 HTTP 响应的文本内容。当 readyState 值为 0、1 或 2 时，responseText 属性为一个空字符串。当 readyState 值为 3 时，responseText 属性为还未完成的响应信息。当 readyState 为 4 时，responseText 属性为响应的信息
responseXML	用于当接收到完整的 HTTP 响应时(readyState 为 4)描述 XML 响应。如果 readyState 值不为 4，那么 responseXML 的值也为 null
status	用于描述 HTTP 状态代码，其类型为 short。仅当 readyState 值为 3 或 4 时，status 属性才可用
statusText	用于描述 HTTP 状态代码文本。仅当 readyState 值为 3 或 4 时才可用

常用的响应处理函数框架如下。

```
function callBack(){
    if(request.readyState ==4) { // 服务器已经响应
        if(request.status == 200) // 请求成功
            // 显示服务器响应
            ......
        }
}
```

request.status 等于 200 表示请求成功。

【**例 9-3**】　在网页中定义一个按钮，单击此按钮时，使用 XMLHttpRequest 对象从服务器获取并显示一个 XML 文件的内容。

定义 3 个<span >标签，用来显示服务器的响应数据，定义代码如下。

```
<p><b>Status:</b>
<span id="A1"></span>
</p>
<p><b> statusText:</b>
<span id="A2"></span>
</p>
<p><b> responseText:</b>
```

```
<br><span id="A3"></span>
</p>
```

A1 用于显示 status 属性值，A2 用于显示 statusText 属性值，A3 用于显示 responseText 属性值。定义按钮的代码如下。

```
<button onclick="loadXMLDoc('example.xml')">获取 XML 文件</button>
```

单击此按钮，可以调用 loadXMLDoc()函数，获取并显示一个 XML 文件的内容，代码如下。

```
function loadXMLDoc(url)
{
if (window.XMLHttpRequest)
  {// code for IE7, Firefox, Opera, etc.
  xmlhttp=new XMLHttpRequest();
  }
else if (window.ActiveXObject)
  {// code for IE6, IE5
  xmlhttp=new ActiveXObject("Microsoft.XMLHTTP");
  }
if (xmlhttp!=null)
  {
  xmlhttp.onreadystatechange=state_Change;
  xmlhttp.open("GET",url,true);
  xmlhttp.send(null);
  }
else
  {
  alert("您的浏览器不支持 XMLHTTP.");
  }
}
```

程序首先创建一个 XMLHttpRequest 对象，然后指定响应处理函数为 state_Change，定义代码如下。

```
function state_Change()
{
if (xmlhttp.readyState==4) // 服务器已经响应
  {
  if (xmlhttp.status==200) // 请求成功
    {
    // 显示服务器的响应数据
    document.getElementById('A1').innerHTML=xmlhttp.status;
    document.getElementById('A2').innerHTML=xmlhttp.statusText;
    document.getElementById('A3').innerHTML=xmlhttp.responseText;
    }
  else
    {
    alert("接收 XML 数据时出现问题:" + xmlhttp.statusText);
    }
  }
}
```

因为 XMLHttpRequest 是与 Web 服务器进行通信的接口，所以如果要查看【例 9-3】的运行效果，就需要搭建一个 Web 服务器，可以使用 IIS 或 Apache。搭建成功后，将【例 9-3】的网页和请求的 example.xml 复制到网站的根目录下。在浏览器中访问 Web 服务器的【例 9-3】网页，单击按钮的结果如图 9-2 所示。

图 9-2　浏览【例 9-3】的界面

9.2.4　进行 HTTP 头（HEAD）请求

在 HTTP 协议中，客户端从服务器获取某个网页时，必须发送一个 HTTP 的头文件，告诉服务器客户端要下载什么信息以及相关的参数。

XMLHttpRequest 对象可以发送和获取 HTTP 头（HEAD）。使用抓包工具可以捕获 HTTP 头数据。例如，访问百度时的 HTTP 头数据如下。

```
GET /home/nplus/data/remindnavs?asyn=1&t=1352251149566 HTTP/1.1
Host: www.baidu.com
Connection: keep-alive
X-Requested-With: XMLHttpRequest
User-Agent: Mozilla/5.0 (Windows  NT  6.1) AppleWebKit/537.4  (KHTML,  like  Gecko)
Chrome/22.0.1229.94 Safari/537.4
Accept: */*
Referer: http://www.baidu.com/
Accept-Encoding: gzip,deflate,sdch
Accept-Language: zh-CN,zh;q=0.8
Accept-Charset: GBK,utf-8;q=0.7,*;q=0.3
Cookie: BAIDUID=45488416120A54CDDC1054B167D328BD:FG=1; BDUSS=WxsZTdRUWpMV2xvcmRNWX
IyRWR3SXFQQTlBZHdWV0FZWVY3bTV3bGx4ZGNYSE5SQVFBQUFBBJCQAAAAAAAAAAoawBf5Ow4iemhhbmddkZGRzaW55
hAAAAAAAAAAAAAAAAAAAAAAAAAAACAYIArMAAAAOCK5G4AAAAAeGlDAAAAAAxMC4yMy4yyNFwOhlBcDoZQZ;
BDUT=psnp1B83539D0D8B8D7493095ED53845FD2113a7434386f0
```

常见的 HTTP 头说明如下。

- Host：初始 URL 中的主机和端口。

- Connection：表示是否需要持久连接。如果值为 Keep-Alive，或者请求使用的是 HTTP 1.1（HTTP 1.1 默认进行持久连接），就可以利用持久连接的优点，当页面包含多个元素（图片或多媒体等）时，显著减少下载需要的时间。

- User-Agent：浏览器类型。

- Accept：浏览器可接受的 MIME 类型。多功能 Internet 邮件扩充服务（Multipurpose Internet Mail Extensions，MIME）是一种多用途网际邮件扩充协议。MIME 类型就是设定某种扩展名的文件用一种应用程序来打开的方式类型，当该扩展名文件被访问时，浏览器会自动使用指定应用程序来打开。多用于指定一些客户端自定义的文件名，以及一些媒体文件打开方式。常见的 MIME 类型包括超文本标记语言文本（.html、.html text/html）、普通文本（txt text/plain）、RTF 文本（.rtf application/rtf）、GIF 图形（.gif image/gif ）、PEG 图形（.ipeg、.jpg image/jpeg）、au 声音文件（.au audio/basic）、MIDI 音乐文件（mid、.midi audio/midi、audio/x-midi）、RealAudio 音乐文件（.ra、.ram audio/x-pn-realaudio）、

MPEG 文件（.mpg、.mpeg video/mpeg）、AVI 文件（.avi video/x-msvideo）等。

- Referer：包含一个 URL，用户从该 URL 代表的页面出发访问当前请求的页面。
- Accept-Encoding：浏览器能够进行解码的数据编码方式。
- Accept-Language：浏览器希望的语言种类。
- Accept-Charset：浏览器可接受的字符集。
- Last-Modified：文档的最后改动时间。

下面介绍使用 XMLHttpRequest 对象发送和获取 HTTP 头（HEAD）的方法。

1. 设置 HTTP 头

调用 setRequestHeader()方法可以向 Web 服务器发送一个 HTTP 头的名称和值，从而设置 HTTP 头，语法如下。

```
setRequestHeader(name, value)
```

参数 name 是要设置的头部的名称。这个参数不应该包括空白、冒号或换行；参数 value 是头部的值。这个参数不应该包括换行。

应在调用 open()方法之后，在调用 send()方法之前，调用 setRequestHeader()方法。

例如，在采用 POST 提交方式模拟表单提交数据时，应该执行下面的语句。

```
xmlhttp.setRequestHeader ("Content-Type","application/x-www-form-urlencoded") ;
```

2. 进行头请求

可以调用 getResponseHeader()方法从响应信息中获取指定的 HTTP 头，语法如下。

```
trValue = XMLHttpRequest.getResponseHeader(bstrHeader);
```

参数 bstrHeader 指定请求 HTTP 头名，方法返回请求的 HTTP 头的值。

【例 9-4】 在网页中定义一个按钮，单击此按钮时，使用 XMLHttpRequest 对象从服务器获取并显示一个 XML 文件的最后修改日期。

定义一个<p>标签，用来显示获取的 XML 文件的最后修改日期，定义代码如下。

```
<p id="p1">演示 getResponseHeader()方法的使用.</p>
```

定义按钮的代码如下。

```
<button onclick="loadXMLDoc('example.xml')">获取 XML 文件的最后修改日期</button>
```

单击此按钮，可以调用 loadXMLDoc()函数，获取一个 XML 文件的内容。loadXMLDoc()函数的代码与【例 9-3】中的相同，请参照理解。

loadXMLDoc()函数首先创建一个 XMLHttpRequest 对象，然后指定响应处理函数为 state_Change，定义代码如下。

```
function state_Change()
{
if (xmlhttp.readyState==4)
  {// 4 = "loaded"
  if (xmlhttp.status==200)
    {// 200 = "OK"
    document.getElementById('p1').innerHTML="XML 文件的最后修改日期：" +
xmlhttp.getResponseHeader('Last-Modified');
    }
```

```
else
  {
  alert("获取数据时出现错误:" + xmlhttp.statusText);
  }
  }
}
```

因为 XMLHttpRequest 是与 Web 服务器进行通信的接口，所以要查看【例 9-4】的运行效果就需要搭建一个 Web 服务器，可以使用 IIS 或 Apache。搭建成功后，将【例 9-4】的网页和请求的 example.xml 复制到网站的根目录下。在浏览器中访问 Web 服务器的【例 9-4】网页，单击按钮的结果如图 9-3 所示。

图 9-3　浏览【例 9-4】的界面

也可以调用 getAllResponseHeaders()方法获取完整的 HTTP 响应头部，语法如下。

```
strValue = oXMLHttpRequest.getAllResponseHeaders();
```

getAllResponseHeaders()方法返回请求的完整 HTTP 头的值。

【例 9-5】　演示使用 getAllResponseHeaders()方法获取完整的 HTTP 响应头部的方法。改进【例 9-4】，将响应处理函数 state_Change 修改如下。

```
function state_Change()
{
if (xmlhttp.readyState==4)
  {// 4 = "loaded"
  if (xmlhttp.status==200)
    {// 200 = "OK"
    document.getElementById('p1').innerHTML="HTTP 头: " + xmlhttp.getAllResponseHeaders();
    }
  else
    {
    alert("获取数据时出现错误:" + xmlhttp.statusText);
    }
  }
}
```

单击按钮的结果如图 9-4 所示。

图 9-4　浏览【例 9-5】的界面

9.2.5 超时控制

与服务器通信有时很耗时，可能由于网络原因或服务器响应等因素导致用户长时间等待，而且等待时间是不可预知的。

XMLHttpRequest Level 2 中增加了 timeout 属性，可以设置 HTTP 请求的时限，单位为 ms。例如：

```
xhr.timeout = 5000;
```

上面的语句将最长等待时间设为 5 000ms（5s）。超过了这个时限，系统就自动停止 HTTP 请求。还可以通过 timeout 事件来指定回调函数，例如：

```
xhr.ontimeout = function(event){
alert('请求超时! ');
}
```

9.2.6 使用 FormData 对象向服务器发送数据

在 MLHttpRequest Level 2 中可以使用 FormData 对象模拟表单向服务器发送数据。

1. 创建 FormData 对象

可以使用两种方法创建 FormData 对象，一种是使用 new 关键字创建，方法如下。

```
var formData = new FormData();
```

另一种方法是调用表单对象的 getFormData()方法获取表单对象中的数据，方法如下。

```
var formElement = document.getElementById("myFormElement");
formData = formElement.getFormData();
```

2. 向 FormData 对象中添加数据

可以使用 append()方法向 FormData 对象中添加数据，语法如下。

```
formData.append(key, value);
```

FormData 对象中的数据是键值对格式的，参数 key 为数据的键，参数 value 是数据的值。例如：

```
formData.append('username', 'lee');
formData.append('num', 123);
```

3. 向服务器发送 FormData 对象

可以使用 XMLHttpRequest 对象的 send()方法向服务器发送 FormData 对象，语法如下。

```
xmlhttp.send(formData);
```

在发送 FormData 对象之前，也需要调用 open()方法设置提交数据的方式以及接收和处理数据的服务器端脚本。例如：

```
xmlhttp.open('POST', "ShowInfo.php");
```

4. 在服务器端接收和处理表单数据

XMLHttpRequest 是一个浏览器接口，它只工作在浏览器端，在服务器端通常由 PHP、ASP 等脚本语言接收和处理表单数据。这个话题本不在本书讨论的范围内，但为了演示向服务器发送 FormData 对象的效果，这里以 PHP 为例，介绍在服务器端接收和处理表单数据的方法。

表单提交数据的方式可以分为 GET 和 POST 两种。在 PHP 程序中，可以使用 HTTP GET 变量 $_GET 读取使用 GET 方式提交的表单数据，具体方法如下。

参数值 = $_GET[参数名]

使用 HTTP POST 变量$_POST 读取使用 POST 方式提交的表单数据，具体方法如下。

参数值 = $_POST[参数名]

【例 9-6】　演示使用 FormData 对象向服务器发送数据的方法。

在网页中定义一个 <span> 标签，用来显示服务器的响应数据，定义代码如下。

```
<p><span id="A1"></span></p>
```

在网页中定义一个按钮，单击此按钮时，使用 FormData 对象向服务器发送姓名和年龄数据。定义按钮的代码如下。

```
<button onclick="sendformdata()">发送数据</button>
```

单击此按钮，可以调用 sendformdata() 函数，代码如下。

```
<script type="text/javascript">
var xmlhttp;
function sendformdata()
{
if (window.XMLHttpRequest)
 {// code for IE7, Firefox, Opera, etc.
 xmlhttp=new XMLHttpRequest();
 }
else if (window.ActiveXObject)
 {// code for IE6, IE5
 xmlhttp=new ActiveXObject("Microsoft.XMLHTTP");
 }
if (xmlhttp!=null)
 {
 xmlhttp.onreadystatechange=state_Change;
 var formData = new FormData();
 formData.append('name', 'lee');
 formData.append('age', 38);
 xmlhttp.open('POST', "ShowInfo.php");
 xmlhttp.send(formData);
 }
else
 {
 alert("您的浏览器不支持 XMLHTTP");
 }
}
</script>
```

程序首先创建一个 XMLHttpRequest 对象 xmlhttp，然后指定 xmlhttp 对象的响应处理函数为 state_Change，并调用 xmlhttp.open() 方法设置提交数据的方式为 POST，接收和处理数据的服务器端脚本为 ShowInfo.php，最后调用 xmlhttp.send() 方法将 FormData 对象发送至 Web 服务器。

定义 xmlhttp 对象的响应处理函数 state_Change() 的代码如下。

```
function state_Change()
{
if (xmlhttp.readyState==4) // 服务器已经响应
 {
 if (xmlhttp.status==200) // 请求成功
  {
  // 显示服务器的响应数据
  document.getElementById('A1').innerHTML=xmlhttp.responseText;
  }
 else
  {
  alert("接收 XML 数据时出现问题:" + xmlhttp.statusText);
  }
```

```
    }
}
```

服务器端脚本为 ShowInfo.php 的代码如下。

```
<meta http-equiv="Content-Type" content="text/html; charset=utf-8" />
<?PHP
    echo("username: " . $_POST['name'] . "<BR>");
    echo("age: " . $_POST['age'] . "<BR>");
?>
```

"<?PHP"标识 PHP 程序的开始，"?>"标识 PHP 程序的结束。在开始标记和结束标记之间的代码将被作为 PHP 程序执行。echo 就是一条 PHP 语句，用于在网页中输出指定的内容。使用 echo 语句除了可以输出字符串外，还可以在网页中输出 HTML 标记。例如，本例中用于输出 HTML 换行标记
。"."是 PHP 的字符串连接符。

PHP 作为 Web 应用程序的开发语言时，通常选择 Apache 作为 Web 服务器应用程序。因为它们都是开放源代码和支持跨平台的产品，可以很方便地在 Windows 和 UNIX（Linux）之间整体移植。本书不介绍 PHP 和 Apache 等软件的安装和配置情况，有兴趣的读者可以查阅相关资料了解。

将【例 9-6】的 HTML 文件和 ShowInfo.php 都上传至 Apache 网站的根目录，如 C:\Program Files\Apache Software Foundation\Apache2.2\htdocs，然后浏览【例 9-6】的 HTML 文件，单击按钮的结果如图 9-5 所示。

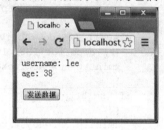

图 9-5　浏览【例 9-6】的界面

9.2.7　使用 FormData 对象上传文件

可以使用 append()方法向 FormData 对象中添加文件数据，语法如下。

```
formData.append(key, File 对象);
```

参数 key 为数据的键，File 对象是 FileList 数组的元素，用于代表用户选择的文件数据。具体情况请参照 3.3.3 小节理解。例如，使用下面的 input 元素选择文件。

```
<input type="file" name="fileToUpload" id="fileToUpload" multiple="multiple" />
```

那么向 FormData 对象中添加文件数据的代码如下。

```
var fd = new FormData();
fd.append("fileToUpload", document.getElementById('fileToUpload').files[0]);
```

与发送普通数据一样，可以使用 XMLHttpRequest 对象的 send()方法向服务器发送包含文件数据的 FormData 对象。在发送 FormData 对象之前，也需要调用 open()方法设置提交数据的方式以及接收和处理数据的服务器端脚本。具体方法请参照 9.2.6 小节理解。

XMLHttpRequest Level 2 还提供了一组与传送数据相关的事件，如表 9-4 所示。

表 9–4　XXMLHttpRequest Level 2 中与传送数据相关的事件

事件	具体说明
progress	在传送数据的过程中会定期触发，用于返回传送数据的进度信息。在 progress 事件的处理函数中可以使用该事件的属性计算并显示传送数据的百分比。progress 事件的属性如下。 • lengthComputable：布尔值，表明是否可以计算传送数据的长度。如果 lengthComputable 等于 True，则可以计算传送数据的百分比；否则，就不用计算了。 • loaded：已经传送的数据量。 • total：需要传送的总数据量

事件	具体说明
load	传送数据成功完成
abort	传送数据被中断
error	传送过程中出现错误
loadstart	开始传送数据

【例 9-7】 使用 FormData 对象实现可以显示进度的文件上传。

1. 上传文件的网页设计

假定上传文件的网页为 upload.html。定义用于上传文件的表单 form1 的代码如下。

```
<form id="form1" enctype="multipart/form-data" >
<h1 align="center">上传文件的演示实例</h1>
<p align="center">选择上传的文件</p>
<table width="80%" border="0" align=center>
<tr><td align ="center"> <input type="file" name="fileToUpload" id="fileToUpload"
multiple="multiple" onchange="fileSelected();" /></td></tr>
<tr><td align=center><input type="button" onclick="uploadFile()" value="上传文件"/>
</td></tr>
<tr><td align=center>

    <div id="fileName">
     </div>
    <div id="fileSize">
     </div>
    <div id="fileType">
     </div>
  <progress id="progress" value="0" max="100"></progress>
  <div id="divprogress">
     </div>
</td></tr>
</table>
</form>
```

表单的 enctype 属性被设置为 multipart/form-data，这是使用表单上传文件的固定编码格式。表单中包含的元素如表 9-5 所示。

表 9-5 【例 9-7】的表单中包含的元素

元素类型	元素名称	具体说明
type="file"的 input 元素	fileToUpload	用于选择上传文件
type="button"的 input 元素	无	上传文件的按钮
div	fileName	用于显示上传文件名
div	fileSize	用于显示上传文件的大小
div	fileType	用于显示上传文件的类型
div	divprogress	用于显示上传文件的进度
progress	progress	用于显示上传文件的进度条

在定义选择上传文件 input 元素 fileToUpload 时，指定 onchange 事件的处理函数为 fileSelected()，即当用户选择文件时调用 fileSelected()函数。fileSelected()函数的代码如下。

```
function fileSelected() {
```

```
    var file = document.getElementById('fileToUpload').files[0];
    if (file) {
      var fileSize = 0;
      if (file.size > 1024 * 1024)
        fileSize = (Math.round(file.size * 100 / (1024 * 1024)) / 100).toString() + 'MB';
      else
        fileSize = (Math.round(file.size * 100 / 1024) / 100).toString() + 'KB';
      document.getElementById('fileName').innerHTML = '文件名：' + file.name;
      document.getElementById('fileSize').innerHTML = '文件大小：' + fileSize;
      document.getElementById('fileType').innerHTML = '文件类型：' + file.type;
    }
  }
```

程序将选择文件的文件名、文件大小和文件类型显示在对应的 div 元素中。

在定义上传文件的按钮时，指定 onclick 事件的处理函数为 uploadFile ()，即当用户单击按钮时调用 uploadFile ()函数。uploadFile ()函数的代码如下。

```
function uploadFile() {
  var fd = new FormData();
  fd.append("fileToUpload", document.getElementById('fileToUpload').files[0]);
  var xhr;
  if(window.XMLHttpRequest){
    xhr = new XMLHttpRequest();
  }else if(window.ActiveXObject){
    xhr = new ActiveXObject("Microsoft.XMLHTTP");
  }
  xhr.upload.addEventListener("progress", uploadProgress, false);
  xhr.addEventListener("load", uploadComplete, false);
  xhr.addEventListener("error", uploadFailed, false);
  xhr.addEventListener("abort", uploadCanceled, false);
  xhr.open("POST", "upfile.php");
  xhr.send(fd);
}
```

程序定义了一个 FormData 对象 fd 用于上传文件，传输数据由 XMLHttpRequest 对象 xhr 完成。程序为 XMLHttpRequest 对象 xhr 指定了与传送数据相关的事件的处理函数。程序还指定了处理上传文件的服务器端脚本为 upfile.php。

（1）progress 事件

progress 事件的处理函数为 uploadProgress()，代码如下。

```
function uploadProgress(evt) {
  if (evt.lengthComputable) {
    var percentComplete = Math.round(evt.loaded * 100 / evt.total);
    document.getElementById('divprogress').innerHTML = percentComplete.toString() + '%';
    document.getElementById('progress').value = percentComplete;
  }
  else {
    document.getElementById('divprogress').innerHTML = 'unable to compute';
  }
}
```

参数 evt 中包含 progress 事件的属性，属性的具体含义参见表 9-4。程序根据 progress 事件的属性计算出传送数据的百分比，并赋值到显示进度的 div 元素和 progress 元素中。

（2）load 事件

load 事件的处理函数为 uploadComplete ()，代码如下。

```
function uploadComplete(evt) {
   document.write(evt.target.responseText)
}
```

参数 evt 中包含服务器传回的数据（evt.target.responseText）。程序将其显示在页面中。

（3）abort 事件

abort 事件的处理函数为 uploadCanceled()，代码如下。

```
function uploadCanceled(evt) {
  alert("上传过程被取消。");
}
```

（4）error 事件

error 事件的处理函数为 uploadFailed ()，代码如下。

```
function uploadFailed(evt) {
  alert("上传过程中出现错误。");
}
```

2. 服务器端处理上传文件的脚本设计

在服务器端如何处理上传文件并不是本书要介绍的内容，因为这不是 HTML 的任务，而是由服务器端脚本程序完成。不同的服务器端脚本语言处理上传文件的方法也不尽相同。为了保证实例的完整性，下面以 PHP 为例，介绍服务器端是如何处理上传文件的。

接收上传文件的工作一般由 Web 应用服务器完成。与 PHP 配合的 Web 应用服务器通常会选择 Apache。Apache 自动接收上传的文件，并将其保存在系统临时目录下（如 C:\Windows\Temp），然后执行表单提交的处理脚本（PHP 文件）。在处理脚本中，可以使用全局变量$_FILES 来获取上传文件的信息。$FILES 是一个数组，它可以保存所有上传文件的信息。如果上传文件的文本框名称为 "'fileToUpload'"，则可以使用$_FILES['fileToUpload'] 来访问此上传文件的信息。$_FILES['fileToUpload'] 也是一个数组，数组元素是上传文件的各种属性，具体说明如下。

- $_FILES['fileToUpload']['Name']：客户端上传文件的名称。

- $_FILES['fileToUpload']['type']：文件的 MIME 类型，需要浏览器提供对此类型的支持，如 image/gif 等。

- $_FILES['fileToUpload']['size']：已上传文件的大小，单位是字节。

- $_FILES['fileToUpload']['tmp_name']：文件被上传后，在服务器端保存的临时文件名。

- $_FILES['fileToUpload']['error']：上传文件过程中出现的错误号，错误号是一个整数。

本例中处理上传文件的服务器端脚本 upfile.php 的代码如下。

```
<?PHP
  // 检查上传文件的目录
  $upload_dir = getcwd() . "\\upload\\";
  $newfile = $upload_dir . $_FILES['fileToUpload']['name'];
  // 如果目录不存在，则创建
  if(!is_dir($upload_dir))
      mkdir($upload_dir);
  if(file_exists($_FILES['fileToUpload']['tmp_name'])) {
      move_uploaded_file($_FILES['fileToUpload']['tmp_name'], $newfile);
  }
  else
  {
      echo("Failed...");
  }
```

```
        echo("newfile:" . $newfile . "<BR>");
        echo("filename1:" . $_FILES['fileToUpload']['name'] . "<BR>");
        echo("filetype:" . $_FILES['fileToUpload']['type'] . "<BR>");
        echo("filesize:" . $_FILES['fileToUpload']['size'] . "<BR>");
        echo("tempfile:" . $_FILES['fileToUpload']['tmp_name'] . "<BR>");
    ?>
</body>
```

本实例指定保存上传文件的目录为 upload。getcwd()函数用于返回当前工作目录。程序使用 is_dir() 函数判断保存上传文件的目录 images 是否存在，如果不存在，则使用 mkdir()创建之。

接下来，程序调用 file_exists()函数判断$_FILES['file1']['tmp_name']中保存的临时文件是否存在，如果存在，则表示服务器已经成功接收到了上传的文件，并保存在临时目录下，然后调用 move_uploaded_file()函数将上传文件移动至\images 目录下。

file_exists()函数的语法如下。

```
bool file_exists( string $filename )
```

如果由 filename 指定的文件或目录存在，则返回 TRUE，否则返回 FALSE。

move_uploaded_file()函数的语法如下：

```
bool move_uploaded_file( string $filename, string $destination )
```

函数检查并确保由 filename 指定的文件是合法的上传文件（即是通过 PHP 的 HTTP POST 上传机制上传的）。如果文件合法，则将其移动（即复制后删除）为由参数 destination 指定的文件。

如果 filename 不是合法的上传文件，不会出现任何操作，move_uploaded_file()将返回 FALSE。

如果 filename 是合法的上传文件，但出于某些原因无法移动，就不会出现任何操作，move_uploaded_file()将返回 FALSE。

如果文件移动成功，则返回 TRUE。

将 upload.html 和 upfile.php 上传至 Web 服务器上的 Apache 网站根目录下，然后在浏览器中访问 upload.html，单击"上传文件"按钮，开始上传文件。上传文件的界面如图 9-6 所示。

图 9-6　上传文件的界面

上传成功后，请到 Web 服务器上的 Apache 网站根目录下的 upload 目录中确认上传文件已经存在。

如果客户端和 Web 服务器之间的网速很快，则很难看到进度信息。为了体验上传过程中显示进度信息的情况，可以上传一个相对大的文件。但是使用 PHP 上传较大的文件时，需要修改配置文件 php.ini，否则，在 upload 目录下可能找不到上传的文件。修改配置文件 php.ini 的具体方法请查阅相关资料，这里就不详细介绍了。

9.3　WebSocket

　　WebSocket 接口是 HTML5 的一部分，它定义了一个全双工的 Socket 连接。通过此连接，可以在客户端和服务器之间传送消息。使用 WebSocket 技术可以大大简化双向 Web 通信和连接管理的复杂度。

9.3.1　什么是 Socket

　　在 TCP/IP 网络环境中，可以使用 Socket 接口来建立网络连接，实现主机之间的数据传输。

1. Socket 的工作原理

　　Socket 的中文意思是套接字，它是 TCP/IP 网络环境下应用程序与底层通信驱动程序之间的开发接口，它可以将应用程序与具体的 TCP/IP 隔离开来，使得应用程序不需要了解 TCP/IP 的具体细节，就能够实现数据传输。为什么把网络编程接口叫作套接字（Socket）编程接口呢？Socket 这个词，从字面上是凹槽、插座和插孔的意思。这让人联想到电插座和电话插座，这些简单的设备，给我们带来了很大的方便。

　　在网络应用程序中，实现基于 TCP 的网络通信与现实生活中的打电话有很多相似之处。如果两个人希望通过电话进行沟通，则必须满足下面的条件。

　　（1）拨打电话的一方需要知道对方的电话号码。如果对方使用的是内线电话，则还需要知道分机号码。而被拨打的电话则不需要知道对方的号码。

　　（2）被拨打的电话号码必须已经启用，而且将电话线连接到电话机上。

　　（3）被拨打电话的主人有空闲时间可以接听电话，如果长期无人接听，则会自动挂断电话。

　　（4）双方必须使用相同的语言进行通话。这一条看似有些多余，但如果真的一个说汉语，另一个却说英语，那也是没有办法正常沟通的。

　　（5）在通话过程中，物理线路必须保持通畅，否则电话将会被挂断。

　　（6）在通话过程中，任何一方都可以主动挂断电话。

　　在网络应用程序中，Socket 通信是基于客户端/服务器结构的。客户端是发送数据的一方，服务器则时刻准备着接收来自客户端的数据，并对客户端做出响应。下面是基于 TCP 的两个网络应用程序进行通信的基本过程。

　　（1）客户端（相当于拨打电话的一方）需要了解服务器的地址（相当于电话号码）。在 TCP/IP 网络环境中，可以使用 IP 地址来标识一个主机。但仅仅使用 IP 地址是不够的，如果一台主机中运行了多个网络应用程序，那么如何确定与哪个应用程序通信呢。在 Socket 通信过程中借用了 TCP 和 UDP 中端口的概念，不同的应用程序可以使用不同的端口进行通信，这样一个主机上就可以同时有多个应用程序进行网络通信了。这有些类似于电话分机的作用。

　　（2）服务器应用程序必须早于客户端应用程序启动，并在指定的 IP 地址和端口上执行监听操作。如果该端口被其他应用程序占用，则服务器应用程序无法正常启动。服务器处于监听状态就类似于电话接通电话线、等待拨打的状态。

　　（3）客户端在申请发送数据时，服务器端应用程序必须有足够的时间响应才能进行正常通信。否则，就好像电话已经响了，但却无人接听一样。在通常情况下，服务器应用程序都需要具备同时处理多个客户端请求的能力，如果服务器应用程序设计得不合理或者客户端的访问量过大，都有可能导致无法及时响应客户端的情况。

（4）使用 Socket 进行通信的双方还必须使用相同的通信协议，Socket 支持的底层通信协议包括 TCP 和 UDP 两种。在通信过程中，双方还必须采用相同的字符编码格式，而且按照双方约定的方式进行通信。这就好像在通电话时，双方都采用对方能理解的语言进行沟通一样。

TCP 是基于连接的通信协议，两台计算机之间需要建立稳定可靠的连接，并在该连接上实现可靠的数据传输。如果 Socket 通信是基于 UDP 的，则数据传输之前并不需要建立连接，这就好像发电报或者发短信一样，即使对方不在线，也可以发送数据，但并不能保证对方一定会收到数据。UDP 提供了超时和重试机制，如果发送数据后指定的时间内没有得到对方的响应，则视为操作超时，而且应用程序可以指定在超时后重新发送数据的次数。

Socket 编程的层次结构如图 9-7 所示。可以看到，Socket 开发接口位于应用层和传输层之间，可以选择 TCP 和 UDP 两种传输层协议实现网络通信。

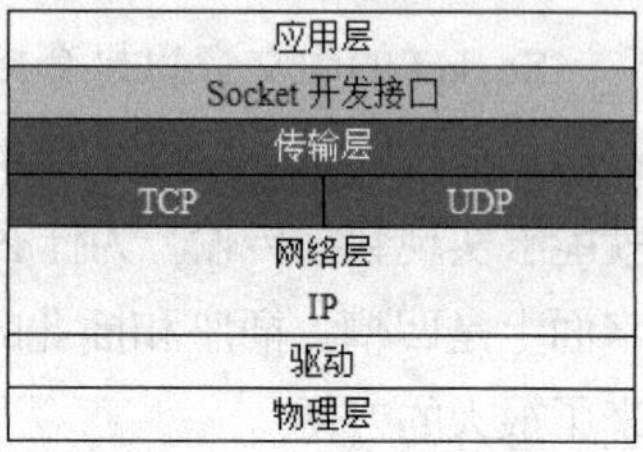

（5）在通信过程中，物理网络必须保持畅通，否则通信将会中断。

（6）通信结束后，服务器端和客户端应用程序都可以中断它们之间的连接。

图 9-7　Socket 编程的层次结构

2. Socket 的服务方式和类型

根据基于的底层协议不同，Socket 开发接口可以提供面向连接和无连接两种服务方式。

在面向连接的服务方式中，每次完整的数据传输都要经过建立连接、使用连接和关闭连接的过程。连接相当于一个传输管道，因此在数据传输过程中，分组数据包中不需要指定目的地址。由 TCP 提供面向连接的虚电路。基于面向连接服务方式的经典应用包括 Telnet 和 FTP 等。

在无连接服务方式中，每次数据传输时并不需要建立连接，因此每个分组数据包中必须包含完整的目的地址，并且每个数据包都独立地在网络中传输。无连接服务不能保证分组的先后顺序，不能保证数据传输的可靠性。由 UDP 提供无连接的数据报服务。基于无连接服务的经典应用包括简单网络管理协议（SNMP）等。

在 Socket 通信中，套接字分为 3 种类型，即流式套接字（SOCK_STREAM）、数据报式套接字（SOCK_DGRAM）和原始套接字（SOCK_RAW）。

（1）流式套接字

流式套接字提供面向连接的、可靠的数据传输服务，可以无差错地发送数据。传输数据可以是双向的字节流，即应用程序采用全双工方式，通过套接字同时传输和接收数据。

应用程序可以通过流传递有序的、不重复的数据。所谓"有序"，是指数据包按发送顺序送达目的地址，所谓"不重复"，是指一个特定的数据包只能获取一次。

如果必须保证数据能够可靠地传送到目的地，并且数据量很大时，可以采用流式套接字传输数据。WebSockect 就是流式套接字。

（2）数据报式套接字

数据报式套接字提供无连接的数据传输服务。数据包被独立发送，数据可能丢失或重复。流式套接字和数据报式套接字的区别如表 9-6 所示。

表 9-6   流式套接字和数据报式套接字的区别

比较项目	流式套接字	数据报式套接字
建立和释放连接	√	×
保证数据到达	√	×
按发送顺序接收数据	√	×
通信数据包含完整的目的地址信息	×	√

（3）原始套接字

原始套接字是公开的套接字编程接口，使用它可以在 IP 层上对套接字进行编程，发送和接收 IP 层上的原始数据包，如 ICMP、TCP 和 UDP 等协议的数据包。

9.3.2 WebSocket API 概述

过去，Socket 都是应用在 C/S 应用程序中的，Web 应用程序无法实现 Socket 编程。HTML5 定义了 WebSocket API，使用 WebSocket API，可以使 Web 应用程序与服务器端进程保持双向通信。基于 WebSocket 的通信框架结构如图 9-8 所示。

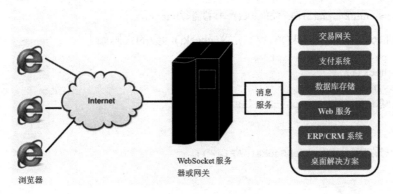

图 9-8   基于 WebSocket 的通信框架结构

WebSocket 可以穿透防火墙和代理服务器与多个应用程序进行通信。

WebSocket 协议可以在现有的 Web 基础结构下很好地工作，它定义 WebSocket 连接的生命周期开始于 HTTP 连接，从而保证了与之前的 Web 应用程序的兼容性。经过 WebSocket 握手后，协议才从 HTTP 切换到 WebSocket。

浏览器向服务器发送请求，表明希望将协议从 HTTP 切换至 WebSocket。切换请求是类似下面的升级头（由浏览器发送，程序员不需要理解其内容）。

```
GET ws://echo.websocket.org/?encoding=text HTTP/1.1 Origin: http://websocket.org Cookie:
__utma=99as Connection: Upgrade Host: echo.websocket.org Sec-WebSocket-Key: uRovscZjNol/
umbTt5uKmw== Upgrade: websocket Sec-WebSocket-Version: 13
```

如果服务器理解 WebSocket 协议，则可以发送如下升级头表明同意切换协议。

```
HTTP/1.1 101 WebSocket Protocol Handshake Date: Fri, 10 Feb 2012 17:38:18 GMT Connection:
Upgrade  Server:  Kaazing  Gateway  Upgrade:  WebSocket  Access-Control-Allow-Origin:
http://websocket.org   Access-Control-Allow-Credentials:   true   Sec-WebSocket-Accept:
rLHCkw/SKsO9GAH/ZSFhBATDKrU= Access-Control-Allow-Headers: content-type
```

此时，HTTP 连接将被终止，并被 WebSocket 连接替代。WebSocket 连接与之前的 HTTP 连接都基于相同的底层 TCP/IP 连接。默认情况下，WebSocket 连接与 HTTP 连接使用相同的端口（HTTP 连接的默认端口为 80，HTTPS 连接的默认端口为 443）。

一旦建立连接，WebSocket 数据帧就可以在客户端和服务器之间以全双工模式发送和传回。文本和二进制数据帧可以同时传输。数据帧最少包含两个字节的数据。如果是文本数据帧，则以 0x00 开头，以 0xFF 结束，其间包含 UTF-8 数据。

9.3.3　WebSocket API 编程

本节介绍 WebSocket API 编程的具体方法。

1. 检测浏览器是否支持 WebSocket API

可以使用 window.WebSocket 属性检测浏览器对 WebSocket API 的支持情况。如果 window.WebSocket 等于 True，则表明当前浏览器支持 WebSocket API；否则表明不支持。

【例 9-8】　在网页中定义一个按钮，单击此按钮时，检测浏览器是否支持 WebSocket API。定义按钮的代码如下。

```
<button id="check" onclick="check();">检测</button>
```

单击按钮 check 将调用 check()函数。定义 check()函数的代码如下。

```
<script type="text/javascript">
function check(){
  if(window.WebSocket){
    alert("您的浏览器支持 WebSocket API。");
  }
  else{
    alert("您的浏览器不支持 WebSocket API。");
  }
}
</script>
```

各主流浏览器对跨文档消息机制的支持情况如表 9-7 所示。

表 9-7　各主流浏览器对 WebSocket API 的支持情况

浏览器	对跨文档消息机制的支持情况
Chrome	14.0 及以后的版本支持
Firefox	6.0 及以后的版本支持
Internet Explore	10.0 及以后的版本支持
Opera	10.7 及以后的版本支持
Safari	5.0 及以后的版本支持

2. 创建一个 WebSocket 实例

可以使用 new 关键字创建一个 WebSocket 实例，语法如下。

```
var socket = new WebSocket('ws://服务器域名或地址:端口');
```

例如，如果服务器架设在本地，端口为 8080，则可以使用下面的代码创建一个 WebSocket 实例。

```
var socket = new WebSocket('ws://localhost:8080');
```

3. 发送消息

建立连接后，可以调用 WebSocket 对象的 send()方法发送消息，语法如下。

```
socket.send(消息内容);
```

4．关闭 WebSocket 连接

调用 WebSocket 对象的 close()方法关闭 WebSocket 连接，语法如下。

```
socket.close();
```

5．WebSocket 对象的事件

WebSocket 对象定义了如表 9-8 所示的事件。

表 9–8　WebSocket 对象的事件

事件	具体描述	处理函数
open	建立 WebSocket 连接时触发	onopen
message	当收到消息时触发	onmessage
close	当 WebSocket 连接关闭时触发	onclose

【例 9-9】　演示 WebSocket 通信方法的例子。

在网页中定义一个 output 元素，用于显示收到的信息。定义代码如下。

```
<output id="msg"></output>
```

定义一个发送信息按钮，代码如下。

```
<button id="send" onclick="sendmsg();">发送信息</button>
```

单击此按钮会调用 sendmsg()方法发送信息。sendmsg()方法的代码如下。

```
<script type="text/javascript">
var socket = new WebSocket('ws://localhost:8080');

function sendmsg(){
  if(window.WebSocket){
    socket.send("Hello, WebSocket!");  }
  else{
    alert("您的浏览器不支持 WebSocket API。");
  }
}
</script>
```

在程序的开始创建了一个 WebSocket 对象 socket，用于连接本地服务器的 8080 端口。在 sendmsg()
方法中调用 socket.send()方法向服务器发送消息。

在程序中添加如下处理 WebSocket 对象事件的代码。

```
socket.onopen = function() {
    document.getElementById("msg").value = "已建立连接";
}
socket.onmessage = function(e) {
    document.getElementById("msg").value = "收到消息: "+e.data;
}
socket.onclose = function(e) {
    document.getElementById("msg").value = "连接已关闭";
}
```

　　需要配置好 WebSocket 服务器后，才能成功运行【例 9-9】。

283

9.3.4　WebSocket 服务器

WebSocket 通信是客户端和服务器双方的事情，仅仅编写客户端程序是不够的，还需要准备好 WebSocket 服务器，才能实现客户端和服务器之间的 WebSocket 通信。

比较常用的 WebSocket 服务器如下。

- phpwebsockets：基于 PHP 的 WebSocket 服务器。
- jWebSocket：基于 Java 的 WebSocket 服务器。
- web-socket-ruby：基于 ruby 的 WebSocket 服务器。
- jWebSocket：基于 Java 的 WebSocket 服务器。
- socket.io-node：基于 node.js 的 WebSocket 服务器。

本节介绍一个使用 Visual C#开发的 WebSocket 服务器——OursNET.HTML5.WebSocket。本书的源代码中提供了 OursNET.HTML5.WebSocket 的源代码（在 09/WebSvr 目录下），可以使用 Visual Studio 2010 打开并编译它。如果不熟悉 Visual Studio 2010 环境或 Visual C#开发，也可以直接运行 WebSvr\output\OursNET.HTML5.WebSvr.exe。OursNET.HTML5.WebSocket 的源代码包含下面 2 个项目。

- OursNET.HTML5.WebSocket：这是本例的核心代码，用于实现 WebSocket 服务器，接收客户端的连接，并与客户端通信。生成该项目，可以得到 OursNET.HTML5.WebSocket.dll。
- OursNET.HTML5.WebSvr：Windows 应用程序项目，用于引用 OursNET.HTML5.WebSocket.dll，运行 WebSocket 服务器。生成该项目，可以得到 OursNET.HTML5.WebSocket.WebSvr.exe。

运行 OursNET.HTML5.WebSocket.WebSvr.exe 会打开一个 Windows 窗口，如图 9-9 所示。OursNET.HTML5.WebSocket.WebSvr.exe 是不需要任何配置就可以运行的 WebSocket 服务器，这也是本书以它为代表介绍 WebSocket 服务器的原因之一。

图 9-9　运行 OursNET.HTML5.WebSocket.WebSvr.exe 的界面

　　　　　OursNET.HTML5.WebSocket.dll 和 OursNET.HTML5.WebSocket.WebSvr.exe 应处于同一目录下，而且要配置防火墙允许 OursNET.HTML5.WebSocket.WebSvr.exe 访问网络。

客户端与 WebSocket 服务器需要按照约定好的规则进行通信。OursNET.HTML5.WebSocket.WebSvr.exe 是一个聊天室服务器，通信消息的格式如下。

命令 id，发消息人 id，收消息人 id，消息内容

有兴趣的读者，可以研究 OursNET.HTML5.WebSocket 项目，修改通信规则。在本书源代码的

\09\WebSvr\Oursnet.net 目录下有一个 default.htm，这就是与 OursNET.HTML5.WebSocket 匹配的聊天室客户端。由于篇幅所限，这里就不具体介绍 default.htm 的内容了。OursNET.HTML5.WebSocket 和 default.htm 的代码都可以从互联网上免费下载，版权归原作者所有。

【例 9-10】 修改【例 9-9】，从而可以与 OursNET.HTML5.WebSocket 通信，代码如下。

```html
<html>
<head>
<script type="text/javascript">
var socket = new WebSocket('ws://192.168.1.102:8050');

function sendmsg(){
  if(window.WebSocket){
     socket.send("MSG,0,0,hello");  }
  else{
     alert("您的浏览器不支持 WebSocket API。");
  }
}

socket.onopen = function() {
    document.getElementById("msg").value = "已建立连接";
}
socket.onmessage = function(e) {
    document.getElementById("msg").value = "收到消息: "+e.data;
}
socket.onclose = function(e) {
    document.getElementById("msg").value = "连接已关闭";
}
</script>
</head>
<body>
<output id="msg"></output>
<button id="send" onclick="sendmsg();">发送信息</button>
</body>
</html>
```

注意 "ws://192.168.1.102:8050" 中，192.168.1.102 是 OursNET.HTML5.WebSocket 服务器的地址，请根据实际情况修改，8050 是 OursNET.HTML5.WebSocket 服务器的默认监听端口。单击"发送信息"按钮，会向服务器发送 "MSG，0，0，hello" 消息。这符合通信规则，因此会收到服务器的反馈信息。

浏览【例 9-10】的网页，如果可以连接到 OursNET.HTML5.WebSocket 服务器，则会看到如图 9-10 的页面。

单击"发送信息"按钮，会收到服务器的反馈信息，如图 9-11 所示。

图 9-10　连接到 OursNET.HTML5.WebSocket 服务器　　　　图 9-11　收到服务器的反馈信息

如果退出 OursNET.HTML5.WebSocket 服务器，则会看到如图 9-12 所示的页面，显示"连接已关闭"。

图 9-12　退出 OursNET.HTML5.WebSocket 服务器的页面

练习题

一、单项选择题

1. 可以调用（　　）API 实现跨文档发送消息。

　　A．postMessage　　　　B．post　　　　　　　C．sendMessage　　　D．send

2. 在使用 XMLHttpRequest 对象进行通信时，发送 HTTP 请求之前，需要调用（　　）方法初始化 HTTP 请求的参数。

　　A．init()　　　　　　　B．intitialise()　　　　C．open()　　　　　　D．connect()

3. 在 MLHttpRequest Level 2 中可以使用（　　）对象模拟表单向服务器发送数据。

　　A．Form　　　　　　　B．FormData　　　　　C．Forms　　　　　　D．Data

4. 可以使用（　　）方法向 FormData 对象添加文件数据对象。

　　A．append()　　　　　B．insert()　　　　　　C．new()　　　　　　D．File()

二、填空题

1. 在 JavaScript 中可以使用_____属性检测浏览器对跨文档消息机制的支持情况。

2. 监听跨文档消息的事件为_____。

3. 当 XMLHttpRequest 对象把一个 HTTP 请求发送到服务器时将经历若干种状态，XMLHttpRequest 对象的_____属性可以表示请求的状态。

4. 调用_____方法可以向 Web 服务器发送一个 HTTP 头的名称和值，从而设置 HTTP 头。

5. XMLHttpRequest Level 2 中增加了_____属性，可以设置 HTTP 请求的时限。

6. _____接口是 HTML5 的一部分，它定义了一个全双工的 Socket 连接，通过此连接，可以在客户端和服务器之间传送消息。

三、简答题

1. 试述 XMLHttpRequest 的概念和主要功能。

2. 试述微软的 IE 浏览器和其他浏览器创建 XMLHttpRequest 对象的方法有何不同。

3. 试列举 XMLHttpRequest Level 2 中提供的传送数据相关的事件。

4. 试述 WebSocket 对象的事件。

10 第10章 本地存储

传统的 Web 应用程序将大多数据都存储在 Web 服务器端的数据库中，本地存储的能力很弱，而频繁地访问数据库服务器获取数据，不但会增加网络流量，还会影响应用程序的效率。HTML5 的本地存储能力得到了很大的提高，不但可以像传统 Web 应用程序那样将数据存储在文件中，而且还支持本地的轻型数据库。

10.1 概述

本节首先简要介绍 HTML4 是如何存储本地数据的，然后介绍 HTML5 新增了哪些本地存储的技术。这种对比更能体现出 HTML5 在本地存储方面的巨大提升。

10.1.1 HTML4 的本地数据存储方式

在传统的 Web 程序中，通常使用 Cookie 和 Session 来存储本地数据。

1. Cookie

Cookie（小甜饼）有时也用其复数形式 Cookies，是指存储在用户本地的少量数据，最经典的 Cookie 应用就是记录登录用户名和密码，这样下次访问时就不需要输入自己的用户名和密码了。

也有一些高级的 Cookie 应用，例如，在网上商城查阅商品时，该商城应用程序就可以记录用户兴趣和浏览记录的 Cookies。在下次访问时，网站根据情况调整显示的内容，将用户感兴趣的内容放在前列。

每个 Web 站点都可以在用户的机器上存放 Cookie，并可以在需要时重新获取 Cookie 数据。通常 Web 站点都有一个 Cookie 文件。Cookie 的工作原理如图 10-1 所示。

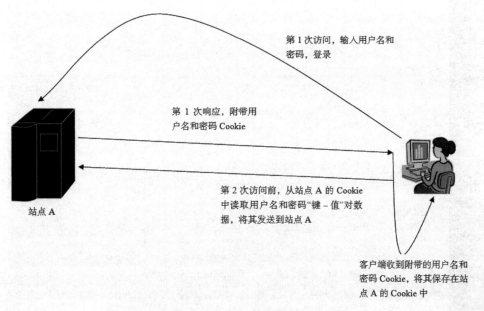

第 1 次访问，输入用户名和密码，登录

第 1 次响应，附带用户名和密码 Cookie

第 2 次访问前，从站点 A 的 Cookie 中读取用户名和密码"键－值"对数据，将其发送到站点 A

站点 A

客户端收到附带的用户名和密码 Cookie，将其保存在站点 A 的 Cookie 中

图 10-1 Cookie 的工作原理

用户每次访问站点 A 之前都会查找站点 A 的 Cookie 文件，如果存在，则从中读取用户名和密码"键－值"对数据。如果找到用户名和密码"键－值"对数据，则将其与访问请求一起发送到站点 A。站点 A 在收到访问请求时，如果也收到了用户名和密码"键－值"对数据，则使用用户名和密码数据登录，这样用户就不需要输入用户名和密码了。如果没有收到用户名和密码"键－值"对数据，则说明该用户之前没有成功登录过，此时站点 A 返回登录页面给用户。

Cookie 存在如下缺陷。

- Cookie 的数据大小是有限制的，大多数浏览器只支持最大为 4 096 字节的 Cookie。有时不能满足需求。
- 客户端可以禁用或清空 Cookie，从而影响程序的功能。
- 当多人共用一台计算机时，使用 Cookie 可能会泄露用户隐私，带来安全问题。

2. Session（会话）

Session 可以保持网站服务器和网站访问者的交流，访问者可以将数据保存在网站服务器中。为了区分不同的访问者，网站服务器为每个网站访问者都分配一个会话编号 SID，一个访问者在 Session 中保存的所有数据都与它的 SID 相关联。在访问者打开的所有页面中，都可以通过 SID 设置和获取 Session 数据，因此通过 Session 可以实现各页面间的数据共享。例如，用户在任意一个页面登录后，都可以将登录标记和登录用户名保存在 Session 变量中。这样在其他页面中就可以获知用户已经登录了，从而避免重复登录。Session 的工作原理如图 10-2 所示。

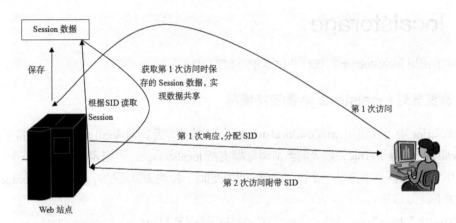

图 10-2　Session 的工作原理

10.1.2　HTML5 本地存储技术概述

传统的 Cookie 和 Session 技术的本地存储能力很弱，越来越不能满足功能日益强大的 Web 应用程序的需求。这也是桌面应用程序与传统 Web 应用程序相比的主要优势之一。桌面应用程序可以随意访问操作系统中的本地文件，而出于安全考虑，Web 应用程序通常不允许服务器端的脚本随意访问本地文件，这也给开发 Web 应用程序带来一些不方便。例如，用户要在网页中编辑一篇较长的文章，过程中需要自动保存文章草稿，那么保存在哪里呢？Cookie 的空间有限，保存到服务器上又会浪费网络流量，影响界面的响应效率。

HTML5 扩充了本地文件存储的能力，可以存储多达 5MB 的数据，大大增强了数据存储和数据检索能力。本节介绍 HTML5 新增的本地存储技术的基本情况。

1. localstorage

localstorage 类似于 Cookie，用于持久化的本地存储。但 localstorage 没有有效期，除非主动删除数据，否则数据永远不会过期。localstorage 的存储能力也远大于 Cookie，可以存储多达 5MB 的数据。

2. sessionstorage

sessionstorage 类似于 Session，用于本地存储一个会话（Session）中的数据，这些数据只有在同一个会话中的页面才能访问，并且当会话结束后，数据也随之销毁。因此 sessionstorage 不是一种持久化的本地存储。

3. Web SQL 数据库

除了使用 localstorage 将数据存储在本地文件中，HTML5 甚至支持本地的 Web SQL 数据库。传统的 Web 应用程序都是使用脚本语言访问 Web 服务器上的数据库，但是访问服务器会产生网络流量，而且需要等待服务器的响应。操作本地数据库无疑大大提升了 HTML5 的本地数据存储能力。

4. IndexedDB

IndexedDB 是一种轻量级 NoSQL 数据库。NoSQL 是非关系型的数据库，NoSQL 是 Not Only SQL 的缩写，意即反 SQL 运动，是一项全新的数据库革命性运动。

HTML5 支持两种不同类型的数据库，给了用户更多的选择，足以应对各种需求的 Web 应用程序。

10.2　localstorage

本节介绍使用 localstorage 实现持久化本地存储的方法。

10.2.1　浏览器对 localstorage 的支持情况

在 JavaScript 中可以使用 window.localstorage 属性检测浏览器对 localstorage 的支持情况。如果 window.localstorage 等于 True，则表明当前浏览器支持 localstorage；否则表明不支持。

【例 10-1】　在网页中定义一个按钮，单击此按钮时，检测浏览器是否支持 localstorage。定义按钮的代码如下。

```
<button id="check" onclick="check();">检测浏览器是否支持 localstorage</button>
```

单击按钮 check 将调用 check()函数。定义 check()函数的代码如下。

```
<script type="text/javascript">
function check(){
  if(window.localstorage){
    alert("您的浏览器支持 localstorage。");
  }
  else{
    alert("您的浏览器不支持 localstorage。");
  }
}
</script>
```

在使用 Internet Explore 测试时，必须将文件上传到 Web 服务器上（或者 localhost），才支持 localstorage。如果直接打开本地的 HTML 文件，则提示不支持 localstorage。

10.2.2　使用 localstorage 保存数据

localstorage 使用"键 – 值"对保存数据，可以使用 setItem()方法设置 localstorage 数据，语法如下。

```
localstorage.setItem(<键名>, <值>)
```

也可以通过 localstorage.<键名>和 localstorage[<键名>]的形式访问 localstorage 数据。例如，下面
3 条语句都可以在 localstorage 中存储键名为 key，值为 value 的数据。

```
localstorage.setItem("key", "value");
localstorage.key = "value";
localstorage["key"] = "value";
```

【例 10-2】　在网页中定义一个按钮，单击此按钮时，在 localstorage 中存储键名为 key，值为
value 的数据。定义按钮的代码如下。

```
<button id=" setItem " onclick="setItem();">使用 localstorage 保存数据</button>
```

单击按钮 check 将调用 setItem()函数。定义 setItem()函数的代码如下。

```
<script type="text/javascript">
function setItem(){
  if(window.localstorage){
    localstorage.setItem("key", "value");
  }
  else{
   alert("您的浏览器不支持 localstorage。");
  }
}
</script>
```

10.2.3　获取 localstorage 中的数据

可以使用 getItem()方法设置 localstorage 数据，语法如下。

```
<值> = localstorage.getItem(<键名>);
```

也可以通过 localstorage.<键名>和 localstorage[<键名>]的形式访问 localstorage 数据。例如，下面
3 条语句都可以获取 localstorage 中存储的键名为 key 的数据值到变量 value 中。

```
var value = localstorage.getItem("key");
var value = localstorage.key;
var value = localstorage["key"];
```

【例 10-3】　在网页中定义一个按钮，单击此按钮时，从 localstorage 中获取键名为 key 的值。
定义按钮的代码如下。

```
<button id="getItem" onclick="getItem();">获取 localstorage 中的数据</button>
```

单击按钮将调用 getItem ()函数。定义 getItem ()函数的代码如下。

```
<script type="text/javascript">
function getItem(){
  if(window.localstorage){
    var value = localstorage.getItem("key");
    alert(value);
  }
  else{
   alert("您的浏览器不支持 localstorage。");
  }
}
</script>
```

【例 10-4】　编写脚本 Count.html，可以记录用户访问当前网页的次数，代码如下。

```
<html>
<head><script type="text/javascript">
function count(){
```

```
        var count
        // 读取 localstorage 数据，并转换为 int 类型
        if(localstorage.getItem("count") == null)
            count =1
        else
            count = parseInt(localstorage.getItem("count"))+1;
    // 显示访问计数
    if(count > 1)
      document.write("您已是第" + count+"次访问本站点了。");
    else
      document.write("欢迎您首次访问本站。");
    //保存新的访问计数
      localstorage.setItem("count", count);
}
window.addEventListener("load", count, true);
</script>
</head>
<body>
</body>
</html>
```

第一次打开此网页时，将显示"欢迎您首次访问本站"。关闭浏览器后再重新打开此网页，将显示"您已是第 2 次访问本站点了"。关闭网页后，变量$count 将被释放，但是因为它的值已经保存在 localstorage 中，因此下次打开网页时会连续计数。

运行结果如图 10-3 所示。

图 10-3　使用 localstorage 记录用户访问网页的次数

10.2.4　删除 localstorage 中的数据

调用 localstorage.removeItem()方法可以删除 localstorage 中指定键的项，语法如下。
```
localstorage.removeItem(key)
```
key 为要删除的指定键。

如果要删除 localstorage 中的所有数据，则可以调用 localstorage.clear()方法。

10.2.5　storage 事件

HTML5 提供一个 storage 事件，当 setItem()、removeItem()或者 clear()方法被调用，并且数据真的发生了改变时，storage 事件就会被触发。注意，只有数据真的发生了变化，才会触发 storage 事件。也就是说，如果当前的存储区域是空的，调用 clear()是不会触发事件的。或者通过 setItem()来设置一个与现有值相同的值，storage 事件也是不会被触发的。torage 事件的 Event 对象包含如下属性。

- storageArea：表示存储类型（localstorage 或 sessionstorage）。
- key：发生改变的项的 key。
- oldValue：发生改变的项的原值。
- newValue：发生改变的项的新值。
- url：key 改变发生的 URL。

【例 10-5】　演示 storage 事件的使用方法，代码如下。

```
<!DOCTYPE html>
<html>
<head>
<meta charset="utf-8" />
</head>

<body>
<div id="header">

</div>
    <div class="demo">
        <p><label for="data">Your test data:</label> <input type="text" name="data"
value="" placeholder="change me" id="data" /><input type="button" value="保存 localStorage
数据" id="save"/></p>
        <p id="fromEvent">Waiting for data via <code>storage</code> event...</p>


    </div>

</div>

<script type="text/javascript">
var addEvent = (function() {
    if (document.addEventListener) {
        return function(el, type, fn) {
            if (el.length) {
                for (var i = 0; i < el.length; i++) {
                    addEvent(el[i], type, fn);
                }
            } else {
                el.addEventListener(type, fn, false);
            }
        };
    } else {
        return function(el, type, fn) {
            if (el.length) {
                for (var i = 0; i < el.length; i++) {
                    addEvent(el[i], type, fn);
                }
            } else {
                el.attachEvent('on' + type,
                function() {
                    return fn.call(el, window.event);
                });
            }
        };
    }
})();
var dataInput = document.getElementById('data'),
    output = document.getElementById('fromEvent'),
save = document.getElementById('save');

addEvent(window, 'storage', function (event) {
  if (event.key == 'storage-event-test') {
```

```
              output.innerHTML ="key:"+event.key+"  ----  old:"+event.oldValue+"  ----  new:"+
event.newValue;
    }
});

addEvent(save, 'click', function () {
  localstorage.setItem('storage-event-test', dataInput.value);
});
</script>
</body>
</html>
```

浏览【例 10-5】的界面如图 10-4 所示。单击 "保存 localstorage 数据" 按钮，会调用 localstorage. setItem()方法修改 storage-event-test 的值。此操作会触发 storage 事件。在 storage 事件的处理函数中会输出修改项的键、原值和新值。

图 10-4　浏览【例 10-5】的界面

必须将文件上传到 Web 服务器上（或者 localhost），才能支持 storage 事件。

不同浏览器对 storage 事件的支持情况不同。经测试，Internet Explorer 9 可以在当前页面中接收到 storage 事件，而在 Firefox 和 Chrome 中，必须同时打开两个窗口浏览【例 10-5】，在其中一个窗口中单击按钮，在另一个窗口会接收到 storage 事件。

10.3　sessionstorage

localstorage 的数据可以在不同的页面间共享，如果需要在一个页面中单独操作自己的数据，就可以使用 sessionstorage，它存储的数据只有当前页面可以访问。

10.3.1　判断浏览器是否支持 sessionstorage

在 JavaScript 中可以使用 window. sessionstorage 属性检测浏览器对 sessionstorage 的支持情况。如果 window. sessionstorage 等于 True，则表明当前浏览器支持 sessionstorage；否则表明不支持。

【例 10-6】　在网页中定义一个按钮，单击此按钮时，会检测浏览器是否支持 sessionstorage。定义按钮的代码如下。

```
<button id="check" onclick="check();">检测浏览器是否支持 sessionstorage</button>
```

单击按钮 check 将调用 check()函数。定义 check()函数的代码如下。

```
<script type="text/javascript">
function check(){
  if(window.sessionstorage){
    alert("您的浏览器支持 sessionstorage。");
  }
  else{
   alert("您的浏览器不支持 sessionstorage。");
  }
}
</script>
```

　　　　在使用 Internet Explore 测试时，必须将文件上传到 Web 服务器上（或者 localhost），才支持 sessionstorage。如果直接打开本地的 HTML 文件，则提示不支持 sessionstorage。

10.3.2　使用 sessionstorage 保存数据

　　与 localstorage 一样，sessionstorage 也使用"键 – 值"对保存数据，可以使用 setItem()方法设置 sessionstorage 数据，语法如下。

```
sessionStorage.setItem(<键名>, <值>)
```

　　也可以通过 sessionstorage.<键名>和 sessionstorage [<键名>]的形式访问 sessionstorage 数据。例如，下面 3 条语句都可以在 localstorage 中存储键名为 key，值为 value 的数据。

```
sessionstorage.setItem("key", "value");
sessionstorage.key = "value";
sessionstorage ["key"] = "value";
```

　　【例 10-7】　在网页中定义一个按钮，单击此按钮时，在 sessionstorage 中存储键名为 key，值为 value 的数据。定义按钮的代码如下。

```
<button id=" setItem " onclick="setItem();">使用 sessionstorage 保存数据</button>
```

　　单击按钮 check 将调用 setItem()函数。定义 setItem()函数的代码如下。

```
<script type="text/javascript">
function setItem(){
  if(window. sessionstorage){
    sessionStorage.setItem("key", "value");
  }
  else{
   alert("您的浏览器不支持 sessionstorage。");
  }
}
</script>
```

10.3.3　获取 sessionstorage 中的数据

　　可以使用 getItem()方法设置 sessionstorage 数据，语法如下。

```
<值> = sessionStorage.getItem(<键名>);
```

　　也可以通过 localstorage.<键名>和 localStorage[<键名>]的形式访问 sessionstorage 数据。例如，下面 3 条语句都可以获取 localstorage 中存储的键名为 key 的数据值到变量 value 中。

```
var value = sessionstorage.getItem("key");
var value = sessionstorage.key;
```

```
var value = sessionstorage ["key"];
```

【例 10-8】 在【例 10-7】的网页中增加一个按钮，单击此按钮时，从 sessionstorage 中获取键名为 key 的值。定义按钮的代码如下。

```
<button id="getItem" onclick="getItem();">获取 sessionstorage 中的数据</button>
```

单击按钮 getItem 将调用 getItem ()函数。定义 getItem ()函数的代码如下。

```
<script type="text/javascript">
function getItem (){
  if(window. sessionstorage){
    var value = sessionstorage.getItem("key");
    alert(value);
  }
  else{
    alert("您的浏览器不支持 sessionstorage。");
  }
}
</script>
```

10.3.4 删除 sessionstorage 中的数据

调用 sessionstorage.removeItem()方法可以删除 sessionstorage 中指定键的项，语法如下。

```
sessionstorage.removeItem(key)
```

key 为要删除的指定键。

如果要删除 sessionstorage 中的所有数据，则可以调用 sessionstorage.clear()方法。

10.4   Web SQL Database API

Web SQL Database API 是一组可以使用 SQL 语句操作客户端数据库的 API，它基于 SQLite 轻型数据库。

10.4.1   判断浏览器是否支持 Web SQL Database API

使用 windows. openDatabase 属性可以打开本数据库，并返回连接句柄。如果该句柄为 null 或 undefined，则说明不支持使用 Web SQL Database API 操作本地数据库，反之则支持。下面定义一个 openDatabase()函数，用于打开本地数据库。

```
function getOpenDatabase() {
    try {
        //如果支持则返回数据库连接句柄
        if(!!window.openDatabase) {
            return window.openDatabase;
        }else{
            return undefined;
        }
    } catch (e){
        return undefined;
    }
}
```

【例 10-9】 在网页中定义一个按钮，单击此按钮时，会检测浏览器是否支持 Web SQL Database

API。定义按钮的代码如下。

```
<button id="check" onclick="check();">检测浏览器是否支持 Web SQL Database API</button>
```

单击按钮 check 将调用 check()函数。定义 check()函数的代码如下。

```
<script type="text/javascript">
function check(){
  if(getOpenDatabase() == undefined){
    alert("您的浏览器不支持 Web SQL Database API。");
  }
  else{
   alert("您的浏览器支持 Web SQL Database API。");
  }
}
</script>
```

10.4.2　新建数据库

在 Web SQL Database API 中并不包括专门用于创建数据库的 API，但是以指定的数据库名为参数调用 openDatabase()函数时，如果自定的数据库名不存在，则会自动创建它。带参数的 openDatabase()函数的语法如下。

数据库连接句柄 = openDatabase(数据库名，版本号，数据库显示名称，估计容量);

【例 10-10】　创建数据库 mydatabase 的代码如下。

```
<script type="text/javascript">
function createDB(){
  if(window.openDatabase == undefined){
    alert("您的浏览器不支持 Web SQL Database API。");
  }
  else{
      var dbs = window.openDatabase('mydatabase', 'v1.0', 'Save data DB', 100);
       if(dbs) {
         alert('创建成功。');
      } else {
          alert('打开数据库失败。');
      }
  }
}
</script>
```

10.4.3　执行 SQL 语句

使用 transaction()函数可以执行 SQL 语句，语法如下。

数据库连接句柄.transaction(function (tx) {tx.executeSql('CREATE TABLE IF NOT EXISTS LOGS (id unique, log)');   });

transaction()函数的参数是一个回调函数，使用回调函数的参数 tx 来调用 executeSql()函数可以执行 SQL 语句。下面分别介绍几个常用的 SQL 语句。

1. 创建表语句 CREATE TABLE

表是数据库中最重要的逻辑对象，是存储数据的主要对象。在设计数据库结构时，很重要的工作就是设计表的结构。关系型数据库的表由行和列组成，其逻辑结构如图 10-5 所示。

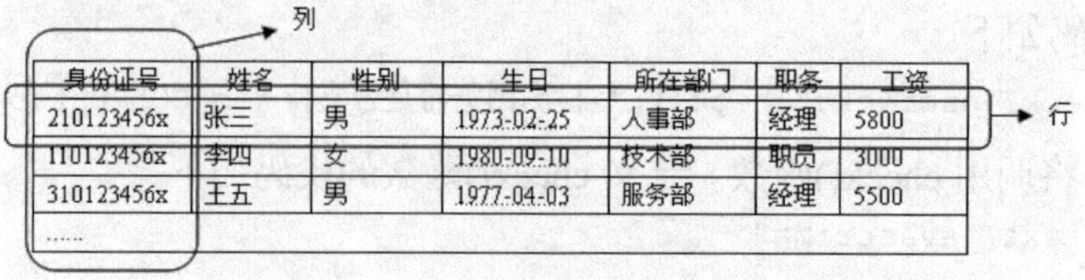

图 10-5　表的逻辑结构演示图

在表的逻辑结构中，每一行代表一条记录，而每列代表表中的一个字段，也就是一项内容。列的定义决定了表的结构，行则是表中的数据。

CREATE TABLE 语句用于创建表，基本使用方法如下。

```
CREATE TABLE IF NOT EXISTS 表名
    ( 列名 1       数据类型 字段属性,
      列名 2       数据类型 字段属性,
      ……
      列名 n       数据类型 字段属性
    )
```

IF NOT EXISTS 可以指定当表不存在时创建表。在"字段属性"中，可以使用 UNIQUE 关键字定义字段的值不能重复。

【例 10-11】　使用 CREATE TABLE 语句创建表 t，包括一个 id 字段和一个 name 字段，语句如下。

```
<script type="text/javascript">
function createTable(){
  if(window.openDatabase == undefined){
    alert("您的浏览器不支持 webSQL Database API。");
  }
  else{
      var dbs = window.openDatabase('mydatabase', 'v1.0', 'Save data DB', 100);
       if(dbs) {
         dbs.transaction(function(tx){
                tx.executeSql("CREATE TABLE IF NOT EXISTS t(id UNIQUE,name)");
             });
      } else {
          alert('打开数据库失败。');
      }
    }
}
</script>
```

可以使用 DROP TABLE 语句删除表，语法如下。

```
DROP TABLE 表名
```

在 Web SQL 中执行 DROP TABLE 语句的方法与执行 CREATE TABLE 语句的方法相似。

2．插入数据表语句 INSERT

INSERT 语句用于向表中插入数据，基本使用方法如下。

```
INSERT INTO 表名 (列名 1, 列名 2, …, 列名 n) VALUES (值 1, 值 2, …, 值 n)
```

【例 10-12】　使用 INSERT 语句向表 t 中插入数据，代码如下。

```
<script type="text/javascript">
function insert (){
  if(window.openDatabase == undefined){
```

```
        alert("您的浏览器不支持 webSQL Database API。");
    }
    else{
        var dbs = window.openDatabase('mydatabase', 'v1.0', 'Save data DB', 100);
        if(dbs) {
            dbs.transaction(function(tx){
                    tx.executeSql("INSERT INTO t(id ,name) VALUES (1, 'lee')");
                });
        } else {
            alert('打开数据库失败。');
        }
    }
}
</script>
```

可以通过 UPDATE 语句修改表中的数据。UPDATE 语句的基本使用方法如下。

UPDATE 表名 SET 列名1 = 值1, 列名2 = 值2, …, 列名n = 值n

WHERE　更新条件表达式

执行 UPDATE 语句时，指定表中所有满足 WHERE 子句条件的行都将被更新，列 1 的值被设置为值 1，列 2 的值被设置为值 2，列 *n* 的值被设置为值 *n*。如果没有指定 WHERE 子句，则表中所有的行都将被更新。

可以使用 DELETE 语句删除表中的数据，基本使用方法如下。

DELETE FROM 表名 WHERE 删除条件表达式

执行 DELETE 语句时，指定表中所有满足 WHERE 子句条件的行都将被删除。

在 WebSQL 中执行 UPDATE 语句和 DELETE 语句的方法与执行 INSERT 语句的方法相似。

3. 查询数据表语句 SELECT

SELECT 语句是最常用的 SQL 语句。使用 SELECT 语句可以查询数据，它的基本使用方法如下。

SELECT 子句

FROM 子句

[WHERE 子句]

各子句的主要功能说明如下。

- SELECT 子句：指定查询结果集的列组成，列表中的列可以来自一个或多个表。

- FROM 子句：指定要查询的一个或多个表。

- WHERE 子句：指定查询的条件。

使用 transaction()函数执行 SELECT 语句的语法如下。

```
db.transaction(function (t) {
        t.executeSql(SELECT 语句, [], function(t, r) {}, function(t, e) {});
```

在这里，t.executeSql()函数有 4 个参数，第一个参数是要执行的 SELECT 语句，第 2 个参数是要传递的参数，比如查询条件，如果没有参数，则使用[]；第 3 个参数是处理查询结果集的回调函数，参数 r 为结果集；第 4 个参数是处理错误的回调函数，参数 e 为错误对象。

【例 10-13】　使用 SELECT 语句从表 t 中查询并显示数据，代码如下。

```
<script type="text/javascript">
function select(){
  if(window.openDatabase == undefined){
    alert("您的浏览器不支持 Web SQL Database API。");
```

```
        }
    else{
var dbs = window.openDatabase('mydatabase', 'v1.0', 'Save data DB', 100);
        if(dbs) {
                    dbs.transaction(function(tx){
                    tx.executeSql("SELECT * FROM t", [], function(tx, results){
                      alert( results.rows.length);
                                if(results && results.rows && 0 < results.rows.length) {
                        var text = "";

                        for (var i=0; i < results.rows.length; i++)
                        {
                            text += results.rows.item(i).id + '    '
                            + results.rows.item(i).name + '<br/>';
                        }

                        document.getElementById('result').innerHTML = text;
                    }
                }, null);
            });
        } else {
            alert('打开数据库失败。');
        }
    }
}
</script>
```

定义一个"查询表 t"按钮，代码如下。

```
<button id="createTable" onclick="select();">查询表 t</button>
```

定义一个<p>标签，用于显示查询结果，代码如下。

```
<p id="result"></p>
```

浏览【例 10-13】，单击"查询表 t"按钮，会显示表 t 的内容，如
图 10-6 所示。

10.5　IndexedDB

图 10-6　显示表 t 的内容

IndexedDB 是 HTML5 本地存储的重要一环，它是一种轻量级的 NoSQL 数据库。本节介绍使用
IndexedDB 数据库的具体方法。

10.5.1　数据库的相关概念

首先了解数据库的相关概念。

1. 数据库

数据库（Database，DB）简单地讲就是存放数据的仓库。不过，数据库不是数据的简单堆积，
而是以一定的方式保存在计算机存储设备上的相互关联的数据的集合。也就是说，数据库中的数据
并不是相互孤立的，数据和数据之间是有关联的。

2. 数据库管理系统

数据库管理系统（Database Management System，DBMS）是一种系统软件，介于应用程序和操

作系统之间，用于帮助我们管理输入计算机中的大量数据，如用于创建数据库、向数据库中存储数据、修改数据库中的数据、从数据库中提取信息等。具体来说，一个数据库管理系统应具备如下几个功能。

（1）数据定义功能。可以定义数据库的结构，定义数据库中数据之间的联系，定义对数据库中数据的各种约束等。

（2）数据操纵功能。可以实现对数据库中数据的添加、删除、修改，可以对数据库进行备份和恢复等。

（3）数据查询功能。可以以各种方式提供灵活的查询功能，使用户可以方便地使用数据库中的数据。

（4）数据控制功能。可以完成对数据库中数据的安全性控制、完整性控制、多用户环境下的并发控制等多方面的控制。

（5）数据库通信功能。在分布式数据库或提供网络操作功能的数据库中还必须提供数据库的通信功能。

数据库管理系统在计算机系统中的地位可以用图 10-7 来表示。它运行在一定的硬件和操作系统平台上。人们可以使用一定的开发工具，利用 DBMS 提供的功能，创建满足实际需求的数据库应用系统。

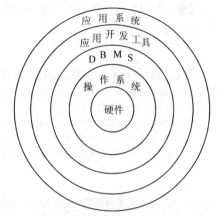

图 10-7　数据库管理系统在计算机系统中的地位

根据对信息组织方式的不同，数据库管理系统又可以分为关系、网状和层次 3 种类型。目前使用最多的数据库管理系统是关系型数据库管理系统（RDBMS），如 SQL Server、Oracle、Sybase、Visual FoxPro、DB2、Informix、Ingres 等都是目前常见的关系型数据库管理系统。

3. 数据库系统

数据库系统（Database System，DBS）是指在计算机系统中引入数据库的系统，除了相关的硬件之外，数据库系统还包括数据库、数据库管理系统、应用系统、数据库管理员和用户。

可以看出，数据库、数据库管理系统和数据库系统是 3 个不同的概念，数据库强调的是数据，数据库管理系统是系统软件，而数据库系统强调的是系统。

4. NoSQL 数据库

因为 IndexedDB 是一种轻量级的 NoSQL 数据库，所以这里特别介绍 NoSQL 数据库的概念。

NoSQL 是新一代的数据库，NoSQL 有 non-relational 和 Not Only SQL 的意思，具有非关系型、高效、分布式、开放源代码等特点。对于已经熟悉 SQL Server 等关系型数据库的读者而言，接受 NoSQL 数据库还需要有一个过程。Nam 为什么要提出 NoSQL 的概念呢？因为传统的关系数据库在应付 Web 2.0 网站，特别是超大规模和高并发的 SNS 类型（社交网络）的 Web 2.0 纯动态网站已经显得力不从心，暴露了很多难以克服的问题。例如，对数据库高并发读写的需求、对海量数据的高效率存储和访问的需求、对数据库的高可扩展性和高可用性的需求等。所以，关系数据库在很多情况下显得不太合适了。NoSQL 是非关系型数据存储的广义定义，它打破了关系型数据库的垄断局面。NoSQL 数据存储不需要固定的表结构，通常也不存在连接操作。在大数据存取上具备关系型数据库无法比拟的性能优势。NoSQL 的概念在 2009 年初得到了广泛认同。

10.5.2　判断浏览器是否支持 IndexedDB

使用 window.indexedDB 属性可以判断浏览器是否支持 IndexedDB 数据库。在笔者编写本书时，IndexedDB 的规范尚未最终定稿，不同的浏览器厂商还是使用浏览器前缀实现 IndexedDB API。基于 Gecko 内核的浏览器使用 moz 前缀，基于 WebKit 内核的浏览器使用 webkit 前缀。如果还希望使用 window.indexedDB 来判断浏览器是否支持 IndexedDB 数据库，则可以做下面的处理。

```
window.indexedDB = window.indexedDB || window.mozIndexedDB || window.webkitIndexedDB
```

【例 10-14】　在网页中定义一个按钮，单击此按钮时，会检测浏览器是否支持 IndexedDB 数据库。定义按钮的代码如下。

```
<button id="check" onclick="check();">检测浏览器是否支持 IndexedDB 数据库</button>
```

单击按钮 check 将调用 check()函数。定义 check()函数的代码如下。

```
<script type="text/javascript">
function check(){
window.indexedDB = window.indexedDB || window.mozIndexedDB || window.webkitIndexedDB
  if(window.indexedDB){
    alert("您的浏览器支持 IndexedDB 数据库。");
  }
  else{
   alert("您的浏览器不支持 IndexedDB 数据库。");
  }
}
</script>
```

10.5.3　创建和打开数据库

window.indexedDB 对象只有一个 open 方法，用于打开指定的数据库，语法如下。

```
request 对象 = window.indexedDB.open(数据库名，数据库版本号)
```

如果指定的数据库名存在，则打开它；否则创建数据库。request 对象用于处理用户对数据库的操作请求。可以通过它定义操作成功和失败的处理函数。

通过 request.onerror 可以指定操作失败的处理函数，方法如下。

```
request.onerror = function(event) {
// 错误处理
};
```

可以通过 event.target.errorCode 获取错误号。

浏览器通常不希望恶意网站随意使用 IndexedDB 数据库来存储数据，因此当 Web 应用程序第一次使用 IndexedDB 数据库时会询问用户是否允许访问，而且多数浏览器在隐私模式下不允许使用 IndexedDB 数据库。

通过 request.onsuccess 可以指定操作成功的处理函数，方法如下。

```
request.onerror = function(event) {
// 成功处理
};
```

request.result 是执行指定操作的结果，例如，执行打开数据库的操作后，通过 request.result 可以获得打开数据库的实例。通过数据库实例可以访问数据库。

例如，创建 IndexedDB 数据库 MyTestDatabase（如果存在则打开它）的代码如下。

```
var db;
var request = indexedDB.open("MyTestDatabase");
request.onerror = function(event) {
alert("错误号: " + event.target.errorCode);
};
request.onsuccess = function(event) {
db = request.result;
};
```

打开 IndexedDB 数据库 MyTestDatabase 后，变量 db 保存打开数据库的实例。

10.5.4　创建对象存储空间 ObjectStore

熟悉关系型数据库的读者可能知道，关系型数据库使用表来存储数据。IndexedDB 不是关系型数据库，它使用对象存储空间（ObjectStore）来存储数据。一个数据库中可以包含多个对象存储空间，对象存储空间使用键值对的形式来存储数据，即每个数据都由一组键和一组值组成键类似关系型数据库中表的字段。例如，下面的代码表示一条员工数据。

```
{
    "id": "110",
    "name": "李明",
    "age": "35",
    "email": "liming@email.com"
}
```

IndexedDB 数据库支持 key path 和 key generator 两种提供键的选项。它们的组合含义如表 10-1 所示。

表 10–1　IndexedDB 数据库提供键的选项

key Path 选项	key Generator 选项	具体描述
否	否	这种对象存储空间可存储任意类型的值。当保存新值时，必须提供一个单独的键
是	否	这种对象存储空间只能存储 JavaScript 对象，而且 JavaScript 对象必须具有一个与 key Path 同名的属性
否	是	这种对象存储空间可存储任意类型的值。当保存新值时，可以自动生成键；如果需要指定特定的键，也可以提供一个单独的键
是	是	这种对象存储空间只能存储 JavaScript 对象，而且 JavaScript 对象必须具有一个与 key Path 同名的属性。当保存新值时，可以自动生成键。生成的键被保存在 JavaScript 对象的与 key Path 同名的属性中；如果与 key Path 同名的属性已经有值 1，则会将其作为键，不会再生成新键

使用数据库实例对象的 createObjectStore() 方法可以创建对象存储空间，方法如下。

```
ObjectStore 对象 = 数据库实例对象.createObjectStore(对象存储空间名, 提供键的选项)
```

例如，创建一个对象存储空间 employees，指定 keyPath 选项为 id（即主键为 id），代码如下。

```
var objectStore = db.createObjectStore("employees", { keyPath: "id" })
```

数据库实例对象.objectStoreNames 中包含数据库中所有对象存储空间的名称，在创建对象存储空间之前，可以使用 objectStoreNames.Contains() 方法判断对象存储空间名称是否已经存在。例如：

```
if(!db.objectStoreNames.contains("employees")) {
    var objectStore = db.createObjectStore("employees", { keyPath: "id" });
}
```

通常在 onupgradeneeded 事件的处理函数中执行改变数据库结构的操作（包括创建对象存储空间）。onupgradeneeded 事件在下列情况下被触发。

- 数据库第一次被打开时。
- 打开数据库时指定的版本号高于当前被持久化的数据库版本号。

【例 10-15】 在 IndexedDB 数据库 MyTestDatabase 中创建对象存储空间 employees。

定义一个"创建对象存储空间"按钮，代码如下。

```
<button onclick="create();">创建对象存储空间</button>
```

单击此按钮，会调用 create()方法，创建对象存储空间 employees，代码如下。

```
<script type="text/javascript">
var request;

function create(){
request = indexedDB.open("MyTestDatabase1");
request.onerror = function(event) {
        alert("错误号: " + event.target.errorCode);
    };
request.onupgradeneeded = function(event) {
        var db = request.result;
if(!db.objectStoreNames.contains("employees")) {
    var objectStore = db.createObjectStore("employees", { keyPath: "id" });
}
};


}
</script>
```

【例 10-16】 显示在 IndexedDB 数据库 MyTestDatabase 中包含的对象存储空间信息。

定义一个"获取对象存储空间信息"按钮，代码如下。

```
<button onclick="getinfo();">获取对象存储空间信息</button>
```

单击此按钮，会调用 getinfo ()方法，代码如下。

```
<script type="text/javascript">
var request;
function getinfo(){
 window.indexedDB = window.indexedDB || window.mozIndexedDB || window.webkitIndexedDB
  if(window.indexedDB){
    request = window.indexedDB.open('MyTestDatabase1');
request.onerror = function(event) {
    alert("错误号: " + event.target.errorCode);
};
request.onsuccess = function(event) {
    var db = request.result;

    document.getElementById('info').innerHTML = "数据库 MyTestDatabase 中共有" +
db.objectStoreNames.length.toString() + "个对象存储空间";
    for(var i=0;i< db.objectStoreNames.length;i++)          {
        document.getElementById('info').innerHTML += "<br>对象存储空间名:" + db.object
StoreNames[i];
    }
};
    }
```

```
    else{
      alert("您的浏览器不支持 IndexedDB 数据库。");
    }
  }
</script>
```

程序从 db.objectStoreNames 数组中获取对象存储空间信息，并将其显示在 div 元素 info 中。定义 div 元素 info 的代码如下。

```
<div id="info" ></div>
```

单击"获取对象存储空间信息"按钮，如图 10-8 所示。

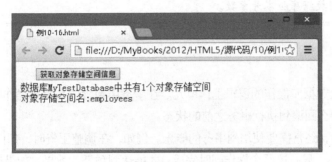

图 10-8　获取对象存储空间信息

可以看到【例 10-15】中创建的对象存储空间 employees。

10.5.5　创建索引

数据库的索引和书籍中的目录相似。有了目录，就可以快速地在书中找到需要的内容，而无需按顺序浏览全书了。书中的目录是主要章节的列表，其中注明了包含各章节的页码。而数据库中的索引是一个表（对象存储空间）中包含的值的列表，其中注明了表中包含各个值的记录所在的存储位置。在 IndexedDB 数据库中可以通过索引查询对象存储空间中的数据。

可以调用 ObjectStore 对象的.createIndex()方法在对象存储空间中创建索引，方法如下。

```
var 索引对象 = ObjectStore 对象.createIndex( 索引名, 创建索引的列（即 keyPath），索引选项);
```

在索引选项中可以定义索引是否为唯一索引。如果是唯一索引，那么对象存储空间中创建索引的列不能有重复的值。例如，假定 ObjectStore 指向对象存储空间 employees，下面的语句可以在对象存储空间 employees 的列 email 上创建一个唯一索引 email。

```
objectStore.createIndex("email", "email", { unique: true })
```

【例 10-17】　完善【例 10-15】，在创建对象存储空间 employees 后，在列 email 上创建一个唯一索引 email。create()方法的代码如下。

```
<script type="text/javascript">
var request;

function create(){
request = indexedDB.open("MyTestDatabase");
request.onerror = function(event) {
    alert("错误号: " + event.target.errorCode);
    };
request.onupgradeneeded = function(event) {
    var db = request.result;
```

```
if(!db.objectStoreNames.contains("employees")) {
    var objectStore = db.createObjectStore("employees", { keyPath: "id" });
    objectStore.createIndex("email", "email", { unique: true });
}
};

}
</script>
```

因为数据库 MyTestDatabase 已经存在，为了触发 onupgradeneeded 事件，可以在 open 方法中使用数据库版本号参数。

10.5.6 事务

事务是包含一组数据库操作的逻辑工作单元。在事务中包含的数据库操作是不可分割的整体，要么一起被执行，要么回滚到执行事务之前的状态。

在数据库应用中，经常需要使用到事务的概念。例如，在调整工资时，部门 A 的涨幅为 10%，部门 B 的涨幅为 15%。只有这两个操作同时完成，才能达到预期的效果。如果在将部门 A 的员工工资上调 10% 后，断开数据库的连接，则数据库中的工资数据显然是不正确的。此时，需要做的就是将数据库恢复到执行事务之前的状态，再重新执行事务。

在执行事务时，并不是每执行一个数据库操作就立即将结果写入数据库，而是在完成所有操作后，执行提交命令。如果事务不能成功地被执行，则可以执行回滚命令将数据库恢复到执行事务之前的状态。

常用的对数据库的操作（如插入数据、删除数据和查询数据）都需要在事务中完成。

1. transaction()方法

调用 transaction()方法可以定义一个事务，方法如下。

事务对象 = 数据库实例.transaction(事务操作的对象存储空间名，事务模式)

事务模式包括以下 3 种情况。

- IDBTransaction.READ_ONLY：默认值，只读模式，也可以使用 readonly。
- IDBTransaction.READ_WRITE：可读写模式，也可以使用 readwrite。
- IDBTransaction.VERSION_CHANGE：版本升级模式。

事务模式是可选参数，如果不指定事务模式，则默认为只读模式。

事务对象支持以下 3 种情况。

- error：当事务中出现错误时触发，默认的处理方式为回滚事务。
- abort：当事务被终止时触发。
- complete：当事务中的所有操作请求都被处理完成时触发。

下面的代码演示如何定义和使用事务。

```
var transaction = db.transaction(["employees"], "readwrite");
// 当所有的数据都被增加到数据库时执行一些操作
transaction.oncomplete = function(event) {
alert("All done!");
};
```

```
transaction.onerror = function(event) {
// 不要忘记进行错误处理!
};
// 定义事务的操作……
}
```

上面的代码只演示了定义和使用事务的框架，并没有定义事务包含的具体操作。要在事务中对对象存储空间进行操作，就需要从事务中获得相关的对象存储空间对象，方法如下。

```
var 对象存储空间对象 = transaction.objectStore(对象存储空间名);
```

通过得到的对象存储空间对象就可以在事务中插入数据、修改数据、删除数据和查询数据。

2. 插入数据

通过对象存储空间对象.add()方法可以向对象存储空间插入数据，方法如下。

```
var request 对象 = 对象存储空间对象.add({ 键1: 值1, 键2: 值2,…… 键n: 值n })
```

【例 10-18】 向 IndexedDB 数据库 MyTestDatabase 的对象存储空间 employees 插入数据。

定义一个"插入数据"按钮，代码如下。

```
<button  onclick="insert();">插入数据</button>
```

单击此按钮，会调用 insert ()方法，代码如下。

```
<script type="text/javascript">
var request;

function insert(){
  request = indexedDB.open("MyTestDatabase");
  request.onerror = function(event) {
          alert("错误号: " + event.target.errorCode);
      };
  request.onsuccess = function(event) {

  var data = {
      "id": "110",
      "name": "李明",
      "age": "35",
      "email": "liming@email.com"
      };
  var db = request.result;
  var trans = db.transaction("employees", IDBTransaction.READ_WRITE);
  var store = trans.objectStore("employees");
  var request1 = store.add(data);
  request1.onsuccess = function(event) {
      alert("成功插入数据, id=" + event.target.result);
  };
};
}
</script>
```

在插入数据操作对应的请求对象 request1 的 onsuccess 处理函数中，event.target.result 为 key path 键的值。

调用 add()方法时不允许插入 key path 键重复的值，如果多次单击"插入数据"按钮，则会弹出提示"插入数据失败"的对话框。如果希望不检查 key path 键的值，强行插入数据，则可以使用 put()方法，使用方法与 add()方法相同。

3. 查询数据

通过对象存储空间对象.get()方法可以从对象存储空间中获取数据，方法如下。

```
var request 对象 = 对象存储空间对象.get(key path 键值)
```

在得到的 request 对象的 sccess 事件的处理函数中，获取查询的数据，方法如下。

```
request.onsuccess = function(event) {
    // event.target.result 就是获取的数据
    ......
};
```

正如注释中提到的，**event.target.result** 就是获取的数据。例如，使用 **event.target.result.name** 可以获取查询记录的 name 键值。

【例 10-19】 从 IndexedDB 数据库 **MyTestDatabase** 的对象存储空间 **employees** 中查询 id 为 110 的记录。

定义一个"获取数据"按钮，代码如下。

```
<button onclick="get();">获取数据</button>
```

单击此按钮，会调用 **get()** 方法，代码如下。

```
<script type="text/javascript">
var request;

function get(){
  request = indexedDB.open("MyTestDatabase");
  request.onerror = function(event) {
        alert("错误号: " + event.target.errorCode);
    };
  request.onsuccess = function(event) {
    var db = request.result;
    var trans = db.transaction("employees", IDBTransaction.READ_WRITE);
    var store = trans.objectStore("employees");
    var request1 = store.get("110");
    request1.onsuccess = function(event) {
        document.getElementById('info').innerHTML = "id=110 的记录<br>===========<br>
name:"
            + event.target.result.name + "<br>age:" + event.target.result.age +
"<br>emaii:"+event.target.result.email;
    };
};
}
</script>
```

程序从 **event.target.result** 中获取查询到的信息，并将其显示在 div 元素 info 中。定义 div 元素 info 的代码如下。

```
<div id="info" ></div>
```

单击"获取数据"按钮，如图 10-9 所示。

可以看到【例 10-18】中插入的数据。

图 10-9 获取 id=110 的记录

4. 删除数据

通过对象存储空间对象.delete()方法可以删除对象存储空间中的数据，方法如下。

```
var request 对象 = 对象存储空间对象.delete(key path 键值)
```

【例 10-20】　删除对象存储空间 employees 中 id=110 的记录。

定义一个"插入数据"按钮，代码如下。

```
<button  onclick="deletedata();">删除数据</button>
```

单击此按钮，会调用 deletedata()方法，代码如下。

```
<script type="text/javascript">
var request;

function deletedata(){
  request = indexedDB.open("MyTestDatabase");
  request.onerror = function(event) {
        alert("错误号: " + event.target.errorCode);
    };
  request.onsuccess = function(event) {
  var db = request.result;
  var trans = db.transaction("employees", IDBTransaction.READ_WRITE);
  var store = trans.objectStore("employees");
  var request1 = store.delete("110");
  request1.onsuccess = function(event) {
     alert("成功删除数据");
  };
};
}
</script>
```

执行删除操作后，可以浏览【例 10-19】的网页，确认已经看不到 id=110 的记录了。

10.5.7　游标

通过对象存储空间对象.get()方法只能根据 key path 键值从对象存储空间中获取数据，如果要获取对象存储空间中的一组数据，就需要使用游标。游标从字面来理解就是游动的光标。用数据库语言来描述，游标是映射在结果集中一行数据上的位置实体，有了游标，用户就可以访问结果集中的任意一行数据了。将游标放置到某行后，即可对该行数据进行操作，最常见的操作是提取当前行数据。

【例 10-21】　为了演示游标的作用，在对象存储空间 employees 中插入一组数据。定义一个"插入数据"按钮，代码如下。

```
<button  onclick="insert();">插入数据</button>
```

单击此按钮，会调用 insert ()方法，代码如下。

```
<button onclick="insert();">插入数据</button>
<script type="text/javascript">
var request;
function insert(){
  request = indexedDB.open("MyTestDatabase");
  request.onerror = function(event) {
        alert("错误号: " + event.target.errorCode);
    };
  request.onsuccess = function(event) {

var data = [ {  "id": "110", "name": "Tom", "age": "25",     "email": "tom@email.com"},
             {  "id": "210", "name": "John", "age": "26",  "email":
```

```
"john@email.com"},
                          {  "id": "310", "name": "Alice", "age": "27", "email":
"alice@email.com"},
                          {  "id": "410", "name": "Mike", "age": "28",  "email":
"mike@email.com"},
                          {  "id": "510", "name": "Sophia", "age": "29",    "email":
"sophia@email.com"}
                     ];
    var db = request.result;
    var trans = db.transaction("employees", IDBTransaction.READ_WRITE);
    var store = trans.objectStore("employees");
    // 删除可能的垃圾数据
    store.delete("110");
    store.delete("210");
    store.delete("310");
    store.delete("410");
    store.delete("510");

    for (var i in data) {
        var request1 = store.add(data[i]);
        request1.onsuccess = function(event) {
            alert("成功插入数据, id=" + event.target.result);
        };
    }
};
}
</script>
```

1. 遍历对象存储空间中的数据

可以调用 ObjectStore 对象的.openCursor()方法在对象存储空间中打开游标，方法如下。

```
var request 对象 = ObjectStore 对象.openCursor();
```

在 request 对象的 onsuccess()处理函数中可以通过 event.target.result 得到游标对象，代码如下。

```
request.onsuccess = function(event) {
    var cursor = event.target.result;  //游标对象
    ……
}
```

使用下面的方法可以访问游标对象中的数据。

- cursor.key：得到游标中的 key path 值。
- cursor.value.键名：得到游标中指定键的值。

打开游标后，游标指向对象存储空间中的第一条数据。调用 cursor.continue()方法可以将游标移动到下一条记录，并触发 request 对象的 success 事件。因此，在 request 对象的 onsuccess()处理函数中调用 cursor.continue()方法就可以遍历打开的对象存储空间中的数据

【例 10-22】 使用游标遍历对象存储空间 employees 中的数据。定义一个"查询数据"按钮，代码如下。

```
<button onclick="query();">查询数据</button>
```

单击此按钮，会调用 query ()方法，代码如下。

```
<script type="text/javascript">
var request;
function query(){
 request = indexedDB.open("MyTestDatabase");
```

```
request.onerror = function(event) {
        alert("错误号: " + event.target.errorCode);
    };
request.onsuccess = function(event) {

var db = request.result;
var trans = db.transaction("employees", IDBTransaction.READ_WRITE);
var store = trans.objectStore("employees");
var request1 = store.openCursor();
request1.onsuccess = function(event) {
  var cursor = event.target.result;
  if (cursor) {
   document.getElementById('info').innerHTML += "id :" + cursor.key + "; name :" +
cursor.value.name + "; age :" + cursor.value.age + "; email :" + cursor.value.email + "<br>";
      cursor.continue();
 }
 else {
     alert("查询完成");
 }
};
};
}
```

单击"查询数据"按钮，如图 10-10 所示。

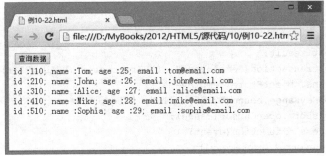

图 10-10　使用游标遍历对象存储空间 employees 中的数据

2. 指定查询数据的范围

如果在打开游标时不希望遍历对象存储空间中的所有数据，也可以在 **openCursor()**方法中指定一个查询范围，方法如下。

```
var request 对象 = ObjectStore 对象.openCursor(查询范围对象);
```

查询范围对象可以分为以下几种情况。

（1）匹配等于指定键值的记录

使用 **IDBKeyRange.only()**方法可以指定查询范围为指定键值的记录，方法如下。

```
查询范围对象 = IDBKeyRange.only(指定键值)
```

（2）匹配小于指定键值的记录

使用 **IDBKeyRange.lowerBound()**方法可以指定查询范围小于指定键值的记录，方法如下。

```
查询范围对象 = IDBKeyRange.lowerBound(指定键值, 是否不包括指定键值)
```

如果第 2 个参数等于 true，则查询范围不包括指定键值，否则查询范围包括指定键值。默认值为 false。

（3）匹配大于指定键值的记录

使用 IDBKeyRange.upperBound()方法可以指定查询范围大于指定键值的记录，方法如下。

查询范围对象 = IDBKeyRange.upperBound(指定键值，是否不包括指定键值)

如果第 2 个参数等于 true，则查询范围不包括指定键值，否则查询范围包括指定键值，默认值为 false。

（4）匹配指定范围内的记录

使用 IDBKeyRange.bound()方法可以指定查询范围大于指定键值的记录，方法如下。

查询范围对象 = IDBKeyRange.upperBound(下限键值，上限键值，是否不包括下限键值，是否不包括上限键值)

【例 10-23】 使用游标遍历对象存储空间 employees 中 id 在 210（包含）～410（不包含）之间的数据。定义一个"查询数据"按钮，代码如下。

```
<button onclick="query();">查询数据</button>
```

单击此按钮，会调用 query ()方法，代码如下。

```
<script type="text/javascript">
var request;
function query(){
 request = indexedDB.open("MyTestDatabase");
 request.onerror = function(event) {
        alert("错误号: " + event.target.errorCode);
    };
 request.onsuccess = function(event) {

 var db = request.result;
 var trans = db.transaction("employees", IDBTransaction.READ_WRITE);
 var store = trans.objectStore("employees");
 var range = IDBKeyRange.bound("210", "410", false, true);
 var request1 = store.openCursor(range);
 request1.onsuccess = function(event) {
   var cursor = event.target.result;
   if (cursor) {
    document.getElementById('info').innerHTML += "id :" + cursor.key + "; name :" +
cursor.value.name  + "; age :" + cursor.value.age + "; email :" + cursor.value.email + "<br>";

    cursor.continue();
   }
   else {
    alert("查询完成");
   }
 };
 };
}
</script>
```

单击"查询数据"按钮，如图 10-11 所示。

3. 游标的顺序

默认情况下，游标是按正序（顺序）遍历数据的。也可以在调用 openCursor()方法时，指定遍历数据顺序，方法如下。

var request 对象 = ObjectStore 对象.openCursor(查询范围对象，游标顺序选项);

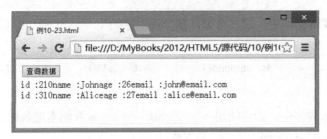

图 10-11　使用游标查询指定范围内的记录

如果要遍历整个对象存储空间中的所有数据，则可以在第 1 个参数中使用 null。游标顺序选项包括以下 4 种情况。

- IDBCursor.NEXT：顺序循环。
- IDBCursor.NEXT_NO_DUPLICATE：顺序循环且键值不重复。
- IDBCursor.PREV：倒序循环。
- IDBCursor.PREV_NO_DUPLICATE：倒序循环且键值不重复。

【例 10-24】　在【例 10-22】的基础上实现使用游标倒序遍历对象存储空间 employees 中的数据。将【例 10-22】的 openCursor() 方法修改为如下即可。

```
var request1 = store.openCursor(null, IDBCursor.PREV);
```

单击"查询数据"按钮，如图 10-12 所示。

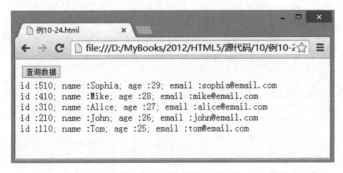

图 10-12　使用游标倒序遍历对象存储空间 employees 中的数据

练习题

一、单项选择题

1. localstorage 的存储能力也远大于 Cookie，可以存储多达（　　）的数据。

   A. 100KB　　　　　　B. 1MB　　　　　　C. 5MB　　　　　　D. 10MB

2. localstorage 使用"键 – 值"对保存数据，可以使用（　　）方法设置 localstorage 数据。

   A. Save()　　　　　　B. setItem()　　　　C. Set()　　　　　　D. Insert()

3. Web SQL Database API 中用于创建数据库的 API 为（　　）。

   A. newDatabase()　　B. createDatabase()　C. MakeDatabase()　D. openDatabase()

4. 用于查询数据表的 SQL 语句为（　　）。

   A. SELECT　　　　　B. INSERT　　　　　C. CREATE　　　　D. QUERY

5. 在 IndexedDB 数据库中，通过对象存储空间对象的（　　　）方法可以向对象存储空间插入数据。

    A. insert()　　　　　　　　B. append()　　　　　　　　C. add()　　　　　　　　D. insertinto()

二、填空题

1. 在传统的 Web 程序中，通常使用_____和_____来存储本地数据。

2. IndexedDB 是一种轻量级_____数据库。

3. 可以使用_____属性检测浏览器对 localstorage 的支持情况。

4. 调用 localStorage._____方法可以删除 localstorage 中指定键的项。

5. HTML5 提供一个_____事件，当 setItem()、removeItem()或者 clear()方法被调用，并且数据真的发生了改变时，storage 事件被触发。

三、简答题

1. 试述 Cookie 的工作原理。

2. 试列举 Cookie 存在的缺陷。

3. 试述 Session 的工作原理。

4. 试述什么是 NoSQL 数据库。

11 第11章 开发支持离线的Web应用程序

　　Web 应用程序的资源都存储在 Web 服务器上，如果无法连接网络，或者 Web
服务器不在线，那么传统的 Web 应用程序就无法正常运行了。使用 HTML5 可以
开发支持离线的 Web 应用程序，在连接不上 Web 服务器时，可以切换到离线模式；
等到可以连接 Web 服务器时，再进行数据同步，把离线模式下完成的工作提交到
Web 服务器。

11.1　HTML5 离线 Web 应用程序概述

首先介绍什么是离线 Web 应用程序，以及开发离线 Web 应用程序需要完成的工作。

11.1.1　什么是离线 Web 应用程序

在介绍什么是离线 Web 应用程序之前，首先了解传统 Web 应用程序的工作原理，如图 11-1 所示。

图 11-1　浏览器/服务器（B/S）网络模型

传统 Web 应用程序只需要部署在 Web 服务器上即可，应用程序可以是 HTML（HTM）文件或 ASP、PHP 等脚本文件。Web 浏览器的主要功能如下。

- 由用户向指定的 Web 服务器（网站）申请服务。申请服务时需要指定 Web 服务器的域名或 IP 地址以及要浏览的 HTML（HTM）文件或 ASP、PHP 等脚本文件。如果使用 ASP 作为开发语言，则 Web 服务器只能使用 Windows；如果使用 PHP 作为开发语言，则 Web 服务器可以选择使用 Windows 或 UNIX、Linux 等多种平台。

- 从 Web 服务器下载申请的 HTML（HTM）文件。

- 解析并显示 HTML（HTM）文件，用户可以通过 Web 浏览器申请指定的 Web 服务器。

- Web 浏览器和 Web 服务器使用 HTTP 进行通信。

Web 服务器通常需要有固定的 IP 地址和永久域名，其主要功能如下。

- 存放 Web 应用程序。

- 接受用户申请的服务。如果用户申请浏览 ASP、PHP 等脚本文件，则 Web 服务器会对脚本进行解析，生成对应的临时 HTML（HTM）文件。

- 如果脚本中需要访问数据库，则将 SQL 语句传送到数据库服务器，并接收查询结果。

- 将 HTML（HTM）文件传送到 Web 浏览器。

可见，在传统 Web 应用程序中，Web 服务器是至关重要的，如果不能连接 Web 服务器，就无法运行 Web 应用程序。但在实际应用中，经常会遇到网络状况不好的情况（特别是使用手机、iPad 等移动设备上网时，这种情况就更明显），此时就无法使用 Web 应用程序了，这显然不够方便。

离线 Web 应用程序可以在无法连接 Web 服务器时运行，它的工作原理如下。

- 当访问一个支持离线 Web 应用程序的网站时，该网站将会告诉浏览器离线 Web 应用程序使用的所有文件。

- 浏览器将 Web 应用程序使用的所有文件下载到本地。

- 当支持离线 Web 应用程序的网站不在线时，浏览器会访问下载到本地的文件，从而运行离线 Web 应用程序。

例如，在离线 Web 应用程序中，用户可以在不连接 Web 服务器的情况下，编辑一篇较长的文章，并将其保存在本地，待下次连接 Web 服务器时再提交文章。

离线 Web 应用程序的主要组件如图 11-2 所示。

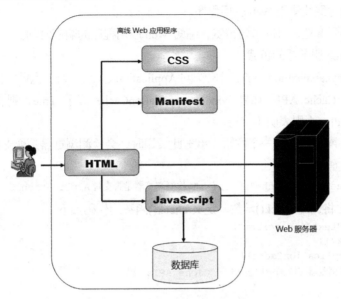

图 11-2　离线 Web 应用程序的主要组件

Manifest 是一个文件，其中包含离线 Web 应用程序的部署组件描述符，也就是需要加载的所有文件列表。

图 11-2 中的数据库不是图 11-1 中的服务器端数据库，它是指第 10 章介绍的本地数据库存储，如 Web SQL 数据库或 IndexedDB。

11.1.2　开发离线 Web 应用程序需要完成的工作

开发离线 Web 应用程序通常需要完成下面几项工作。

（1）离线资源缓存。首先需要了解 Web 应用程序离线工作时所需的资源文件。这样就可以在在线状态时，把这些文件缓存到本地。以后，如果浏览器无法连接 Web 服务器，则可以自动加载这些资源文件，从而实现离线访问应用程序。在 HTML5 中，通过 cache manifest 文件指明需要缓存的资源，具体情况将在 11.2.2 小节介绍。

（2）检测在线状态。在支持离线的 Web 应用程序中，浏览器应该知道在线或离线的状态，并做出对应的处理，具体情况将在 11.2.4 小节介绍。

（3）本地数据存储。在离线时，Web 应用程序需要把数据存储到本地，以便以后在线时可以同步到 Web 服务器上。关于本地数据存储的具体情况已经在第 10 章介绍过了，请参照理解。

11.2　开发 HTML5 离线 Web 应用程序

本节介绍开发 HTML5 离线 Web 应用程序的相关技术，包括离线资源缓存和如何检测在线状态的方法。关于本地数据存储的相关技术已经在第 10 章介绍了。

11.2.1　Application Cache API

HTML5 提供 Application Cache API，可以实现离线资源缓存。实现离线资源缓存的好处如下。

- 可以在离线时继续使用 Web 应用程序。
- 将资源缓存到本地，可以节省带宽，缩短 Web 应用程序的响应时间。
- 可以减轻 Web 服务器的负载。

可以通过 window.applicationCache 对象访问 Application Cache API。也可以使用它判断浏览器是否支持 Application Cache API。如果 window.applicationCache 等于 True，则表明当前浏览器支持 Application Cache API；否则表明不支持。

【例 11-1】　在网页中定义一个按钮，单击此按钮时，会检测浏览器是否支持 Application Cache API。定义按钮的代码如下。

```
<button id="check" onclick="check();">检测浏览器是否支持 Application Cache API</button>
```

单击按钮 check 将调用 check()函数。定义 check()函数的代码如下。

```
<script type="text/javascript">
function check(){
  if(window.applicationCache){
    alert("您的浏览器支持 Application Cache APIs。");
  }
  else{
    alert("您的浏览器不支持 Application Cache API。");
  }
}
</script>
```

经测试，在笔者编写本书时，Chrome、Opera、Firefox 等主流浏览器均支持 Application Cache API，但是 Internet Explorer 9 尚未提供支持。

关于 Application Cache API 的具体内容将在后面小节介绍。

11.2.2　Cache Manifest 文件

要使用 Application Cache API 开发离线 Web 应用程序，就需要创建一个 Cache Manifest 文件，用于指定需要缓存的文件列表。

【例 11-2】　一个 Manifest 文件的例子。

```
CACHE MANIFEST// Manifest 文件的开始
version 1.0 // 定义版本，更新时只需修改版本号
CACHE:
01.png
test.js
test.css
NETWORK:
*
FALLBACK
online.html offline.html
```

具体说明如下。

- CACHE：指定需要缓存的文件。
- NETWORK：指定只有通过联网才能浏览的文件。

- *：代表除了在 CACHE 中的文件，所有其他文件都需要因特网连接。
- FALLBACK：每行分别指定在线和离线时使用的文件。

如果要在网页中引用 manifest 文件，使用缓存的文件，就需要在 HTML 标签中定义 manifest 属性。例如：

```
<HTML lang="en" manifest='test.manifest'>
```

即在访问网页时，按照 test.manifest 文件中指定的文件列表缓存。在 Web 服务器上也需要配置对 Manifest 文件的支持。例如，在 Apache 中需要编辑 conf\mine.types，增加如下内容。

```
test/cache-manifest    manifest
```

保存后需要重新启动 Apache 服务。

在 IIS（以 IIS 7.5 为例）中，打开如图 11-3 所示的功能视图。

图 11-3　IIS 7.5 的功能视图

双击"MIME 类型"图标，打开 MIME 类型管理页面，如图 11-4 所示。

右击 MIME 类型列表，在快捷菜单中，选择"添加"，打开"添加 MIME 类型"对话框，如图 11-5 所示。

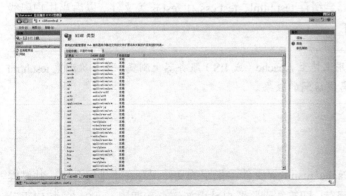

图 11-4　IIS 7.5 的 MIME 类型管理页面

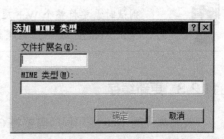

图 11-5　"添加 MIME 类型"对话框

在"文件扩展名"文本框中输入.manifest，在"MIME 类型"文本框中输入 test/cache-manifest，然后单击"确定"按钮。

如果文件扩展名.manifest 已经存在，则将其 MIME 类型修改为 test/cache-manifest。

【例 11-3】 使用 Manifest 文件实现离线资源缓存。

假定有一个小的 Web 应用程序，由 test.html、test.css 和 test.js 组成。test.html 的内容如下。

```
<!DOCTYPE HTML>
<html manifest="test.manifest">
 <head>
  <title>当前时间</title>
  <script src="test.js"></script>
  <link rel="stylesheet" href="test.css">
 </head>
 <body>
 <p>The time is: <output id="test"></output></p>
 </body>
 </html>
```

网页中引用 test.css 和 test.js，并定义一个 output 元素，用于显示当前时间。在<HTML>标签中，使用 manifest 属性指定对应的 Manifest 文件。

test.css 的内容如下。

```
output { font: 2em sans-serif; }
```

其中定义了 output 元素的字体。

test.js 的内容如下。

```
setTimeout(function () {
    document.getElementById('test').value = new Date();
 }, 1000);
```

程序会在 1 秒后获取当前的系统时间并在 output 元素中显示。

test.manifest 的内容如下。

```
CACHE MANIFEST
 test.html
 test.css
 test.js
```

当用户在线访问 test.html 时，浏览器会缓存 test.html、test.css 和 test.js 等文件。以后当用户离线访问时，这个 Web 应用也可以正常使用。

测试时需要将整个 Web 应用上传至 Apache（或 IIS）服务器上浏览。第一次浏览 test.html 后，停止 Apache 服务，测试离线访问的效果。

11.2.3 更新缓存

支持离线的 Web 应用程序需要将 Cache manifest 文件中指定的文件保存在本地缓存中，此过程称为更新缓存。可以通过两种方式更新缓存，即等待浏览器自动更新缓存和调用 JavaScript 接口手动更新缓存。

1. 浏览器自动更新缓存

浏览器会在第一次访问 Web 应用程序时将 Cache manifest 文件中指定的文件保存在本地缓存中，并在 Cache manifest 文件的内容变化时更新缓存，需要缓存的资源文件的内容变化时，则不会更新缓存。

2. 调用 JavaScript 接口手动更新缓存

在应用程序中，可以调用 window.applicationCache.update() 方法手动更新缓存。除了 update() 方法外，applicationCache 对象还提供以下两个方法。

（1）abort()：取消正在进行的缓存下载。

（2）swapcache()：切换成本地最新的缓存环境。

可以通过 window.applicationCache.status 的值了解离线应用程序缓存的状态，它可以是如下值。

- UNCACHED：未缓存。
- IDLE：闲置。
- UPDATEREADY：已更新。
- CHECKING：正在检查。
- DOWLOADING：正在下载。
- OBSOLETE：失败。

applicationCache 对象定义了一组事件，可以在更新缓存的不同情况下被触发，如表 11-1 所示。

表 11-1　applicationCache 对象的事件

事件	具体描述	处理函数

checking	用户代理检查更新或者在第一次尝试下载 manifest 文件时被触发，本事件通常是事件队列中第一个被触发的	```
		applicationCache.onchecking = function(){
		    //检查 manifest 文件是否存在
		}
		``

noupdate	检测出 manifest 文件没有更新	```
		applicationCache.onnoupdate = function(){
		    //返回 304 表示没有更新，通知浏览器直接使
		    //用本地文件
		    …
		}
		``

downloading	用户代理发现更新并且正在取资源，或者第一次下载 manifest 文件列表中列举的资源	```
		applicationCache.ondownloading = function(){
		    //检查到有 manifest 或者 manifest 文件
		    //已更新就执行下载操作
		    //即使需要缓存的文件在请求时服务器已经
		    //返回过了
		    …
		}
		``

progress	用户代理正在下载 manifest 文件中需要缓存的资源	```
		applicationCache.onprogress = function(){
		    //下载时周期性地触发，可以通过它
		    //获取已经下载的文件个数
		    …
		}
		``

cached	manifest 中列举的资源已经下载完成，并且已经缓存	```
		applicationCache.oncached = function(){
		    //下载结束后触发，表示缓存成功
		}
		``

事件	具体描述	处理函数

updateready	manifest 中列举的文件已经重新下载并更新成功，接下来可以使用 swapCache()方法更新到应用程序中	`application.onupdateready = function(){`
		`//第二次载入，如果 manifest 被更新`
		`//在下载结束时触发`
		`//不触发 onchched`
		`...`
		`}`
		`}`

obsolete	manifest 的请求出现 404 或者 410 错误，应用程序缓存被取消或更新缓存的请求失败	`applicationCache.onobsolete = function(){`
		`//未找到文件，返回 404 或者 401 时触发`
		`...`
		`}`

error	在以下情况下被触发。
	• manifest 文件没有改变，但是页面引用的 manifest 文件没有被正确下载。
	• 在取 manifest 列举的资源的过程中发生致命的错误。
	• 在更新过程中 manifest 文件发生变化
		`applicationCache.onerror = function(){`
		`//其他和离线存储有关的错误`
		`...`
		`}`

【例 11-4】 改进【例 11-3】，实现手动更新缓存，并对 applicationCache 对象的各种事件进行处理。

在 test.html 中增加一个按钮，用于手动更新缓存，定义代码如下。

```
<button id="update" onclick="update();">更新缓存</button>
```

单击此按钮，会调用 update()函数，代码如下。

```
<script type="text/javascript">
function update(){
  if(window.applicationCache){
    window.applicationCache.update();
  }
  else{
   alert("您的浏览器不支持 Application Cache API。");
  }
}
</script>
```

程序调用 window.applicationCache.update()方法手动更新缓存。

为了显示更新的进度信息，在 test.html 中增加一个 output 元素，代码如下。

```
<output id="msg"></output>
```

然后使用 JavaScript 程序对 applicationCache 对象的各种事件进行处理，将更新进度信息显示在 output 元素 msg 中，代码如下。

```
applicationCache.onchecking = function(){
  document.getElementById('msg').value = "检查 manifest 文件是否存在";
};

applicationCache.onnoupdate = function(){
  document.getElementById('msg').value = "检测出 manifest 文件没有更新";
};

applicationCache.ondownloading = function(){
  document.getElementById('msg').value = "发现更新并且正在获取资源";
```

```
};

applicationCache.onprogress = function(){
   document.getElementById('msg').value = "正在下载 manifest 文件中的需要缓存的资源";
};

applicationCache.oncached = function(){
   document.getElementById('msg').value = "下载结束";
};

applicationCache.onobsolete = function(){
   document.getElementById('msg').value = "未找到文件";
};

applicationCache.onerror = function(){
   document.getElementById('msg').value = "出现错误";
};
```

浏览 test.html 的结果如图 11-6 所示。

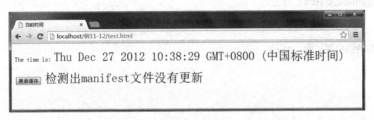

图 11-6　浏览【例 11-4】中 test.html 的结果

单击"更新缓存"按钮，程序会调用 window.applicationCache.update()方法手动更新缓存。因为在加载页面时已经更新了缓存，所以手动更新通常会触发 noupdate 事件，在 output 元素 msg 中显示"检测出 manifest 文件没有更新"。

　　　　第一次加载 test.html 时注意观察 output 元素 msg 的内容，其中会显示更新缓存的过程。

11.2.4　检测在线状态

除了将服务器的资源缓存在本地外，离线 Web 应用程序还应该能够在离线时将要提交给服务器的数据保存在本地，等下次连线时再将其同步到服务器。这就要求应用程序能够检测浏览器的在线状态。在 HTML5 中，可以通过 navigator.onLine 属性可以判断浏览器的在线状态，如果 navigator.onLine 为 true，则表示在线；否则表示离线。

【例 11-5】　在网页中定义一个按钮，单击此按钮时，会检测浏览器的在线状态。定义按钮的代码如下。

```
<button id="check" onclick="check();">检测浏览器的在线状态</button>
```

单击按钮 check 将调用 check()函数。check()函数的定义代码如下：

```
<script type="text/javascript">
function check(){
  if(navigator.onLine){
```

```
      alert("您的浏览器在线。");
    }
    else{
     alert("您的浏览器离线。");
    }
}
</script></script>
```

　　HTML5 中还定义了 online 和 offline 两个与浏览器在线状态有关的事件。当在线（离线）状态切换时，将触发 online（在线）/offline（离线）事件。

　　【例 11-6】　对 online 和 offline 事件进行响应，当在线/离线状态切换时，弹出对话框显示浏览器的在线状态。代码如下。

```
<script type="text/javascript">
window.addEventListener('online', check);    // 离线到上线
window.addEventListener('offline', check);   // 上线到离线
function check(){
  if(navigator.onLine){
    alert("您的浏览器在线。");
  }
  else{
    alert("您的浏览器离线。");
  }
}
</script>
```

练习题

一、单项选择题

　　1. HTML5 提供 Application Cache API，可以实现离线资源缓存。可以通过（　　　　）对象访问 Application Cache API。

　　　　A. applicationCache　　　　　　　　　　　B. window.applicationCache

　　　　C. window.applicationCacheAPI　　　　　　D. applicationCacheAPI

　　2. 在 Manifest 文件中，用于指定只有通过联网才能浏览的文件的项目是（　　　　）。

　　　　A. CACHE　　　　　B. FILE　　　　　C. NETWORK　　　　D. FALLBACK

二、填空题

　　1. _____是一个文件，其中包含离线 Web 应用程序的部署组件描述符，也就是需要加载的所有文件列表。

　　2. 可以使用_____方法手动更新缓存。

　　3. HTML5 中还定义了_____和_____两个与浏览器在线状态有关的事件。

三、简答题

　　1. 试述传统 Web 应用程序的工作原理。

　　2. 试述离线 Web 应用程序的工作原理。

　　3. 试述开发离线 Web 应用程序通常需要完成的几项工作。

12 第12章 获取浏览器的地理位置信息

　　有些应用程序需要获取用户的地理位置信息，比较经典的例子就是在显示地图时标注自己的当前位置。过去，获取用户的地理位置信息需要借助第三方地址数据库或专业的开发包（如 Google Gears API）。HTML5 定义了 Geolocation API 规范，可以通过浏览器获取用户的地理位置，这无疑给有相关需求的用户提供了极大的便利。本章介绍使用 HTML5 Geolocation API 获取用户地理位置信息的方法。

12.1　概述

HTML5 Geolocation API 定义了与主机设备的位置信息相关的高层接口。本节先介绍 HTML5 Geolocation API 的背景知识，为进一步学习 Geolocation API 编程方法奠定基础。

12.1.1　什么是浏览器的地理位置

浏览器的地理位置实际上就是安装浏览器的硬件设备的位置，如经纬度。位置信息的通常来源包括以下几种。

- GPS（全球定位系统）：这种方式可以提供很精确的定位，但需要专门的硬件设备，定位效率也不高。
- IP 地址：多用于计算机设备，定位并不准确。
- 无线射频标签（Radio Frequency Identification，RFID）：可以通过读卡器的信号、报文到达时间和定位器等数据确定标签的位置。
- WiFi：无线上网时，可以通过 Wi-Fi 热点（AP 或无线路由器）来定位客户端设备。
- GSM/CDMA 小区标识码：可以根据手机用户的基站数据定位手机设备。
- 用户输入：除了以上方法外，还允许用户自定义位置信息。

　　　　通过不同渠道获得的浏览器的地理位置信息是有误差的，因此并不能保证 Geolocation API 返回的是设备的实际位置。

12.1.2　浏览器对获取地理位置信息的支持情况

在 JavaScript 中可以使用 navigator.geolocation 属性检测浏览器对获取地理位置信息的支持情况。如果 navigator.geolocation 等于 True，则表明当前浏览器支持获取地理位置信息；否则表明不支持。

【例 12-1】　在网页中定义一个按钮，单击此按钮时，会检测浏览器是否支持获取地理位置信息。定义按钮的代码如下。

```
<button id="check" onclick="check();">检测浏览器是否支持获取地理位置信息</button>
```

单击按钮 check 将调用 check()函数。定义 check()函数的代码如下。

```
<script type="text/javascript">
function check(){
  if(navigator.geolocation){
    alert("您的浏览器支持获取地理位置信息。");
  }
  else{
    alert("您的浏览器不支持获取地理位置信息。");
  }
}
</script>
```

各主流浏览器对获取地理位置信息的支持情况如表 12-1 所示。

表 12–1　各主流浏览器对获取地理位置信息的支持情况

浏览器	对获取地理位置信息的支持情况
Chrome	5.0 及以后的版本支持
Firefox	3.5 及以后的版本支持
Internet Explorer	9.0 及以后的版本支持
Opera	10.6 及以后的版本支持
Safari	5.0 及以后的版本支持

另外，安装下列操作系统的手机设备也支持获取地理位置信息。

- Android 2.0+
- iPhone 3.0+
- Opera Mobile 10.1+
- Symbian（S60 3rd & 5th generation）
- Blackberry OS 6
- Maemo

12.2　获取地理位置信息

本节介绍使用 Geolocation API 获取地理位置信息的具体方法。

12.2.1　getCurrentPosition()方法

调用 getCurrentPosition()方法可以获取地理位置信息，也就是经纬度。getCurrentPosition()方法的语法如下。

```
var retval = geolocation.getCurrentPosition(successCallback, errorCallback, options);
```

参数说明如下。

- successCallback：当成功获取地理位置信息时使用的回调函数句柄。

回调函数 successCallback 有一个参数 position 对象，其中包含获取到的地理位置信息。position 对象包含 2 个属性，如表 12-2 所示。

表 12–2　position 对象的属性

属性	说明
coords	包含地理位置信息的 coordinates 对象。coordinates 对象包含 7 个属性，如表 12-3 所示
timestamp	获取地理位置信息的时间

表 12–3　coordinates 对象的属性

属性	说明
accuracy	latitude 和 longitude 属性的精确性，单位是 m
altitude	海拔
altitudeAccuracy	altitude 属性的精确性
heading	朝向，即设备正北顺时针前进的方位
latitude	纬度
longitude	经度
speed	设备外部环境的移动速度，单位是 m/s

- errorCallback：可选参数，当获取地理位置信息失败时调用的回调函数句柄。回调函数 errorCallback 包含一个 positionError 对象参数，positionError 对象包含两个属性，如表 12-4 所示。

表 12-4　positionError 对象的属性

属性	说明
code	整数，错误编号
message	错误描述

如果不处理错误，则可以在调用 getCurrentPosition()方法时，在 errorCallback 参数的位置使用 null。

- options：可选参数，是一个 positionOptions 对象，用于指定获取用户位置信息的配置参数。positionOptions 对象的数据格式为 JSON，有 3 个可选的属性，如表 12-5 所示。

表 12-5　positionOptions 对象的属性

属性	说明
enableHighAcuracy	布尔值，表示是否启用高精确度模式，如果启用这种模式，浏览器在获取位置信息时可能需要耗费更多的时间
timeout	整数，超时时间，单位为 ms，表示浏览器需要在指定的时间内获取位置信息，如果超时则会触发 errorCallback
maximumAge	整数，表示浏览器重新获取位置信息的时间间隔

【例 12-2】　使用 getCurrentPosition()方法获取地理位置信息。

```
<!DOCTYPE html>
<html>
<body>
<p id="demo">单击按钮获取你的位置信息</p>
<button onclick="getLocation()">获取你的位置信息</button>
<script>
var x=document.getElementById("demo");
function getLocation()
  {
  if (navigator.geolocation)
    {
    navigator.geolocation.getCurrentPosition(showPosition);
    }
  else{x.innerHTML="你的浏览器不支持 Geolocation API。";}
  }
function showPosition(position)
  {
  x.innerHTML="纬度: " + position.coords.latitude +
  "<br>经度: " + position.coords.longitude;
  }
</script>
</body>
</html>
```

程序定义了一个按钮，单击该按钮时调用自定义函数 getLocation()获取地理位置信息。getLocation() 函数在调用 getCurrentPosition()方法时指定回调函数 successCallback 为 showPosition(position)。showPosition()函数用于显示获取到的位置信息。

浏览此页面的结果如图 12-1 所示。

图 12-1　浏览【例 12-1】的结果

　　　　单击按钮时，浏览器会询问用户是否允许该网站获取你的位置信息。单击"允许"按钮才可以成功获取地理位置信息。具体情况将在 12.3 节介绍。

显示经纬度很不直观，非专业人士很难直接定位，可以利用 Google 地图来显示当前位置的地图，这就直观多了。可以借助下面的链接显示以指定经纬度为中心的 Google 地图。

```
http://maps.googleapis.com/maps/api/staticmap?center=<纬度数值>,<经度数值>&size=<宽>x<高>&zoom=<缩进参数>& sensor=true_or_false
```

参数说明如下。

- center：指定地图中心的经纬度，格式为 center=<纬度数值>，<经度数值>。
- size：指定地图的大小，格式为 size=<宽>x<高>。
- zoom：指定地图的缩进程度，格式为 zoom =<整数>。如果不缩进，则显示一个完整的世界地图。
- sensor：指定是否使用传感器来确定用户位置，格式为 sensor=true_or_false。使用计算机浏览 Google 地图的用户可以将此参数设置为 false。因为计算机上通常是没有地理位置传感器的。

【例 12-3】　改进【例 12-2】，使用 Google 地图显示当前位置。在【例 12-2】的网页中增加一个 <div>标签，用于显示地图，代码如下。

```
<div id="mapholder"></div>
```

改进 showPosition()函数，使用 Google 地图显示当前位置，代码如下。

```
function showPosition(position)
{
 var latlon=position.coords.latitude+","+position.coords.longitude;

 var img_url="http://maps.googleapis.com/maps/api/staticmap?center="
 +latlon+"&zoom=14&size=400x300&sensor=false";
 document.getElementById("mapholder").innerHTML="<img src='"+img_url+"'>";
}
```

浏览【例 12-3】的结果，即可看到你的位置。

12.2.2　watchPosition()方法

调用 watchPosition()方法可以监听和跟踪客户端的地理位置信息。watchPosition ()方法的语法如下。

```
var watchId = geolocation.watchPosition(successCallback, errorCallback, options);
```

watchPosition ()方法的参数与 getCurrentPosition()方法的参数相同，请参照 12.2.1 小节理解。watchPosition()方法和 getCurrentPosition()方法的主要区别是因为它会持续告诉用户位置的改变，所以基本上它一直在更新用户的位置。用户在移动时，这个功能会非常有利于追踪用户的位置。

【例 12-4】　使用 watchPosition()方法获取地理位置信息。

```
<!DOCTYPE html>
<html>
<body>
<p id="demo">单击按钮获取你的位置信息</p>
<button onclick="getLocation()">获取你的位置信息</button>
<script>
var x=document.getElementById("demo");
function getLocation()
  {
  if (navigator.geolocation)
    {
    navigator.geolocation.watchPosition(showPosition);
    }
  else{x.innerHTML="你的浏览器不支持 Geolocation API。";}
  }
function showPosition(position)
  {
  x.innerHTML="纬度: " + position.coords.latitude +
  "<br>经度: " + position.coords.longitude;
  }
</script>
</body>
</html>
```

程序的结果与【例 12-2】相同。

12.2.3　clearWatch()方法

调用 clearWatch()方法可以停止监听和跟踪客户端的地理位置信息。通常与 watchPosition()方法结合使用。clearWatch 的语法如下。

```
var retval = geolocation.clearWatch(watchId);
```

参数 watchId 通常是 watchPosition()方法的返回值，即停止该 watchPosition()方法对地理位置信息的监听和跟踪。

12.3　数据保护

地理位置信息属于个人隐私，很多人可能不希望自己的位置被别人获取。因此，当获取浏览器地理位置时，浏览器都做了一定的数据保护措施。本节就介绍几个主流浏览器在被获取地理位置时采取的数据保护措施。

12.3.1　在 Internet Explorer 9 中配置共享地理位置

当 Internet Explorer 9 被获取浏览器地理位置时，会显示"localhost 需要跟踪用户的物理位置"，如图 12-2 所示。

图 12-2 Internet Explorer 9 询问用户是否允许跟踪物理位置

只有从 Web 站点上的网页获取地理位置信息时，才会显示"用于此站点的选项"按钮。如果双击打开 HTML 文件，则只能看到"允许一次"按钮。

单击"用于此站点的选项"按钮，可以选择用于此站点共享地理位置的选项，如图 12-3 所示。

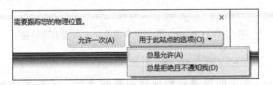

图 12-3 询问用户是否允许跟踪物理位置

如果选择"总是允许"，则会将该站点添加到信任站点中。下次该站点再获取浏览器地理位置时，将不再询问用户直接允许。如果选择"总是拒绝且不通知我"，则下次该站点再获取浏览器地理位置时，将不再询问用户直接拒绝。

打开 Internet Explorer 9 的"Internet 选项"对话框，切换到"隐私"选项卡，如图 12-4 所示。

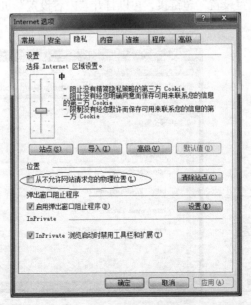

图 12-4 在"Internet 选项"对话框中配置地理位置选项

选中"从不允许网站请求您的物理位置"复选框，则会拒绝所有网站获取本机的地理位置。单击后面的"清除站点"按钮，会删除所有的信任站点。

12.3.2 在 Chrome 中配置共享地理位置

当 Chrome 被获取浏览器地理位置时，也会询问用户是否允许某网站使用你计算机所在的位置，如图 12-5 所示。

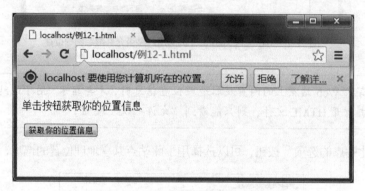

图 12-5 Chrome 询问用户是否允许跟踪物理位置

 只有从 Web 站点上的网页获取地理位置信息时，才会显示此提示信息。如果双击打开 HTML 文件，则会直接拒绝。

单击"允许"按钮可以允许用户获取此站点的地理位置；单击"拒绝"按钮，则拒绝用户获取此站点的地理位置。拒绝获取地理位置时，在地址栏的右端出现一个 图标。单击此图标，会弹出提示对话框，如图 12-6 所示。单击"清除这些设置以便日后访问"超链接，可以清除以前关于地理位置的设置。单击"管理位置设置"超链接，可以打开"内容设置"页面，配置地理位置例外，如图 12-7 所示。

图 12-6 提示跟踪物理位置

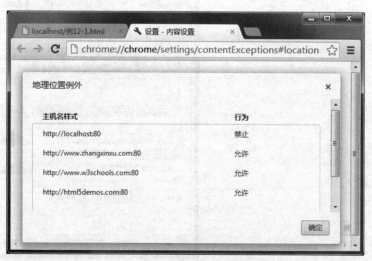

图 12-7 配置地理位置例外

在 Chrome 的设置页面中可以找到"隐私设置"栏目，如图 12-8 所示。

图 12-8　Chrome 设置页面中的"隐私设置"栏目

单击"内容设置"按钮，可以打开"内容设置"页面，如图 12-9 所示。

图 12-9　"内容设置"页面

可以选择以下选项。
- 允许所有网站跟踪我的地理位置。
- 网站尝试跟踪我的地理位置时询问我（推荐）。
- 不允许任何网站跟踪我的地理位置。

单击"管理例外情况"按钮，可以打开前面介绍过的配置地理位置例外页面，与图 12-7 相同。

12.3.3　在 Firefox 中配置共享地理位置

当在 Firefox 中被获取浏览器地理位置时，也会询问用户是否允许当前站点获取位置信息，如图 12-10 所示。

图 12-10　Firefox 询问用户是否与当前站点共享位置信息

直接单击"允许获取位置"按钮，可以允许本次获取地理位置。在系统菜单中依次选择"工具"/"页面信息"，打开"页面信息"窗口，选中"权限"，如图 12-11 所示。

图 12-11　"站点设置"页面

在这里可以配置共享方位信息，可以选择"总是询问""允许"或"阻止"。

练习题

一、单项选择题

1. 下面不是 coordinates 对象的属性的是（　　　）。

　A. coords　　　　　　B. accuracy　　　　　C. latitude　　　　　D. longitude

2. 调用（　　　）方法可以获取地理位置信息。

　A. getCurrentPosition　B. watchPosition　　　C. A 和 B 都可以　　D. clearWatch

二、填空题

1. 可以使用_____属性检测浏览器对获取地理位置信息的支持情况。

2. 调用_____方法可以停止监听和跟踪客户端的地理位置信息，通常与_____方法结合使用。

三、简答题

1. 试述位置信息的通常来源包括哪些。

2. 试列举几个支持获取地理位置信息的手机设备操作系统。

13

第13章　支持多线程编程的 Web Workers

提到多线程，读者大多会想到 Visual C++、Visual C#和 Java 等高级程序设计语言。传统的 Web 应用程序都是单线程的，完成一项任务后才执行下一项的任务，因此应用程序效率自然不会高，甚至会出现网页没有响应的情况。HTML5 新增了 Web Workers 对象，使用 Web Workers 对象可以在后台运行 JavaScript 程序，也就是支持多线程，从而提高了新一代 Web 应用程序的效率。

13.1 概述

本节先介绍 HTML5 Web Workers 的基本概念以及支持 Web Workers 对象的浏览器情况。

13.1.1 什么是线程

既然 HTML5 Web Workers 可以支持多线程编程，那么在介绍 HTML5 Web Workers 之前，首先介绍什么是线程以及什么是多线程编程。

在学习编程时，通常都是从编写顺序程序开始的。例如，输出字符串、对一组元素进行排序、完成一些数学计算等。每个顺序程序都有一个开始，然后执行一系列顺序的指令，直至结束。在运行时的任意时刻，程序中只有一个点被执行。

线程是操作系统可以调度的最小执行单位，通常是将程序拆分成两个或多个并发运行的任务。一个线程就是一段顺序程序。但是线程不能独立运行，只能在程序中运行。

不同的操作系统实现进程和线程的方法也不同，但大多数是在进程中包含线程，Windows 就是这样。一个进程中可以存在多个线程，线程可以共享进程的资源（如内存）。不同的进程之间则不能共享资源。

比较经典的情况是进程中的多个线程执行相同的代码，并共享进程中的变量。举个形象的例子，就好像几个厨师在同时做菜（每个厨师就好比是一个线程），他们共同使用一些食材（食材就好比是系统资源），每个厨师对食材的使用情况都会影响其他厨师的工作。

在单处理器的计算机中，系统会将 CPU 时间拆分给多线程。处理器在不同的线程之间切换。而在多处理器或多核系统中，线程则是真正地同时运行，每个处理器或内核运行一个线程。

线程与进程的对比如下。

- 进程通常可以独立运行，线程则是进程的子集，只能在进程运行的基础上运行。
- 进程拥有独立的私有内存空间，一个进程不能访问其他进程的内存空间；而一个进程中的线程则可以共享内存空间。
- 进程之间只能通过系统提供的进程间通信机制进行通信；而线程间的通信则简单得多。
- 一个进程中的线程之间切换上下文比不同进程之间切换上下文要高效得多。

在操作系统内核中，线程可以被标记成如下状态。

- 初始化（Init）：在创建线程时，操作系统在内部会将其标识为初始化状态。此状态只在系统内核中使用。
- 就绪（Ready）：线程已经准备好被执行。
- 延迟就绪（Deferred Ready）：表示线程已经被选择在指定的处理器上运行，但还没有被调度。
- 备用（Standby）：表示线程已经被选择在指定的处理器上运行。当该处理器上运行的线程因等待资源等原因被挂起时，调度器将备用线程切换到处理器上运行。只有一个线程可以是备用状态。
- 运行（Running）：表示调度器将线程切换到处理器上运行，它可以运行一个线程周期（Quantum），然后将处理器让给其他线程。
- 等待（Waiting）：线程可以因为等待一个同步执行的对象或等待资源等原因切换到等待状态。

● 过渡（Transition）：表示线程已经准备好被执行，但它的内核堆已经被从内存中移除。一旦其内核堆被加载到内存中，线程就会变成运行状态。

● 终止（Terminated）：当线程被执行完成后，其状态会变成终止。系统会释放线程中的数据结构和资源。

Windows 线程的状态切换如图 13-1 所示。

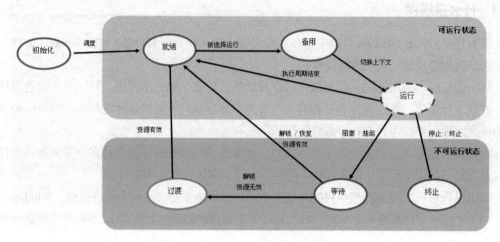

图 13-1　Windows 线程的状态切换

13.1.2　什么是 HTML5 Web Workers

Web Workers 是 HTML5 的一个亮点，使用它可以在后台独立运行不需要与用户进行交互的 JavaScript 程序。这就使得一些需要长时间运行的脚本与需要和用户交流的脚本之间可以互不干扰地运行。

后台运行的脚本可以称为 Workers。通常 Workers 的工作量都是相对"重量级"的，启动一个 Web Workers 对象耗费的性能成本和维护一个 Web Workers 实例需要的内存成本都比较高，因此不建议大量使用 Web Workers 对象，只用于长期运行的后台运算，不要频繁地创建和销毁 Web Workers 对象。

有两种 Web Workers：专用线程（Dedicated Worker）和共享线程（Shared Worker）。专用线程一旦创建，就只能与创建它的页面连接和通信，而共享线程则没有这个限制。

13.1.3　浏览器对 Web Workers 的支持情况

在 JavaScript 中可以使用 typeof（Worker）检测浏览器对 Web Workers 的支持情况。如果 typeof（Worker）等于 undefined，则表明当前浏览器不支持 Web Workers；否则表明支持。

【例 13-1】　在网页中定义一个按钮，单击此按钮时，会检测浏览器是否支持 Web Workers。定义按钮的代码如下。

```
<button id="check" onclick="check();">检测浏览器是否支持 Web Workers</button>
```

单击按钮 check 将调用 check()函数。定义 check()函数的代码如下。

```
<script type="text/javascript">
function check(){
  if(typeof(Worker)!="undefined"){
```

```
      alert("您的浏览器支持 Web Workers。");
     }
    else{
     alert("您的浏览器不支持 Web Workers。");
    }
  }
</script>
```

经测试，在笔者编写本书时，Chrome、Opera、Firefox 等主流浏览器均支持 Web Workers，但是 Internet Explorer 9 尚未提供支持。

13.2　Web Workers 编程

本节介绍在 JavaScript 中进行 Web Workers 编程的具体方法。

13.2.1　创建 Web Workers 对象

要进行 Web Workers 编程，首先要创建一个 Web Workers 对象。可以使用 new 关键字创建一个 Web Workers 对象，语法如下。

```
var <Web Workers 对象> = new Worker("<.js 文件>");
```

<.js 文件>为 Web Workers 对象在后台运行的 JavaScript 脚本。

【例 13-2】　Web Workers 编程的实例。本实例创建一个 Web Workers 对象，在后台运行 demo_workers.js 脚本，每隔 1 秒钟就更新一次计数，并在页面中显示出来。这里使用<output>标签 result 显示计数，其定义代码如下。

```
<output id="result"></output>
```

定义一个按钮，用于开始计数，代码如下。

```
<button onclick="startWorker()">开始计数</button>
```

单击 "开始计数" 按钮，会运行 startWorker()函数，代码如下。

```
<script>
var w;  // Web Workers 对象

function startWorker()
{
if(typeof(Worker)!=="undefined")
  {
  if(typeof(w)=="undefined")
  {
  w=new Worker("demo_workers.js"); // 创建 Web Workers 对象
  }
// 在 demo_workers.js 中会定时发送消息，这里处理接收到的消息
  w.onmessage = function (event) {
    document.getElementById("result").innerHTML=event.data;
    };
  }
else
  {
  document.getElementById("result").innerHTML="Sorry, your browser does not support Web
Workers...";
```

```
    }
  }
</script>
```

程序中创建了一个 Web Workers 对象 w，该对象在后台运行 demo_workers.js 脚本。在 demo_workers.js 中会每隔 1 秒钟定时发送消息，这里处理接收到的消息（onmessage 事件），并将接收到的数据（计数值）显示在<output>标签 result 中。demo_workers.js 脚本保存在网页文件的同目录下，代码如下。

```
// demo_workers.js
var i=0;

function timedCount()
{
i=i+1;
postMessage(i);
setTimeout("timedCount()",1000);
}
//调用 timedCount()方法
timedCount();
```

demo_workers.js 中定义了一个 timedCount()方法和一个全局变量 i。每次调用 timedCount()方法都会给变量 i 的值增加 1，然后调用 postMessage()方法以变量 i 的值为参数发送消息。关于 postMessage()方法的用法可以参照 9.1.2 小节理解。

setTimeout() 方法用于在指定的毫秒数后调用函数或计算表达式，语法如下。

```
setTimeout(code,millisec)
```

参数 code 表示调用的函数后要执行的 JavaScript 代码串；参数 millisec 指定在执行代码前需等待的毫秒数。在 timedCount()方法中执行 setTimeout("timedCount()",1000)语句的作用就是每隔 1 秒钟调用一次 timedCount()方法。

demo_workers.js 的最后一条语句是第 1 次调用 timedCount()方法，以后就会每隔 1 秒钟调用一次 timedCount()方法了。

将 demo_workers.js 脚本和网页文件都复制到网站的根目录下，然后在浏览器中访问网页，单击"开始计数"按钮，前面的计数会一直增加，如图 13-2 所示。

图 13-2　浏览【例 13-2】的页面

必须通过 Web 服务器访问网页，Web Workers 对象才能正常工作，通过双击访问网页则不行。

【例 13-3】　Web Workers 编程的另一个实例。本实例创建一个 Web Workers 对象，在后台运行 worker.js 脚本，统计所有质数，并在页面中显示出来。这里使用<output>标签 result 显示计数。网页代码如下。

```
<!DOCTYPE HTML>
<html>
 <head>
  <title>使用线程统计所有质数</title>
 </head>
 <body>
  <p>统计所有质数: <output id="result"></output></p>
```

```
<script>
 var worker = new Worker('worker.js');
 worker.onmessage = function (event) {
   document.getElementById('result').textContent = event.data;
 };
</script>
</body>
</html>
```

worker.js 脚本保存在网页文件的同目录下，代码如下。

```
// worker.js
var n = 1;
search: while (true) {
 n += 1;
 for (var i = 2; i <= Math.sqrt(n); i += 1)
   if (n % i == 0)
     continue search;
 // 找到质数!
 postMessage(n);
}
```

将 workers.js 脚本和网页文件都复制到网站的根目录下，然后在浏览器中访问网页，网页中会不断显示找到的质数。

13.2.2　终止 Web Workers 对象

调用 terminate()方法可以终止 Web Workers 对象，语法如下。
```
worker.terminate();
```
【例 13-4】　在【例 13-2】的网页中添加一个终止按钮，其定义代码如下。
```
<button onclick="stopWorker()">停止计数</button>
```
单击"停止计数"按钮，会运行 stopWorker()函数，代码如下。
```
function stopWorker()
{
   w.terminate();
}
```
程序调用 terminate()方法终止 worker 对象，因此会停止计数。

13.2.3　共享线程

共享线程（Shared Worker）可以与多个页面保持连接和通信。共享线程的创建和通信方法与前面介绍的 Web Workers 对象并不相同。创建共享线程的方法如下。
```
var <Web Workers 对象> = new SharedWorker ("<.js 文件>");
```
<.js 文件>为共享线程在后台运行的 JavaScript 脚本。

SharedWorker 对象可以通过端口（port）与 js 文件通信，方法如下。
```
worker.port.onmessage = function(e) {
 // 消息处理
   ......
 }
```
e.data 中包含通信数据。

在.js 文件中，需要定义连接处理函数，并可以在连接处理函数中使用端口（port）与页面通信，方法如下。

```
onconnect = function(e) {
  var port = e.ports[0];
  port.postMessage(……);
}
```

【例 13-5】 共享线程编程的实例。本实例在页面 outer.html 中使用框架模拟两个页面，在两个页面中分别创建一个 SharedWorker 对象在后台运行 demo_sharedworkers.js 脚本，并实现与不同页面的通信。定义 outer.html 的代码如下。

```
<!DOCTYPE HTML>
<title>演示 SharedWorker 对象的使用</title>
<pre id="log">Log:</pre>
<script>
  var worker = new SharedWorker('sharedworkers.js');
  var log = document.getElementById('log');
  worker.port.addEventListener('message', function(e) {
    log.textContent += '\n' + e.data;
  }, false);
  worker.port.start();
  worker.port.postMessage('在吗? ');
</script>
<iframe src="inner.html"></iframe>
```

outer.html 中创建了一个 SharedWorker 对象 worker，用于后台运行 demo_sharedworkers.js 脚本。注意，如果使用 worker.port.addEventListener()方法注册 SharedWorker 对象的消息处理函数，则需要使用 worker.port.start()方法开启端口。

页面程序调用 worker.port.postMessage()方法向 SharedWorker 对象 worker 发送一个消息。

outer.html 中定义了一个框架，框架中显示 inner.html。inner.html 的内容如下。

```
<!DOCTYPE HTML>
<title>演示 SharedWorker 对象的使用: inner frame</title>
<pre id=log>Inner log:</pre>
<script>
  var worker = new SharedWorker('sharedworkers.js');
  var log = document.getElementById('log');
  worker.port.onmessage = function(e) {
   log.textContent += '\n' + e.data;
  }
</script>
```

inner.html 中也创建了一个 SharedWorker 对象 worker，用于后台运行 demo_sharedworkers.js 脚本，并定义了 SharedWorker 对象的消息处理函数，当收到消息时，将消息内容显示在 pre 元素 log 中。

sharedworkers.js 的代码如下。

```
var count = 0;
onconnect = function(e) {
  count += 1;
  var port = e.ports[0];
  port.postMessage('你好! 你的连接号为 #' + count);
  port.onmessage = function(e) {
    port.postMessage('我在呢。');
  }
}
```

　　程序中定义了一个全局变量 count，用于记录连接数。当连接成功时（处理函数为 onconnect，参数 e 中包含通信端口），程序向连接页面发送消息，报告连接号；当 sharedworkers.js 收到消息时，则回应消息"我在呢。"。

　　将 sharedworkers.js 脚本和网页文件（outer.html 和 inner.html）都复制到网站的根目录下，然后在浏览器中访问 outer.html，如图 13-3 所示。

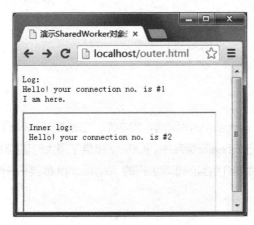

图 13-3　浏览【例 13-5】的页面

练习题

一、单项选择题

1. 调用（　　　）方法可以终止 Web Workers 对象。

　　A．terminate()　　　　　B．Kill()　　　　　　　　C．close()　　　　　　　　D．finish()

2. 如果 typeof（Worker）等于（　　　），则表明当前浏览器不支持 Web Workers；否则表明支持。

　　A．"not support"　　　　B．""　　　　　　　　　C．"undefined"　　　　D．null

二、填空题

1. 有两种 Web Workers：_____和_____。

2. 在 JavaScript 中可以使用_____检测浏览器对 Web Workers 的支持情况。

3. SharedWorker 对象可以通过_____与 js 文件通信。

三、简答题

1. 试述线程与进程的对比。

2. 试述在操作系统内核中，线程可以被标记成哪些状态。

14 第14章 jQuery程序设计

jQuery 是一套 JavaScript 脚本库，它是类似于.NET 的类库，可将一些工具方法或对象方法封装在类库中。jQuery 提供了强大的功能函数和丰富的用户界面设计。本章将简要介绍当前非常流行的 JavaScript 框架——jQuery 的概况。

14.1 jQuery 基础

本节首先介绍下载和配置 jQuery 的方法，让 jQuery 工作起来，然后通过简单的实例让读者直观地认识和理解 jQuery。

14.1.1 下载 jQuery

既然 jQuery 是一套 JavaScript 脚本库，那么在开始 jQuery 程序设计之前，需要先把它下载到本地。jQuery 的官方网址为 http://www.jquery.com。可以访问下面的 URL 下载最新版本的 jQuery 脚本库。

http:// www.jquery.com/download

拉动滚动条至 Past Releases，可以看到曾经发布的版本，如图 14-1 所示。在笔者编写本书时，最新版本的 jQuery 是 1.8.2 版。单击后面的超链接可以下载对应版本的 jQuery 脚本库。每个发布的版本都有两种脚本库可供下载，即 Minified 版和 Uncompressed 版。Minified 版是经过缩小化处理的，文件较小，适合项目使用，但不便于调试；Uncompressed 版是未经压缩处理的版本，体积较大，但便于调试和阅读。

jQuery 脚本库实际上就是一个 js 文件。单击 1.8.2 版本后面的 Minified 超链接，可以下载得到 jquery-1.8.2.min.js；单击 1.8.2 版本后面的 Uncompressed 超链接，可以下载得到 jquery-1.8.2.js。这里使用 jquery-1.8.2.js，为了统一用法，将其重命名为 jquery.js，并复制到网站的根目录下。

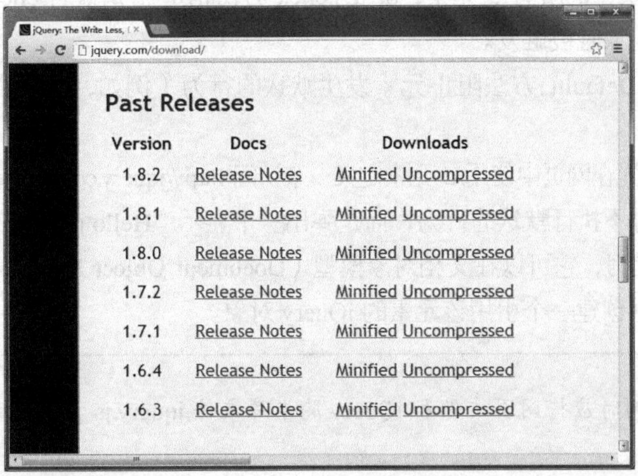

图 14-1　下载 jQuery

14.1.2 初识 jQuery

为了在 JavaScript 程序中引用 jQuery 库，可以在<script>标签中使用 src 属性指定 14.1.1 小节下载得到的 jQuery 脚本库文件的位置。例如：

```
<script src="jquery.js"></script>
<script>
  // JavaScript 程序
  ……
</script>
```

下面通过一个简单的实例，让读者初步认识 jQuery，理解 jQuery 编程的基本要点。

【例 14-1】 jQuery 编程的简单实例，代码如下。

```
<!doctype html>
<html>
  <head>
    <meta charset="utf-8">
    <title>Demo</title>
  </head>
  <body>
    <a href="http://jquery.com/">jQuery</a>
    <script src="jquery.js"></script>
    <script>
      $(document).ready(function(){
        $("a").click(function(event){
          alert("Hello jQuery");
          event.preventDefault();
        });
      });
    </script>
  </body>
</html>
```

实例说明如下。

（1）$(document)是 jQuery 的常用对象，表示 HTML 文档对象。$(document).ready()方法指定 $(document)的 ready 事件处理函数。ready 事件在文档对象就绪时被触发。

（2）$("a")表示网页中的所有 a 元素，$("a").click 方法指定 a 元素的 click 事件处理函数。click 事件在用户单击元素对象时被触发。

（3）event.preventDefault()方法阻止元素发生默认的行为（例如，当单击提交按钮时阻止提交表单）。

（4）【例 14-1】首先在网页中使用 a 元素定义一个访问 http://jquery.com/的超链接，然后通过 jQuery 编程指定单击 a 元素时不执行默认的行为，而是弹出一个显示 "Hello jQuery" 的对话框。

$()是 jQuery()的缩写，它可以在文档对象模型（Document Object Model，DOM）搜索与指定的选择器匹配的元素，并创建一个引用该元素的 jQuery 对象。

浏览本例时应将网页文件和 jQuery 脚本库文件 jquery.js 放置在相同目录下。

通过【例 14-1】，我们已经初步了解了 jQuery 的工作方式，下面再看一个 jQuery 编程的小实例。

【例 14-2】 另一个 jQuery 编程的简单实例，代码如下。

```
<!doctype html>
<html>
<head>
<script type="text/javascript" src="jquery.js"></script>
<script type="text/javascript">
$(document).ready(function(){
  $("p").click(function(){
  $(this).hide();
  });
});
```

```
</script>
</head>
<body>
<p>单击我，我就会消失。</p>
</body>
</html>
```

【例 14-2】首先在网页中使用 p 元素定义了一个字符串"单击我，我就会消失"，然后通过 jQuery 编程指定单击 p 元素时执行$(this).hide()，$(this)是一个 JQuery 对象，表示当前引用的 HTML 元素对象（这里指 p 元素）。hide()方法用于隐藏当前引用的 HTML 元素对象。

14.2　jQuery 选择器

在 jQuery 中可以通过选择器选取 HTML 元素，并对其应用效果。

14.2.1　基础选择器

本节介绍几个基础的 jQuery 选择器。在 jQuery 程序中经常使用这些基础选择器选取 HTML 元素。

1. #Id

每个 HTML 元素都有一个 ID，可以根据 ID 选取对应的 HTML 元素。例如，使用$("#divId")可以选取 ID 为 divId 的元素。

2. 使用标签名

使用标签名可以选取网页中所有该类型的元素。例如，使用$("div")可以选取网页中的所有 div 元素；使用$("a")可以选取网页中的所有 a 元素；使用$("p")可以选取网页中的所有 p 元素；使用$(document.body) 可以选取网页中的 body 元素。【例 14-1】和【例 14-2】已经演示了使用$("a")选取网页中所有 a 元素和使用$("p")选取网页中所有 p 元素的方法。

3. 根据元素的 css 类选择

使用$(".ClassName")可以选取网页中所有应用了 css 类（类名为 ClassName）的 HTML 元素。

【例 14-3】　演示根据元素的 css 类选择 HTML 元素的简单实例，代码如下。

```
<!doctype html>
<html>
<head>
<script type="text/javascript" src="jquery.js"></script>
  <script>
  $(document).ready(function(){
    $(".myClass").css("border","3px solid red");
  });
  </script>
  <style>
  div,span {
    width: 150px;
    height: 60px;
    float:left;
    padding: 10px;
    margin: 10px;
    background-color: #EEEEEE;
```

```
    }
    </style>
</head>
<body>
    <div class="notMe">div class="notMe"</div>
    <div class="myClass">div class="myClass"</div>
    <span class="myClass">span class="myClass"</span>
</body>
</html>
```

网页中定义了两个 div 元素和一个 span 元素，其中一个 div 元素和 span 元素应用了 css 类 myClass。在 jQuery 程序中使用$(".myClass")选择器选取网页中所有应用了 css 类（类名为 myClass）的 HTML 元素，然后调用 css()方法设置选取 HTML 元素的 CSS 样式，为选取的 HTML 元素添加一个红色的边框。

关于 css()方法的具体用法将在 14.3 节介绍。

浏览【例 14-3】的结果如图 14-2 所示。

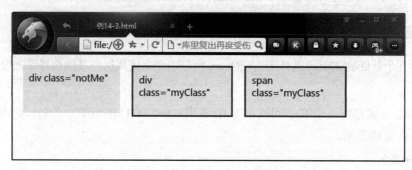

图 14-2　浏览【例 14-3】的结果

4. 选择所有 HTML 元素

使用$("*")可以选取网页中的所有 HTML 元素。

【例 14-4】　演示选择所有 HTML 元素的简单实例，代码如下。

```
<!doctype html>
<html>
<head>
<script type="text/javascript" src="jquery.js"></script>
    <script>
    $(document).ready(function(){
        $(".myClass").css("border","3px solid red");
    });
    </script>
    <style>
    div,span {
        width: 150px;
        height: 60px;
        float:left;
        padding: 10px;
        margin: 10px;
        background-color: #EEEEEE;
    }
    </style>
</head>
<body>
    <div>DIV</div>
```

```
  <span>SPAN</span>
  <p>P <button>Button</button></p>
</body>
</html>
```

网页中定义了一个 div 元素、一个 span 元素、一个 p 元素和一个 button 元素。在 jQuery 程序中使用$("*")选择器选取网页中的所有 HTML 元素，然后调用 css()方法设置选取 HTML 元素的 CSS 样式，给选取的 HTML 元素加一个红色的边框。浏览【例 14-4】的结果如图 14-3 所示。

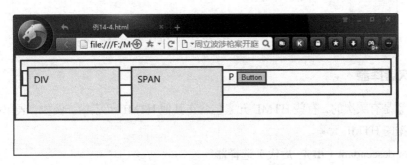

图 14-3　浏览【例 14-4】的结果

5. 同时选择多个 HTML 元素

使用$(selector1, selector2, selectorN)可以同时选取网页中的多个 HTML 元素。

【例 14-5】　同时选择多个 HTML 元素的简单实例，代码如下。

```
<!doctype html>
<html>
<head>
<script type="text/javascript" src="jquery.js"></script>
  <script>
  $(document).ready(function(){
    $("div, span").css("border","3px solid red");
  });
  </script>
  <style>
  div,span {
    width: 150px;
    height: 60px;
    float:left;
    padding: 10px;
    margin: 10px;
    background-color: #EEEEEE;
  }
  </style>
</head>
<body>
 <div>DIV</div>
  <span>SPAN</span>
  <p>P <button>Button</button></p>
</body>
</html>
```

网页中定义了一个 div 元素、一个 span 元素、一个 p 元素和一个 button 元素。在 jQuery 程序中使用$("div, span")选择器选取网页中的 div 元素和 span 元素，然后调用 css()方法设置选取 HTML 元素的 CSS 样式，给选取的 HTML 元素加一个红色的边框。浏览【例 14-5】的结果如图 14-4 所示。

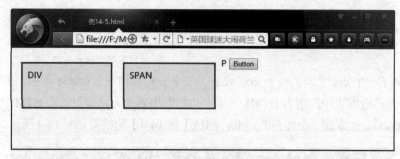

图 14-4　浏览【例 14-5】的结果

14.2.2　层次选择器

HTML 元素是有层次的，有些 HTML 元素包含在其他 HTML 元素中。例如，表单中可以包含各种用于输入数据的 HTML 元素。

1. ancestor descendant（祖先 后代）选择器

ancestor descendant 选择器可以选取指定祖先元素的所有指定类型的后代元素。例如，使用$("form input")可以选择表单中的所有 input 元素。

【例 14-6】　使用 ancestor descendant 选择器选择表单中所有 input 元素的简单实例，代码如下。

```
<!DOCTYPE HTML PUBLIC "-//W3C//DTD HTML 4.01 Transitional//EN"
                "http://www.w3.org/TR/html4/loose.dtd">
<html>
<head>
  <script src=" jquery.js"></script>

  <script>
  $(document).ready(function(){
    $("form input").css("border", "2px dotted green");
  });
  </script>
  <style>
  form { border:2px red solid;}
  </style>
</head>
<body>
  <form>
用户名:    <input name="txtUserName" type="text" value="" />  <br>
密码:      <input name="txtUserPass" type="password" /> <br>
  </form>
  b 表单外的文本框: <input name="none" />
</body>
</html>
```

网页中定义了一个表单，表单中包含两个 input 元素，在表单外也定义了一个 input 元素。在 jQuery 程序中使用$(" form input ")选择器选取表单中的所有 input 元素，然后调用 css()方法设置选取 input 元素的 CSS 样式，给选取的 input 元素加一个绿色的点线（dotted）边框。为了区分表单内外的 input 元素，网页中使用 CSS 样式为表单加了一个红色的边框。浏览【例 14-6】的结果如图 14-5 所示。

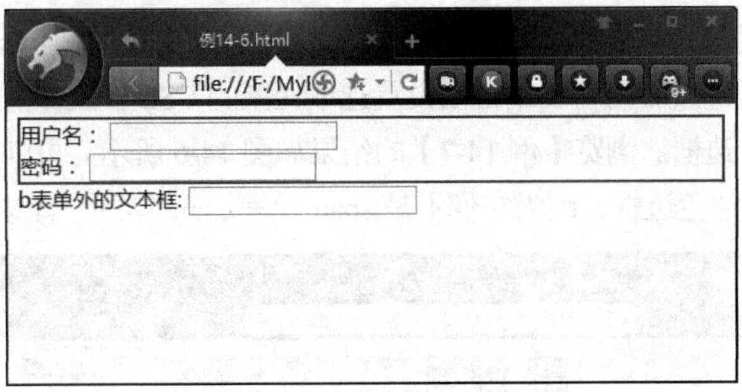

图 14-5 浏览【例 14-6】的结果

2. parent > child（父 > 子）选择器

parent > child 选择器可以选取指定父元素的所有子元素，子元素必须包含在父元素中。例如，使用$("form > input")可以选择表单中的所有 input 元素。

【例 14-7】 使用 parent > child 选择器选择 span 元素中所有元素的简单实例，代码如下。

```
<!DOCTYPE HTML PUBLIC "-//W3C//DTD HTML 4.01 Transitional//EN"
                "http://www.w3.org/TR/html4/loose.dtd">
<html>
<head>
  <script src="jquery.js"></script>

  <script>
  $(document).ready(function(){
    $("#main > *").css("border", "3px double red");
  });
  </script>
  <style>
  body { font-size:14px; }
  span#main { display:block; background:yellow; height:110px; }
  button { display:block; float:left; margin:2px;
          font-size:14px; }
  div { width:90px; height:90px; margin:5px; float:left;
      background:#bbf; font-weight:bold; }
  div.mini { width:30px; height:30px; background:green; }
  </style>
</head>
<body>
  <span id="main">
    <div></div>
    <button>Child</button>
    <div class="mini"></div>
    <div>
      <div class="mini"></div>
      <div class="mini"></div>
    </div>
    <div><button>Grand</button></div>
    <div><span>A Span <em>in</em> child</span></div>
    <span>A Span in main</span>
  </span>
</body>
</html>
```

网页中定义了一个 id 为 main 的 span 元素，span 元素中包含 5 个 div 元素、一个按钮和一个 span

元素。在 div 元素中也定义了按钮和 span 元素。在 jQuery 程序中使用$("#main > *")选择器选取 span 元素 main 中的所有元素，然后调用 css()方法设置选取元素的 CSS 样式，为选取的 input 元素添加一个绿色的点线（dotted）边框。浏览【例 14-7】的结果如图 14-6 所示。可以看到，div 元素中定义的按钮和 span 元素并没有红色边框，因为它们不是 span 元素 main 中的子元素。

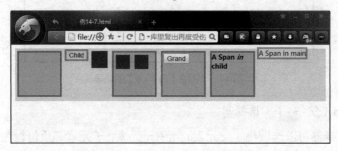

图 14-6　浏览【例 14-7】的结果

3．prev + next（前 + 后）选择器

prev + next 选择器可以选取紧接在指定的 prev 元素后面的 next 元素。例如，使用$("label + input")可以选择所有紧接在 label 元素后面的 input 元素。

【例 14-8】　使用 prev + next 选择器的简单实例，代码如下。

```
<!DOCTYPE html>
<html>
<head>
  <script src="jquery.js"></script>
</head>
<body>
  <form>
    <label>Name:</label>
    <input name="name" />
    <fieldset>
      <label>Newsletter:</label>
      <input name="newsletter" />
    </fieldset>
  </form>
  <input name="none" />
<script>$("label + input").css("border", "2px dotted green")</script>
</body>
</html>
```

网页中定义了 3 个 input 元素，其中两个紧接在 label 元素后面。在 jQuery 程序中使用$(" label + input ")选择器选取所有紧接在 label 元素后面的 input 元素，然后调用 css()方法设置选取元素的 CSS 样式，给选取元素加一个绿色的点线（dotted）边框。浏览【例 14-8】的结果如图 14-7 所示。

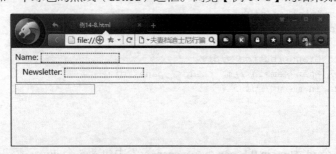

图 14-7　浏览【例 14-8】的结果

4. prev ～ siblings（前 ～ 兄弟）选择器

prev ～ siblings 选择器可以选取指定的 prev 元素后面根据 siblings 过滤的元素。例如，使用 $("#prev ~ div")可以选择所有紧接在名称为 prev 的元素后面的 div 元素。

【例 14-9】　使用 prev ～ siblings 选择器的简单实例，代码如下。

```html
<!DOCTYPE html>
<html>
<head>
  <style>
  div,span {
    display:block;
    width:80px;
    height:80px;
    margin:5px;
    background:#bbffaa;
    float:left;
    font-size:14px;
  }
  div#small {
    width:60px;
    height:25px;
    font-size:12px;
    background:#fab;
  }
  </style>
  <script src="jquery.js"></script>
</head>
<body>
  <div>div (doesn't match since before #prev)</div>
  <span id="prev">span#prev</span>
  <div>div sibling</div>
  <div>div sibling <div id="small">div niece</div></div>
  <span>span sibling (not div)</span>
  <div>div sibling</div>
<script>$("#prev ~ div").css("border", "3px groove blue");</script>
```

网页中定义了一个 id 为 prev 的 span 元素，span 元素前面定义了一个 div 元素，span 元素后面定义了 3 个 div 元素和一个 span 元素。在后面的一个 div 元素中定义了一个 span 元素。在 jQuery 程序中使用$("#prev ~ div")选择器选取 span 元素 prev 后面的所有 div 元素，然后调用 css()方法设置选取元素的 CSS 样式，给选取的 input 元素加一个蓝色的边框。浏览【例 14-9】的结果如图 14-8 所示。可以看到，span 元素 prev 后面的所有 div 元素、span 元素和 div 元素中的 div 元素并没有边框。

图 14-8　浏览【例 14-9】的结果

353

14.2.3　基本过滤器

在 jQuery 中可以通过过滤器对选取的数据进行过滤，从而选择更明确的元素。本节介绍 jQuery 的基本过滤器。

1．:first

使用:first 过滤器可以匹配找到的第一个元素。例如，使用$(" tr:first")可以选择表格的第 1 行。

【例 14-10】　使用:first 过滤器的简单实例，代码如下。

```
<!DOCTYPE html>
<html>
<head>
  <script src="jquery.js"></script>
</head>
<body>
  <table>
    <tr><td>第 1 行</td></tr>
    <tr><td>第 2 行</td></tr>
    <tr><td>第 3 行</td></tr>
  </table>
 <script>
 $(document).ready(function(){
   $("tr:first").css("font-style", "italic");
 });
 </script>
</body>
</html>
```

图 14-9　浏览【例 14-10】的结果

网页中定义了一个包含 3 行的表格，在 jQuery 程序中使用 $("tr:first")过滤器选取表格的第 1 行，然后调用 css()方法设置选取元素的 CSS 样式，设置第 1 行表格使用斜体字。浏览【例 14-10】的结果如图 14-9 所示。

2．:last

使用:last 过滤器可以匹配找到的最后一个元素。例如，使用$(" tr:last")可以选择表格的最后一行。其用法与:first 过滤器相同。

3．:not(<选择器>)

使用 :not(<选择器>)过滤器可以去除所有与给定选择器匹配的元素。例如，使用 $("input:not(:checked) ")可以选择所有未被选中的 input 元素。

4．:even

使用:even 过滤器可以匹配所有索引值为偶数的元素。注意，索引值是从 0 开始计数的，而用户的习惯是从 1 开始计数。例如，使用$(("tr:even")可以选择表格的奇数行（索引值为偶数）。

5．:odd

使用:odd 过滤器可以匹配所有索引值为奇数的元素。例如，使用$(("tr:odd")可以选择表格的偶数行（索引值为奇数）。

6．:eq(index)

使用:eq(index)过滤器可以匹配索引值为 index 的元素。例如，使用$(("tr:eq(1)")可以选择表格的第 1 行。

7.　:gt(index)

使用:gt(index)过滤器可以匹配索引值大于 index 的元素。例如，使用$(("tr:gt(1)")可以选择表格第 1 行后面的行。

8.　:lt(index)

使用:lt(index)过滤器可以匹配索引值小于 index 的元素。例如，使用$(("tr:lt(2)")可以选择表格的第 1、第 2 行（索引值为 0、1）。

9.　:header

使用: header 过滤器可以选择所有 h1、h2、h3 一类的 header 标签。

【例 14-11】　使用:header 过滤器的简单实例，代码如下。

```html
<!DOCTYPE html>
<html>
<head>
  <script src="jquery.js"></script>
</head>
<body>
    <h1>标题 1</h1>
 <p>内容 1</p>
 <h2>标题 2</h2>
 <p>内容 2</p>
 <script>
 $(document).ready(function(){
   $(":header").css({ background:'#CCC', color:'blue' });
 });
 </script>
</body>
</html>
```

在 jQuery 程序中使用$(": header ")过滤器选取所有 header 元素，然后调用 css()方法设置选取元素的 CSS 样式，设置背景色为 "#CCC"，前景色为蓝色。浏览【例 14-11】的结果如图 14-10 所示。

10.　: animated

使用:animated 过滤器可以匹配所有正在执行动画效果的元素。关于使用 jQuery 实现动画的方法将在 14.6 节介绍。

图 14-10　浏览【例 14-11】的结果

14.2.4　内容过滤器

内容过滤器可以根据元素的内容过滤选择的元素。

1.　:contains()

使用:contains()过滤器可以匹配包含指定文本的元素。例如，使用$("div:contains(HTML)")可以选择内容包含 HTML 的 div 元素。

【例 14-12】　使用:contains()过滤器的简单实例，代码如下。

```html
<!DOCTYPE html>
```

```
<html>
<head>
  <script src="jquery.js"></script>
</head>
<body>
    <div>HTML4</div>
  <div>HTML5</div>
  <div>CSS3</div>
  <div>jQuery</div>
 <script>
 $(document).ready(function(){
$("div:contains(HTML)").css({ background:'yellow', color:'blue' });
  });
  </script>
</body>
</html>
```

网页中定义了 4 个 div 元素，在 jQuery 程序中使用$(" div:contains(HTML)")选择内容包含 HTML
的 div 元素，然后调用 css()方法设置选取元素的背景色为黄色，前景色为蓝色。浏览【例 14-12 】的
结果如图 14-11 所示。

2．:empty()

使用:empty()过滤器可以匹配不包含子元素或文本为空的元素。例如，使用$("td:empty")可以选
择内容为空的表格单元格。

3．:has()

使用:has()过滤器可以匹配包含指定子元素的元素。例如，使用$("div:has(p)")可以选择包含 p 元
素的 div 元素。

4．:parent()

:parent ()过滤器与:empty()过滤器的作用正好相反，使用它可以匹配至少包含一个子元素或文本的
元素。例如，使用$("div:has(p)")可以选择包含 p 元素的 div 元素。

【例 14-13】　　使用: parent()过滤器的简单实例，代码如下。

```
<!DOCTYPE html>
<html>
<head>
  <script src="jquery.js"></script>
</head>
<body>
<div><p>包含 p 元素的 div 元素</p></div>
   <div>不包含 p 元素的 div 元素</div>
</body>
 <script>
 $(document).ready(function(){
    $("div:has(p)").css({ background:'yellow', color:'blue' });
  });
  </script>
</body>
</html>
```

网页中定义了两个 div 元素，在 jQuery 程序中使用$("div:has(p)")选择包含 p 元素的 div 元素，然后
调用 css()方法设置选取元素的背景色为黄色，前景色为蓝色。浏览【例 14-13 】的结果如图 14-12 所示。

图 14-11　浏览【例 14-12】的结果

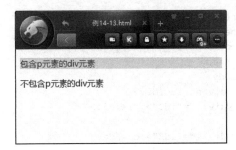

图 14-12　浏览【例 14-13】的结果

14.2.5　可见性过滤器

使用可见性过滤器可以根据元素的可见性对元素进行过滤。jQuery 包含:hidden 和:visible 两个可见性过滤器，:hidden 可以匹配所有的不可见元素；:visible 可以匹配所有的可见元素。例如，$("input:hidden")可以匹配所有不可见的 input 元素。

【例 14-14】　使用:hidden 过滤器的简单实例，代码如下。

```html
<!DOCTYPE html>
<html>
<head>
  <script src="jquery.js"></script>
</head>
<body>
  <span></span>
  <form>
    <input type="hidden" />
    <input type="hidden" />
    <input type="hidden" />
  </form>
  <script>
  $(document).ready(function(){
    $("span:first").text("共发现 " + $("input:hidden").length +
                  " 个隐藏的 input 元素");  });
  </script>
</body>
</html>
```

网页中定义了一个包含 3 个 hidden 类型的 input 元素，在 jQuery 程序中使用$("input:hidden")选择隐藏的 input 元素，并输出数量。浏览【例 14-14】的结果如图 14-13 所示。

图 14-13　浏览【例 14-14】的结果

14.2.6　属性过滤器

使用属性过滤器可以根据元素的属性或属性值对元素进行过滤。

1. [属性名]

可以使用$([属性名])过滤器匹配包含指定属性名的元素。例如，$("div[id]")可以匹配所有包含 id 属性的 div 元素。

【例 14-15】　使用$([属性名])过滤器的简单实例，代码如下。

```html
<!DOCTYPE html>
```

```
<html>
<head>
  <script src="jquery.js"></script>
</head>
<body>
  <div>no id</div>
  <div id="id1">id1</div>

  <div id="id2">id2</div>
  <div>no id</div>
 <script>
 $(document).ready(function(){
   $('div[id]').css("border", "2px dotted green");
   });
    </script>
</body>
</html>
```

网页中定义了 4 个 div 元素，其中两个定义了 id 属性。在 jQuery 程序中使用$('div[id]')选择器选取所有包含 id 属性的 div 元素，然后调用 css()方法设置选取 div 元素的 CSS 样式，给选取的 div 元素加一个绿色的点线（dotted）边框。浏览【例 14-15】的结果如图 14-14 所示。

2. [属性名=值]

可以使用$([属性名=值])过滤器匹配指定属性等于指定值的元素。例如，$("div[id=id1]")可以匹配所有 id 属性等于 id1 的 div 元素。

【例 14-16】 使用$([属性名=值])过滤器的简单实例，代码如下。

```
<!DOCTYPE html>
<html>
<head>
  <script src="jquery.js"></script>
</head>
<body>
  <div>no id</div>
  <div id="id1">id1</div>

  <div id="id2">id2</div>
  <div>no id</div>
 <script>
 $(document).ready(function(){
   $('div[id=id1]').css("border", "2px dotted green");
   });
    </script>
</body>
</html>
```

网页中定义了 4 个 div 元素。在 jQuery 程序中使用$('div[id=id1]')选择器选取 id 属性等于 id1 的 div 元素，然后调用 css()方法设置选取 div 元素的 CSS 样式，给选取的 input 元素加一个绿色的点线（dotted）边框。浏览【例 14-16】的结果如图 14-15 所示。

3. [属性名!=值]

可以使用$([属性名!=值])过滤器匹配指定属性不等于指定值的元素。例如，$("div[id!=id1]")可以匹配所有 id 属性不等于 id1 的 div 元素。

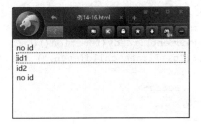

图 14-14　浏览【例 14-15】的结果　　　图 14-15　浏览【例 14-16】的结果

4. [属性名^=值]

可以使用 $([属性名^=值])过滤器匹配指定属性值，以指定值开始的元素。例如，$("input[name^='news']")可以匹配所有 name 属性值以 news 开始的 input 元素。

5. [属性名$=值]

可以使用 $([属性名$=值])过滤器匹配指定属性值，以指定值结尾的元素。例如，$("input[name$='news']")可以匹配所有 name 属性值以 news 结尾的 input 元素。

6. [属性名*=值]

可以使用 $([属性名*=值])过滤器匹配指定属性值包含指定值的元素。例如，$("input[name*='news']")可以匹配所有 name 属性值包含 news 的 input 元素。

7. 复合属性过滤器

可以使用$([属性过滤器 1][属性过滤器 2] [属性过滤器 n])格式的复合属性过滤器匹配满足多个属性过滤器的元素。例如，$("input[id][name*='news']")可以匹配所有包含 id 属性，且 name 属性值包含 news 的 input 元素。

14.2.7　子元素过滤器

使用子元素过滤器可以根据元素的子元素对元素进行过滤。

1. :nth-child(index/even/odd/equation)

可以使用:nth-child(index/even/odd/equation)过滤器匹配指定父元素下符合一定条件的索引值的子元素。例如，$("ul li:nth-child(2)")可以匹配 ul 元素中的第 2 个 li 子元素；$("ul li:nth-child(even)")可以匹配 ul 元素中的第偶数个 li 子元素；$("ul li:nth-child(odd)")可以匹配 ul 元素中的第奇数个 li 子元素。

【例 14-17】　使用:nth-child(index/even/odd/equation)过滤器的简单实例，代码如下。

```
<!DOCTYPE html>
<html>
<head>
  <script src="jquery.js"></script>
</head>
<body>
  <ul>
    <li>北京</li>
    <li>上海</li>
    <li>天津</li>
    <li>重庆</li>
```

```
  </ul>
  <script>
  $(document).ready(function(){
    $("ul li:nth-child(even)").css("border", "2px solid red");
    });
      </script>
  </body>
  </html>
```

网页中定义了一个 ul 列表，其中包含 4 个 li 子元素。在 jQuery 程序中使用$("ul li:nth-child(even)")选择器选取所有索引为偶数的 li 子元素，然后调用 css()方法设置选取 li 元素的 CSS 样式，给选取的 li 元素加一个红色的实线（dotted）边框。浏览【例 14-17】的结果如图 14-16 所示。

2. :first-child

可以使用:first-child 过滤器匹配第 1 个子元素。例如，$("ul li:first-child")可以匹配 ul 列表中的第一个 li 子元素。

图 14-16   浏览【例 14-17】的结果

3. :last-child

可以使用:last-child 过滤器匹配最后一个子元素。例如，$("ul li:last-child")可以匹配 ul 列表中的最后一个 li 子元素。

4. :only-child

可以使用:only-child 过滤器匹配父元素的唯一子元素。例如，$("ul li:only-child")可以匹配 ul 列表中的唯一 li 子元素（如果 ul 列表中包含多个 li 子元素，则没有子元素被选中）。

14.3 设置 HTML 元素的属性与 CSS 样式

每个 HTML 元素都有一组属性，通过这些属性可以设置 HTML 元素的外观和特性，也可以通过 CSS 样式来设置 HTML 元素的显示风格。jQuery 可以很方便地设置 HTML 元素的属性和 CSS 样式。

14.3.1 设置 HTML 元素的属性

在 jQuery 中，可以通过 DOM 对象设置 HTML 元素的属性，也可以通过一些函数直接设置 HTML 元素的属性。

1. 通过 DOM 对象访问 HTML 元素的属性

在浏览网页时，浏览器可以将 HTML 元素解析成 DOM 对象，HTML 元素的属性也就被解析成 DOM 对象的属性。

可以使用 each()方法遍历所有匹配的元素，并对每个元素执行指定的回调函数。each()方法的语法如下。

```
each(回调函数)
```

通常回调函数由一个整数参数表示遍历元素的索引，可以在回调函数中设置 DOM 对象的属性值。

通常可以使用 14.2 节介绍的 jQuery 选择器来调用 each()方法。例如，$("div").each()可以遍历所有的 div 元素。

【例 14-18】　使用 each()方法遍历 DOM 对象设置属性值，代码如下。

```html
<!DOCTYPE html>
<html>
<head>
  <script src="jquery.js"></script>
</head>
<body>
   <div>北京</div>
   <div>上海</div>
   <div>天津</div>
<script>
 $(document).ready(function(){
    $(document.body).click(function () {
     $("div").each(function (i) {
       if (this.style.color != "blue") {
         this.style.color = "blue";
       } else {
         this.style.color = "";
       }
     });
    });
   });
    </script>
</body>
</html>
```

网页中定义了 3 个 div 元素，并使用$(document.body).click()方法定义单击 body 元素（网页内容）的处理函数。在处理函数中使用$("div").each()方法遍历网页中的所有 div 元素，在 each()方法的回调函数中可以使用 this 指针代表匹配的 DOM 对象。使用 this.style.color 可以设置匹配 DOM 对象的颜色。本例中在单击 body 元素（网页内容）时，会将所有 div 元素的颜色设置为蓝色。

2．使用 attr()方法访问 HTML 元素的属性

使用 attr()方法可以访问匹配的 HTML 元素的指定属性，语法如下。

```
attr(属性名)
```

attr()方法的返回值就是 HTML 元素的属性值。

【例 14-19】　使用 attr()方法访问 HTML 元素的属性，代码如下。

```html
<!DOCTYPE html>
<html>
<head>
  <script src="jquery.js"></script>
</head>
<body>
   <img id="div_img" src="01.jpg">
<script>
 $(document).ready(function(){
    $("#div_img").click(function() {
     alert($("#div_img").attr("src"));
     });
```

```
    });
  </script>
</body>
</html>
```

网页中定义了一个 img 元素（id 属性为 div_img），并使用$(#div_img).click()方法定义单击 img 元素（图片）的处理函数。在处理函数中弹出对话框显示$("#div_img").attr("src")属性值，即图片的文件名。

attr()方法的其他用法如表 14-1 所示。

表 14–1　表单的其他用法

用法	说明

attr(properties)	以键/值对的形式设置匹配元素的一组属性。例如，可以使用下面的代码设置所有 img 元素的 src、title 和 alt 属性
	
	`$("img").attr({`
	   `src: "/images/hat.gif",`
	   `title: "jQuery",`
	   `alt: "jQuery Logo"`
	  `});`

attr(key, value)	以键/值对的形式设置匹配元素的指定属性。key 指定属性名，value 指定属性值。例如，可以使用下面的代码禁用所有按钮 `$("button").attr("disabled","disabled");`

attr(key, fn)	以键/值对的形式设置匹配元素的指定属性为计算值。key 指定属性名，fn 指定返回属性值的函数。例如
	
	`$("img").attr("src", function() {`
	   `return "/images/" + this.title;`
	  `});`

3. 使用 removeAttr()方法删除 HTML 元素的属性

removeAttr()方法的语法如下。

```
removeAttr(属性名)
```

【例 14-20】　使用 removeAttr()方法删除 HTML 元素的属性，代码如下。

```
<!DOCTYPE html>
<html>
<head>
  <script src="jquery.js"></script>
<script>
 $(document).ready(function(){
   $("button").click(function () {
     $(this).next().removeAttr("disabled")
          .focus()
          .val("现在可以编辑了。");
   });

 });

  </script>
</head>
<body>
  <button>启用</button>
```

```
<input type="text" disabled="disabled" value="现在还不可以编辑" />
</body>
</html>
```

网页中定义了一个 button 元素，其后定义了一个编辑框。编辑框在初始状态下具有 disable 属性，即不可编辑。jQuery 程序中使用$("button").click()方法定义单击 button 元素的处理函数。在处理函数中使用$(this).next().removeAttr("disabled")方法删除按钮后面编辑框的 disable 属性，此时就可以编辑编辑框的内容了。

4. 使用 text()方法设置 HTML 元素的文本内容

text ()方法的语法如下。

```
text(文本内容)
```

【**例 14-21**】 使用 text ()方法设置 HTML 元素的文本内容，代码如下。

```
<!DOCTYPE html>
<html>
<head>
  <script src="jquery.js"></script>
<script>
 $(document).ready(function(){
   $("#id_img").click(function() {
     $("#div_filename ").text($("#id_img").attr("src"));
    });
  });
    </script>
</head>
<body>
  <img id="id_img" src="01.jpg">
  <div id="div_filename">div_filename</div>
</body>
```

网页中定义了一个 img 元素（id 属性为 div_img）和一个 div 元素（id 属性为 div_filename），并使用$(#div_img).click()方法定义单击 img 元素（图片）的处理函数。在处理函数中使用$("#div_img").attr("src")属性值作为参数调用$("#div_filename ").text()方法，即将图片的文件名显示在 div 元素 div_filename 中。

14.3.2 设置 CSS 样式

在 jQuery 中，可以通过 DOM 对象设置 HTML 元素的 CSS 样式。

1. 使用 css()方法获取和设置 CSS 属性

使用 css()方法获取 CSS 属性的语法如下。

```
值 = css( 属性名 );
```

使用 css()方法设置 CSS 属性的语法如下。

```
css( 属性名, 值);
```

【例 14-3】中已经演示了 css()方法的使用方法，请参照理解。

2. 与 HTML 类别有关的方法

在 HTML 中，可以通过 class 属性指定 HTML 元素的类别。在 CSS 中可以指定不同类别的 HTML 元素的样式，具体方法请参照第 4 章理解。jQuery 可以使用表 14-2 所示的方法管理 HTML 类别。

表 14–2　jQuery 中与 HTML 类别有关的方法

方法	说明
addClass()	使用 addClass()方法可以为匹配的 HTML 元素添加类别属性。语法如下。 　　addClass(className) className 是要添加的类别名称
hasClass()	使用 hasClass()方法可以判断匹配的元素是否拥有被指定的类别，语法如下。 　　hasClass(className) 如果匹配的元素拥有名为 className 的类别，则 hasClass()方法返回 True；否则返回 False
removeClass()	使用 removeClass()方法可以为匹配的 HTML 元素删除指定的 class 属性，也就是执行切换操作。语法如下。 　　removeClass(className) className 是要切换的类别名称
toggleClass()	检查每个元素中指定的类。如果不存在，则添加类，如果已设置，则将其删除。语法如下。 　　toggleClass(className) className 是要切换的类别名称

【例 14-22】　使用 addClass ()方法为 HTML 元素添加 class 属性，代码如下。

```
<!DOCTYPE html>
<html>
<head>
<style>
 p { margin: 8px; font-size:16px; }
 .selected { color:red; }
 .highlight { background:yellow; }
</style>
  <script src="jquery.js"></script>
</head>
<body>
   <p>北京</p>
   <p>天津</p>
   <p>上海</p>
   <p>重庆</p>
<script>
  $("p:last").addClass("selected highlight");
    </script>
</body>
```

网页中定义了 4 个 p 元素，在 jQuery 程序中使用$("p:last").addClass()方法为最后一个 p 元素添加 selected 和 highlight 两个 class。在文档头中已经定义了 selected 和 highlight 两个 class 的 CSS 样式。selected 的前景色为红色，highlight 的背景色为黄色。浏览【例 14-22】的结果如图 14-17 所示。

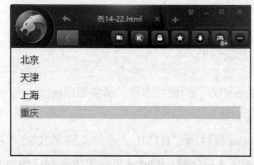

图 14-17　浏览【例 14-22】的结果

3．获取和设置 HTML 元素的尺寸

jQuery 可以使用表 14-3 所示的方法获取和设置 HTML 元素的尺寸。

表 14–3　jQuery 中与 HTML 元素尺寸有关的方法

方法	说明

height()	获取和设置元素的高度。获取高度的语法如下。
	　　`value = height();`
	设置高度的语法如下
	　　`height(value);`

innerHeight()	获取元素的高度（包括顶部和底部的内边距）。语法如下 　　`value = innerHeight();`
innerWidth()	获取元素的宽度（包括左侧和右侧的内边距）。语法如下 　　`value = innerWidth();`
outerHeight()	获取元素的高度（包括顶部和底部的内边距、边框和外边距）。语法如下 　　`value = outerHeight();`
outerWidth()	获取元素的宽度（包括左侧和右侧的内边距、边框和外边距）。语法如下 　　`value = outerWidth();`

width()	获取和设置元素的宽度。获取宽度的语法如下。
	　　`value = width();`
	设置宽度的语法如下
	　　`width(value);`

【例 14-23】　获取 HTML 元素的高度，代码如下。

```
<!DOCTYPE html>
<html>
<head>
 <style>
 button { font-size:12px; margin:2px; }
 p { width:150px; border:1px red solid; }
 div { color:red; font-weight:bold; }
 </style>
 <script src="jquery.js"></script>
</head>
<body>
 <button id="getp">获取段落尺寸</button>
 <button id="getd">获取文档尺寸</button>
 <button id="getw">获取窗口尺寸</button>

 <div> </div>
 <p>
用于测试尺寸的段落。
</p>
<script>
   function showHeight(ele, h) {
   $("div").text(ele + " 的高度为 " + h + "px." );
   }
   $("#getp").click(function () {
    showHeight("段落", $("p").height());
   });
   $("#getd").click(function () {
    showHeight("文档", $(document).height());
```

```
  });
  $("#getw").click(function () {
    showHeight("窗口", $(window).height());
  });
```

```
</script>
```

```
</body>
</html>
```

网页中定义了 3 个按钮，在 jQuery 程序中定义单击这 3 个按钮分别获取并显示 div 元素、文档和窗口的高度。浏览【例 14-23】的结果如图 14-18 所示。

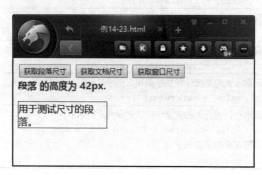

图 14-18　浏览【例 14-23】的结果

4. 获取和设置元素的位置

jQuery 可以使用表 14-4 所示的方法获取和设置 HTML 元素的位置。

表 14–4　jQuery 中与 HTML 元素的位置有关的方法

方法	说明

offset()	获取和设置元素在当前视口的相对偏移（坐标）。获取坐标的语法如下。
	`value = offset();`
	设置坐标的语法如下
	`offset (value);`

position()	获取和设置元素相对父元素的偏移（坐标）。获取坐标的语法如下。
	`value = offset();`
	设置坐标的语法如下
	`offset (value);`

5. 滚动条相关

jQuery 中与滚动条相关的方法如表 14-5 所示。

表 14–5　jQuery 中与滚动条有关的方法

方法	说明

scrollLeft()	获取或设置元素中滚动条的水平位置。获取滚动条水平位置的语法如下。
	`value = scrollLeft();`
	设置滚动条水平位置的语法如下
	`scrollLeft(value);`

scrollTop()	获取或设置元素中滚动条的垂直位置。获取滚动条垂直位置的语法如下。
	`value = scrollTop ();`
	设置滚动条垂直位置的语法如下
	`scrollTop (value);`

14.4 表单编程

在 HTML 中，表单是用户提交数据的最常用方式。本节介绍 jQuery 表单编程的具体方法。

14.4.1 表单选择器

在 14.2 节介绍了 jQuery 选择器的情况。可以通过选择器选取 HTML 元素，并对其应用效果。jQuery 还提供表单选择器，用于选取表单中的元素。

1. :input

:input 选择器可以匹配表单中的所有 input 元素、textarea 元素、select 元素和 button 元素。

【例 14-24】　:input 选择器的简单实例，代码如下。

```
<!DOCTYPE HTML PUBLIC "-//W3C//DTD HTML 4.01 Transitional//EN"
                 "http://www.w3.org/TR/html4/loose.dtd">
<html>
<head>
<script type="text/javascript" src="jquery.js"></script>
  <script>
  $(document).ready(function(){

   var allInputs = $(":input");
   var formChildren = $("form > *");
   $("#messages").text("找到 " + allInputs.length + " 个input 类型元素。");

     $(":input").css("border","2px solid red");

  });
  </script>
  <style>
  textarea { height:25px; }
  </style>
</head>
<body>
  <form>
   <input type="button" value="Input Button"/>
   <input type="checkbox" />
   <input type="file" />
   <input type="hidden" />
   <input type="image" />
   <input type="password" />
   <input type="radio" />
   <input type="reset" />
   <input type="submit" />
   <input type="text" />
   <select><option>Option</option></select>
   <textarea></textarea>
   <button>Button</button>
  </form>
  <div id="messages">
  </div>
</body>
</html>
```

　　网页中定义了一个表单，其中包含各种元素。在 jQuery 程序中使用$(":input")选择器选取网页中的所有 input 元素、textarea 元素、select 元素和 button 元素，然后调用 css()方法设置选取 HTML 元素的 CSS 样式，给选取的 HTML 元素加一个红色的边框。最后显示找到的 input 类型元素的数量。浏览【例 14-24】的结果如图 14-19 所示。注意，有几个 input 类型元素并未显示出来，如<input type="hidden" />。

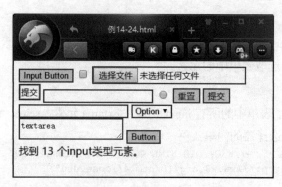

图 14-19　浏览【例 14-24】的结果

2. :text

:text 选择器可以匹配表单中的所有文本类型元素。

【例 14-25】　:text 选择器的简单实例，代码如下。

```
<!DOCTYPE HTML PUBLIC "-//W3C//DTD HTML 4.01 Transitional//EN"
                "http://www.w3.org/TR/html4/loose.dtd">
<html>
<head>
<script type="text/javascript" src="jquery.js"></script>
  <script>
  $(document).ready(function(){

    var allTexts = $(":text");
    var formChildren = $("form > *");
    $("#messages").text("找到 " + allTexts.length + " 个文本类型元素。");

      allTexts.css("border","2px solid red");

  });
  </script>
  <style>
  textarea { height:25px; }
  </style>
</head>
<body>
  <form>
    <input type="button" value="Input Button"/>
    <input type="checkbox" />
    <input type="file" />
    <input type="hidden" />
    <input type="image" />
    <input type="password" />
    <input type="radio" />
    <input type="reset" />
    <input type="submit" />
```

```
    <input type="text" />
    <select><option>Option</option></select>
    <textarea>textarea</textarea>
    <button>Button</button>
  </form>
  <div id="messages">
  </div>
</body>
</html>
```

网页中定义了一个表单，其中的元素与【例 14-24】相同。在 jQuery 程序中使用$(":text")选择器选取网页中的所有文本元素，然后调用 css()方法设置选取 HTML 元素的 CSS 样式，给选取的 HTML元素加一个红色的边框。最后显示找到的文本元素的数量。浏览【例 14-25】的结果如图 14-20 所示。只有<input type="text" />被匹配。

图 14-20　浏览【例 14-25】的结果

3.　:password

: password 选择器可以匹配表单中的所有密码类型元素。

4.　:radio

: radio 选择器可以匹配表单中的所有 radio 类型元素（即单选按钮◉）。

5.　:checkbox

: checkbox 选择器可以匹配表单中的所有 checkbox 类型元素（即复选框☐）。

6.　:submit

: submit 选择器可以匹配表单中的所有提交按钮元素。

7.　:image

: image 选择器可以匹配表单中的所有 image 元素。

8.　:reset

: reset 选择器可以匹配表单中的所有重置按钮元素。

9.　:button

: button 选择器可以匹配表单中的所有普通按钮元素。

10.　:file

: file 选择器可以匹配表单中的所有 file 元素（即选择文件的控件）。

14.4.2　表单过滤器

通过表单过滤器对选取的数据进行过滤，从而选择更明确的表单元素。

1. :enabled

:enabled 过滤器可以匹配表单中的所有启用元素。

【例 14-26】 :enabled 过滤器的简单实例，代码如下。

```
<!DOCTYPE HTML PUBLIC "-//W3C//DTD HTML 4.01 Transitional//EN"
                "http://www.w3.org/TR/html4/loose.dtd">
<html>
<head>
<script type="text/javascript" src="jquery.js"></script>

  <script>
  $(document).ready(function(){
    $("input:enabled").css("border","2px solid red");
  });
  </script>

</head>
<body>
  <form>
    <input name="email" disabled="disabled" />
    <input name="id" />
  </form>
</body>
</html>
  </div>
</body>
</html>
```

网页中定义了一个表单，其中包含两个 input 元素（一个被禁用 disabled）。在 jQuery 程序中使用$("input:enabled")选择器选取网页中的所有启用 input 元素，然后调用 css()方法设置选取 HTML 元素的 CSS 样式，给选取的 HTML 元素加一个红色的边框。浏览【例 14-26】的结果如图 14-21所示。

图 14-21　浏览【例 14-26】的结果

2. :disabled

:disabled 过滤器可以匹配表单中的所有禁用元素。读者可以参照【例 14-26】实验:disabled 过滤器的用法。

3. :checked

: checked 过滤器可以匹配表单中所有被选中的元素（复选框或单选按钮）。

【例 14-27】 :checked 过滤器的简单实例，代码如下。

```
<!DOCTYPE HTML PUBLIC "-//W3C//DTD HTML 4.01 Transitional//EN"
                "http://www.w3.org/TR/html4/loose.dtd">
<html>
<head>
<script type="text/javascript" src="jquery.js"></script>
  <script>
  $(document).ready(function(){

    function countChecked() {
      var n = $("input:checked").length;
```

```
      $("div").text(n + (n <= 1 ? " is" : " are") + " checked!");
    }
    countChecked();
    $(":checkbox").click(countChecked);

  });
  </script>
  <style>
  div { color:red; }
  </style>
</head>
<body>
  <form>
    <input type="checkbox" name="newsletter" checked="checked" value="Hourly" />
    <input type="checkbox" name="newsletter" value="Daily" />
    <input type="checkbox" name="newsletter" value="Weekly" />
    <input type="checkbox" name="newsletter" checked="checked" value="Monthly" />
    <input type="checkbox" name="newsletter" value="Yearly" />
  </form>
  <div></div>
</body>
</html>
```

网页中定义了一个表单，其中包含 5 个复选框。在 jQuery 程序中使用$(":checkbox").click(count Checked)；定义当单击复选框时调用 countChecked()方法。在 countChecked()方法中使用$("input:checked")过滤器统计表单中所有被选中的复选框数量。浏览【例 14-27】的结果如图 14-22 所示。

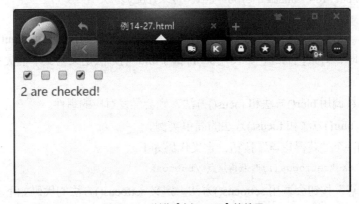

图 14-22　浏览【例 14-27】的结果

4.　:selected

：selected 过滤器可以匹配表单中所有被选中的 option 元素。

14.4.3　表单 API

jQuery 提供了一组表单 API，使用它们可以对表单和表单元素进行操作。

1.　blur()方法和 focus()方法

blur()方法用于绑定到 blur 事件的处理函数，语法如下。

```
.blur( handler(eventObject) )
```

handler 是 blur 事件的处理函数，eventObject 是事件的参数。

提示　blur 事件在元素失去焦点时发生。

与 blur()方法相对应的是 focus()方法。focus()方法可以绑定到 focus 事件的处理函数，而 focus 事件在元素获得焦点时发生。

【例 14-28】　不使用参数调用 blur()方法和 focus()方法的简单实例，当文本框获得焦点和失去焦点时切换颜色。代码如下。

```html
<html>
<head>
<script type="text/javascript" src="jquery.js"></script>
<script type="text/javascript">
$(document).ready(function(){
  $("input").focus(function(){
    $("input").css("background-color","red");
  });
  $("input").blur(function(){
    $("input").css("background-color","yellow");
  });
});
</script>
</head>
<body>
输入用户名：<input id= "uname" type="text" /></body>
</html>
```

网页中定义了一个表单，其中包含一个文本框。在 jQuery 程序中使用$("input").focus()方法定义当文本框获得焦点时，背景色为红色，使用$("input"). blur ()方法定义当文本框失去焦点时，背景色为黄色。

如果不使用参数调用 blur()方法和 focus()方法，则会触发对应的事件。

【例 14-29】　blur()方法和 focus()方法的简单实例。

在网页中增加一个"获得焦点"按钮，定义代码如下。

```html
<button onclick="setfocus();">获得焦点</button>
```

单击"获得焦点"按钮会调用 setfocus()方法。定义 setfocus()方法的代码如下。

```javascript
function setfocus() {
  $("#uname").focus();
}
```

程序调用$("#uname").focus()方法使文本框 uname 获得焦点。

再在网页中增加一个"取消焦点"按钮，定义代码如下。

```html
<button onclick="lostfocus();" >取消焦点</button>
```

单击"取消焦点"按钮会调用 lostfocus ()方法。定义 lostfocus ()方法的代码如下。

```javascript
function lostfocus(){
  $("#uname").blur();
}
```

程序调用$("#uname").focus()方法使文本框 uname 取消焦点。

2. change()方法

change()方法用于绑定到 change 事件的处理函数，语法如下。

```
.change(handler(eventObject))
```

handler 是 change 事件的处理函数，eventObject 是事件的参数。

---

　　　　　change 事件在当元素的值发生改变时发生。

【例 14-30】　change()方法的简单实例，代码如下。

```html
<!DOCTYPE html>
<html>
<head>
  <style>
  div { color:red; }
  </style>
<script type="text/javascript" src="jquery.js"></script>
</head>
<body>
<select name="city" multiple="multiple">
   <option>北京</option>
   <option>天津</option>
   <option>上海</option>
   <option>重庆</option>
  </select>
  <div></div>

<script>
   $("select").change(function () {
       var str = "";
       $("select option:selected").each(function () {
           str += $(this).text() + " ";
         });
       $("div").text(str);
      });
</script>
</body>
</html>
```

网页中定义了一个表单，其中包含一个可以多选的 select 元素。在 jQuery 程序中使用 change()方法定义 select 元素 change 事件的处理函数，当 select 元素的内容改变时，将选择的项目显示在下面的 div 元素中。

浏览【例 14-30】的结果如图 14-23 所示。

3. select()方法

select()方法用于绑定到 select 事件的处理函数，语法如下。

```
.select(handler(eventObject))
```

hadler 是 select 事件的处理函数，eventObject 是事件的参数。

图 14-23　浏览【例 14-30】的结果

select 事件在元素中的文本被选择时发生。

4. submit()方法

submit()方法用于绑定到 submit 事件的处理函数，语法如下。

```
.submit(handler(eventObject))
```

handler 是 submit 事件的处理函数，eventObject 是事件的参数。

submit 事件在提交表单时发生。

5. val()方法

val()方法用于获取和设置元素的值。获取元素值的语法如下。

```
value = .val();
```

设置元素值的语法如下。

```
.val( value )
```

`value` 是设置的元素值。

【例 14-31】 val()方法的简单实例，代码如下。

```
<!DOCTYPE html>
<html>
<head>
  <style>
  div { color:red; }
  </style>
<script type="text/javascript" src="jquery.js"></script>
</head>
<body>
<select id="city">
   <option>北京</option>
   <option>天津</option>
   <option>上海</option>
   <option>重庆</option>
  </select>
  <p></p>

<script>
   function displayValue() {
     var Value = $("#city").val();
     $("p").html( Value );
   }

   $("select").change(displayValue);

</script>
</body>
</html>
```

网页中定义了一个 select 元素。在 jQuery 程序中使用 change()方法定义 select 元素 change 事件的处理函数 displayValue()，当 select 元素的内容改变时，将选择的项目显示在下面的<p>元素中。

14.5　事件和 Event 对象

jQuery 可以很方便地使用 Event 对象对触发的元素的事件进行处理，jQuery 支持的事件包括键盘事件、鼠标事件、表单事件、文档加载事件和浏览器事件等，其中表单事件已经在 14.4.3 小节中介绍了。

14.5.1　事件处理函数

事件处理函数是指触发事件时调用的函数，可以通过下面的方法指定事件处理函数。

```
jQuery 选择器. 事件名(function() {
    <函数体>
    ......
} );
```

例如，前面多次使用的$(document).ready()方法指定文档对象的 ready 事件处理函数。ready 事件在文档对象就绪时被触发。

14.5.2　Event 对象

根据 W3C 标准，jQuery 的事件系统支持 Event 对象。Event 对象的属性如表 14-6 所示。

表 14–6　Event 对象的属性

属性	说明

currentTarget	触发事件的当前元素。例如，下面的代码在单击 p 元素时，弹出一个显示 true 的对话框
	`$("p").click(function(event) {`
	`    alert( event.currentTarget === this ); // true`
	`});`

data	传递给正在运行的事件处理函数的可选数据
delegateTarget	正在运行的事件处理函数绑定的元素
namespace	触发事件时指定的命名空间
pageX / pageY	鼠标与文档边缘的距离
relatedTarget	事件涉及的其他 DOM 元素，如果有的话
result	返回事件处理函数的最后返回值
target	初始化事件的 DOM 元素
timeStamp	浏览器创建事件的时间与 1970 年 1 月 1 日的时间差，单位为 ms
type	事件类型
which	用于键盘事件和鼠标事件，表示按下的键或鼠标按钮

【例 14-32】　Event 对象 pageX 和 pageY 属性的简单实例，代码如下。

```
<!DOCTYPE html>
<html>
<head>
 <style>
 div { color:red; }
 </style>
```

```
<script type="text/javascript" src="jquery.js"></script>
</head>
<body>
<div id="log"></div>
<script>$(document).mousemove (function(e){
        $("#log").text("e.pageX: " + e.pageX + ", e.pageY: " + e.pageY);
}); </script>
</body>
</html>
```

程序在 document 对象的 mousemove 事件的处理函数中显示 Event 对象的 pageX 和 pageY 属性值。移动鼠标时，会在页面中显示鼠标指针的位置信息，如图 14-24 所示。

图 14-24　浏览【例 14-32】的结果

【例 14-33】　Event 对象 type 属性和 which 属性的简单实例，代码如下。

```
<!DOCTYPE html>
<html>
<head>
  <style>
  div { color:red; }
  </style>
<script type="text/javascript" src="jquery.js"></script>
</head>
<body>
<input id="whichkey" value="">
<div id="log"></div>
<script>
$('#whichkey').keydown(function(e){
  $('#log').html(e.type + ': ' + e.which );
});
</script>
</html>;
```

网页中定义了一个 input 元素,并在其 keydown 事件的处理函数中显示 Event 对象的 type 和 which 属性值。当在 input 元素中输入字符时，会在页面中显示触发的事件类型和字符对应的 ASCII 码值，如图 14-25 所示。

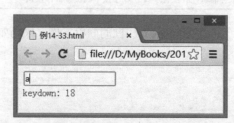

图 14-25　浏览【例 14-33】的结果

Event 对象的方法如表 14-7 所示。

表 14–7　Event 对象的方法

方法	说明
isDefaultPrevented	返回是否在此 Event 对象上调用过 event.preventDefault()方法
isImmediatePropagationStopped	返回是否在此 Event 对象上调用过 event. stopImmediatePropagation ()方法
isPropagationStopped	返回是否在此 Event 对象上调用过 event. stopPropagation ()方法
preventDefault	如果调用了此方法，则此事件的默认动作将不会触发
stopImmediatePropagation	阻止执行其余的事件处理函数，并阻止事件在 DOM 树中冒泡（即在 DOM 树中的元素间传递）
stopPropagation	阻止事件在 DOM 树中冒泡，并阻止父处理函数接到事件的通知

　　容器元素中可以包含子元素，例如，div 元素中可以包含 img 元素。如果在 img 元素上触发了 click 事件，则也会触发 div 元素的 click 事件。这就是事件的冒泡。

【例 14-34】　使用 Event 对象的 preventDefault()方法阻止默认事件动作，代码如下。

```
<html>
<head>
<script type="text/javascript" src="/jquery.js"></script>
<script type="text/javascript">
$(document).ready(function(){
  $("a").click(function(event){
    event.preventDefault();
  });
});
</script>
</head>
<body>
<a href="http://www.ptpress.com.cn/">人民邮电出版社</a>
</body>
</html>
```

程序在 a 元素的 click 事件处理函数中调用 event.preventDefault()方法，阻止超链接的单击事件的默认动作。因此单击网页中的超链接，将不会打开目标页面。

14.5.3　绑定到事件处理函数

在 14.5.1 小节中，介绍了指定事件处理函数的方法，还可以使用 bind()方法为每一个匹配元素的特定事件（像 click）绑定一个事件处理器函数。事件处理函数会接收到一个事件对象。bind()方法的语法如下。

```
bind(type,[data],fn)
```

参数说明如下。

- type：事件类型。
- data：可选参数，作为 event.data 属性值传递给事件对象的额外数据对象。
- fn：绑定到指定事件的事件处理器函数。

【例 14-35】　使用 bind()方法绑定事件处理函数的简单实例，代码如下。

```
<!DOCTYPE html>
```

```
<html>
<head>
<script type="text/javascript" src="jquery.js"></script>
</head>
<body>
<input id="name"></div>
<script>
    $("input").bind("click",function() {
        alert($(this).val());
});
}); </script>
</body>
</html>
```

页面中定义了一个 input 元素，并使用 bind()方法将 input 元素的 click 事件绑定到指定的处理函数。在处理函数中，弹出对话框显示 input 元素的内容。

【例 14-36】 使用 bind()方法在事件处理之前传递附加的数据。

```
<!DOCTYPE html>
<html>
<head>
<script type="text/javascript" src="jquery.js"></script>
</head>
<body>
<input id="name"></div>
<script>

  function handler(event) {
    alert(event.data.foo);
  }
  $("input").bind("click", { foo: "hello" }, handler);
 </script>
</body>
</html>
```

在 bind()方法中，使用{ foo: "hello" }向事件处理函数传递参数。参数名为 foo，参数值为 hello。在事件处理函数中，可以使用 event.data.foo 获得参数值。

14.5.4　键盘事件

jQuery 提供的与键盘事件相关的方法如表 14-8 所示。

表 14-8　与键盘事件相关的方法

方法	说明
focusin(handler(eventObject))	绑定到 focusin 事件处理函数的方法。当光标进入 HTML 元素时，触发 focusin 事件
focusout(handler(eventObject))	绑定到 focusout 事件处理函数的方法。当光标离开 HTML 元素时，触发 Focusout 事件
keydown(handler(eventObject))	绑定到 keydown 事件处理函数的方法。当按下按键时，触发 keydown 事件
keypress(handler(eventObject))	绑定到 keypress 事件处理函数的方法。当按下并放开按键时，触发 keypress 事件
keyup(handler(eventObject))	绑定到 keyup 事件处理函数的方法。当放开按键时，触发 keyup 事件

【例 14-37】 keypress ()方法的使用。

```
<!DOCTYPE html>
<html>
<head>
```

```
<script type="text/javascript" src="jquery.js"></script>
</head>
<body>
<input id="target" type="text" value="按下键" />
<script>

  function handler(event) {
    alert(event.data.foo);
  }
  $("#target").keypress(function() {
  alert("Handler for .keypress() called.");
});
 </script>
</body>
</html>
```

网页中定义了一个 id 为 target 的文本框，程序调用$("#target").keypress()方法绑定 keypress 事件的
处理函数。当在文本框中按下键时弹出一个对话框，显示"Handler for .keypress() called."。

14.5.5 鼠标事件

jQuery 提供的与鼠标事件相关的方法如表 14-9 所示。

表 14-9　与鼠标事件相关的方法

方法	说明
click(handler(eventObject))	绑定到 click 事件处理函数的方法。单击鼠标时，触发 click 事件
dblclick (handler(eventObject))	绑定到 dblclick 事件处理函数的方法。双击鼠标时，触发 dblclick 事件
focusin(handler(eventObject))	绑定到 focusin 事件处理函数的方法。当光标进入 HTML 元素时，触发 focusin 事件
focusout(handler(eventObject))	绑定到 focusout 事件处理函数的方法。当光标离开 HTML 元素时，触发 focusout 事件
hover(handlerIn(eventObject), handlerOut(eventObject))	指定鼠标指针进入和离开指定元素时的处理函数
mousedown(handler(eventObject))	绑定到 mousedown 事件处理函数的方法。当按下鼠标按键时，触发 mousedown 事件
mouseenter(handler(eventObject))	绑定到鼠标进入元素的事件处理函数
mouseleave(handler(eventObject))	绑定到鼠标离开元素的事件处理函数
mousemove(handler(eventObject))	绑定到 mousemove 事件处理函数的方法。移动鼠标时，触发 mousemove 事件
mouseout(handler(eventObject))	绑定到 mouseout 事件处理函数的方法。当鼠标指针离开被选元素时，触发 mouseout 事件。不论是鼠标指针离开被选元素，还是任何子元素，都会触发 mouseout 事件；而只有在鼠标指针离开被选元素时，才会触发 mouseleave 事件
mouseover(handler(eventObject))	绑定到 mouseover 事件处理函数的方法。当鼠标指针位于元素上方时触发 mouseover 事件
toggle(handler(eventObject))	将两个或更多处理函数绑定到指定元素，单击指定元素时，交替执行这些处理函数

【例 14-38】　toggle ()方法的使用。

```
<!DOCTYPE html>
<html>
<head>
<script type="text/javascript" src="jquery.js"></script>
</head>
<body>
<ul>
    <li>北京</li>
    <li>天津</li>
```

```
      <li>上海</li>

      <li>重庆</li>
    </ul>
  <script>
      $("li").toggle(
        function () {
          $(this).css({"list-style-type":"disc", "color":"blue"});
        },
        function () {
          $(this).css({"list-style-type":"disc", "color":"red"});
        },
        function () {
          $(this).css({"list-style-type":"", "color":""});
        }
      );

  </script>
  </body>
  </html>
```

在 toggle ()方法中定义了 3 个处理函数，分别将指定元素的颜色变为蓝色、红色和默认颜色（黑色）。因此，单击元素会切换颜色。

14.5.6 文档加载事件

jQuery 提供的与文档加载事件相关的方法如表 14-10 所示。

表 14–10   与文档加载事件相关的方法

方法	说明
load(handler(eventObject))	绑定到 load 事件处理函数的方法。当加载文档时，触发 load 事件
ready (handler(eventObject))	指定当所有 DOM 元素都被加载时执行的方法
unload(handler(eventObject))	绑定到 unload 事件处理函数的方法。当页面卸载时，触发 unload 事件

【例 14-39】   load ()方法的使用。

```
<!DOCTYPE html>
<html>
<head>
<script type="text/javascript" src="jquery.js"></script>
</head>
<body>
<script>
    $(window).load( function () { alert("Hello~!"); } );
</script>
</body>
</html>
```

当打开页面时会弹出一个对话框，显示 "Hello~!"。

14.5.7 浏览器事件

jQuery 提供的与浏览器事件相关的方法如表 14-11 所示。

表 14-11　与浏览器事件相关的方法

方法	说明
error(handler(eventObject))	绑定到 error 事件处理函数的方法。当元素遇到错误（例如没有正确载入）时，触发 error 事件
resize (handler(eventObject))	绑定到 resize 事件处理函数的方法。当调整浏览器窗口的大小时，触发 resize 事件
scroll(handler(eventObject))	绑定到 scroll 事件处理函数的方法。当 ScrollBar 控件上的或包含一个滚动条的对象的滚动框被重新定位，或按水平（或垂直）方向滚动时，触发 scroll 事件

【例 14-40】　　scroll ()方法的使用。

```
<html>
<head>
<script type="text/javascript" src="jquery.js"></script>
<script type="text/javascript">
x=0;
$(document).ready(function(){
  $("div").scroll(function() {
    $("span").text(x+=1);
  });
  $("button").click(function(){
    $("div").scroll();
  });
});
</script>
</head>
<body>
<div style="width:200px;height:100px;overflow:scroll;">请试着滚动 DIV 中的文本 请试着滚动
DIV 中的文本请试着滚动 DIV 中的文本请试着滚动 DIV 中的文本
  <br><br>
请试着滚动 DIV 中的文本请试着滚动 DIV 中的文本请试着滚动 DIV 中的文本请试着滚动 DIV 中的文本</div>
<p>滚动了 <span>0</span> 次。</p>
<button>触发窗口的 scroll 事件</button>
</body>
</html>
```

页面中包含一个带滚动条的 div 元素，拉动滚动条，会在下面的 span 元素中显示滚动的次数。单击"触发窗口的 scroll 事件"按钮，可以执行$("div").scroll();语句。调用 scroll()方法可以触发 scroll 事件，但不会执行滚动操作。浏览【例 14-40】的结果如图 14-26 所示。

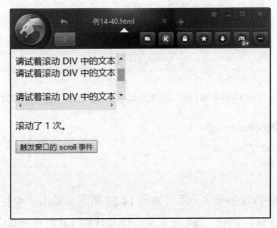

图 14-26　浏览【例 14-40】的结果

14.6 jQuery 动画

jQuery 的一项很强大的功能是可以在 HTML 元素上实现动画效果，如显示、隐藏、淡入淡出和滑动等。

14.6.1 执行自定义的动画

调用 animate()方法可以根据一组 CSS 属性实现自定义的动画效果。语法如下。

```
$(selector).animate( properties [, duration ] [, easing ] [, complete ] )
```

参数说明如下。

- properties：产生动画效果的 CSS 属性和值，可以使用的 CSS 属性包括 backgroundPosition、borderWidth、borderBottomWidth、borderLeftWidth、borderRightWidth、borderTopWidth、borderSpacing、margin、marginBottom、marginLeft、marginRight、marginTop、outlineWidth、padding、paddingBottom、paddingLeft、paddingRight、paddingTop、height、width、maxHeight、maxWidth、minHeight、maxWidth、font、fontSize、bottom、left、right、top、letterSpacing、wordSpacing、lineHeight、textIndent 等。

- duration：指定动画效果运行的时间长度，单位为 ms，默认值为 nomal（400ms）。可选值包括 slow 和 fast。

- easing：指定设置动画速度的擦除函数，内置的擦除函数包括 swing（摇摆擦除）和 linear（线性擦除）。

- complete：指定动画效果执行完后调用的函数。

【例 14-41】 使用 animate()方法实现自定义动画效果。

```
<html>
<head>
<script type="text/javascript" src="jquery.js"></script>
<script type="text/javascript">
$(document).ready(function()
  {
 $("#btn1").click(function(){
   $("#box").animate({height:"300px"});
  });
 $("#btn2").click(function(){
   $("#box").animate({height:"100px"});
  });
});
</script>
</head>
<body>
<div id="box" style="background:#0000ff;height:100px;width:100px;margin:6px;">
</div>
<button id="btn1">变长</button>
<button id="btn2">恢复</button>
</body>
</html>
```

页面中定义了一个蓝色背景的 div 元素，如图 14-27 所示。单击"变长"按钮，div 元素会拉长，如图 14-28 所示。单击"恢复"按钮，div 元素又会恢复成图 14-27 所示的样子。

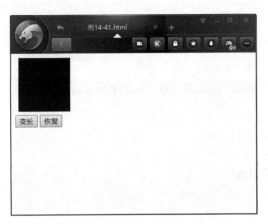

图 14-27 浏览【例 14-41】的结果

图 14-28 单击"变长"按钮，div 元素会拉长

当然，截图并不能体现动画的过程。要想直观地了解动画的效果，还是要在上机实验时亲自体验。

14.6.2 显示和隐藏 HTML 元素

在 jQuery 中，可以用动画效果显示和隐藏 HTML 元素。

1. 显示 HTML 元素

使用 show() 方法可以显示指定的 HTML 元素，语法如下。

`.show( [duration ] [, easing ] [, complete ] )`

参数说明如下。

● duration：指定动画效果运行的时间长度，单位为 ms，默认值为 nomal（400ms）。可选值包括 slow 和 fast。

● easing：指定设置动画速度的擦除函数，内置的擦除函数包括 swing（摇摆擦除）和 linear（线性擦除）。

● complete：指定动画效果执行完后调用的函数。

这 3 个参数都是可选的，也就是说，最简单的调用 show() 的方法就是不使用参数。也可以使用下面的方法调用 show()。

【例 14-42】 使用 show () 方法显示 HTML 元素。

```
<!DOCTYPE html>
<html>
<head>
  <style>
p { background:yellow; }
</style>
  <script src="http://code.jquery.com/jquery-latest.js"></script>
</head>
<body>
  <button>Show it</button>
      <p style="display: none">Hello HTML5</p>
<script>
$("button").click(function () {
```

```
    $("p").show("slow");
});
</script>

</body>
</html>
```

页面中定义了一个隐藏的 p 元素。单击 Show it 按钮，会以动画效果显示 p 元素。

2. 隐藏 HTML 元素

使用 hide() 方法可以隐藏指定的 HTML 元素，语法如下。

`.hide( [duration ] [, easing ] [, complete ] )`

参数的含义与 show() 方法中的完全相同，请参照理解。

【例 14-43】 使用 hide ()方法隐藏 HTML 元素。

```
<!DOCTYPE html>
<html>
<head>
  <style>
p { background:yellow; }
</style>
<script type="text/javascript" src="jquery.js"></script>
</head>
<body>
  <button>Hide it</button>
      <p >Hello HTML5</p>
<script>
$("button").click(function () {
  $("p").hide("slow");
});
</script>

</body>
</html>
```

页面中定义了一个 p 元素，单击 Hide it 按钮，会以动画效果隐藏 p 元素。

3. 切换 HTML 元素的显示和隐藏状态

使用 toggle() 方法可以切换 HTML 元素的显示和隐藏状态，语法如下。

`.toggle( [duration ] [, easing ] [, complete ] )`

参数的含义与 show() 方法中的完全相同，请参照理解。在【例 14-45】中将 hide 替换为 toggle，即可体验 toggle() 方法的效果。

14.6.3 淡入淡出效果

在显示幻灯片时，经常使用淡入淡出的效果。淡入和淡出效果实际上就是透明度的变化，淡入就是由透明到不透明的过程，淡出就是由不透明到透明的过程。

1. fadeIn() 方法

使用 fadeIn() 方法可以实现淡入效果，语法如下。

`fadeIn( [duration ] [, easing ] [, complete ] )`

参数的含义与 show() 方法中的完全相同，请参照 14.6.2 小节理解。

【例 14-44】 使用 fadeIn ()方法实现淡入效果。

```
<!DOCTYPE html>
<html>
<head>
  <style>
span { color:red; cursor:pointer; }
div { margin:3px; width:80px; display:none;
  height:80px; float:left; }
  div#one { background:#f00; }
  div#two { background:#0f0; }
  div#three { background:#00f; }
</style>
<script type="text/javascript" src="jquery.js"></script>
</head>
<body>
  <span>Click here...</span>

    <div id="one"></div>
    <div id="two"></div>
    <div id="three"></div>
<script>
$(document.body).click(function () {
  $("div:hidden:first").fadeIn("slow");
});
    </script>
</body>
</html>
```

页面中定义了 3 个初始状态为隐藏的 div 元素和一个 span 元素。单击 span 元素，会以淡入效果显示第一个隐藏（由选择器$("div:hidden:first")决定）的 div 元素。3 个 div 元素都显示出来之后如图 14-29 所示。

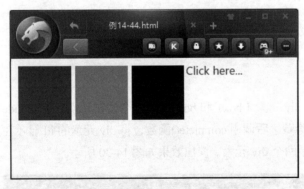

图 14-29 浏览【例 14-44】的结果

2. fadeOut ()方法

使用 fadeOut ()方法可以实现淡出效果，语法如下。

```
fadeOut ( [duration ] [, easing ] [, complete ] )
```

参数的含义与 show()方法中的完全相同，请参照 14.6.2 小节理解。

【例 14-45】 使用 fadeOut()方法实现淡出效果。

```
<!DOCTYPE html>
<html>
<head>
  <style>
```

385

```
.box,
button { float:left; margin:5px 10px 5px 0; }
.box { height:80px; width:80px; background:#090; }
#log { clear:left; }

</style>
<script type="text/javascript" src="jquery.js"></script>
</head>
<body>

<button id="btn1">fade out</button>
<button id="btn2">show</button>

<div id="log"></div>

<div id="box1" class="box">linear</div>
<div id="box2" class="box">swing</div>

<script>
$("#btn1").click(function() {
  function complete() {
    $("<div/>").text(this.id).appendTo("#log");
  }

  $("#box1").fadeOut(1600, "linear", complete);
  $("#box2").fadeOut(1600, complete);
});

$("#btn2").click(function() {
  $("div").show();
  $("#log").empty();
});

</script>

</body>
</html>
```

页面中定义了两个 div 元素（box1 和 box2）和两个按钮元素。单击 fade out 按钮，会以淡出效果隐藏两个 div 元素，隐藏之后调用 complete()函数，将 div 元素的 id 显示在 id="log"的 div 元素中。单击 show 按钮，会显示两个 div 元素。淡出效果如图 14-30 所示。

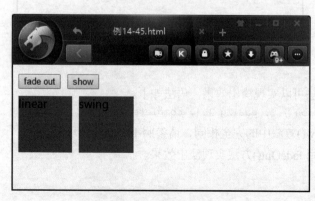

图 14-30 浏览【例 14-45】的结果

3. fadeTo()方法

使用 fadeTo()方法可以直接调节 HTML 元素的透明度，语法如下。

```
fadeTo( duration, opacity [, easing ] [, complete ] )
```

参数 opacity 表示透明度，取值范围为 0～1。其他参数的含义与 show()方法中的完全相同，请参照 14.6.2 小节理解。

【例 14-46】　使用 fadeTo ()方法直接调节 HTML 元素的透明度。

```
<!DOCTYPE html>
<html>
<head>
<script type="text/javascript" src="jquery.js"></script></head>
<body>
 <p>单击我，我会变透明。</p>
<p>用于比较。</p>
<script>
$("p:first").click(function () {
$(this).fadeTo("slow", 0.33);
});
</script>
</body>
</html>
```

页面中定义了两个 p 元素。单击第一个 p 元素，它会以淡出效果变得透明（透明度为 0.33）。第两个 p 元素仅用于对比。浏览【例 14-46】的结果如图 14-31 所示。

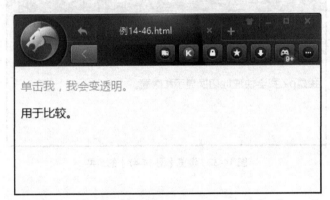

图 14-31　浏览【例 14-46】的结果

4. fadeToggle()方法

使用 fadeToggle()方法可以用淡入淡出的效果切换显示和隐藏 HTML 元素（即如果 HTML 元素原来是隐藏的，则调用 fadeToggle()方法后会逐渐变成显示；如果 HTML 元素原来是显示的，则调用 fadeToggle()方法后会逐渐变成隐藏）。fadeToggle()方法的语法如下。

```
fadeToggle( duration, opacity [, easing ] [, complete ] )
```

参数的含义与 show()方法中的完全相同，请参照 14.6.2 小节理解。

【例 14-47】　使用 fadeToggle()方法以淡入淡出的效果切换显示和隐藏 HTML 元素。

```
<!DOCTYPE html>
<html>
<head>
<script type="text/javascript" src="jquery.js"></script>
```

```
</head>
<body>

<button>切换 p1</button>
<button>切换 p2</button>
<p>我是 p1.我会以慢速、线性的方式切换显示和隐藏。</p>
<p>我是 p2.我会快速地切换显示和隐藏。</p>
<script>
$("button:first").click(function() {
  $("p:first").fadeToggle("slow", "linear");
});
$("button:last").click(function () {
  $("p:last").fadeToggle("fast");
});
</script>
</body>
</html>
```

页面中定义了两个 p 元素和两个按钮。单击"切换 p1"按钮，会以慢速、线性的方式切换显示和隐藏第一个 p 元素；单击"切换 p2"按钮，会快速切换显示和隐藏第二个 p 元素。浏览【例 14-47】的结果如图 14-32 所示。

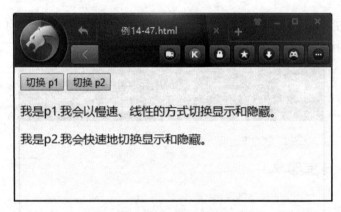

图 14-32　浏览【例 14-47】的结果

14.6.4　滑动效果

jQuery 可以用滑动效果显示和隐藏 HTML 元素。

1．SlideDown()方法

使用 SlideDown ()方法可以用滑动效果显示 HTML 元素，语法如下。

```
SlideDown ( [duration ] [, easing ] [, complete ] )
```

参数的含义与 show()方法中的完全相同，请参照 14.6.2 小节理解。

【例 14-48】　使用 SlideDown ()方法以滑动效果显示 HTML 元素。

```
<!DOCTYPE html>
<html>
<head>
  <style>
div { background:#de9a44; margin:3px; width:80px;
height:40px; display:none; float:left; }
```

```
</style>
<script type="text/javascript" src="jquery.js"></script>
</head>
<body>
  Click me!
<div></div>
<div></div>
<div></div>
<script>
$(document.body).click(function () {
if ($("div:first").is(":hidden")) {
$("div").slideDown("slow");
} else {
$("div").hide();
}
});

</script>

</body>
</html>
```

页面中定义了 3 个初始状态为隐藏的 div 元素。单击 Click me!时，如果第一个 div 元素是隐藏的
（ $("div:first").is(":hidden") ），则调用$("div").slideDown("slow")方法以滑动效果显示 div 元素；否则隐
藏 div 元素。3 个 div 元素都显示出来之后如图 14-33 所示。

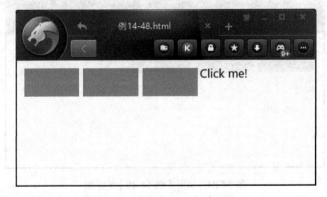

图 14-33 浏览【例 14-48】的结果

2. SlideUp()方法

使用 SlideUp()方法可以用滑动效果隐藏 HTML 元素，语法如下。
SlideUp ([duration] [, easing] [, complete])
参数的含义与 show()方法中的完全相同，请参照 14.6.2 小节理解。

【例 14-49】 使用 SlideUp ()方法以滑动效果显示 HTML 元素。
```
<!DOCTYPE html>
<html>
<head>
  <style>
div { background:#de9a44; margin:3px; width:80px;
height:40px; float:left; }
</style>
<script type="text/javascript" src="jquery.js"></script>
```

```
</head>
<body>
 Click me!
<div></div>
<div></div>
<div></div>
<script>
$(document.body).click(function () {
if ($("div:first").is(":hidden")) {
 $("div").show();
} else {
 $("div").slideUp("slow");
}
});

</script>

</body>
</html>
```

页面中定义了 3 个初始状态为显示的 div 元素。单击 Click me!时，如果第一个 div 元素是隐藏的
（ $("div:first").is(":hidden") ），则显示 div 元素；否则调用$("div"). slideUp ("slow")方法以滑动效果隐藏
div 元素。初始页面如图 14-34 所示。

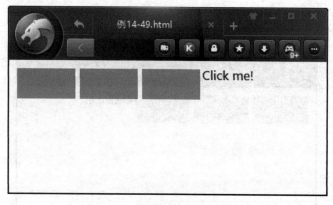

图 14-34 浏览【例 14-49】的结果

3. SlideToggle()方法

使用 SlideToggle()方法可以用滑动效果切换显示和隐藏 HTML 元素，语法如下。

SlideToggle([duration] [, easing] [, complete])

参数的含义与 show()方法中的完全相同，请参照 14.6.2 小节理解。

【例 14-50】 使用 SlideToggle ()方法以滑动效果切换显示和隐藏 HTML 元素。

```
<!DOCTYPE html>
<html>
<head>
 <style>
 p { width:400px; }
 </style>
<script type="text/javascript" src="jquery.js"></script>
</head>
<body>
```

```
<button>切换</button>

<p>
   使用 SlideToggle()方法以滑动效果切换显示和隐藏 HTML 元素。
</p>
<script>
   $("button").click(function () {
     $("p").slideToggle("slow");
   });
</script>
</body>
</html>
```

页面中定义了一个 p 元素和"切换"按钮。单击"切换"按钮时，将以滑动效果切换显示和隐藏 p 元素。初始页面如图 14-35 所示。

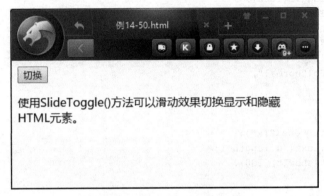

图 14-35　浏览【例 14-50】的结果

14.6.5　动画队列

jQuery 可以定义一组动画动作，把它们放在队列（queue）中顺序执行。队列是一种支持先进先出原则的数据结构（线性表），它只允许在表的前端（front）进行删除操作，而在表的后端（rear）进行插入操作。图 14-36 是队列的示意图。

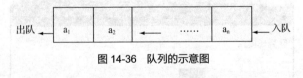

图 14-36　队列的示意图

1．queue()方法

使用 queue ()方法可以管理和显示匹配元素的动画队列中要执行的函数，语法如下。

```
queue( [queueName ] )
```

参数 queueName 是队列的名称。

【例 14-51】　使用 queue()方法显示动画队列。

```
<!DOCTYPE html>
<html>
<head>
<style>
    div { margin:3px; width:40px; height:40px;
```

```
                position:absolute; left:0px; top:60px;
                background:green; display:none;
                }
        div.newcolor { background:blue; }
        p { color:red; }
</style>
<script type="text/javascript" src="jquery.js"></script>
</head>
<body>   <p>队列长度: <span></span></p>
<div></div>
<script>
var div = $("div");
function runIt() {
        div.show("slow");
        div.animate({left:'+=200'},2000);
        div.slideToggle(1000);
        div.slideToggle("fast");
        div.animate({left:'-=200'},1500);
        div.hide("slow");
        div.show(1200);
        div.slideUp("normal",
        runIt);
}
function showIt() {
        var n = div.queue("fx");
        $("span").text( n.length );
        setTimeout(showIt, 100);
}
runIt();
showIt();
</script>
</body>
</html>
```

在 runIt()函数中定义了一组动画动作,在 showIt()函数中调用 queue()方法显示默认的动画队列 fx 的长度, 如图 14-37 所示。当然, 正方形的 div 元素是运动的。

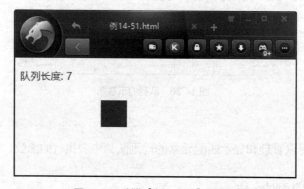

图 14-37   浏览【例 14-51】的结果

2. dequeue()方法

使用 dequeue ()方法可以执行匹配元素的动画队列中的下一个函数（同时将其移出队）, 语法如下。

```
dequeue( [queueName ] )
```

参数 queueName 是队列的名称。

3．clearQueue()方法

使用 clearQueue()方法可以删除匹配元素的动画队列中所有未执行的函数，语法如下。

```
clearQueue( [queueName ] )
```

参数 queueName 是队列的名称。

【例 14-52】　在【例 14-51】中增加一个"停止"按钮，定义代码如下。

```
<button id="stop">Stop</button>
```

并增加如下 jQuery 代码定义单击"停止"按钮的操作。

```
$("#stop").click(function () {
  var myDiv = $("div");
  myDiv.clearQueue();
});
```

单击"停止"按钮，会在执行完当前动画后停止，同时队列长度变成了 0。

4．delay ()方法

使用 delay ()方法可以延迟执行动画队列中的函数，语法如下。

```
delay( duration [, queueName ] )
```

参数 duration 指定延迟的时间，单位为 ms；参数 queueName 是队列的名称。

【例 14-53】　delay ()方法的使用。

```
<!DOCTYPE html>
<html>
<head>
  <style>
div { position: absolute; width: 60px; height: 60px; float: left; }
.first { background-color: #3f3; left: 0;}
.second { background-color: #33f; left: 80px;}
</style>
<script type="text/javascript" src="jquery.js"></script></head>
<body>

<p><button>Run</button></p>
<div class="first"></div>
<div class="second"></div>
<script>
    $("button").click(function() {
      $("div.first").slideUp(300).delay(800).fadeIn(400);
      $("div.second").slideUp(300).fadeIn(400);
    });</script>

</body>
</html>
```

页面中定义了两个 div 元素。单击 Run 按钮时，div 元素执行 slideUp()方法，然后执行 fadeIn()方法。不同的是，第一个 div 元素执行完 slideUp()方法后，会调用 delay ()方法延迟 800ms，然后再执行 fadeIn()方法，如图 14-38 所示。

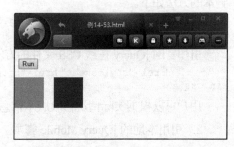

图 14-38　浏览【例 14-53】的结果

5．stop ()方法

使用 stop ()方法可以停止正在执行的动画，语法如下。

```
stop( [queue ] [, clearQueue ] [, jumpToEnd ] )
```

参数说明如下。

- queueName：队列的名称。
- clearQueue：指定是否删除队列中的动画，默认为 False，即不删除。
- jumpToEnd：指定是否立即完成当前的动画，默认为 False。

6. finish ()方法

使用 finish ()方法可以停止正在执行的动画并删除队列中的所有动画，语法如下。

```
finish( [queue ] )
```

参数 queueName 是队列的名称。

finish ()方法相当于 clearQueue()方法加上 stop ()方法的效果。

7. jQuery.fx.interval 属性

使用 jQuery.fx.interval 属性可以设置动画的显示帧速，单位为 100ms。

8. jQuery.fx.off 属性

将 jQuery.fx.off 属性设置为 true，可以全局性地关闭所有动画（所有效果会立即执行完毕），将其设成 false 之后，可以重新开启所有动画。

在下面的情况下，可能需要使用 jQuery.fx.off 属性关闭所有动画。

- 在配置比较低的计算机上使用 jQuery。
- 由于动画效果而遇到了可访问性问题。

14.7 jQuery Mobile

jQuery Mobile 是基于 jQuery 的针对触屏智能手机与平板电脑 Web 开发框架，是兼容所有主流移动设备平台的、支持 HTML5 的用户界面设计系统。

开发 jQuery Mobile 应用程序，需要在程序中引用 jQuery Mobile 开发包。jQuery Mobile 开发包包括 js 文件和 CSS 文件。与 jQuery 一样，可以使用下面两种方法引用 jQuery Mobile 脚本（和 CSS 文件）。

1. 引用 jQuery Mobile 官网的在线脚本

可以从 jQuery Mobile 官网引用在线的 jQuery Mobile 脚本和 CSS 文件。引用在线 jQuery Mobile 脚本的方法如下。

```
<script src="https://apps.bdimg.com/libs/jquerymobile/1.4.5/jquery.mobile-1.4.5.min.js"></script>
```

引用官网 jQuery 在线 CSS 文件的方法如下。

```
<link rel="stylesheet" href="http://code.jquery.com/mobile/1.4.5/jquery.mobile-1.4.5.min.css">
```

用户可以根据实际情况修改版本信息。

2. 引用本地的 jQuery Mobile 脚本

要引用本地 jQuery Mobile 脚本，首先要访问下面的网址下载 jQuery Mobile 开发包。

http://www.jqmapi.com/download.html

建议下载稳定版 jQuery Mobile 开发包。在编写本书时，稳定版是 1.4.5。单击 jquery.mobile-1.4.5.zip

超链接开始下载。jquery.mobile-1.0.zip 中包含 js 文件、CSS 文件和一些图片文件。如果 jQuery Mobile 的官网无法访问，也可以通过网络搜索。

引用本地 jQuery Mobile 脚本的方法与引用在线 jQuery Mobile 脚本的方法相似，只需要指定 src 属性为本地的 jQuery Mobile 脚本。同理，引用本地 jQuery Mobile CSS 文件的方法就是将 href 属性指定为本地的 jQuery Mobile CSS 文件。

在引用 jQuery Mobile 脚本之前还需要引用 jQuery 脚本。例如：

```
<script src="http://code.jquery.com/jquery-latest.js"></script>
```

引用 jQuery Mobile 脚本和 CSS 文件的代码一般放在网页头部分，即<head>和</head>之间。例如，下面是引用 jQuery Mobile 脚本和 CSS 文件的完整代码。

```
<head>
<link rel="stylesheet" href="http://code.jquery.com/mobile/1.4.5/jquery.mobile-1.4.5.
min.css" />
<script src="http://code.jquery.com/jquery-latest.js"></script>
<script src="http://code.jquery.com/mobile/1.4.5/jquery.mobile-1.4.5.min.js"></script>
</head>
```

【例 14-54】　通过一个简单实例理解 jQuery Mobile 编程的基本要点，代码如下。

```
<!DOCTYPE html>
<html>
<head>
<title>jQuery 例子</title>
<meta name="viewport" content="width=device-width, initial-scale=1">
<link rel="stylesheet" href="http://code.jquery.com/mobile/1.2.1/jquery.mobile-1.2.1.
min.css" />
<script src="http://code.jquery.com/jquery-1.8.3.min.js"></script>
<script src="http://code.jquery.com/mobile/1.2.1/jquery.mobile-1.2.1.min.js"></script>
</head>
<body>

<div data-role="page">
<div data-role="header">
    <h1>Hello world</h1>
</div><!-- /页头 -->
<div data-role="content">
    <p>I am jQuery.</p>
</div><!-- /内容 -->
<div data-role="footer"><p>页脚信息.</p></div><!-- /页脚 -->
</div><!-- /page -->
</body>
</html>
```

data-role 属性用来设置 div 元素的功能。data-role 属性的可能取值如表 14-12 所示。

表 14-12　data-role 属性的可能取值

取值	说明
page	页面
header	页头
content	内容
footer	页脚

<!DOCTYPE html>是 HTML5 文档声明。为了适用 HTML5 的特性，jQuery Mobile 页面必须使用<!DOCTYPE html>开始。

浏览【例 14-54】的结果如图 14-39 所示。

图 14-39　浏览【例 14-54】的结果

可以直接在 PC 中使用浏览器浏览 jQuery Mobile 网页，效果与使用手机浏览差不多。如果希望查看在手机中显示的效果，则需要搭建手机网站，将 jQuery Mobile 网页上传至网站，然后通过手机访问。为方便学习，建议直接在 PC 中使用浏览器浏览 jQuery Mobile 网页，如果担心与手机查看的效果不一样，也可以安装和使用 Opera Mobile 模拟器查看 jQuery Mobile 网页。

3．页面设计

【例 14-54】是一个定义单页的实例，也可以同时定义多个页面。在页面中使用超链接跳转到其他页面。例如，单击下面的超链接可以跳转到 id 等于 two 的页面。

```
<a href="#two" data-role="button">跳转到页面2</a>
```

【例 14-55】　定义多个页面，代码如下。

```
<!DOCTYPE html>
<html>
<head>
<title>多页的例子</title>
<meta name="viewport" content="width=device-width, initial-scale=1">
<link rel="stylesheet" href="http://code.jquery.com/mobile/1.2.1/jquery.mobile-1.2.1.min.css" />
<script src="http://code.jquery.com/jquery-1.8.3.min.js"></script>
<script src="http://code.jquery.com/mobile/1.2.1/jquery.mobile-1.2.1.min.js"></script>
</head>
<body>
```

```
<div id="one" data-role="page">

<div data-role="header">
    <h1>页面 1</h1>
</div><!-- /页头 -->

<div data-role="content">
    <p>页面 1 的内容.</p>
    <p><a href="#two" data-role="button">跳转到页面 2</a></p>
</div><!-- /内容 -->
<div data-role="footer"><p>页面 1 的页脚信息.</p></div><!-- /页脚 -->
</div><!-- /page -->
<div id="two" data-role="page">

<div data-role="header">
    <h1>页面 2</h1>
</div><!-- /页头 -->

<div data-role="content">
    <p>页面 2 的内容.</p>
</div><!-- /内容 -->
    <p><a href="#one" data-role="button">返回页面 1</a></p>
<div data-role="footer"><p>页面 2 的页脚信息.</p></div><!-- /页脚 -->
</div><!-- /page -->

</body>
</html>
```

代码中使用<div>元素定义了两个页面，id 分别为 one 和 two。并使用超链接在页面间跳转。

浏览【例 14-55】的结果如图 14-40 所示。单击"跳转到页面 2"超链接（按钮），会打开页面 2，如图 14-41 所示。单击页面 2 中的"返回页面 1"超链接（按钮），会打开页面 1。

图 14-40　浏览【例 14-55】中的页面 1

图 14-41　浏览【例 14-55】中的页面 2

在标准 HTML 中可以使用 title 标签为 HTML 页面设置标题。jQuery Mobile 也允许为每个 jQuery Mobile 页面设置标题，刚加载页面时，标题栏会显示 HTML 页面的标题，以后切换 jQuery Mobile 页面时，会显示 jQuery Mobile 页面的标题。

在使用 div 标签定义 jQuery Mobile 页面时，可以使用 data-title 属性指定页面的标题。例如：

```
<div id="one" data-role="page"  data-title="页面 1">
```

397

浏览器在加载比较复杂的网页时会耗费很长时间，出现假死现象。jQuery Mobile 提供了一种页面加载组件，可以很方便地显示一个提示加载网页的对话框，从而使用户界面更友好。

使用$.mobile.loading()方法显示或隐藏页面加载组件，语法如下。

```
$.mobile.loading( 动作, {
text: 显示的文本,
textVisible: 是否显示文本,
theme: 主题,
html: HTML 格式
});
```

参数说明如下。

- 动作：指定如何操作页面加载组件的字符串。使用'show'表示显示提示加载网页的对话框，使用'hide'表示隐藏提示加载网页的对话框。

- text：指定在提示加载网页的对话框中显示的字符串。

- textVisible：如果为 true，则在提示加载网页的对话框中的螺旋动画下面显示说明文字。

- theme：指定提示加载网页的对话框的主题。主题在 jquery.mobile-xxx.css 中定义，可以使用一个字母字符串表示，如"a"。

- html：指定提示加载网页的对话框的内部 HTML 格式。例如，html:"<span class="ui-icon ui-icon-loading"><img src="jquery-logo.png" /><h2>is loading for you ...</h2></span>"。通常使用它来设计自定义的提示加载网页的对话框。

4. 按钮设计

可以使用超链接 a 元素定义按钮，并且使用 data-icon 属性定义按钮中显示的图标。例如，下面代码定义的按钮中包含一个删除图标。

```
<a href="index.html" data-role="button"  data-icon="delete">Delete</a>
```

也可以使用 button 元素定义按钮。

【例 14-56】 在按钮中显示各种图标。

```
<!DOCTYPE html>
<html>
<head>
<title>在按钮中显示各种图标</title>
<meta name="viewport" content="width=device-width, initial-scale=1">
<link rel="stylesheet" href="http://code.jquery.com/mobile/1.2.1/jquery.mobile-1.2.1.
min.css" />
<script src="http://code.jquery.com/jquery-1.8.3.min.js"></script>
<script src="http://code.jquery.com/mobile/1.2.1/jquery.mobile-1.2.1.min.js"></script>
</head>
<body>
<div data-role="page">
<a href="index.html" data-role="button"  data-icon="delete"> data-icon="delete"</a>
<a href="index.html" data-role="button" data-icon="arrow-l"> data-icon="arrow-l"</a>
<a href="index.html" data-role="button" data-icon="arrow-r"> data-icon="arrow-r"</a>
<a href="index.html" data-role="button" data-icon="arrow-u"> data-icon="arrow-u"</a>
<a href="index.html" data-role="button" data-icon="arrow-d"> data-icon="arrow-d"</a>
<a href="index.html" data-role="button" data-icon="delete"> data-icon="delete"</a>
<a href="index.html" data-role="button" data-icon="plus"> data-icon="plus"</a>
<a href="index.html" data-role="button" data-icon="minus"> data-icon="minus"</a>
```

```
<a href="index.html" data-role="button" data-icon="check"> data-icon="check"</a>
<a href="index.html" data-role="button" data-icon="gear"> data-icon="gear"</a>
<a href="index.html" data-role="button" data-icon="refresh"> data-icon="refresh"</a>
<a href="index.html" data-role="button" data-icon="forward"> data-icon="forward"</a>
<a href="index.html" data-role="button" data-icon="back"> data-icon="back"</a>
<a href="index.html" data-role="button" data-icon="grid"> data-icon="grid"</a>
<a href="index.html" data-role="button" data-icon="star"> data-icon="star"</a>
<a href="index.html" data-role="button" data-icon="alert"> data-icon="alert"</a>
<a href="index.html" data-role="button" data-icon="info"> data-icon="info"</a>
<a href="index.html" data-role="button" data-icon="home"> data-icon="home"</a>
<a href="index.html" data-role="button" data-icon="search"> data-icon="search"</a>
</div>
</body>
</html>
```

浏览【例 14-56】的界面如图 14-42 所示。

默认情况下，网页中的按钮都是块级元素，按钮可以填充屏幕的宽度。可以在定义按钮时使用 data-inline="true"属性将按钮指定为内联按钮。内联按钮的宽度等于其内部的文本和图标的宽度之和。

【例 14-57】 定义内联按钮。

```
<!DOCTYPE html>
<html>
<head>
<title>定义内联按钮</title>
<meta name="viewport" content="width=device-width, initial-scale=1">
<link rel="stylesheet" href="http://code.jquery.com/mobile/1.2.1/jquery.mobile-1.2.1.
min.css" />
<script src="http://code.jquery.com/jquery-1.8.3.min.js"></script>
<script src="http://code.jquery.com/mobile/1.2.1/jquery.mobile-1.2.1.min.js"></script>
</head>
<body>
<div data-role="page">
<a href="index.html" data-role="button" data-icon="delete" data-inline="true" data-
mini="true">Cancel</a>
        <a href="index.html" data-role="button" data-icon="check" data-theme="b"
data-inline="true" data-mini="true">Save</a>
</div>
</body>
</html>
```

浏览【例 14-57】的界面如图 14-43 所示。

图 14-42 浏览【例 14-56】的界面

图 14-43 浏览【例 14-57】的界面

练习题

一、单项选择题

1. 下面关于 jQuery 的描述不正确的是（　　　）。

   A. jQuery 是一套 JavaScript 脚本库

   B. jQuery 将一些工具方法或对象方法封装在类库中

   C. jQuery 提供了强大的功能函数和丰富的用户界面设计

   D. jQuery 是 HTML5 的组成部分

2. jQuery 中使用（　　）表示 HTML 文档对象。

   A. $document　　　　B. document　　　　C. $(document)　　　　D. this->document

3. jQuery 中使用（　　）可以选取 ID 为 divId 的元素。

   A. $divId　　　　B. $("divId")　　　　C. $(divId)　　　　D. $("#divId")

4. 使用（　　　）方法可以停止正在执行的动画并删除队列中的所有动画。

   A. stop()　　　　B. finish ()　　　　C. clear()　　　　D. clearQueue()

二、填空题

1. 为了在 JavaScript 程序中引用 jQuery 库，可以在<script>标签中使用_____属性指定 jQuery 脚本库文件的位置。

2. jQuery 使用_____可以选取网页中的所有 HTML 元素。

3. 使用_____过滤器可以匹配找到的第一个元素。

4. 使用_____方法可以访问匹配的 HTML 元素的指定属性。

5. 使用_____方法可以获取和设置表单元素的值。

6. 调用_____方法可以根据一组 CSS 属性实现自定义的动画效果。

7. 默认的动画队列为_____。

三、简答题

1. 试列举 jQuery 的层次选择器及其使用方法。

2. 试述 load 事件和 ready 事件的不同。

3. 试列举 jQuery 的用于实现淡入淡出效果的方法。

4. 试列举 jQuery 的用于实现滑动效果的方法。

15 第15章　HTML5移动Web开发

随着移动互联网技术的井喷式发展，人们的工作和生活习惯也随之发生着转变，使用移动终端上网的用户越来越多。移动终端屏幕尺寸各不相同，这就要求开发出来的网页能够自动适应屏幕的宽度，HTML5 对移动 Web 开发提供了很多便利。本章介绍移动 Web 开发的基本方法，以及比较实用的移动 Web 开发框架 PhoneGap 和 Framework7。

15.1 移动 Web 开发的原则

开发和设计适合在移动终端上显示的网页与设计传统网页的方法不尽相同，本节介绍移动 Web 开发的原则。

15.1.1 响应式网页与自适应网页

响应式与自适应是开发移动网页时采取的设计原则。它们的理念都是：页面的设计与开发应当根据用户行为以及设备环境（系统平台、屏幕尺寸、屏幕定向等）进行相应的响应和调整（自适应）。无论用户正在使用笔记本电脑还是 iPad，页面都应该能够自动切换分辨率、图片尺寸及相关脚本功能等，以适应不同设备；换句话说，页面应该有能力去自动响应用户的设备环境。

响应式的模板在不同的设备上看上去是不一样的，会随着设备的改变而改变展示样式，而自适应不会，所有的设备看起来都是使用一套模板，不过是长度或者图片变小了，不会根据设备采用不同的展示样式。

自适应网页设计的概念于 2010 年提出，是指可以自动识别屏幕宽度，并做出相应调整的网页设计。下面的网页就是自适应网页设计的一个示例。

http://alistapart.com/d/responsive-web-design/ex/ex-site-flexible.html

页面中是《福尔摩斯历险记》中 6 个主人公的头像。6 张图片会随着屏幕的宽度而改变大小，如图 15-1 所示。

可以借助一些开发框架开发手机网页（如 jQuery Mobile），也可以直接在网页中通过特定的 HTML 代码开发手机网页。

图 15-1　自适应网页中图片会随着屏幕的宽度而改变大小

图 15-1　自适应网页中图片会随着屏幕的宽度而改变大小（续）

15.1.2　设计原则

其实，自己开发自适应的 H5 网页也很容易，只要在网页代码的头部加入下面的代码，即可使当前网页成为响应式。

```
<meta name="viewport" content="width=device-width,initial-scale=1,user-scalable=no">
```

viewport 是用户网页的可视区域，也叫作视区。手机浏览器相当于把网页放在一个虚拟的窗口中，此虚拟窗口通常比手机屏幕宽，这样就不需要在一个很小的窗口中显示整个网页。事实上，因为视区大于手机屏幕，所以手机屏幕中显示的只是网页的一部分。用户可以通过移动或缩放网页来查看网页的不同部分。

可以在<meta>元素中定义视区，<meta>元素可提供有关页面的元信息（meta-information），如针对搜索引擎和更新频度的描述和关键词。定义视区的方法如下：

```
<meta name="viewport" content="width=device-width, initial-scale=1.0">
```

参数说明如下。

● width：指定 viewport 的宽度，可以指定一个值（如 600）也可以是一个特殊的值（如 device-width）为设备的宽度。

● height：指定 viewport 的高度，可以指定一个值（如 600）或者特殊的值（如 device-height）

为设备的高度（单位为缩放为 100% 时的 CSS 的像素）。

- initial-scale：初始缩放比例，也就是当页面第一次加载时的缩放比例。
- maximum-scale：允许用户缩放到的最大比例。
- minimum-scale：允许用户缩放到的最小比例。
- user-scalable：指定用户是否可以手动缩放。

上面的代码指定网页的宽度默认等于屏幕宽度(width=device-width),原始缩放比例(initial-scale=1)为 1.0，即网页初始大小占屏幕面积的 100%。user-scalable=no 指定用户不能手动缩放。

1. 指定样式表的媒体类型

在网页中可以使用 link 标签指定网页引用的外部样式表文件。例如：

```
<head>
<link rel="stylesheet" type="text/css" href="theme.css" />
</head>
```

在 link 标签中可以使用 media 属性指定样式表文件针对的媒介类型。例如，可以使用下面的语句为宽度大于 960px 的设备指定外部样式表文件。

```
<link rel="stylesheet" media="screen and (min-width:960px)" href="style960.css" />
```

还可以在 media 属性中使用 orientation:portraint 来指定当设备纵向放置时才使用样式表文件。

2. 不使用绝对宽度

在设计网页时不要使用下面的 CSS 代码：

```
width:100px;
```

而要使用相对宽度，比如：

```
width:100%;
```

3. 使用相对大小的字体

字体也不使用绝对大小（px），而要使用相对大小（em）。例如，下面的语句指定 body 的字体为默认大小的 100%，即 16px。

```
body {
        font: normal 100% 微软雅黑;
}
```

4. 流动布局

建议网页中区块的位置都是浮动的。例如：

```
    main {
        float: right;
        width: 70%;
    }
    leftBar {
        float: left;
        width: 25%;
    }
```

5. 图片的自适应

在设置图片宽度时，要使用相对值。例如：

```
img { width: 100%; }
```

建议使用下面的语句设置图片的自动缩放。

```
img { max-width: 100%;}
```

15.1.3　使用响应式图像

在不同屏幕尺寸的移动设备上显示同一个图像源是一个难题。一张小图可能在小屏幕的手机上显示得很清晰，但在很大的显示屏上可能会显示得很模糊，甚至呈马赛克状。所以需要通知浏览器根据实际情况选择最适合的图像，这就是响应式图像。

1.　使用 srcset 属性定义源图像池

在响应式页面中经常会根据屏幕密度设置不同的图片。在 img 标签中使用 srcset 属性可以设置在不同的屏幕密度下，自动加载不同图片。用法如下。

```
<img src="image-128.png" srcset="image-256.png 2x" />
```

上面的代码可以实现在屏幕密度为 1x 时加载 image-128.png，屏幕密度为 2x 时，加载 image-256.png。

屏幕密度可以分为 1x、2x、3x、4x 四种。但是如果网页中每个图片都设置 4 个图片，就很麻烦。也可以通过可视区域的图片质量值来指定应用的图片，图片质量值使用一个以 w 为单位的数值。例如：

```
<img src="image-128.png"
  srcset="image-128.png 128w, image-256.png 256w, image-512.png 512w"
  sizes="(max-width: 360px) 340px, 128px" />
```

上面的语句指定，如果可视区域的图片质量值小于 128w，则使用 128.png；如果可视区域的图片质量值在 128w～256w 之间，则使用 256.png；如果可视区域的图片质量值在 256w～512w 之间，则使用 512.png。sizes 属性指定默认显示 128px，如果视区宽度大于 360px，则显示 340px。

2.　使用 picture 标签

使用 picture 标签可以通过媒体查询的方式，根据页面宽度（也可以添加其他参考项）加载不同图片。开发者不必非要用 CSS 和 JavaScript 来处理响应式的图片加载。用这种方式的好处是提高加载速度，尤其是在移动端网络情况不好的情况下。

picture 标签包含一系列 source 子元素，然后需要使用 img 标签。Source 子元素指定根据设备的分辨率（youmedia 属性指定）而显示的图片源（由 srcset 属性指定），如果当前设备没有找到匹配的分辨率，则显示 img 标签指定的图片，具体如下。

```
<picture>
  <source media="(min-width: 900px)" srcset="cat-vertical.jpg">
  <source media="(min-width: 750px)" srcset="cat-horizontal.jpg">
  <img src="cat.jpg" alt="cat">
</picture>
```

15.1.4　使用谷歌浏览器 Chrome 测试响应式网页

设计好响应式网页后，可以将网页发布至 Web 服务器上，然后使用手机、iPad 等移动终端浏览。这样看到的效果虽然直观，但毕竟不方便，不利于在开发的过程中随时查看效果。可以借助谷歌浏览器 Chrome 模拟真实的手机端访问网页，从而方便设计师和前端人员测试页面的兼容性。

本节内容基于 Chrome 51.0.2704.103 m。读者在阅读本书时，Chrome 的最新版本也可能高于此版本了，用户界面和操作方法也不尽相同。

1.　开发者工具

打开 Chrome 浏览器，按 F12 键，打开"开发者工具"窗格，如图 15-2 所示。

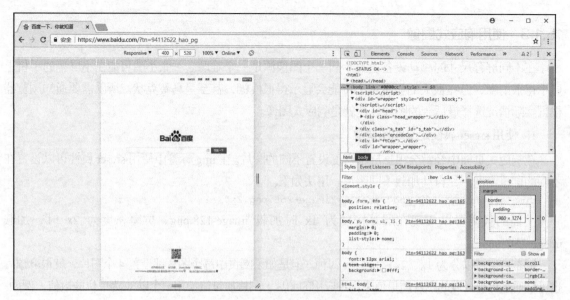

图 15-2 "开发者工具"窗格

单击 Toggle device Toolbar 按钮 ，左侧的浏览器主窗格中将切换模拟在不同类型的设备上显示网页的效果。在左侧窗格的顶部有一个选择模拟设备的下拉列表。选择不同的移动终端，后面会显示该设备的屏幕分辨率，如图 15-3 所示。

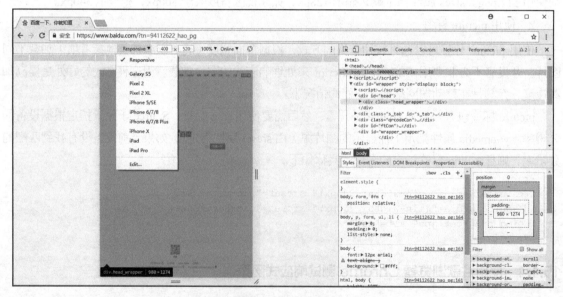

图 15-3 选择模拟设备

2. 响应式网站测试工具 Resizer

Resizer 是谷歌公司推出的响应式网站测试工具。开发者可以直接在 Google Resizer 平台上测试站点在不同尺寸设备中的显示、使用等情况。

在多数情况下访问 Resizer 的网址可能会存在问题，可以通过下载使用 Resizer 插件来解决此问题。本书提供的源代码包中包含 Window Resizer 1.9.0.1 插件文件 Window_Resizer_1_9_0_1.crx。

下面介绍安装离线插件文件的方法。打开 Chrome 浏览器，单击右上角的 ≡ 按钮，在下拉菜单中选择"更多程序"/"扩展程序",打开扩展程序窗口,如图 15-4 所示。

图 15-4　打开扩展程序窗口

从 Windows 资源管理器中拖动 Window_Resizer_1_9_0_1.crx 至扩展程序窗口中,如图 15-5 所示。

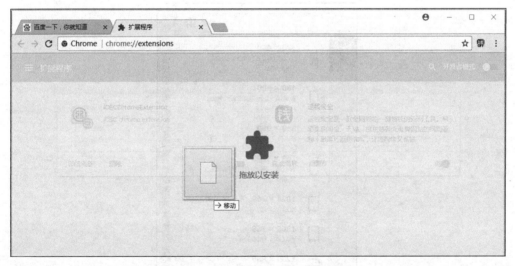

图 15-5　拖动插件文件至扩展程序窗口

松开鼠标添加 Windows Resizer 对话框,如图 15-6 所示。

图 15-6　准备添加 Windows Resizer 对话框

单击"添加扩展程序"按钮可以安装 Window Resizer 1.9.0.1 插件,如图 15-7 所示。

图 15-7　添加 Windows Resizer 对话框后的扩展程序窗口

安装 Window Resizer 1.9.0.1 插件后，在 Chrome 浏览器的右上角会出现一个 ▢ 按钮，单击此按钮会显示选择窗口大小的下拉菜单，如图 15-8 所示。

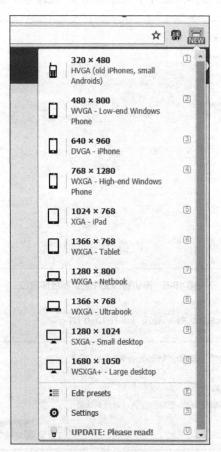

图 15-8　选择窗口大小的下拉菜单

选择一个设备（对应不同的分辨率），可以改变窗口的大小。

15.1.5　通过 JavaScript 判断移动设备的屏幕尺寸

在有些情况下，需要为不同尺寸的屏幕设计不同风格的网页。这就要求网页通过 JavaScript 判断移动设备的屏幕尺寸，并根据屏幕尺寸跳转至对应的网页。

1．利用 navigator.userAgent

navigator.userAgent 属性可以返回浏览器用于 HTTP 请求的用户代理头的值，如果通过移动设备浏览网页，则其中包含移动设备类型的字符串，例如 Android、webOS、iPhone、iPad、iPod、BlackBerry、IEMobile 或 Opera Mini 等。利用 navigator.userAgent 属性判断移动设备的代码如下：

```
<script type="text/javascript">
if(/Android|webOS|iPhone|iPad|iPod|BlackBerry|IEMobile|Opera
Mini/i.test(navigator.userAgent) ) {
window.location = "mobile.html"; //跳转至移动终端网页
}
</script>
```

程序使用正则表达式对 navigator.userAgent 属性进行匹配。navigator.userAgent 属性值中包含 Android、webOS、iPhone、iPad、iPod、BlackBerry、IEMobile 或 Opera Mini 的设备即为移动终端。i.test()表示忽略大小写。

2．利用 device.js

device.js 是判断设备类型的插件，通过它不但可以获得设备的操作系统，还可以获取设备是横向的还是纵向的。

可以从网上下载得到 device.js，本书的附赠源代码包中也包含 device.js。

device.js 中包含的判断设备类型的方法如表 15-1 所示。

表 15-1　device.js 中包含的判断设备类型的方法

方法	对应的设备
device.mobile()	所有移动设备
device.tablet()	平板电脑
device.ios()	安装 iOS 系统的设备
device.ipad()	iPad 设备
device.iphone()	iPhone 设备
device.ipod()	iPod 设备
device.android()	安装安卓系统的设备
device.androidPhone()	安装安卓系统的手机
device.androidTablet()	安装安卓系统的平板电脑
device.blackberry()	黑莓设备
device.blackberryPhone()	黑莓手机
device.blackberryTablet()	黑莓平板电脑
device.windows()	Windows 设备
device.windowsPhone()	Windows 手机
device.windowsTablet()	Windows 平板电脑
device.fxos()	安装 Firefox 操作系统的设备
device.fxosPhone()	安装 Firefox 操作系统的手机
device.fxosTablet()	安装 Firefox 操作系统的平板电脑
device.landscape()	横屏设备
device.portrait()	竖屏设备

15.1.6　响应式导航插件 Mmenu

Mmenu 插件可以实现手机侧边栏菜单，还可以设计二级菜单效果。侧边栏菜单如图 15-9 所示。

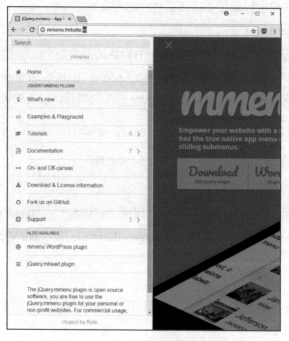

图 15-9　Mmenu 插件实现的手机侧边栏菜单

如果一级菜单项中包含数字，并且后面跟着>，则说明其下面包含二级菜单，单击此菜单，即可打开二级菜单，如图 15-10 所示样式为单击一级菜单 Tutorials 后打开的二级菜单。

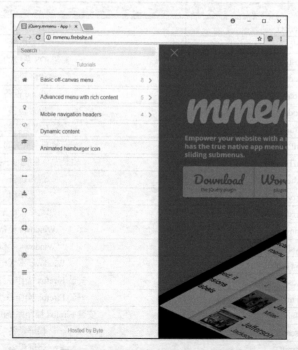

图 15-10　Mmenu 插件实现的二级菜单

Mmenu 插件包含样式文件 jquery.mmenu.all.custom.css 和脚本文件 jquery.mmenu.min.all.js，本书提供的源代码中包含这两个文件。jquery.mmenu.min.all.js 依赖于 jQuery，因此需要事先引用 jquery.min.js。

Mmenu 菜单体通常由 span 元素定义。其中包含的一级菜单可以使用 ul 元素定义，每个一级菜单都是 ul 元素中的一个 li 元素。在 li 元素中一级菜单的标题通常可以使用 span 元素定义。如果存在二级菜单，则可以使用 div 元素定义某个一级菜单包含的所有二级菜单的容器。而每个二级菜单项也可以使用 ul 元素及其中包含的 li 元素定义。

如上所述，Mmenu 菜单体的结构如图 15-11 所示。

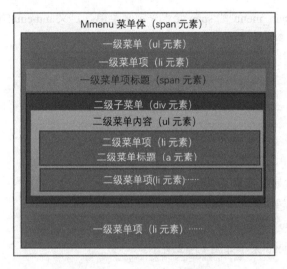

图 15-11　Mmenu 菜单体的结构

例如，下面是一个菜单项的定义代码。

```
<span id="main_menu"  class="noprint">
  <ul>
    <li>
      <span>菜单一</span>
      <div>
        <ul>
      <span style="white-space:pre">	</span><li><a href="">1.1</a></li>
        <li><a href="">1.2</a></li>
        <li><a href="">1.3</a></li>
        </ul>
      </div>
    </li>
    <li>
      <span>菜单二</span>
      <div>
        <ul>
        <li><a href="">2.1</a></li>
        </ul>
      </div>
    </li>
    <li>
```

```
        <span>菜单三</span>
        <div>
            <ul>
                <li><a href="">3.1</a></li>
                <span style="white-space:pre">    </span><li><a href="">3.2</a></li>
            <li><a href="">3.3</a></li>
            <li><a href="">3.4</a></li>
            </ul>
        </div>
    </li>
    </ul>
</span>
```

这里使用一个 id="main_menu"的 span 元素来定义菜单。定义 mmenu 的 js 代码如下。

```
        $("#main_menu").mmenu({
            counters: false,
            classes: "mm-light mm-zoom-menu",
            searchfield: true
        });
```

参数说明如下。

- counters：是否显示子菜单的数量。

- classes：指定菜单的样式。

- searchfield：是否显示搜索文本框。

"点击"展开菜单的超链接定义如下：

`<a href="#main_menu">点击</a>`

上面代码定义的 mmenu 菜单如图 15-12 所示。

图 15-12　mmenu 菜单

mmenu 的子菜单如图 15-13 所示。

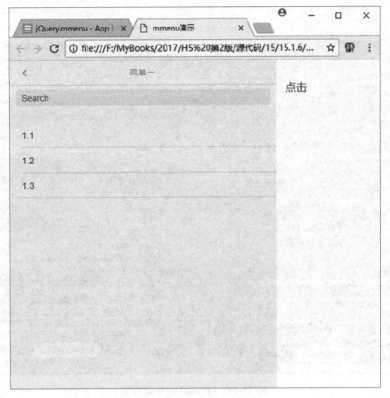

图 15-13　mmenu 子菜单

15.2　HTML5 前端框架

本节介绍两个流行的 HTML5 前端框架的使用方法，即跨平台的移动 App 开发框架 PhoneGap 和开发原生、HTML 混合移动应用的 Framework7。

15.2.1　跨平台的移动 App 开发框架 PhoneGap

PhoneGap 采用 HTML、CSS 和 JavaScript 的技术，可以用来创建跨平台的移动应用程序。开发者能够在网页中调用 IOS、Android、Palm、Symbian、WP7、WP8、Bada 和 Blackberry 等智能手机的核心功能，包括地理定位、加速器、联系人、声音和振动等。另外 PhoneGap 还提供了丰富的插件。

1.　下载和安装 PhoneGap

访问 PhoneGap 的官网，官网首页如图 15-14 所示。

单击右上角的 Get Started 导航菜单，打开 Get Started 页面，如图 15-15 所示。

单击"Install our desktop app"栏目中的"Download"超链接，可以选择 Mac 或 Windows 版本下载。这里下载 Windows 版本的"PhoneGap desktop app"。"PhoneGap desktop app"是桌面版的 PhoneGap，使用它可以在不搭建 Android 环境、不配置 Android SDK 的情况下开发基于 Android 的 PhoneGap 应用程序。

下载完成后，直接运行安装程序，根据向导提示完成安装。

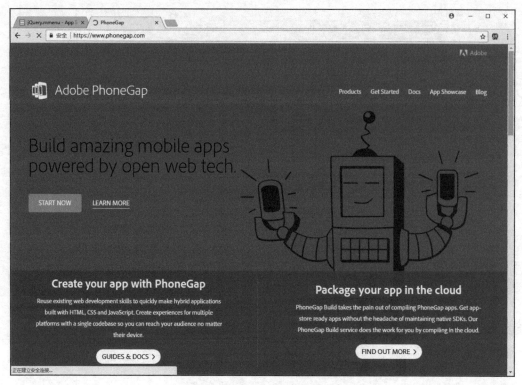

图 15-14　PhoneGap 官网首页

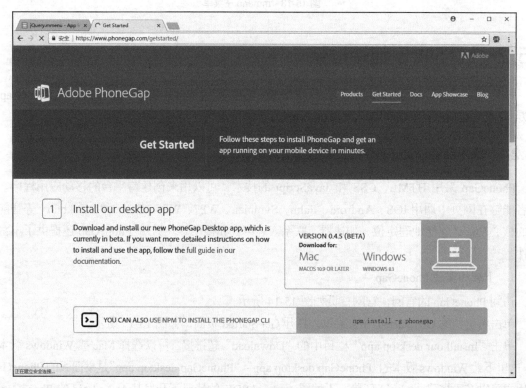

图 15-15　Get Started 页面

安装后运行 PhoneGap Desktop，如图 15-16 所示。窗口中默认打开最近的 PhoneGap 项目。

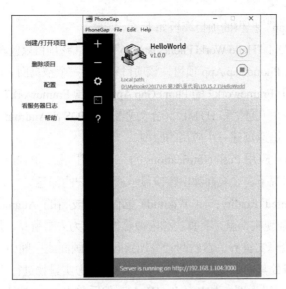

图 15-16　PhoneGap Desktop 窗口

单击 **+** 按钮，可以弹出如图 15-17 所示的创建和打开项目菜单。

图 15-17　创建和打开项目菜单

单击 "Create new PhoneGap project" 菜单项，可以打开选择项目模板对话框，如图 15-18 所示。

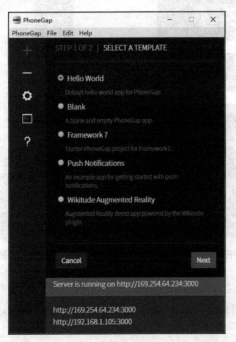

图 15-18　选择项目模板

"PhoneGap desktop app" 提供的项目模板如下。

- Hello World：默认的 "Hello World PhoneGap app" 项目，该项目只包含一个 Hello World 的页面。

- Blank：一个空的 PhoneGap App 项目，该项目只包含一个空页面。

- Framework7：基于 Framework7 的 PhoneGap App 项目。Framework7 是一个开源免费的框架，可以用来开发混合移动应用（原生和 HTML 混合）或者开发 iOS & Android 风格的 Web App，也可以用来作为原型开发工具，迅速创建一个应用的原型。

- Push Notifications：应用 Push Notifications 的一个示例项目。Push Notifications 是指推送通知功能，是在程序关闭的情况下，在桌面弹出窗口显示通知用户的消息。

- Wikitude Augmented Reality：由 Wikitude 插件提供支持的 Augmented Reality 示例项目。Augmented Reality 即增强现实，就是将真实和虚拟叠加，并为人眼所见，形成人机交互。通过计算机技术将虚拟信息传递给真实世界，然后两者叠加到同一个画面或空间中同时存在；再通过硬件和软件的协调作用，使得身处其中的用户能够以自然的方式与虚实景物进行三维实时交互。

这里以 Hello World 项目为例，选中 Hello World，然后单击 Next 按钮，打开输入项目细节的窗口，如图 15-19 所示。首先选择项目所在的路径，输入项目的名称，这里假定为 HelloWorldApp。ID 字段是可选项，指定安卓系统的包标识符和 IOS 系统的 bundle 包标识符。

设置完成后单击 Create project 按钮，创建项目。创建成功后，打开项目主窗口，如图 15-20 所示。

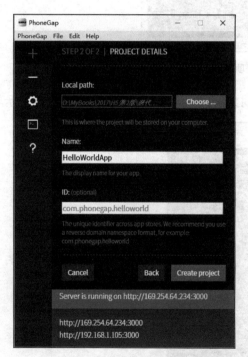

图 15-19　输入项目细节的窗口

图 15-20　项目主窗口

单击项目名称后面的 ⊙ 按钮，可以启动项目。项目启动后，在窗口的下部会看到项目的 URL。打开浏览器访问该 URL，可以查看项目的界面。例如，Hello World 项目的浏览界面如图 15-21 所示。

2．PhoneGap Developer App

PhoneGap Developer 是移动端 App，可以使用它直接在移动终端上预览 PhoneGap Desktop App，而不需要安装 SDK 开发包、注册设备或者编译代码。

这里以 iPhone 为例演示安装 PhoneGap Developer App 的方法。打开 App Store，然后搜索 PhoneGap Developer，如图 15-22 所示。单击"获取"按钮即可安装 PhoneGap Developer App。

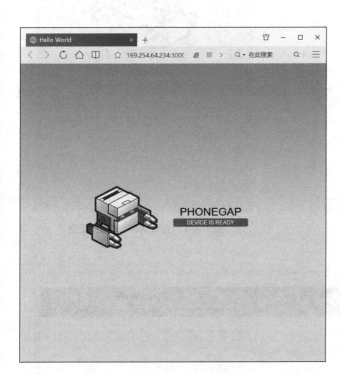

图 15-21　Hello World 项目的浏览界面　　　　图 15-22　安装 PhoneGap Developer App

打开 PhoneGap desktop 的项目主窗口，可以在窗口底部的绿色状态条中看到项目的 URL。在手机上运行 PhoneGap Developer App，如图 15-23 所示。在 ServerAddress 框中输入项目的 URL，然后单击 Connect 按钮，即可预览项目的界面效果。例如，Hello World 项目的页面如图 15-24 所示。

15.2.2　使用 Framework7 开发混合移动应用

Framework7 是一个开源免费的框架，使用它可以方便地开发原生和 HTML 混合的移动应用。也可以说开发具有 Adroid 或 iOS 风格的 Web App。

1．下载和安装

访问 Framework7 的官方网址，可以打开下载框架的页面，如图 15-25 所示。

图 15-23　PhoneGap Developer App 的主页

图 15-24　Hello World 项目的页面

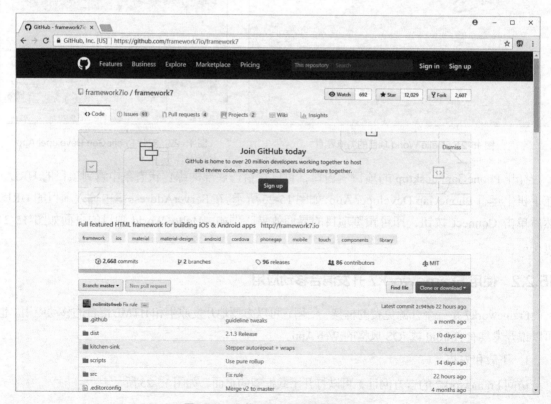

图 15-25　下载 Framework7 框架的页面

单击 Clone or download 按钮，然后在下拉列表框中单击 Download Zip 超链接，即可下载 Framework7。注意，由于服务器在境外，因此可能需要借助相关网络工具才能成功下载。下载得到的文件为 Framework7-master.zip。

安装 Framework7 之前需要参照第 2 章安装 node.js。假定将 Framework7-master.zip 解压至 d:\Framework7。然后打开命令行窗口，执行下面的命令，可以安装 Framework7 框架。

```
d:
cd Framework7
npm install
```

安装完成后，在 Framework7 文件夹下执行下面的命令安装 gulp，gulp 是一款基于流的自动化构建工具。

```
npm install gulp --save-dev
```

安装完成后，可以在 package.json 中找到与 gulp 有关的内容，具体如下：

```
{
  "name": "framework7",
  "version": "1.6.5",
  "description": "Full featured mobile HTML framework for building iOS & Android apps",
  "main": "dist/js/framework7.js",
  "repository": {
    "type": "git",
    "url": "https://github.com/nolimits4web/Framework7.git"
  },
……
"devDependencies": {
    "dom7": "^1.7.2",
    "gulp": "^3.9.1",
    "gulp-clean-css": "^2.2.2",
    "gulp-concat": "^2.6.1",
    "gulp-connect": "^5.0.0",
    "gulp-header": "^1.8.8",
    "gulp-jade": "^1.1.0",
    "gulp-jshint": "^2.0.4",
    "gulp-less": "^3.3.0",
    "gulp-open": "^2.0.0",
    "gulp-rename": "^1.2.2",
    "gulp-sourcemaps": "^2.2.1",
    "gulp-tap": "^0.1.3",
    "gulp-uglify": "^2.0.0",
    ……
  },
……
```

运行下面的命令可以启动一个本地 Web 服务器，然后打开浏览器预览 Framework7 的 demo，如图 15-26 所示。

```
gulp build && gulp server
```

打开 PhoneGap Desktop，参照 15.2.1 节创建一个 Framework7 项目，名称为 MyFrame7App。在项目主目录下，包含一个 www 文件夹，用来存储项目的网页、js 脚本、CSS 样式文件和各种资源文件。index.html 是项目的主页。

图 15-26　预览 Framework7 的 demo

2. 基本布局

在 Framework7 框架中可以很方便地开发基于 iOS 和安卓主题的网页布局。例如，iOS 主题的网页布局代码如下。

```
<!DOCTYPE html>
<html>
  <head>
    <meta charset="utf-8">
    <meta name="viewport" content="width=device-width, initial-scale=1, maximum-scale=1,
minimum-scale=1, user-scalable=no, minimal-ui">
    <meta name="apple-mobile-web-app-capable" content="yes">
    <meta name="apple-mobile-web-app-status-bar-style" content="black">
    <!—标题 -->
    <title>My App</title>
    <!-- Framework7 iOS 主题库 CSS-->
    <link rel="stylesheet" href="path/to/framework7.ios.min.css">
    <!-- Framework7 主题库与颜色有关的样式 -->
    <link rel="stylesheet" href="path/to/framework7.ios.colors.min.css">
    <!—自定义演示表-->
    <link rel="stylesheet" href="path/to/my-app.css">
  </head>
  <body>
    <!—全屏模式下的状态条 -->
    <div class="statusbar-overlay"></div>
    <!—视图-->
    <div class="views">
      <!—主视图 -->
      <div class="view view-main">
        <!—顶部导航条-->
        <div class="navbar">
```

```
    <div class="navbar-inner">
      <!--滑动动画的 class -->
      <div class="center sliding">Awesome App</div>
    </div>
  </div>
  <!--页容器-->
  <div class="pages navbar-through toolbar-through">
    <!--页，data-page 属性用于定义页名称-->
    <div data-page="index" class="page">
      <!--可滚动的页内容 -->
      <div class="page-content">
        <p>Page content goes here</p>
        <!--链接到其他页 -->
        <a href="about.html">About app</a>
      </div>
    </div>
  </div>
  <!--底部工具条-->
  <div class="toolbar">
    <div class="toolbar-inner">
      <!--工具条中的链接 -->
      <a href="#" class="link">Link 1</a>
      <a href="#" class="link">Link 2</a>
    </div>
  </div>
</div>
</div>
<!-- Path to Framework7 JavaScript 库 -->
<script type="text/javascript" src="path/to/framework7.min.js"></script>
<!-- Path to your app js-->
<script type="text/javascript" src="path/to/my-app.js"></script>
</body>
</html>
```

默认的 frame7 iOS 主题网页如图 15-27 所示。

Android 主题的网页布局代码如下。

```
<!DOCTYPE html>
<html>
  <head>
    <!-- Required meta tags-->
    <meta charset="utf-8">
    <meta name="viewport" content="width=device-width, initial-scale=1, maximum-scale=1,
minimum-scale=1, user-scalable=no, minimal-ui">
    <meta name="apple-mobile-web-app-capable" content="yes">
    <!-- Color theme for statusbar -->
    <meta name="theme-color" content="#2196f3">
    <!-- Your app title -->
    <title>My App</title>
    <!-- Path to Framework7 Library CSS, Material Theme -->
    <link rel="stylesheet" href="path/to/framework7.material.min.css">
    <!-- Path to Framework7 color related styles, Material Theme -->
    <link rel="stylesheet" href="path/to/framework7.material.colors.min.css">
    <!-- Path to your custom app styles-->
    <link rel="stylesheet" href="path/to/my-app.css">
```

```
      </head>
      <body>
        <!-- Views -->
        <div class="views">
          <!-- Your main view, should have "view-main" class -->
          <div class="view view-main">
            <!-- Pages container, because we use fixed navbar and toolbar, it has additional
appropriate classes-->
            <div class="pages navbar-fixed toolbar-fixed">
              <!-- Page, "data-page" contains page name -->
              <div data-page="index" class="page">

                <!-- Top Navbar. In Material theme it should be inside of the page-->
                <div class="navbar">
                  <div class="navbar-inner">
                    <div class="center">Awesome App</div>
                  </div>
                </div>

                <!-- Bottom Toolbar. In Material theme it should be inside of the page-->
                <div class="toolbar">
                  <div class="toolbar-inner">
                    <!-- Toolbar links -->
                    <a href="#" class="link">Link 1</a>
                    <a href="#" class="link">Link 2</a>
                  </div>
                </div>

                <!-- Scrollable page content -->
                <div class="page-content">
                  <p>Page content goes here</p>
                  <!-- Link to another page -->
                  <a href="about.html">About app</a>
                </div>
              </div>
            </div>
          </div>
        </div>
        <!-- Path to Framework7 Library JS-->
        <script type="text/javascript" src="path/to/framework7.min.js"></script>
        <!-- Path to your app js-->
        <script type="text/javascript" src="path/to/my-app.js"></script>
      </body>
    </html>
```

默认的 frame7 项目主页如图 15-28 所示。

3. 自定义的 DOM 库 DOM7

Framework7 提供一个自定义的 DOM 库 DOM7，因此不需要借助任何第三方库就可以进行 DOM 操作。

为了避免与其他库冲突，DOM7 使用$$来代替$。例如：

```
$$('.something').on('click', function (e) {
$$(this).addClass('hello').attr('title', 'world').insertAfter('.something-else');
});
```

图 15-27　默认 frame7 项目 iOS 主题网页

图 15-28　默认 frame7 项目 Android 主题网页

　　DOM7 中包含很多方法，由于篇幅所限，本书只介绍与 HTML 属性有关的方法。具体如表 15-2 所示。

表 15–2　DOM7 中与 HTML 属性有关的方法

方法	对应的设备
prop(propName)	获取一个属性值，例如： `var isChecked = $$('input').prop('checked');`
.prop(propName, propValue)	设置一个属性值，例如： `//Make all checkboxes checked$$('input[type="checkbox"]').prop('checked', true);`
.prop(propertiesObject)	设置多个属性值，例如： `$$('input').prop({ checked: false, disabled: true})`

.attr(attrName)	获取一个属性值：
	`<a href="http://google.com">Google</a>`
	`var link = $$('a').attr('href'); //-> http://google.com`

.attr(attrName, attrValue)	设置一个属性值：
	`//Set all links to google`
	`$$('a').attr('href', 'http://google.com');`

.attr(attributesObject)	设置多个属性值，例如： `$$('a').attr({ id: 'new-id', title: 'Link to Google', href: 'http://google.com'})`
.removeAttr(attrName)	删除属性值，例如： `//Remove "src" attribute from all images$$('img').removeAttr('src');`

.val()	获取选中元素中的第一个元素的当前值，例如：
	`<input id="myInput" type="text" value="Lorem ipsum"/>`
	`var inputVal = $$('#myInput').val(); //-> 'Lorem ipsum'`

.val(newValue)	给选中的元素的每一个都设置指定的值，例如： `$$('input#myInput').val('New value here');`

关于 DOM7 其他方法的具体情况请查阅相关文献。

4. 初始化 App

在 frame7 项目的文件夹下，js\my-app.js 是项目的默认用户自定义 JavaScript 脚本，在 my-app.js 中可以使用下面的代码初始化 frame7 App。

```
// 初始化 App，并将其存储在变量 myApp
var myApp = new Framework7();
// 将自定义 DOM 库存储至变量 $$中
var $$ = Framework7.$;
// 添加视图
var mainView = myApp.addView('.view-main', {
    // B 为视图启用动态导航条
    dynamicNavbar: true
});
// 运行为特定页编写的代码，监听 pageInit 事件
$$(document).on('pageInit', function (e) {
    // 从事件数据中获取网页数据
    var page = e.detail.page;

    if (page.name === 'hello') {
        // 下面的代码将只为 data-page 属性等于 hello 的网页执行
        myApp.alert('Hello World');
    }
})
// 为特定页面监听 pageInit 事件的第 2 种方法
$$(document).on('pageInit', '.page[data-page="hello"]', function (e) {
    myApp.alert('Here comes About page');
})
```

每个 frame7 应用程序都有一个 App 对象，调用 App 对象的 addView()方法可以在应用程序中添加一个视图。

代码中还演示了监听特定网页的初始化（pageInit）事件的方法。请参照注释理解。

5. 视图（view）

视图 View （<div class="view">）在应用中是一个独立的部分，它有自己的导航栏、工具栏和布局。Views （<div class="views">）是所有可见 View 的容器。下面是在 HTML 中定义视图的例子：

```
<body>
    ...
    <div class="panel panel-left panel-cover">
        <div class="view panel-view"> ... </div>
    </div>
    <!-- Views -->
    <div class="views">
        <!-- Your main view -->
        <div class="view view-main">
            <!-- Navbar-->
            <!-- Pages -->
            <!-- Toolbar-->
        </div>
        <!-- Another view -->
        <div class="view another-view">
```

```
    <!-- Navbar-->
    <!-- Pages -->
    <!-- Toolbar-->
  </div>
 </div>
 <div class="popup">
  <div class="view popup-view"> ... </div>
 </div>
 ...
</body>
```

view-main 用于定义主视图。

6.　页面（Pages）

一个视图中可以包含多个页面，页面容器可以定义如下。

```
<div class="pages">…</div>
```

定义页面的方法如下。

```
<div class="page" data-page="home ">
```

class="pages"用于定义当前元素为页面。每个页面都有一个 **data-page** 属性，用于定义一个唯一的页面名称。

页面的内容可以放在 class="page-content"的 div 元素中，代码如下。

```
<div class="page-content">页面内容 </div>
```

下面是定义页面的示例代码。

```
<body>
 ...
 <div class="views">
  <!-主视图 -->
  <div class="view view-main">
   <!-页面容器-->
   <div class="pages">
    <div class="page" data-page="home">
     <div class="page-content">
      ... 页面内容 ...
     </div>
    </div>
   </div>
  </div>
  <!-- Another view -->
  <div class="view another-view">
   <!-- Pages -->
   <div class="pages">
    <div class="page" data-page="home-another">
     <div class="page-content">
      ... 页面内容 ...
     </div>
    </div>
   </div>
  </div>
 </div>
 ...
</body>
```

7. 路由器

Framework7 路由器（router）是加载页面的手段。router 是视图的属性，调用 router 的 load()函数可以将一个页面中加载到视图，具体用法如下。

```
mainView.router.load(options)
```

参数 options 的常用属性如下。

- url：需要加载的页面的 URL。
- content：需要加载的动态页面的内容。
- pageName：需要加载的页面的名称（data-page）。只用在内联页面中。所谓内联页面，即所有的页面都放到 DOM 中，不需要再通过 Ajax 或者动态创建来加载它们。
- template：需要加载并渲染的模板。
- context：渲染模板时需要的上下文。

调用 router 的 back()函数可以触发一个反向的动画并回到上一个页面，具体用法如下。

```
mainView.router.back(options)
```

调用 mainView.router.refreshPage() 可以刷新视图的当前页面。

8. Framework7 导航栏

导航栏是页面中一个固定区域，它位于屏幕的顶部。导航栏中包含页面标题和导航元素。

导航栏包含左、中、右 3 个部分，定义代码如下。

```
<div class="navbar">
    <div class="navbar-inner">
        <div class="left">Left</div>
        <div class="center">Center</div>
        <div class="right">Right</div>
    </div>
</div>
```

Framework7 导航栏的基本样式如图 15-29 所示。

可以在导航栏中使用图标。例如：

```
<div class="navbar">
    <div class="navbar-inner">
        <div class="left">
            <a href="#" class="link">
                <i class="icon icon-back"></i>
                <span>Back</span>
            </a>
        </div>
        <div class="center">Center</div>
        <div class="right">
            <a href="#" class="link">
                <i class="icon icon-bars"></i>
                <span>Menu</span>
            </a>
        </div>
    </div>
</div>
```

使用图标的导航栏如图 15-30 所示。

图 15-29　Framework7 导航栏的基本样式

图 15-30　使用图标的导航栏

使用.button 和. tab-link 的 class 可以定义一个二级导航条。例如：

```
<div class="views">
  <div class="view view-main">
    <div class="navbar">
      <div class="navbar-inner">
        <div class="left"></div>
        <div class="center">Sub Navbar</div>
        <div class="right"></div>
        <!-- Sub navbar -->
        <div class="subnavbar">
          <div class="buttons-row">
            <a href="#tab1" class="button tab-link active">Tab 1</a>
            <a href="#tab2" class="button tab-link">Tab 2</a>
            <a href="#tab3" class="button tab-link">Tab 3</a>
          </div>
        </div>
      </div>
    </div>
    <div class="pages navbar-through">
      <!-- Pag has additional "with-subnavbar" class -->
      <div data-page="home" class="page with-subnavbar">
        <div class="page-content hide-bars-on-scroll">
          <div class="tabs">
            <div id="tab1" class="tab active">
              <div class="content-block">
                <p>Lorem ipsum dolor ...</p>
                <p>In sed augue non ...</p>
              </div>
            </div>
```

```
            <div id="tab2" class="tab">
              <div class="content-block">
                <p>Donec iaculis ...</p>
                <p>Curabitur egestas, mi ...</p>
                <p>Donec iaculis posuere ...</p>
              </div>
            </div>
            <div id="tab3" class="tab">
              <div class="content-block">
                <p>Etiam non interdum erat...</p>
                <p>Duis ac semper risus. Suspendisse...</p>
                <p>Etiam non interdum erat...</p>
                <p>Duis ac semper risus. Suspendisse...</p>
              </div>
            </div>
          </div>
        </div>
      </div>
    </div>
  </div>
</div>
```

上面代码定义的二级导航条如图 15-31 所示。

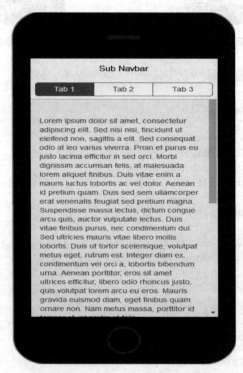

图 15-31　Framework7 的二级导航栏

9. 按钮

按钮是 App 中常用的组件，可以使用 class="button"定义普通按钮。例如：

```
<p><a href="#" class="button">Usual Button 1</a></p>
```

还可以各种类型的按钮，具体参见表 15-3。

表 15–3　各种类型的 Framework7 按钮

Class	按钮类型
class="button active"	激活状态按钮
class="button button-round"	圆形按钮
class="button-submit"	提交按钮
class=" button-cancel"	取消按钮
class=" button-big"	大尺寸按钮
class=" button-raised"	凸起的按钮
class=" button-fill"	填充颜色的按钮

另外还有一组定义彩色按钮的 class，包括红色（color-red）、绿色（color-green）、蓝色（color-blue）、橘色（color-orange）、粉色（color-pink）、紫色（color-purple）、青色（color-cyan）、水鸭色（color-teal）、靛蓝色（color-indigo）等。如果希望在按钮上增加单击后的波纹效果，可以使用 ripple-[color]的 class 定义按钮，如 ripple-red、ripple-blue 或 ripple-yellow。

如果希望按钮的宽度与屏幕宽度相同，则可以在 button 外面加上一个 有 class= "buttons-row" 的元素，代码如下。

```
<p class="buttons-row">
  <a href="#" class="button">Button</a>
  <a href="#" class="button">Button</a>
</p>
```

10. 配色方案

Framework7 提供了一组各种配色的主题，如表 15-4 所示。

表 15–4　Framework7 的配色主题

配色主题	引用方法

iOS 配色主题	`<link rel="stylesheet" href="path/to/framework7.ios.min.css">`
	`<!--跟在 Framework7 样式表后面 -->`
	`<link rel="stylesheet" href="path/to/framework7.ios.colors.min.css">`

材料（Material）配色主题	`<link rel="stylesheet" href="path/to/framework7.material.min.css">`
	`<!-- 跟在 Framework7 样式表后面 -->`
	`<link rel="stylesheet" href="path/to/framework7.material.colors.min.css">`

iOS 配色主题包括灰色（gray）、白色（white）、黑色（black）、淡蓝色（lightblue）、黄色（yellow）、橘色（orange）、粉色（pink）、蓝色（blue）、绿色（green）、红色（red）。

材料（Material）配色主题包括红色（red）、粉色（pink）、紫色（purple）、深紫色（darkpurple）、靛蓝（indigo）、蓝色（blue）、淡蓝色（lightblue）、青色（cyan）、水鸭色（teal）、绿色（green）、淡绿色（lightgreen）、绿黄色（lime）、黄色（yellow）、琥珀色（amber）、橘色（orange）、深橘色（deeporange）、褐色（brown）、灰色（gray）、深灰色（bluegray）、白色（white）、黑色（black）。

应用配色主题的方法很简单，引用对应的 CSS 后，只要将 theme-[color]的 class 添加到指定的元素中即可。例如：

```
<div class="page theme-green">
    ...
</div>
```

11. Framework7 弹层

在 Framework7 中，弹层可以分为 Modal、Popup、Popover、操作表、登录屏和 Picker Modal 等

5 种类型。

Modal 是从 App 的主要内容区域上弹出的一小块内容块，经常被用来向用户询问信息、通知或警告用户。打开 Modal 弹层的方法如下。

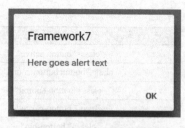

```
myApp.alert('字符串');
```

Modal 弹层的样式如图 15-32 所示。

图 15-32　Modal 弹层的样式

Popup 是一种可以包含任何 HTML 内容的弹出窗口，从 App 的主内容区域弹出。

定义 Popup 弹层的方法如下。

```
<!-- About Popup -->
  <div class="popup popup-about">
    <div class="content-block">
      <p>About</p>
      <p><a href="#" class="close-popup">Close popup</a></p>
      <p>Lorem ipsum dolor ...</p>
    </div>
  </div>
```

在 Popup 弹层中将 class="close-popup" 添加到任意 HTML 元素上（最好是链接），就可以定义关闭 Popup 弹层的按钮。

定义一个打开 Popup 弹层的按钮，代码如下。

```
<p><a href="#" class="open-about">Open About Popup </a></p>
```

打开 Popup 弹层的 JavaScript 代码如下：

```
 var myApp = new Framework7();

var $$ = Dom7;

$$('.open-about').on('click', function () {
 myApp.popup('.popup-about');
});

$$('.open-services').on('click', function () {
 myApp.popup('.popup-services');
});
```

Popup 弹层的样式如图 15-33 所示。

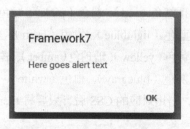

图 15-33　Modal 弹层的样式

12. Framework7 列表

列表是 App 中的常用组件，它可以将数据展现在一个可滚动的多行列表中，并将数据划分成不同的片段/组（sections/groups）。

除了标准的列表外，Framework7 还提供给了联系人列表、多媒体列表、滑动操作列表、可排序列表。

（1）标准列表

可以使用<div class="list-block">定义标准列表的列表区。在列表区中可以使用 ul 元素定义列表项目，代码如下。

```
<div class="list-block">
    <ul>
        ... list elements here ...
    </ul>
    <div class="list-block-label">List block label text</div>
</div>
```

Framework7 提供了一组 class，可以定义各种类别的列表项目，具体如下。

● item-title：单行列表项目标题，必选元素。

● item-after：列表项目标签，可以包含任意额外的 HTML 元素。

● item-inner：item-title 和 item-after 的容器。

● item-content：item-inner 的容器。

【例 15-1】　Framework7 标准列表的使用，代码如下。

```
<div class="page-content">
 <div class="content-block-title">Full Layout</div>
 <div class="list-block">
   <ul>
     <li class="item-content">
       <div class="item-media"><i class="icon icon-f7"></i></div>
       <div class="item-inner">
         <div class="item-title">Item title</div>
         <div class="item-after">Label</div>
       </div>
     </li>
     <li class="item-content">
       <div class="item-media"><i class="icon icon-f7"></i></div>
       <div class="item-inner">
         <div class="item-title">Item with badge</div>
         <div class="item-after"><span class="badge">5</span></div>
       </div>
     </li>
     <li class="item-content">
       <div class="item-media"><i class="icon icon-f7"></i></div>
       <div class="item-inner">
         <div class="item-title">Another item</div>
         <div class="item-after">Another label</div>
       </div>
     </li>
   </ul>
   <div class="list-block-label">List block label text goes here</div>
 </div>
 <div class="content-block-title">Only titles</div>
 <div class="list-block">
   <ul>
     <li class="item-content">
       <div class="item-inner">
         <div class="item-title">Item title</div>
```

```
          </div>
        </li>
        <li class="item-content">
         <div class="item-inner">
           <div class="item-title">Item with badge</div>
         </div>
        </li>
        <li class="item-content">
         <div class="item-inner">
           <div class="item-title">Another item</div>
         </div>
        </li>
      </ul>
    </div>
  </div>
```

例 15-1 定义的标准列表如图 15-34 所示。

（2）联系人列表

联系人列表是分组列表（Grouped Lists）的一个特殊类型的列表，在 page-content 中使用额外的
contacts-content 类，并且在 list-block 中使用额外的 contacts-block 类，即可定义联系人列表。

【例 15-2】　Framework7 联系人列表的使用，代码如下。

```
<div class="page-content contacts-content">
<div class="list-block contacts-block">
  <div class="list-group">
    <ul>
      <li class="list-group-title">A</li>
      <li>
        <div class="item-content">
          <div class="item-inner">
            <div class="item-title">Aaron </div>
          </div>
        </div>
      </li>
      <li>
        <div class="item-content">
          <div class="item-inner">
            <div class="item-title">Abbie</div>
          </div>
        </div>
      </li>
      <li>
        <div class="item-content">
          <div class="item-inner">
            <div class="item-title">Adam</div>
          </div>
        </div>
      </li>
      ……
    </ul>
  </div>
</div>
</div>
```

【例 15-2】定义的标准列表如图 15-35 所示。

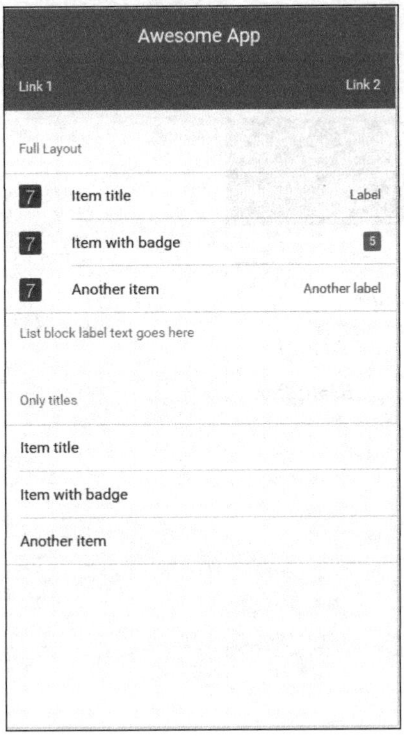

图 15-34　【例 15-1】定义的标准列表

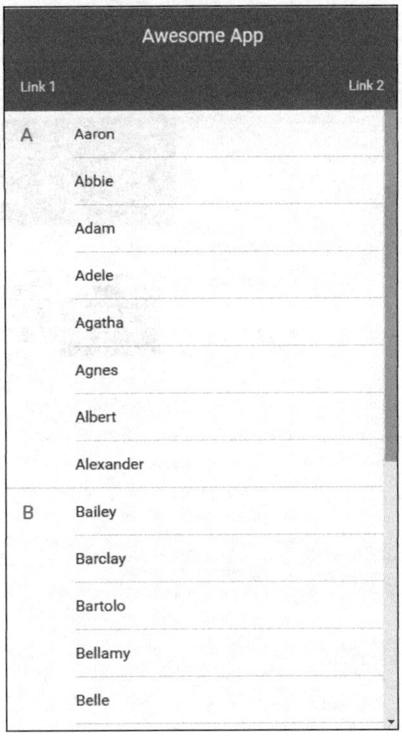

图 15-35　【例 15-2】定义的标准列表

（3）多媒体列表

多媒体列表是列表的扩展，在 list-block 中使用额外的 media-list 类，并且在 list-block 中使用额外的 contacts-block 类，即可定义多媒体列表。多媒体列表中的条目可以使用 class="item-media"的 div 元素定义。

【例 15-3】　Framework7 多媒体列表的使用，代码如下。

```
<div class="page-content">
  <div class="list-block media-list">
    <ul>
      <li>
        <div class="item-content">
          <div class="item-media">
            <img src="images/car.jpg" width="100" height="80">
          </div>
          <div class="item-inner">
            <div class="item-title-row">
              <div class="item-title">汽车总动员</div>
              <div class="item-after">动画电影</div>
            </div>
            <div class="item-subtitle">皮克斯动画工厂制作</div>
            <div class="item-text">约翰·拉塞特执导</div>
          </div>
        </div>
      </li>
    </ul>
  </div>
</div>
```

【例 15-3】所示的标准列表如图 15-36 所示。请留意各部分对应的 class。

图 15-36 【例 15-3】定义的标准列表

（4）滑动操作列表

滑动操作列表是列表的扩展，滑动列表元素可以展现隐藏的功能菜单，就像 iOS 的滑动删除一样。

滑动列表元素的布局结构如下。

```
<div class="list-block">
  <ul>
    <!-- li 上额外的"swipeout"类 -->
    <li class="swipeout">
      <!-- 被"swipeout-content"包裹起来的普通列表元素 -->
      <div class="swipeout-content">
        <!-- 你的列表元素放在这里 -->
        <div class="item-content">
          <div class="item-media">...</div>
          <div class="item-inner">...</div>
        </div>
      </div>
      <!-- Swipeout actions left -->
      <div class="swipeout-actions-left">
        <!-- Swipeout actions links/buttons -->
        <a href="#">Action 1</a>
        <a href="#">Action 2</a>
      </div>
      <!-- Swipeout actions right -->
```

```
    <div class="swipeout-actions-right">
      <!-- Swipeout actions links/buttons -->
      <a href="#">Action 1</a>
      <a class="swipeout-close" href="#">Action 2</a>
    </div>
  </li>
  ...
 </ul>
</div>
```

与滑动操作列表有关的 class 如下。

● swipeout：在定义滑动操作列表项的 li 元素上使用。

● swipeout-content：用于定义列表元素的容器，它会随着滑动操作移动。

● swipeout-actions-left：用于定义向左滑动的按钮和链接的容器。

● swipeout-actions-right：用于定义向右滑动的按钮和链接的容器。

● swipeout-close：用于定义一个可选的链接，单击之后会关闭。

（5）可排序列表

可排序列表是列表的扩展，可以对列表进行排序。

可排序列表的布局结构如下。

```
<!-- 加在列表区上额外的"sortable"类 -->
<div class="list-block sortable">
    <li>
        <div class="item-content">
            <div class="item-media">...</div>
            <div class="item-inner">...</div>
        </div>
        <!-- 可排序句柄元素 -->
        <div class="sortable-handler"></div>
    </li>
</div>
```

class="sortable-handler"的元素是可拖曳元素，可以通过它调整列表的顺序。使列表变成可排序列表视图十分简单，只需要给列表区加上 sortable 类，并在列表元素<li>中加入 sortable-handler 元素作为其直接子元素。

可以通过下面的 class 来开启或者关闭排序功能。

● 将 open-sortable 类加入到任意 HTML 元素中（推荐链接元素），单击该元素实现开启排序功能。

● 将 close-sortable 类加入到任意 HTML 元素中（推荐链接元素），单击该元素实现关闭排序功能。

● 将 toggle-sortable 类加入到任意 HTML 元素中（推荐链接元素），单击该元素实现切换（开启／关闭）排序功能。

13. 使用 PhoneGap 打包 Framework7 项目

下面介绍使用 PhoneGap 打包 Framework7 项目的方法。打包 Android 应用和 iOS 应用的方法不一样，由于篇幅所限这里以打包 Android 应用为例进行介绍。

这里需要使用到下面的工具。

● Java SDK（简称 JDK），也就是 Java 的开发包，笔者编写本书时最新的版本是 JDK 1.8。由于篇幅所限，安装 JDK 的方法请读者查阅相关资料。

- node.js：是一个基于 Chrome JavaScript 运行时建立的平台， 用于方便地搭建响应速度快、易于扩展的网络应用。具体内容请参照第 2 章的介绍。
- Apache-Ant：是一个将软件编译、测试、部署等步骤联系在一起加以自动化的一个工具。
- ADT：是 Google 提供的 Android 开发工具，是 Android Developer Tools 的缩写，其中包括 Android SDK。

打包 Framework7 项目需要安装 PhoneGap，注意不是前面介绍的 PhoneGap desktop。可以执行下面的命令通过 npm 安装 PhoneGap。

```
npm install -g phonegap
```

安装过程如图 15-37 所示。

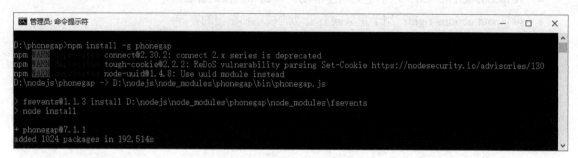

图 15-37　安装 PhoneGap 的过程

可以从网上下载 ADT，页面如图 15-38 所示。

图 15-38　安装 PhoneGap 的过程

在导航菜单中选择 ADT，可以选择下载 ADT 的类型（Windows、Mac OSX、Linux）。单击 Windows 下面 23.0.2 的 64 位超链接，可以下载得到 adt-bundle-windows-x86_64-20140702.zip。将其解压到 d:\adt-bundle-windows-x86_64-20140702，然后将 Android SDK 目录配置到环境变量 path 中，具体如下。

```
;D:\adt-bundle-windows-x86_64-20140702\sdk\platform-tools;D:\adt-bundle-windows-x86_6
4-20140702\sdk\tools
```

在 d:\adt-bundle-windows-x86_64-20140702 文件夹下创建一个 workspace 文件夹，用于存放 Android 项目工程。在 d:\adt-bundle-windows-x86_64-20140702 文件夹下有一个 eclipse 目录，可以在 Eclipse 中配置 Android 开发环境 ADT-Bundle，从而开发 Android 项目。双击 eclipse 文件夹下的 eclipse.exe，运行 Eclipse。如果不能正常启动，请检查 eclipse 与 JDKde 平台类型（32 位或 64 位）是否匹配，也可以检查 eclipse.ini 的配置是否正确。由于篇幅所限，这里不具体讨论了。假定 eclipse 可以正常运行。

ADT 自带的 Eclipse 默认集成了对 ADT 支持。打开 Eclipse，在菜单中选择 Windows/Preferences，打开 Eclipse 选项对话框，如图 15-39 所示。

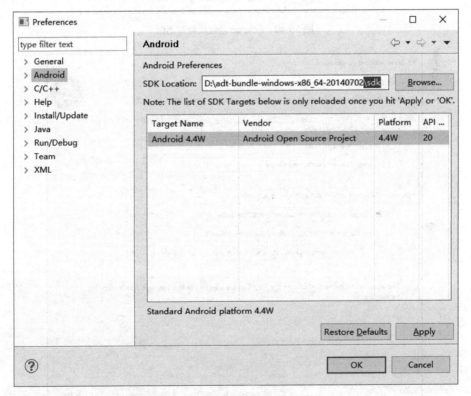

图 15-39　Eclipse 安装新软件对话框

在左侧列表中选中 Android，可以在右侧窗体看到 Android SDK 的情况。

在 Eclipse 的系统菜单中，选择 File/New/Project，可以打开新建项目对话框，如图 15-40 所示。

在项目类型列表中选择 Android/Android Application Project，然后单击 Next 按钮，打开输入项目名称对话框，如图 15-41 所示。

437

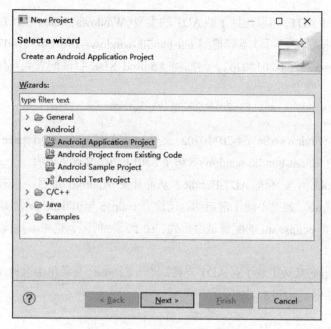

图 15-40　Eclipse 创建项目对话框

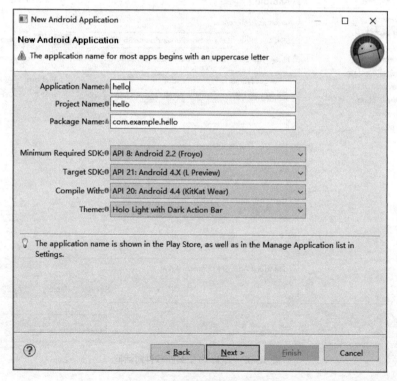

图 15-41　输入项目名称对话框

　　输入应用名（Application Name）、项目名（Project Name）和包名（Package Name）。应用名将显示在应用市场中，这里应用名和项目名都以 hello 为例，包名以 hello.example 为例。

　　单击 Next 按钮，打开配置项目对话框，如图 15-42 所示。

　　保持默认配置，单击 Next 按钮，打开选择安卓系统桌面图标对话框，如图 15-43 所示。

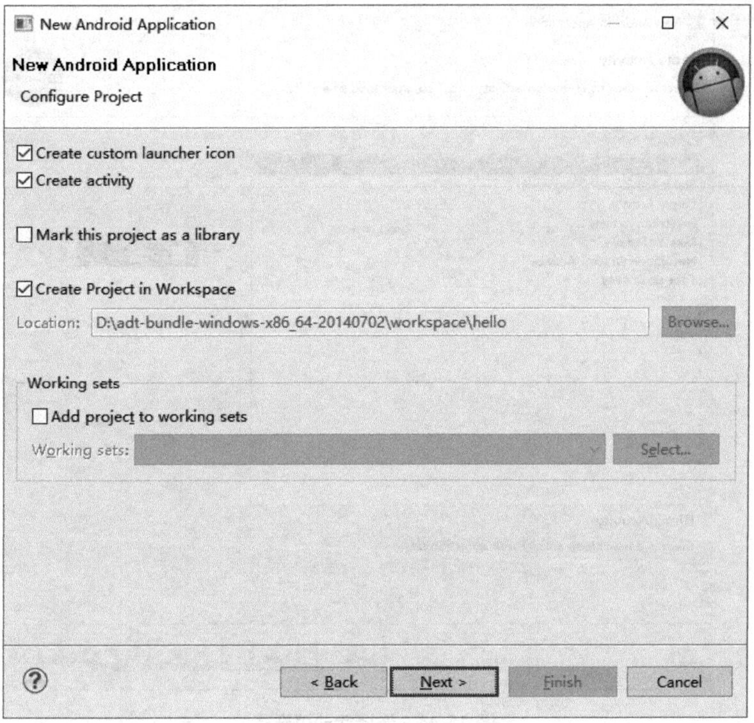

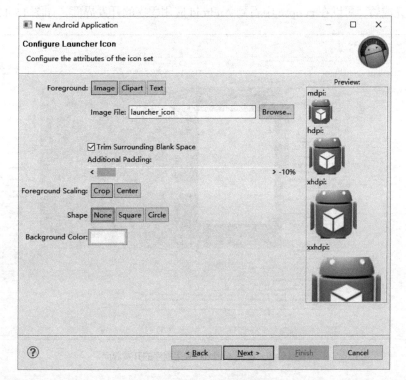

图 15-42　配置项目对话框

图 15-43　输入项目名称对话框

保持默认配置，单击 Next 按钮，打开选择活动页样式对话框，如图 15-44 所示。

继续单击 Next 按钮，在最后一页中单击 Finish 按钮，完成创建项目。

439

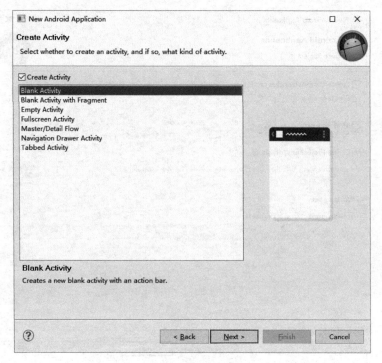

图 15-44　选择活动页样式

创建项目完成后，可以在 eclipse 中看到 Android 应用程序的开发界面，如图 15-45 所示。

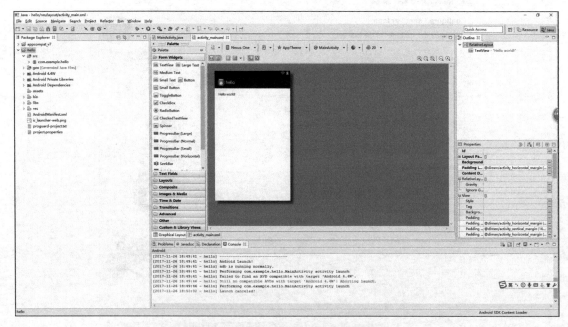

图 15-45　看到 Android 应用程序的开发界面

参照前面的介绍，使用 PhoneGap Desktop 在 workspace 文件夹下创建一个 Framework7 项目 HelloWorld，然后打开命令行窗口，执行下面的命令，进入项目目录，添加 Android 的环境。

```
cd hello
phonegap build android
```

接下来把新建的项目导入 Eclipse 中。打开 Eclipse，从系统菜单中选择 File/New/Project，打开新建项目对话框，如图 15-46 所示。

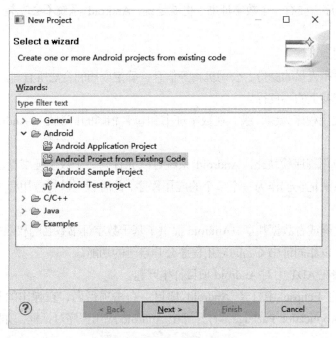

图 15-46　新建项目的对话框

选择 Android Project from Existing Code，然后单击 Next 按钮。打开导入项目对话框，如图 15-47 所示。

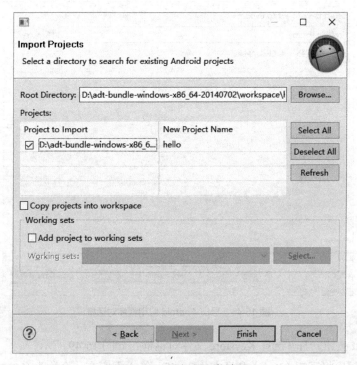

图 15-47　导入项目对话框

单击 Browse 按钮，选择 workspace 文件夹，然后全选下面的项目，并单击 Finish 按钮。

最后，介绍手动打开带有签名的 APK 文件包（也就是生产包）的过程。

运行 Android 程序需要有一个数字证书。也就是说，Android 系统不会安装一个没有数字证书的应用程序。

数字证书的作用如下。

（1）可以记录发布人员的身份、公司机构等信息，确定应用的合法所有者。

（2）可以避免交易上的不良行为。

（3）可以实现应用程序无缝升级。在数字证书和包名相同的情况下，Android 应用可进行无缝升级。

（4）可以实现应用程序模块化。Android 系统可以允许同一个数字证书签名的多个应用程序在一个进程里运行，系统把它们作为一个单个的应用程序，此时就可以把应用程序以模块的方式进行部署。

（5）可以实现代码或者数据共享。Android 提供了基于数字证书签名的权限机制，那么一个应用程序就可以为另一个以相同证书签名的应用程序公开自己的功能。

参照下面的步骤在 ADT 中对 Android 项目打生产包。

（1）在 ADT 的 Eclipse 中打开 Android 项目。右击项目名，在弹出的菜单中选择 Android Tools/Export Signed Application Package，打开导出 Android 应用程序对话框，如图 15-48 所示。

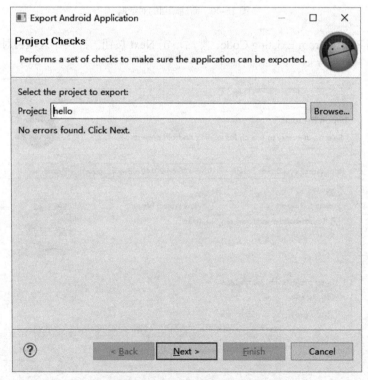

图 15-48　导出 Android 应用程序对话框

（2）单击 Next 按钮，打开选择 Keystore 文件对话框，如图 15-49 所示。

Android 应用程序将密钥（Key）和证书（Certificates）保存在一个称为 Keystore 的文件中。

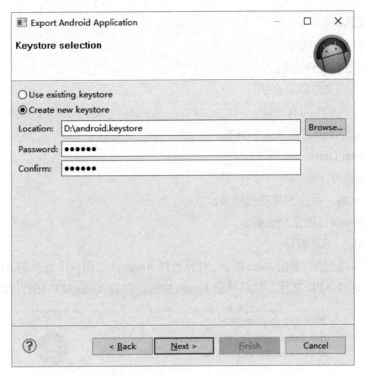

图 15-49　选择 Keystore 文件对话框

（3）选择 Keystore 的文件，并输入密码，然后单击 Next 按钮，打开输入签名文件信息的对话框，如图 15-50 所示。

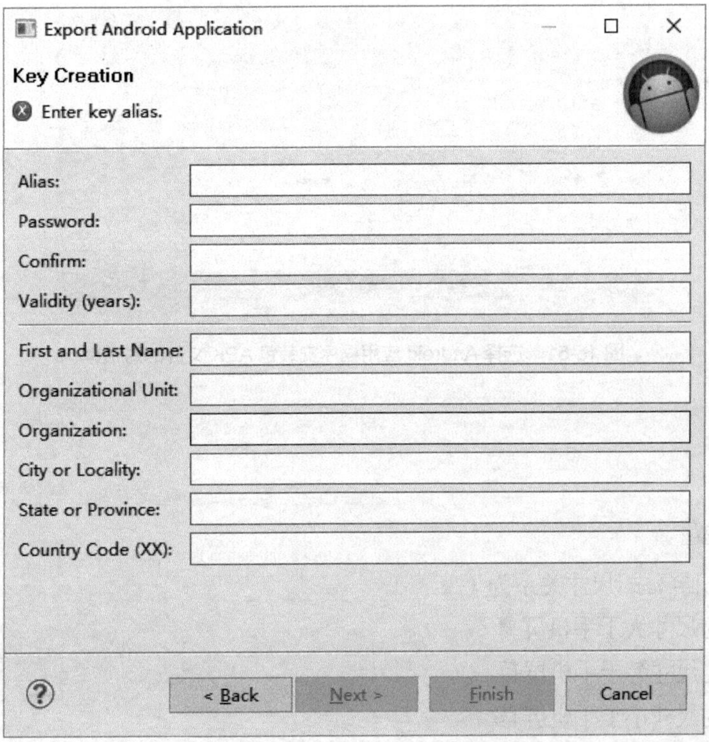

图 15-50　输入签名文件信息的对话框

各项目说明如下。

- Alias：签名文件的别称。
- Password：签名文件密钥。
- Confirm：签名文件确认密钥。
- Validity：签名文件的有效期。
- First and Last Name：合法人的姓名。
- Organizational Unit：公司部门。
- Organization：公司。
- City or Locality：所在的地方或城市。
- State or Province：所在洲或省。
- Country code：国家编号。

（4）填充所有项目，然后单击 Next 按钮，打开选择 Android 应用程序安装包 APK 文件的对话框，如图 15-51 所示。选择 APK 文件，然后单击 Finish 按钮，完成 Android 应用程序的打包。

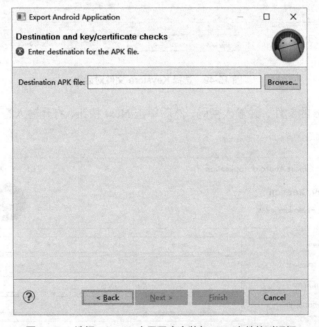

图 15-51　选择 Android 应用程序安装包 APK 文件的对话框

练习题

一、单项选择题

1. 视区与手机屏幕的尺寸关系为（　　　）。
    A. 视区的尺寸大于手机屏幕
    B. 视区的尺寸等于手机屏幕
    C. 视区的尺寸小于手机屏幕
    D. 不一定

2. 可以在（　　　）元素中定义视区。

    A.　<meta>　　　　　　　　　　　B.　<viewport>

    C.　<head>　　　　　　　　　　　　D.　<body>

3. 在 img 标签中使用 srcset（　　　）属性可以设置在不同的屏幕密度下，自动加载不同图片。

    A.　src　　　　　　　　　　　　　B.　imgsrc

    C.　srcset　　　　　　　　　　　　D.　pics

二、填空题

1. _____是用户网页的可视区域，也叫作视区。手机浏览器相当于把网页放在一个虚拟的窗口中，此虚拟窗口通常比手机屏幕宽，这样就不需要在一个很小的窗口中显示整个网页。

2. 使用_____标签可以通过媒体查询的方式，根据页面宽度（也可以添加其他参考项）加载不同图片。

3. 通过_____属性可以返回浏览器用于 HTTP 请求的用户代理头的值，可以利用它来判断移动设备的类型。

三、练习题

1. 练习使用响应式网站测试工具 Resizer。

2. 练习使用 Chrome 浏览器的开发者工具。

3. 练习下载和使用 PhoneGap 移动 App。

4. 练习下载和使用 Framework7 开发混合移动应用。